U0181646

“十三五”江苏省高等学校重点教材（编号：2020-2-251）

数学分析

（第一册）

张福保　薛星美　主编

科学出版社

北京

内 容 简 介

本教材的前两册涵盖了通常的“高等数学”和“工科数学分析”的内容，同时注重数学思想的传递、数学理论的延展、科学方法的掌握等. 第三册则是在现代分析学的高观点与框架下编写的，不仅开阔了学生的视野，让学生尽早领略现代数学的魅力，而且做到了与传统的数学分析内容有机融合. 将实数连续性理论、一致连续性与一致收敛性理论、可积性理论等较难的概念在不同场景、不同层次和不同要求下多次呈现、螺旋式上升，使其更加容易被初学者接受. 本教材注重数学史、背景知识的介绍与概念的引入，可读性强. 习题分成三类，A 类是基本题，B 类是提高题，C 类是讨论题和拓展题，同时每章还配有总练习题(第三册除外).

本教材可作为数学和统计学各专业、理工科大类各专业的“数学分析”课程的教材，其中前两册也可单独作为“高等数学”与“工科数学分析”的教材.

图书在版编目(CIP)数据

数学分析/张福保，薛星美主编. —北京：科学出版社，2022.8
“十三五”江苏省高等学校重点教材
ISBN 978-7-03-072792-3

Ⅰ.①数… Ⅱ.①张… ②薛… Ⅲ.①数学分析-高等学校-教材 Ⅳ.①O17

中国版本图书馆 CIP 数据核字(2022)第 138098 号

责任编辑：许 蕾 曾佳佳 / 责任校对：杨聪敏
责任印制：张 伟 / 封面设计：许 瑞

科学出版社 出版
北京东黄城根北街 16 号
邮政编码：100717
http://www.sciencep.com
北京建宏印刷有限公司 印刷
科学出版社发行 各地新华书店经销
*
2022 年 8 月第 一 版 开本：787 × 1092 1/16
2022 年 8 月第一次印刷 印张：46 1/4
字数：1096 000
定价：179.00 元 (全 3 册)
(如有印装质量问题，我社负责调换)

前　言

数学分析一直是数学与统计学专业最重要的一门基础课程, 对其他理工科专业的学生来说, 也是他们后续数学类课程和专业课程的基础. 它对于学生掌握数学思想方法、夯实专业基础、训练逻辑思维能力、激发创新意识和培养终身学习能力都具有十分重要的意义. 近年来, 随着人才培养模式的改革, 国内许多高校开始实行大类招生. 对于按理科大类招生与培养的学生, 第一年要按照通常 "高等数学" 或 "工科数学分析" 的要求进行教学, 然后分流到数学类专业的学生再上一个学期的数学分析, 但是满足这类培养要求的数学分析教材还不多见. 通常要么直接使用数学专业的数学分析教材, 要么先使用高等数学教材, 然后再以数学分析选讲的形式查遗补漏. 前者对分流后不进入数学类专业的学生来说, 内容和要求都不适用, 后者其内容体系割裂, 对分流后进入数学类专业的学生来说有重复之嫌, 且与强基础、培养创新人才的要求不相符. 为了适应这种变化, 编写一套适应理科大类招生与培养的数学分析教材显得十分重要与急迫.

本教材正是在这样背景下产生的. 我们按照培养创新人才的总体要求, 兼顾分流前、后不同对象的学习需求进行了重新设计.《数学分析 (第一册)》和《数学分析 (第二册)》内容涵盖了通常的 "高等数学" 和 "工科数学分析" 内容, 同时注重数学思想的传递、数学理论的延展、科学方法的掌握和创新意识的激发等. 《数学分析 (第三册)》则是在现代分析学的高观点与框架下编写的, 并充分考虑了学生的接受能力以及与后续课程的衔接, 不仅开阔了学生的视野, 让学生尽早领略了现代数学的魅力, 而且做到了与传统的数学分析内容的有机融合. 原来有些较难理解和掌握的概念, 如实数连续性理论、一致连续性与一致收敛性、可积性理论等概念通过不同场景、不同层次和不同要求的多次呈现, 螺旋式上升, 让学生更加自然、容易地接受.

本教材推导详细、循序渐进、语言简洁, 同时注重数学史、背景知识的介绍与概念的引入, 可读性强. 习题的编排也很用心. 每一节的习题分成了三类, A 类是基本题, B 类是提高题, C 类是讨论题和拓展题, 同时第一册和第二册每章还配有总练习题, 体现了分层次教学和研究型教学的教学理念.

本教材可作为数学和统计学各专业、理工科大类各专业的 "数学分析" 课程的教材, 其中前两册也可单独作为 "高等数学" 与 "工科数学分析" 的教材.

本教材获得 "十三五" 江苏省高等学校重点教材立项, 得到了东南大学与数学学院的大力支持, 在此表示衷心的感谢. 同时要特别感谢教材审定小组的各位专家, 感谢教材 (讲义)

的使用者李逸、李慧玲、钟思佳、马红铝、周吴杰等老师以及所有学生. 本教材的讲义在东南大学已经连续使用了 3 届, 经过了反复修改. 但因编者水平有限, 必定还有许多疏漏与不足之处, 恳请读者不吝指正!

作　者

2022 年 1 月于东南大学九龙湖校区

目　　录

扫描查看“附录　习题参考答案”

第 1 章　基础知识

从远古时代, 人们就用结绳等方法计数. 后来, 因为农业生产的需要, 人们开始计算一些图形的面积. 因此, 从数学的萌芽时期开始, 数学研究的对象就是 "数" 与 "形". 到了现代, 数学研究的对象扩大到广义的 "数" (如函数) 和 "形" (如空间). 而当人们需要分类研究数学对象时, 集合的概念就被抽象出来. 系统研究集合概念始于德国数学家 Cantor (康托尔), 他于 19 世纪创立了集合论. 后来经过很多数学家的努力, 诞生了现代集合论, 并逐步确立了它在现代数学中的基础性地位. 有了集合的概念以后, 函数概念就自然地推广为一般映射的概念. 本章主要介绍数学分析课程中用到的最基本的一些数学知识, 包括集合与映射、一元函数以及实数系等.

§1.1　集合与映射

§1.1.1　集合

我们在中学已经学过集合的概念. 将具有某种特征或满足一定性质的所有对象或事物视为一个整体时, 这一整体就称为集合 (set), 而这些事物或对象就称为属于该集合的元素 (element). 数学分析课程主要用到数集以及空间点集.

为了叙述方便起见, 下面首先引入几个记号.

"$\forall$" 表示任给; "$\exists$" 表示存在; "$A \Longrightarrow B$" 表示条件 A 蕴含结论 B; "$A \Longleftrightarrow B$" 表示 "A 成立当且仅当 B 成立"; "$A \doteq B$" 表示用 B 定义 A.

再列举一些常用数集的记号.

$\mathbb{N} = \{0, 1, 2, \cdots, n, \cdots\}$ 表示由自然数全体构成的集合;

$\mathbb{N}^+ = \mathbb{N}\backslash\{0\}$ 表示所有正整数的集合;

$\mathbb{Z}$ 表示整数集, $\mathbb{Z}^+$ 也表示正整数集 $\mathbb{N}^+$;

$\mathbb{Q}$ 表示有理数集;

$\mathbb{R}$ 表示实数集, $\mathbb{R}^+ = (0, +\infty)$ 表示正实数集.

显然, 它们都是无限集, 或称无穷集, 即集合中元素的个数是无穷多. 而若集合的元素个数是有限的, 则称之为有限集. 由 Cantor 在 19 世纪 70 年代创立的集合概念是现代数学的基本概念, 但有关这一概念的深入讨论却不是一件简单的事情. 本教材中不展开有关集合论的深入讨论, 只在中学已知的有关集合的基本性质及运算的基础上, 讨论一下任意多个集合的交、并运算以及 Descartes (笛卡儿) 乘积的概念.

1. 集合的并与交

给定集合 A, B, 称集合

$$A \cup B \doteq \{x : x \in A, \text{或} x \in B\}$$

为集合 A 和 B 的并, 而称集合

$$A \cap B \doteq \{x : x \in A, 且 x \in B\}$$

为集合 A 和 B 的交.

一般地, 设 $\{A_\lambda, \lambda \in \Lambda\}$ 为一族集合, 其中 Λ 称为指标集, 它可以为有限集, 也可以为无限集. 则集合

$$\bigcup_{\lambda \in \Lambda} A_\lambda \doteq \{x : \exists \lambda \in \Lambda, 使 x \in A_\lambda\}$$

称为该集族的并, 而集合

$$\bigcap_{\lambda \in \Lambda} A_\lambda \doteq \{x : \forall \lambda \in \Lambda, 都有 x \in A_\lambda\}$$

称为该集族的交.

按照定义可以验证: 集合的并与交运算满足下面的交换律、结合律和分配律.

性质 1.1.1 (1) 交换律 $A \cup B = B \cup A$, $A \cap B = B \cap A$;

(2) 结合律 $A \cap \bigcap_{\lambda \in \Lambda} A_\lambda = \bigcap_{\lambda \in \Lambda} (A \cap A_\lambda)$, $A \cup \bigcup_{\lambda \in \Lambda} A_\lambda = \bigcup_{\lambda \in \Lambda} (A \cup A_\lambda)$;

(3) 分配律 $A \cap \bigcup_{\lambda \in \Lambda} A_\lambda = \bigcup_{\lambda \in \Lambda} (A \cap A_\lambda)$, $A \cup \bigcap_{\lambda \in \Lambda} A_\lambda = \bigcap_{\lambda \in \Lambda} (A \cup A_\lambda)$.

例 1.1.1 记 $A_\lambda = [0, \lambda), B_\lambda = (0, \lambda], \lambda \in \Lambda = \mathbb{R}^+$, 分别表示两族区间, 则易证

$$\bigcup_{\lambda \in \Lambda} A_\lambda = [0, +\infty), \quad \bigcap_{\lambda \in \Lambda} A_\lambda = \{0\};$$
$$\bigcup_{\lambda \in \Lambda} B_\lambda = (0, +\infty), \quad \bigcap_{\lambda \in \Lambda} B_\lambda = \varnothing.$$

2. 差集与余集

给定集合 A, B. 集合

$$\{x \in A : x \notin B\}$$

称为 A 关于 B 的差集, 记为 $A \backslash B$.

在我们讨论某些集合时, 这些集合往往都是某一个给定集合的子集, 这个给定的最大的集合称为全集. 设 I 为全集, $A \subset I$, A 的余集是指由属于 I 但不属于 A 的那些元素构成的集合, 记为 $C_I(A)$, 简记为 $C(A)$ 或 A^C.

关于余集成立下面的 De Morgan 公式 (证明留给读者).

性质 1.1.2 对 I 的任意一族子集合 $\{A_\lambda, \lambda \in \Lambda\}$ 成立

$$\left(\bigcap_{\lambda \in \Lambda} A_\lambda\right)^C = \bigcup_{\lambda \in \Lambda} A_\lambda^C, \quad \left(\bigcup_{\lambda \in \Lambda} A_\lambda\right)^C = \bigcap_{\lambda \in \Lambda} A_\lambda^C.$$

3. 集合的 Descartes 乘积

给定集合 A, B, 称集合

$$A \times B \doteq \{(x, y) : x \in A, 且 y \in B\}$$

为集合 A 和 B 的 Descartes 乘积 (Descartes product), 其中 (x,y) 表示有序组, 规定两个有序组 (x,y) 和 (x',y') 相等, 当且仅当 $x=x'$, 且 $y=y'$.

例如, $\mathbb{R}^2 \doteq \mathbb{R}\times\mathbb{R}$ 是两直线的 Descartes 乘积, 恰好表示平面, 而集合 $[0,1]\times[0,1]$ 是两个区间的 Descartes 乘积, 表示平面上的正方形 $[0,1]\times[0,1]=\{(x,y):0\leqslant x,y\leqslant 1\}$.

类似地, 给定 n 个集合 $A_1,A_2,\cdots,A_n$, 可定义它们的 Descartes 乘积:

$$A_1\times A_2\cdots\times A_n \doteq \prod_{i=1}^{n} A_i=\{(x_1,x_2,\cdots,x_n),x_i\in A_i,i=1,2,\cdots,n\}.$$

例如, $\mathbb{R}^3=\mathbb{R}\times\mathbb{R}\times\mathbb{R}$ 是 3 条直线的 Descartes 乘积, 恰好表示通常的三维空间. 由此可见, Descartes 乘积是我们表示和构造集合的重要工具.

§1.1.2 映射

1. 映射的概念

我们先罗列一下映射的基本概念.

定义 1.1.1 (1) 设 X,Y 是两个给定的集合, 若按照某种规则 f, 使得对集合 X 中的每个元素 x, 都可以找到集合 Y 中的唯一确定的元素 y 与之对应, 则称这个对应规则 f 是集合 X 到 Y 的一个映射 (mapping), 记为

$$f:X\to Y, x\mapsto y=f(x),$$

其中, y 称为元素 x 在映射 f 之下的像 (image), x 称为 y 关于映射 f 的一个原像 (inverse image). X 称为 f 的定义域 (domain), 记为 $D_f=X$, 像的全体称为映射 f 的值域 (range), 记为 R_f.

(2) 对每个 $y\in Y$, 记 $f^{-1}(y)=\{x\in X:f(x)=y\}$, 表示 y 关于映射 f 的原像的全体, 如果对每个 $y\in R_f$, $f^{-1}(y)$ 是单点集, 即存在唯一的 $x\in X$ 使 $f(x)=y$, 则称 f 是单射 (injective mapping) .

如果 $R_f=Y$, 即每个 $y\in Y$ 都有原像, 则称 f 是满射 (surjective mapping), 或到上的.

如果映射 f 既是单射又是满射则称之为双射 (bijective mapping), 或一一对应.

(3) 设 $f:X\to Y$ 是单射, 则 $f:X\to R_f\subset Y$ 是一一对应, 因此, 对每个 $y\in R_f$, 存在唯一的原像 $x\in X$. 由此我们得到新的映射记为 $f^{-1}:R_f\to X, f^{-1}(y)=x$, 并称该映射为 f 的逆映射 (inverse mapping).

(4) 又设 $g:X\to U_1, u=g(x)$, $f:U_2\to Y, y=f(u)$, 如果 $R_g\subset U_2=D_f$, 则可得新映射, 即复合映射 (composite mapping) $f\circ g:x\to y=f(g(x))$. 其中, g 称为内映射, f 称为外映射.

注 1.1.1 为方便起见, 在不致误解的情况下, 集 Y 可以不写出来; 而若定义域 X 没写出来, 则理解为使映射表达式 $y=f(x)$ 有意义的 x 的最大范围, 称为映射的存在域. 例如, $y=\lg x$ 的定义域是 $(0,+\infty)$.

注 1.1.2 (1) 若 $f:X\to R_f$ 可逆, 则

$$f^{-1}\circ f(x)=x,\forall x\in X; f\circ f^{-1}(y)=y,\forall y\in R_f.$$

或写成

$$f^{-1}\circ f=I_X, f\circ f^{-1}=I_{R_f}.$$

(2) 由定义 1.1.1 (2) 知道, 即使 f 不可逆, 记号 $f^{-1}(y)$ 也是有意义的. 并且我们还有记号 $f^{-1}(A)$, 它表示像在集合 $A\subset Y$ 中的那些原像的全体所组成的集合, 即

$$f^{-1}(A)=\{x\in X: f(x)\in A\}.$$

2. 可数集与不可数集

自然数起源于计数, 是人类最早认识的数, 也是我们最为熟悉的数. 自然数集 $\mathbb{N}$ 不是一个有限集, 而是一个无限集.

“无限” 概念的引入表明由初等数学进入了高等数学. 无限与有限有本质不同的性质: 一个无限集可以与它的真子集一一对应. 例如, 正偶数集是正整数集 $\mathbb{N}^+$ 的一个真子集, 但它们是一一对应的: $n\to 2n, n\in\mathbb{N}^+$.

我们把与正整数集一一对应的集合称为**可数集** (denumerable set), 或**可列集**, 有限集或可数集称为**至多可数集**.

易见, 自然数集 $\mathbb{N}$、偶数集、奇数集都是可数集. 进一步, 可以证明, 自然数集的每一个无穷子集都是可数集.

设 A 是可数集, 则正整数集 $\mathbb{N}^+$ 与 A 之间存在一一对应 f, 即 A 中每个元素都是唯一的某个 n 的像 $f(n)$, 或改用下标记法, 记为 x_n. 因此可数集总可以记为 $\{x_n, n=1,2,\cdots\}$. 反之, 若集合 A 可以写成 $A=\{x_n, n=1,2,\cdots\}$, 则 A 必是可数集.

定理 1.1.1　$[0,1]$ 内的有理数集 $\mathbb{Q}\cap[0,1]$ 是可列集.

证明　按照下列方式排列 $[0,1]$ 内的有理数:

$$0,\ 1,\ \frac{1}{2},\ \frac{1}{3},\ \frac{2}{3},\ \frac{1}{4},\ \frac{3}{4},\ \frac{1}{5}\ \cdots.$$

即先排 0,1, 再对 $(0,1)$ 内既约分数 $\dfrac{p}{q}$, 先按照 q 由小到大排列, 而 q 相同时, 再按照 p 由小到大排列. 由此可知 $[0,1]$ 内的有理数集 $\mathbb{Q}\cap[0,1]$ 是可列集. □

例 1.1.2　$(0,1)$ 与 $[0,1]$ 是一一对应的. 事实上, 可定义一一对应

$$f:[0,1]\to(0,1),\ f(x)=\begin{cases}\dfrac{1}{2}, & x=0,\\ \dfrac{1}{n+2}, & x=\dfrac{1}{n}, n\in\mathbb{N}^+,\\ x, & \text{其他 } x\in(0,1).\end{cases}$$

定理 1.1.2　可列个可列集之并是可列集.

证明　设

$$A_i=\{x_{i1},x_{i2},\cdots,x_{in},\cdots\},\quad i=1,2,3,\cdots$$

是一列可列集, 且不妨设它们彼此互不相交, 则可按下列 “对角线” 顺序排列它们的并集:

$$\begin{array}{ccccccccc}
x_{11} & & x_{12} & & x_{13} & & x_{14} & & \cdots \\
& \nearrow & & \nearrow & & \nearrow & & \nearrow & \\
x_{21} & & x_{22} & & x_{23} & & x_{24} & & \cdots \\
& \nearrow & & \nearrow & & \nearrow & & \nearrow & \\
x_{31} & & x_{32} & & x_{33} & & x_{34} & & \cdots \\
& \nearrow & & \nearrow & & \nearrow & & \nearrow & \\
\cdots & & \cdots & & \cdots & & \cdots & & \cdots
\end{array}$$

因此, $\bigcup\limits_{i=1}^{\infty} A_i$ 是可列集. □

注 1.1.3 并非所有无限集都是可数的. 例如, $[0,1]$、$(0,1)$ 以及 $\mathbb{R}$ 都是不可数集. 该问题的证明需要用到实数的连续性理论, 参见第三册例 17.2.2, 或《数学分析讲义 (第二册)》定理 7.1.2 (张福保等, 2019), 此处略.

命题 1.1.1 若 A, B 都是可列的, 则 $A \times B$ 也可列.

证法与上面定理 1.1.2 类似, 请自证.

由定理 1.1.1、定理 1.1.2 及命题 1.1.1 立得下面的推论.

推论 1.1.1 有理数集 $\mathbb{Q}$ 是可列集; 平面上整点的集合 $\mathbb{Z} \times \mathbb{Z}$, 有理点集 $\mathbb{Q} \times \mathbb{Q}$ 都是可列集.

3. 数学归纳法

逻辑推理的常用方法包括演绎推理 (又称演绎法) 和归纳推理 (又称归纳法). 由一般到特殊的推理, 称之演绎推理; 反之, 由特殊到一般的推理, 称之归纳推理.

归纳推理有两种常见的形式: 完全归纳法和不完全归纳法. 把研究对象一一都考查到了而推出结论的归纳推理称为完全归纳法, 从一个或几个 (但不是全部) 特殊情况作出一般性结论的归纳推理称为不完全归纳法. 应用不完全归纳法得出的一般性结论, 未必正确. 不完全归纳法的可靠性虽不是很高, 但它在科学研究中有着重要作用, 许多数学猜想, 如 Goldbach(哥德巴赫) 猜想, 都来源于不完全归纳法. “归纳–猜想–证明”, 这是人们发现新的结论的重要途径.

数学中有许多与自然数有关的命题, 用不完全归纳法证明是不可靠的, 但我们又不可能对所有的自然数都一一加以验证, 为此数学归纳法 (mathematical induction) 应运而生, 它是人们通过有限认识无限的重要方法, 是数学证明的重要工具.

一般说来, 对于一些可以递推的与自然数有关的命题 $P(n), n \in \mathbb{N}^+$, 可以用数学归纳法来证明. 用数学归纳法证明一个命题包括两步:

(1) 证明 $P(n)$ 当 $n = 1$ 时成立;

(2) 假设 $P(k)(k \geqslant 1)$ 成立, 证明 $P(k+1)$ 成立.

完成这两步, 就可以断言, $P(n)$ 对任意自然数 n 都成立.

数学归纳法的原理是基于自然数很基本的 Peano (佩亚诺) 性质:

正自然数集 $\mathbb{N}^+$ 的一个子集, 如果包含数 1, 并且由假设包含数 k 能导出也一定包含 k 的后继数 $k+1$, 那么这个子集就是 $\mathbb{N}^+$.

因此, 数学归纳法是一种完全归纳法.

运用数学归纳法证题时, 以上两个步骤缺一不可. 事实上, 有 (1) 无 (2), 那就是不完全归纳法, 故而论断的普遍性是不可靠的; 反之, 有 (2) 无 (1), 则归纳假设就失去了初始依据, 从而使归纳证明成了"无本之木, 无源之水".

数学归纳法有着广泛的应用, 这里仅举例说明.

例 1.1.3 应用数学归纳法容易证明, 对一切正整数 n, 以下结论成立:

$$1+2+3+\cdots+n=\frac{n(n+1)}{2};$$

$$1+2^2+3^2+\cdots+n^2=\frac{n(n+1)(2n+1)}{6};$$

$$1+2^3+3^3+\cdots+n^3=\left(\frac{n(n+1)}{2}\right)^2.$$

以上形式的归纳法称为第一归纳法. 与之等价的还有第二归纳法, 有时它显得更方便, 其形式是: 设 $P(n)$ 是一个关于正整数 n 的命题,

(1) 证明 $P(n)$ 当 $n=1$ 时成立;

(2) 假设对一切 $1\leqslant k\leqslant n$, 命题 $P(k)$ 成立, 则可证明 $P(n+1)$ 成立.

那么, $P(n)$ 对任意正整数 n 都成立.

注意, 有些命题可能只对从某个自然数 $n=n_0$ 开始的自然数成立, 因此第一归纳法与第二归纳法的第一步也只要从某个自然数 $n=n_0$ 开始验证.

例 1.1.4 设 $\{a_n\}$ 是 Fabinacci (斐波那契) 数列, 即

$$a_1=1,a_2=1,a_3=2,a_4=3,\cdots,a_{n+1}=a_n+a_{n-1},\ n=2,3,\cdots,$$

证明通项公式:

$$a_n=\frac{(\frac{\sqrt{5}+1}{2})^n-(-1)^n(\frac{\sqrt{5}-1}{2})^n}{\sqrt{5}}.$$

证明 易见, $n=1,2$ 时成立. 归纳假设对一切 $1\leqslant k\leqslant n$, 命题 $P(k)$ 成立, 则代入可得

$$a_{n+1}=a_n+a_{n-1}=\frac{(\frac{\sqrt{5}+1}{2})^n-(-1)^n(\frac{\sqrt{5}-1}{2})^n}{\sqrt{5}}+\frac{(\frac{\sqrt{5}+1}{2})^{n-1}-(-1)^{n-1}(\frac{\sqrt{5}-1}{2})^{n-1}}{\sqrt{5}},$$

经过整理上式右端恰为

$$\frac{(\frac{\sqrt{5}+1}{2})^{n+1}-(-1)^{n+1}(\frac{\sqrt{5}-1}{2})^{n+1}}{\sqrt{5}},$$

因此命题获证. □

显然, 该命题若用第一归纳法则有些困难, 因为它不仅用到 $k=n$ 的归纳假设, 而且还用到 $k=n-1$ 的归纳假设.

另外, 还有其他多种形式的数学归纳法, 例如, 倒向数学归纳法, 参见《数学分析讲义(第一册)》(张福保等, 2019).

习题 1.1

A1. 设 X, Y, X', Y', Z 是任意集合, 试证:

(1) $(X \cup Y) \times Z = (X \times Z) \cup (Y \times Z)$; (2) $(X \cap Y) \times Z = (X \times Z) \cap (Y \times Z)$;

(3) $(X \times Y) \cap (X' \times Y') = (X \cap X') \times (Y \cap Y')$.

A2. 用数学归纳法证明下列结论 (对任何正整数 n):

(1) $|\sin nx| \leqslant n|\sin x|$, $x \in \mathbb{R}$;

(2) (Bernoulli 不等式) 对任何实数 $x \geqslant -1$, 有 $(1+x)^n \geqslant 1+nx$;

(3) $n! \leqslant \left(\dfrac{n+1}{2}\right)^n$.

B3. 证明平均值不等式: 即对任意 n 个正数 $a_1, a_2, \cdots, a_n$, 有

$$\frac{n}{\frac{1}{a_1}+\frac{1}{a_2}+\cdots+\frac{1}{a_n}} \leqslant \sqrt[n]{a_1 a_2 \cdots a_n} \leqslant \frac{a_1+a_2+\cdots+a_n}{n}.$$

等号成立当且仅当 $a_1, a_2, \cdots, a_n$ 全相等.

B4. 证明下列不等式 (对任何正整数数 n):

(1) $n! < \left(\dfrac{n+2}{\sqrt{6}}\right)^n$; (2) $n! > \left(\dfrac{n}{3}\right)^n$; (3) $n < \left(1+\dfrac{2}{\sqrt{n}}\right)^n$.

§1.2 一元函数

§1.2.1 一元函数的定义

作为映射的特例, 即在定义 1.1.1中取 X, Y 均为 $\mathbb{R}$ 的子集, 我们即可得到一元函数的概念. 但为强调起见, 下面将一元函数的定义重新叙述如下.

定义 1.2.1 设 $D \subset \mathbb{R}$ 是一实数集, 映射 $f: D \to \mathbb{R}$ 即称为 D 上的一元函数 (function of one variable), 或 D 上的函数 (function), 亦即对每个 $x \in D$, 存在唯一的 $y \in \mathbb{R}$, 使 $y = f(x)$, 其中, x 称为自变量 (independent variabe), y 称为因变量 (dependent variabe), $f(x)$ 称为函数 f 在 x 处的函数值, D 称为定义域 (domain), 也记为 D_f, 而 $f(D)$ 称为值域 (range), 记为 R_f. 又 $G(f) \doteq \{(x, f(x)), x \in D\}$ 称为函数 f 的图像 (graph). D 上的函数通常也简记为 $y = f(x), x \in D$.

根据上述定义可知, 函数有两个要素, 第一是对应规律 f, 第二是定义域 D. 以前熟悉的初等函数通常有固定的记号, 例如, 正弦函数 $y = \sin x, x \in \mathbb{R}$ 等. 此外还有大量的非初等函数, 它们无法用已有的初等函数的记号表示. 举例如下:

例 1.2.1 (1) 符号函数 $y = \operatorname{sgn} x = \begin{cases} -1, & x < 0, \\ 0, & x = 0, \\ 1, & x > 0. \end{cases}$ 如图 1.2.1.

易见, $|x| = x \operatorname{sgn} x$, $\forall x \in \mathbb{R}$.

(2) 取整函数 $y = [x]$, 定义为不超过 x 的最大整数, 即若 $n \leqslant x < n+1$, 则 $[x] = n$. 如图 1.2.2.

(3) 小数函数 $y = (x) = x - [x]$. 如图 1.2.3.

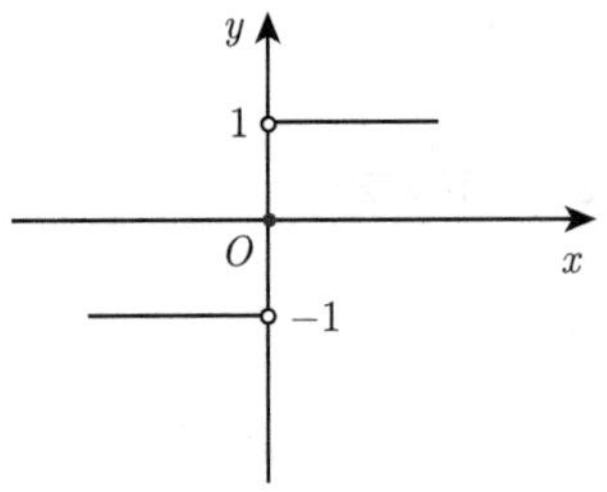

图 1.2.1

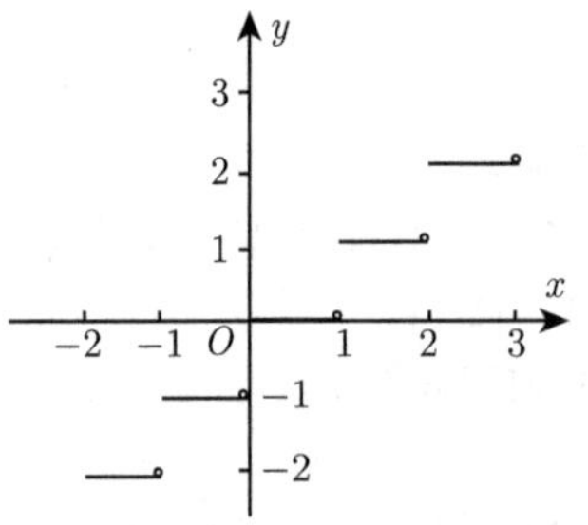

图 1.2.2

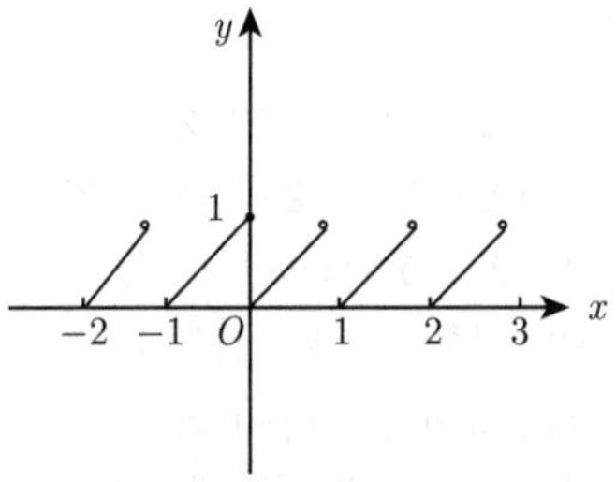

图 1.2.3

这些函数也是所谓的 "**分段函数**", 即在定义域的不同部分, 函数有不同的表达式.

(4) Dirichlet 函数, 它是 $\mathbb{R}$ 上的一元函数, 其对应规律是, 将有理数对应于 1, 无理数对应于 0, 我们将这个函数记为 $D(x)$, 即

$$D(x)=\begin{cases}1, & x\in\mathbb{Q},\\ 0, & x\in\mathbb{R}\backslash\mathbb{Q}.\end{cases}$$

§1.2.2　具有某些特性的函数

本段介绍几类常见的具有某些特性的函数, 包括有界函数、奇函数与偶函数、单调函数以及周期函数.

1. 有界函数

定义 1.2.2　函数 f 称为在 $D\subset D_f$ 上是有上界的 (bounded from above), 或 D 上的有上界的函数, 如果存在常数 M, 使对一切 $x\in D$ 有 $f(x)\leqslant M$; 函数 f 称为在 D 上是有下界的 (bounded from below), 如果存在常数 m, 使对一切 $x\in D$ 有 $f(x)\geqslant m$.

如果函数 f 在 D 上既有上界又有下界, 则称函数 f 在 D 上有界 (bounded), 或称 f 是 D 上的有界函数 (bounded function).

如果函数 f 在 D 上无上界或无下界, 则称函数 f 在 D 上无界 (unbounded), 或称 f 是 D 上的无界函数 (unbounded function).

显然, 函数 f 在 D 上有界 $\Longleftrightarrow$ 存在常数 $C>0$, 使得 $|f(x)|\leqslant C,\forall x\in D$.

例 1.2.2　(1) 给定函数 $f(x)=\dfrac{1+x^2}{1+x^4}$, $g(x)=x\cos x, x\in\mathbb{R}$, 则 f 在 $\mathbb{R}$ 上有界, 而 g 在 $\mathbb{R}$ 上无界, 且既无上界, 也无下界.

事实上, $0\leqslant f(x)=\dfrac{1}{1+x^4}+\dfrac{x^2}{1+x^4}\leqslant 1+\dfrac{1}{2}=\dfrac{3}{2}$. 所以 f 在 $\mathbb{R}$ 上有界. 但 $g(2n\pi)=2n\pi$, $g((2n-1)\pi)=-(2n-1)\pi$, 因此, g 在 $\mathbb{R}$ 上既无上界, 也无下界.

(2) $h(x)=\dfrac{1}{x}$ 在 $(0,1)$ 内无上界, 但在任何 $(a,1)$ 内有界, 其中 $0<a<1$.

自证.

2. 奇函数与偶函数

在中学我们已经学习过函数奇偶性的概念.

若函数 f 的定义域 D 关于原点对称, 即 $x\in D\Longleftrightarrow -x\in D$, 且 $\forall x\in D$, 成立 $f(-x)=f(x)$, 则称函数 f 是偶函数 (even function); 若 $\forall x\in D$, 成立 $f(-x)=-f(x)$, 或等价地, $f(-x)+f(x)=0$, 称函数 f 是奇函数 (odd function).

例 1.2.3　容易验证, $f(x)=\lg(x+\sqrt{1+x^2})$, $g(x)=\dfrac{1}{1+a^x}-\dfrac{1}{2}(a>0,a\neq 1)$, 都是 $\mathbb{R}$ 上的奇函数.

3. 单调函数

定义 1.2.3　称函数 f 在区间 D 上是单调递增的 (increasing), 或称函数 f 是 D 上的单调递增函数, 如果 $\forall x_1,x_2\in D$, 当 $x_1<x_2$ 时都有 $f(x_1)\leqslant f(x_2)$. 如果严格不等号成立, 即当 $x_1<x_2$ 时都有 $f(x_1)<f(x_2)$, 则称函数 $f(x)$ 在 D 上是严格单调递增的 (increasing strictly).

如果函数 $-f$ 是 (严格) 单调递增的, 则称函数 f 是 (严格) 单调递减的 (decreasing (strictly)). 单调递增或单调递减的函数统称为单调函数 (monotone function).

如果 f 只在某子区间 $I\subset D$ 上单调, 则称 I 为函数 f 的单调区间.

例 1.2.4　证明函数 $f(x)=\lg(x+\sqrt{1+x^2}), x\in\mathbb{R}$, 是严格单调递增函数.

证明　由定义易见 $f(x)$ 在 $[0,+\infty)$ 上严格单调递增. 又由例 1.2.3 知 $f(x)$ 是奇函数, 因此易证 $f(x)$ 在 $\mathbb{R}$ 上是严格单调递增函数. □

4. 周期函数

定义 1.2.4　设函数 f 的定义域为 D, 若存在常数 $T\neq 0$, 使得对一切 $x\in D$ 成立 $x\pm T\in D$, 且 $f(x+T)=f(x)$, 则称函数 f 是周期函数 (periodic function), T 称为它的一个周期 (period).

注 1.2.1　(1) 这里, 没有要求定义域 $D=\mathbb{R}$, 主要考虑到像 $y=\tan x, x\in\mathbb{R}\backslash\left\{n\pi+\dfrac{\pi}{2}, n\in\mathbb{Z}\right\}$ 这样的函数. (2) 由定义可推得, $\forall x\in D$, 必有 $x-T\in D$, 且 $f(x-T)=f(x)$, 即若 T 是 f 的周期, 则 $-T$ 也是 f 的周期. 又注意到对任何正整数 n, nT 也是其周期, 因此, 人们更关心 f 是否有最小正周期. 遗憾的是, 并非每个周期函数都具有最小正周期.

例 1.2.5　容易验证, Dirichlet 函数 $D(x)$ 以任何非零有理数为周期, 因此是一个没有最小正周期的非常数的周期函数.

例 1.2.6　设

$$R(x)=\begin{cases}\dfrac{1}{p}, & x=\dfrac{q}{p}, (p\in\mathbb{N}^+, q\in\mathbb{Z}, p, q\text{互质}),\\ 1, & x=0,\\ 0, & x\text{是无理数},\end{cases}$$

这个函数称为 Riemann 函数 (Riemann function).

可以验证, Riemann 函数是周期为 1 的周期函数.

注 1.2.2　(1) 设函数 f 是以 T 为最小正周期的周期函数, 则对任何常数 a,b, 其中 $a\neq 0$, 函数 $af+b$ 及 $\dfrac{f}{a}$ 都是以 T 为最小正周期的周期函数; 而函数 $x\to f(ax+b)$ 是以 $\dfrac{T}{|a|}$ 为最小正周期的周期函数

(2) 设 f_1, f_2 都是 D 上的周期函数, 那么它们的和、差以及乘积未必是周期函数. 若记它们的正周期分别为 T_1 和 T_2, 并假定 $\dfrac{T_1}{T_2}$ 是有理数, 则 $f_1 \pm f_2$ 与 $f_1 f_2$ 也是 D 上的周期函数, 并以 T_1 和 T_2 的公倍数作为它们的一个周期.

证明留作习题.

周期现象是自然界的一个普遍现象, 例如, 日月星辰的运动、四季的交替、生命周期现象、物理中的单摆周期现象与交流电周期现象等. 为刻画这些周期现象, 周期函数概念应运而生. 例如, 三角函数就刻画了简谐振动的周期现象. 周期函数的讨论将在后续的有关章节中时常出现.

§1.2.3 反函数与复合函数

1. 反函数

作为逆映射的特例, 我们有**反函数** (inverse function) 的概念. 据定义, 若函数 $y = f(x), x \in D$ 是从 D 到 $f(D)$ 的一一对应, 则 f 有反函数 $x = f^{-1}(y)$. 按照习惯, 我们仍然用 x 表示自变量, 则函数 $y = f(x)$ 的反函数记为 $y = f^{-1}(x)$. 易知, 函数 $y = f(x)$ 与其反函数 $y = f^{-1}(x)$ 的图像关于直线 $y = x$ 对称. 也容易证明下面的反函数的单调性结论.

命题 1.2.1 区间 I 上的严格单调函数 $y = f(x)$ 必定有反函数 $x = f^{-1}(y), y \in f(I)$, 且 $f^{-1}(y)$ 与 $y = f(x)$ 具有相同的单调性.

严格单调性 (严格单调递增或严格单调递减) 条件是存在反函数的充分条件, 但不是必要条件, 即一一对应的函数未必是严格单调函数. 请自行举例.

例 1.2.7 将正弦函数 $y = \sin x$ 限制在 $\left[-\dfrac{\pi}{2}, \dfrac{\pi}{2}\right]$ 上是严格单调递增的, 所以有反函数, 记为 $x = \arcsin y$, 或仍然以 x 记自变量, 记为 $y = \arcsin x, x \in [-1, 1]$, 称为反正弦函数. 它的值域为 $\left[-\dfrac{\pi}{2}, \dfrac{\pi}{2}\right]$, 并且也是严格单调递增的奇函数. 正弦函数与反正弦函数的图像见图 1.2.4(a).

同样, 余弦函数 $y = \cos x, x \in [0, \pi]$, 有反余弦函数 $y = \arccos x, x \in [-1, 1], y \in [0, \pi]$. 它们的图像见图 1.2.4(b).

正切函数 $y = \tan x, x \in \left(-\dfrac{\pi}{2}, \dfrac{\pi}{2}\right)$, 有反正切函数 $y = \arctan x, x \in (-\infty, +\infty), y \in \left(-\dfrac{\pi}{2}, \dfrac{\pi}{2}\right)$. 它们的图像见图 1.2.4(c).

类似定义反余切函数 $y = \mathrm{arccot} x, x \in (-\infty, +\infty), y \in (0, \pi)$.

由定义, 下列关系成立:

$$\arcsin(\sin x) = x, x \in \left[-\frac{\pi}{2}, \frac{\pi}{2}\right], \qquad \sin(\arcsin x) = x, x \in [-1, 1];$$

$$\arccos(\cos x) = x, x \in [0, \pi], \qquad \cos(\arccos x) = x, x \in [-1, 1];$$

$$\arcsin x + \arccos x = \frac{\pi}{2}, x \in [-1, 1], \qquad \arctan x + \mathrm{arccot}\, x = \frac{\pi}{2}, x \in (-\infty, +\infty).$$

但若 $x \notin \left[-\dfrac{\pi}{2}, \dfrac{\pi}{2}\right]$, 关系式 $\arcsin(\sin x) = x$ 未必成立. 例如, 我们有下列结果:

$$\arcsin(\sin x) = \arcsin(\sin(\pi - x)) = \pi - x, x \in \left(\frac{\pi}{2}, \frac{3\pi}{2}\right).$$

同时也要注意, 反余弦函数并不是偶函数. 事实上, 我们有

$$\arccos(-x) = \pi - \arccos x, x \in [-1, 1].$$

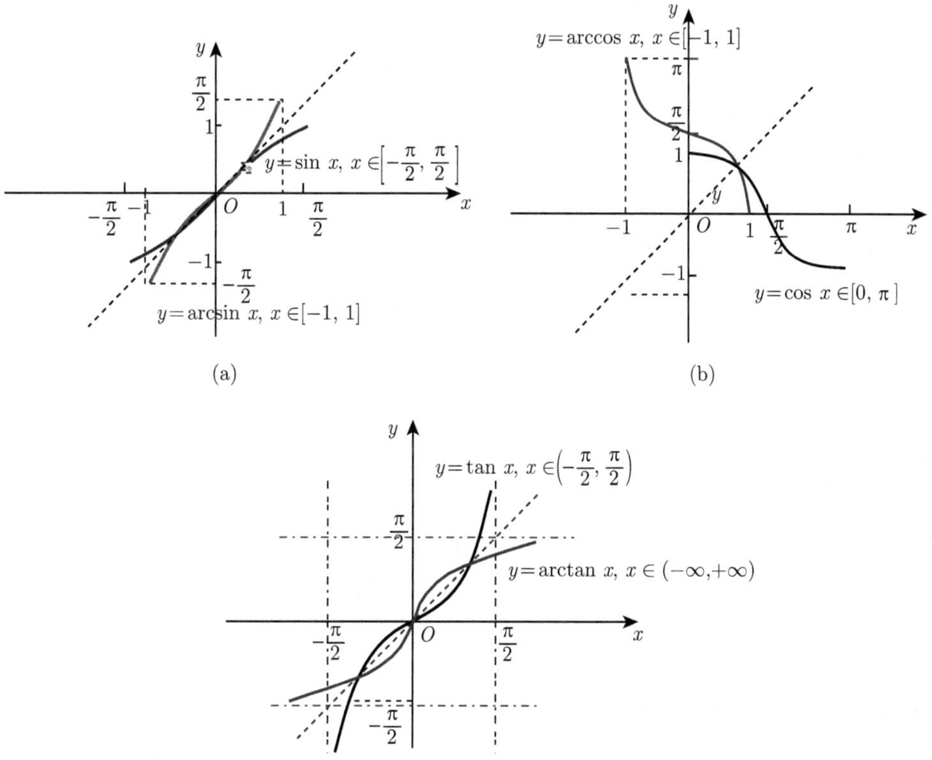

图 1.2.4

显然, 上述反三角函数也都不再是周期函数.

例 1.2.8　指数函数 $y = a^x, x \in \mathbb{R}\,(a > 0, a \neq 1)$, 当 $a > 1$ 时严格单调递增, 而当 $a < 1$ 时严格单调递减, 因此有反函数, 即对数函数 $y = \log_a x$, $x \in (0, +\infty)$. 其单调性与对应的指数函数一致. 参见图 1.2.5.

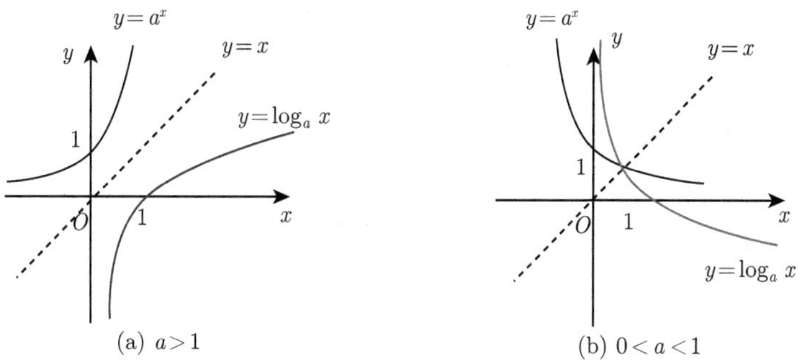

图 1.2.5

指数函数 $y = a^x$ 无上界. 事实上, $\forall M > 1$, 若 $a > 1$, 则只要 $x > \log_a M$, 即有 $a^x > M$, 而若 $0 < a < 1$, 则 $x < \log_a M$ 时即有 $a^x > M$.

对数函数 $y = \log_a x, a > 0, a \neq 1$, 定义域为 $(0, +\infty)$, 它既无上界也无下界.

2. 复合函数

作为复合映射的特例, 我们有复合函数 (composite function) 的概念. 常见的函数多由一些简单函数复合而成.

例 1.2.9　求下列函数的定义域与值域.

(1) $y = x + \dfrac{1}{x}$;　(2) $y = \sin\dfrac{\pi x}{2(1+x^2)}$;　(3) $y = \arccos\dfrac{2x}{1+x}$.

解　(1) 显然, 定义域为 $D = (-\infty, 0) \cup (0, +\infty)$. 当 $x \neq 0$ 时, $|f(x)| = |x + \dfrac{1}{x}| \geqslant 2$, 且对任何 $a \notin (-2, 2)$, $f(x) = a$ 有解 $x = \dfrac{a \pm \sqrt{a^2-4}}{2}$, 因此, 值域 $R = (-\infty, -2] \cup [2, +\infty)$.

(2) 显然, 定义域为 $D = (-\infty, +\infty)$. 由于 $\left|\dfrac{\pi x}{2(1+x^2)}\right| \leqslant \dfrac{\pi(1+x^2)}{4(1+x^2)} = \dfrac{\pi}{4}$, 且对任何 $u \in \left[-\dfrac{\pi}{4}, \dfrac{\pi}{4}\right]$, 存在 x, 使得 $\dfrac{\pi x}{2(1+x^2)} = u$. 所以再由正弦函数的值域可知, 函数 $y = \sin\dfrac{\pi x}{2(1+x^2)}$ 的值域为 $R = \left[-\dfrac{\sqrt{2}}{2}, \dfrac{\sqrt{2}}{2}\right]$.

(3) 反余弦函数的定义域为 $[-1, 1]$, 根据复合函数的要求, 见定义 1.1.1 (4), 有 $-1 \leqslant \dfrac{2x}{1+x} \leqslant 1$, 由此解得 $D = \left[-\dfrac{1}{3}, 1\right]$. 由于 x 取遍 $D = \left[-\dfrac{1}{3}, 1\right]$ 时, $\dfrac{2x}{1+x}$ 取遍 $[-1, 1]$, 所以, 函数 $y = \arccos\dfrac{2x}{1+x}$ 的值域为 $R = [0, \pi]$.

§1.2.4　初等函数

我们在中学阶段已经系统学习过初等函数 (elementary function), 现总结如下.

1. 六类基本初等函数 (basic elementary function)

(1) 常函数 (constant function) $y = c$, c 为常数, 定义域为 $\mathbb{R}$.

(2) 幂函数 (power function) $y = x^a$, a 为非 0 常数.

幂函数的定义域 D 要根据 a 来确定. a 取自然数时, $D = \mathbb{R}$; a 取负整数时, $D = \mathbb{R}\backslash\{0\}$, 而当 $0 < a = \dfrac{q}{p} \in \mathbb{Q}$ 时, 其中 p, q 互质, 则当 p 为奇数时 $D = \mathbb{R}$, 而 p 为偶数时 $D = [0, +\infty)$; 当 $0 > a = \dfrac{q}{p} \in \mathbb{Q}$ 时, 其中 p, q 互质, 则当 p 为奇数时 $D = \mathbb{R}\backslash\{0\}$, 而 p 为偶数时 $D = (0, +\infty)$; 最后, a 为正无理数时, $D = [0, +\infty)$, a 为负无理数时, $D = (0, +\infty)$. 参见图 1.2.6 所示幂函数的部分图形.

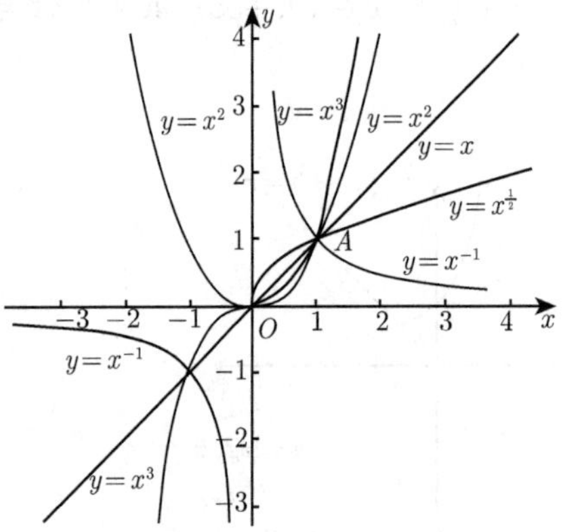

图 1.2.6

(3) 指数函数 (exponential function) $y = a^x, a > 0, a \neq 1, x \in \mathbb{R}$. 参见例 1.2.8.

(4) 对数函数 (logarithmic function) $y = \log_a x, a > 0, a \neq 1, x \in (0, +\infty)$. 参见例 1.2.8.

(5) 三角函数 (trigonometric function): 主要有 6 个.

三角函数在中学数学中已经熟悉, 除了例 1.2.7 以外, 下面简单讨论一下正割函数 $y = \sec x$ 和余割函数 $y = \csc x$.

正割函数 $y = \sec x \doteq \dfrac{1}{\cos x}, x \neq n\pi + \dfrac{\pi}{2}, n \in \mathbb{Z}$. 这是一个周期为 2π 的周期函数, 且既无上界也无下界. 容易验证下列恒等式成立:

$$\sec^2 x = 1 + \tan^2 x, \forall x \neq n\pi + \frac{\pi}{2}, n \in \mathbb{Z}.$$

余割函数 $y = \csc x \doteq \dfrac{1}{\sin x}, x \neq n\pi, n \in \mathbb{Z}$. 这也是一个周期为 2π 的周期函数, 且既无上界也无下界. 同样有下列恒等式成立:

$$\csc^2 x = 1 + \cot^2 x, \forall x \neq n\pi, n \in \mathbb{Z}.$$

(6) 反三角函数 (inverse trigonometric function) 主要有 3 个. 参见例 1.2.7.

以上列出了 6 类基本初等函数, 请熟记其性质与图形.

2. *初等函数*

由基本初等函数经过有限次的加、减、乘、除四则运算或复合运算而得到的函数称为初等函数 (elementary function).

初等函数是我们在中学阶段就很熟悉的函数. 除了上面提到的那些函数以外, 还有一些常见的初等函数. 例如, **双曲函数** (hyperbolic function), 其定义为

$$\operatorname{sh} x \doteq \frac{e^x - e^{-x}}{2}, \operatorname{ch} x \doteq \frac{e^x + e^{-x}}{2}, \operatorname{th} x \doteq \frac{e^x - e^{-x}}{e^x + e^{-x}}.$$

分别称为双曲正弦、双曲余弦和双曲正切, 并且满足

$$\operatorname{ch}^2 x - \operatorname{sh}^2 x = 1, \operatorname{th} x = \frac{\operatorname{sh} x}{\operatorname{ch} x}.$$

以后还将看到, 双曲函数还有其他类似于三角函数的一些性质. 图 1.2.7 是双曲函数的图像.

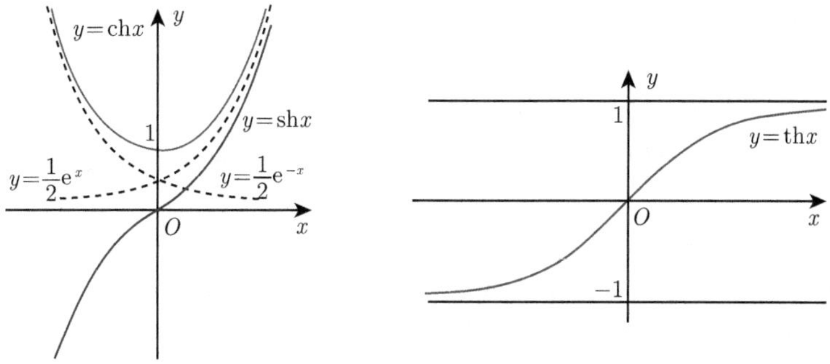

图 1.2.7

需要指出的是, 非初等函数是大量存在的, 我们将在今后的学习中经常遇到. 数学分析课程的研究对象就是函数. 我们需要用新的思想与观点, 或者说现代数学思想来看待函数. 即使是初等函数也需要重新审视. 例如, 对幂函数 $y = x^a$, 当 a 是有理数时, 意义是明确了, 可是, 如果 a 是无理数, x^a 究竟是什么意思? 事实上, 为了透彻地理解 "熟知" 的初等数学, 19 世纪末 20 世纪初世界最有影响力的数学学派——哥廷根学派的创始人, Klein (克莱因) 潜心研究, 撰写了《高观点下的初等数学》(克莱因, 2008).

同时, 为了更深刻地理解微积分, 我们需要再讨论我们再熟悉不过的实数. 数学中的数, 就像物理学中的时间, 人人都知道, 但一旦深究就会遇到极大的挑战. 下一节我们将对实数进行初步的探讨.

习题 1.2

A1. 求下列函数的定义域 (存在域):

(1) $y = \log_2(\log_{\frac{1}{3}} x)$; (2) $y = \sqrt{\sin x^2}$;

(3) $y = \arcsin \dfrac{1}{\sqrt{x^2 - 1}}$; (4) $y = \lg\left(\sin \dfrac{\pi}{x}\right)$.

A2. 判别下列函数的单调性或求其单调区间:

(1) $f(x) = \dfrac{1}{2}x^4 + x^2 - 1$; (2) $f(x) = \sin^2 x$; (3) $f(x) = \log_a(x + \sqrt{1 + x^2}), a > 0$ 且 $a \neq 1$.

A3. 判断下列函数的有界性并简述理由:

(1) $f(x) = \sec x, x \in \left(-\dfrac{\pi}{4}, \dfrac{\pi}{4}\right)$, (2) $f(x) = \sec x, x \in \left(0, \dfrac{\pi}{2}\right)$,

(3) $y = 2^{\sin^2 x}$, (4) $y = \begin{cases} 2 - x, & x \leqslant 0, \\ 2^{-x}, & x > 0. \end{cases}$

A4. 设 $f(x) = \dfrac{x}{\sqrt{1 + x^2}}$, 求它的 n 次迭代函数 $f^{(n)}(x) = (\underbrace{f \circ f \circ f \cdots \circ f}_{n})(x)$.

A5. (1) 设 f 是 $(-\infty, +\infty)$ 上的函数, 且存在非零常数 T, 使得对任何 $x \in (-\infty, +\infty)$, 满足 $f(x + T) = -f(x)$, 证明: f 是周期函数.

(2) 设 f 是 $(-\infty, +\infty)$ 上的函数, 且存在非零常数 T, 使得对任何 $x \in (-\infty, +\infty)$, 满足 $f(x + T) = \dfrac{1}{f(x)}$, 证明: f 是周期函数.

A6. 设函数 f 定义在对称区间 $[-a, a]$ 上, 证明:

(1) 函数 $F(x) = f(x) + f(-x), x \in [-a, a]$ 为偶函数; 而函数 $G(x) = f(x) - f(-x), x \in [-a, a]$ 为奇函数;

(2) $f(x)$ 必可表示为某个偶函数与某个奇函数之和.

C7. 设 $f(x), g(x), x \in D$ 单调递增.

(1) 证明: $f(x) + g(x), x \in D$ 单调递增;

(2) $f(x)g(x), x \in D$ 是否必定单调递增? 又设 $g(x) \neq 0, \forall x \in D$, 那么 $\dfrac{f(x)}{g(x)}, x \in D$ 是否必定单调递增?

C8. 设 $f(x), g(x), x \in D$ 有界.

(1) 证明: $f(x) \pm g(x), x \in D$ 以及 $f(x)g(x), x \in D$ 都有界;

(2) 设 $g(x) \neq 0, \forall x \in D$, 那么 $\dfrac{f(x)}{g(x)}, x \in D$ 有界吗?

§1.3 实 数 系

§1.3.1 实数系的形成

数是数学中的最基本概念, 数的概念的每一次扩充都标志着数学的巨大飞跃. 数的概念从最早的自然数到后来的实数的扩充经历了漫长的阶段. 如果说从自然数到整数, 再到有理数的扩充是十分自然的, 那么从无理数的发现到实数系的正式建立, 则更多的是数学家艰苦努力的结果, 是人类理性精神的伟大成果. 进入 19 世纪, 当微积分必须寻求坚实基础的时候, 数学家才感到, 为实数系建立可靠的逻辑基础十分不易, 但已经是不可回避了. 而这种艰苦努力所产生的丰富结果, 却又以出人意料的方式推动了整个数学的进步.

1. 从自然数到有理数

人类从计数开始, 首先认识了自然数. 负数, 是中国对数学的一个巨大贡献. 早在我国古代秦汉时期 (公元 1 世纪左右) 的算经《九章算术》的第八章 "方程" 中, 就记载了负数的引入. 如把 "卖 (收入)" 作为正, 则 "买 (付出)" 作为负; 把 "余" 作为正, 则 "不足" 作为负; 在关于粮谷计算的问题中, 以益实 (增加粮谷) 为正, 损实 (减少粮谷) 为负. 进一步, 凡遇到具有相反意义的量, 就能用正负数明确地区别了.

而在国外, 负数出现得很晚, 直至公元 1150 年 (比《九章算术》成书晚一千多年), 一位印度人才首先提到了负数, 而且在公元 17 世纪以前, 甚至许多数学家一直持有不承认负数的态度. 如法国大数学家 Vieta (韦达), 尽管他在代数方面作出了巨大贡献, 但他在解方程时却极力回避负数, 并把负数解统统舍去. 有许多数学家由于把零看作 "没有", 他们不能理解比 "没有" 还要 "少" 的现象, 因而认为负数是 "荒谬的". 直到 17 世纪, Descartes 创立了坐标系, 负数获得了几何解释和实际意义, 才逐渐得到了公认.

有理数 (rational number) 一词来源于古希腊, 其英文词根为 ratio, 就是比率的意思. 人类在史前时期就从分配实物等生活、生产劳动中认识了有理数. 古埃及的数学手稿中已经出现了一般的分数, 古希腊和古印度数学家也将有理数理论的研究作为数论研究的一部分. 其中最有名的是公元前 300 年左右的古希腊数学家 Euclid 的《几何原本》.

从数学运算的角度来看, 自然数集 $\mathbb{N}$ 关于加法与乘法运算是封闭的, 即对自然数进行加法与乘法运算后仍然是自然数, 但是 $\mathbb{N}$ 关于减法运算并不封闭. 若扩充到整数集合 $\mathbb{Z}$, 则它关于加法、减法和乘法都封闭了, 但是关于除法是不封闭的. 并且整数集合 $\mathbb{Z}$ 具有 "离散性": 任意两个不同整数之间的距离不小于 1. 而在有理数范围内, 四则运算是封闭的, 并且有理数有稠密性, 即任何两个有理数之间还有有理数, 详见 §1.3.2 节.

2. 无理数的发现

古希腊数学家 Pythagoras (毕达哥拉斯) 在数学上的一项重大发现就是勾股定理, 但由此也发现了一些直角三角形的三边之比不能用整数之比来表达, 也就是勾长或股长与弦长是不可通约的. 这样一来, 就发现了无理数, 否定了 Pythagoras 学派的信条: "万物皆数", 即宇宙间的一切现象都能归结为整数或整数之比. 无理数的发现, 也导致了第一次数学危机的出现.

中国古代数学在处理开方问题时, 也不可避免地碰到无理根数. 对于这种“开之不尽”的数, 《九章算术》直截了当地“以面命之”予以接受, 刘徽注释中的“求其微数”, 实际上是用有理数来无限逼近无理数.

但是, 如何认识无理数, 或理解到底什么是无理数, 这不是一件简单的事. 除了 $\sqrt{2}$ 是无理数, 对任何非完全平方数 k 以及大于 2 的自然数 n, 数 $\sqrt{k}$ 和 $\sqrt[n]{2}$ 等都不是有理数. 又易知 $1+\sqrt{2}$ 也是无理数, 但它不是通过有理数开方而来. 实际上, $1+\sqrt{2}$ 是方程 $x^2-2x-1=0$ 的根, 于是人们找到了扩充无理数的新方法, 即找有理系数多项式的根, 这样产生的数称之为代数数. 然而, 挪威数学家 Abel(阿贝尔) 于 1825 年证明“一般五次方程不能只用根式求解”, 这说明代数数不都能用根式表示. 更令人惊奇的是, 1844 年法国数学家 Liouville(刘维尔) 证明了 $a=0.110001000000000000000001000\cdots=10^{-1}+10^{-2!}+10^{-3!}+\cdots$ 不是一个代数数, 称之为超越数. 这是被发现的第一个超越数, 后来称之为刘维尔数.

到这时, 人们又开始考虑如何认识所有无理数, 到底什么是无理数, 什么是实数.

3. 实数系的建立

实数 (real number) 是有理数与无理数 (irrational number) 的统称. 关于实数的系统引入有多种方法, 常见的包括十进制小数表示、Dedekind (戴德金) 分割或 Cauchy (柯西) 基本列方式以及公理化方式等. 这些方法本质上是一致的, 但这些方法也都有各自的缺陷. 例如, 由于有理数是有限小数, 或无限循环小数, 于是看上去很自然地, 人们把无限不循环小数定义为无理数. 这种定义方式看起来很通俗易懂, 然而十进制小数表示本质上用到了无穷级数的收敛问题, 参见《数学分析》(陈纪修等, 2004), 这样做带来的困难是无法判断一个数是不是无限不循环的, 其四则运算也不易说清楚, 参见《微积分》(斯皮瓦克, 1980). 而其他方式却不是很容易理解. 事实上, 实数理论直到 19 世纪后半叶, 即微积分诞生近 200 年后才真正建立起来, 可见它的确有难度, 初学者接受起来也相当困难. 考虑到学习的方便, 目前我们仍可按照十进制小数来理解实数. 下一小节将初步讨论实数系的性质——实数系的连续性. 实数系建立及其性质的系统讨论见第三册 §17.2 节.

§1.3.2 实数系的连续性

1. 有理数与无理数的稠密性 (density)

容易证明, 任何两个有理数之间还有有理数, 下面证明一个更强的结论.

命题 1.3.1 任意两个实数之间都有无穷多个有理数, 也有无穷多个无理数.

证明 首先, $\forall x\in\mathbb{R},\forall p\in\mathbb{N}^+,\exists q\in\mathbb{Z}$, 使

$$q\leqslant px<q+1, \text{由此得 } 0\leqslant x-\frac{q}{p}<\frac{1}{p},$$

从而 $\left|x-\dfrac{q}{p}\right|<\dfrac{1}{p}$. 因此, 每个实数附近都有有理数, 即实数都可以用有理数来逼近.

其次, 每对实数之间都至少有一个有理数, 即每个区间内都有有理数.

事实上, 对任意实数 $a<b$, 任取 $x\in(a,b)$, 则 $p\in\mathbb{N}^+$ 充分大时, $x-\dfrac{1}{p}\in(a,b)$. 由上面的证明, $\exists q\in\mathbb{Z}$, 使得 $0\leqslant x-\dfrac{q}{p}<\dfrac{1}{p}$, 因此 $\dfrac{q}{p}\in(a,b)$.

由于每对实数之间都至少有一个有理数, 从而每对实数之间必有无穷多个有理数. 事实上, 若某 (a,b) 只有有限个有理数, 则可设 r 是其中最小的有理数, 于是子区间 (a,r) 内没有有理数, 矛盾.

最后, 对任意实数 $a<b$, 由上面的讨论知, 存在有理数 $r\in(a,b)$, 则当 n 充分大时, $r+\dfrac{\sqrt{2}}{n}$ 是 (a,b) 中的无理数. 同上可知, (a,b) 中必有无穷多个无理数. □

2. 实数系的连续性

实数系 $\mathbb{R}$, 又称实数域, 这是因为实数系满足代数学中关于一般 "数域" 的要求. 同时, 实数系还是一个全序域, 即任何两个实数都可以比较大小. 有理数尽管是稠密的, 但并不能布满实数轴, 例如, $\sqrt{2}$ 不是有理数, 它位于有理点集合的空隙处. 但如果把无理数都加进去, 则可以填满整个实数轴, 即实数系是连续的. 这种连续性是微积分的基础, 也是整个分析学的基础. 17、18 世纪的微积分取得了迅猛的发展, 几乎吸引了所有数学家的注意力, 而恰恰是人们对微积分基础的关注, 使得实数系的连续性问题再次突显出来.

实数系的连续性, 从几何角度理解, 就是实数全体布满整个数轴而没有 "空隙". 但从分析角度来看, 则有多种不同的表述方式. 例如, 实数系对于数学分析来说至关重要的 "极限运算" 是足够了, 不必再继续扩大. 而有理数系是不够用的, 因为一列有理数可以趋于无理数, 而一列实数只能趋于实数. 实数的这一性质称为实数的 "完备性". 而下面的 "确界原理" 也是实数系连续性的表述之一, 它作为本教材的出发点.

3. 上确界与下确界

首先, 给出数集有上界、下界及有界的严格定义.

定义 1.3.1 设 S 是一个非空数集, 如果 $\exists M\in\mathbb{R}$, 使得 $\forall x\in S$ 都有 $x\leqslant M$, 则称 S 是有上界的 (bounded above), 而称 M 是 S 的一个上界 (upper bound); 如果 $\exists m\in\mathbb{R}$, 使得 $\forall x\in S$, 都有 $x\geqslant m$, 则称 S 是有下界的 (bounded below), 而称 m 是 S 的一个下界 (lower bound). 当数集 S 既有上界, 又有下界, 则称 S 为有界集.

由此可见, S 有界 $\Longleftrightarrow \exists C>0$, 使得 $|x|\leqslant C, \forall x\in S$.

显然, 任何有限区间 $[a,b]$ 或 $[a,b)$ 或 $(a,b]$ 及其有限个并都是有界集, 而自然数集 $\mathbb{N}$, 有理数集 $\mathbb{Q}$ 以及实数集 $\mathbb{R}$ 都是无界集.

其次, 对闭区间 $[a,b]$ 而言, b 是它的最小的上界, 且 $b\in[a,b]$, 这时 b 是闭区间 $[a,b]$ 的最大数, $b=\max[a,b]$, 而对区间 $[a,b)$ 来说, $[a,b)$ 没有最大数, 但 b 为其最小的上界. 我们将把最小上界称为上确界. 严格定义如下.

定义 1.3.2 设 S 是一个非空数集, 如果存在实数 β 满足下列条件

(1) $\forall x\in S$, $x\leqslant\beta$; (2) $\forall\varepsilon>0, \exists x\in S$, 使得 $x>\beta-\varepsilon$,

则称 β 为 S 的上确界 (supremum), 记为 $\beta=\sup S$.

类似地, α 称为 S 的下确界 (infimum), 记为 $\alpha=\inf S$, 如果

(3) $\forall x\in S, x\geqslant\alpha$; (4) $\forall\varepsilon>0, \exists x\in S$, 使得 $x<\alpha+\varepsilon$.

注 1.3.1 由定义可知, S 的上确界 $\beta=\sup S$ 如果存在的话, 则 β 是 S 的一个上界, 而且是 S 的最小上界, 即任何小于 β 的数都不是 S 的上界.

例 1.3.1 设 $S=(0,1), T=\{x|x$ 为 $[0,1]$ 内的无理数$\}$, 则 $\sup S=\sup T=1$, $\inf S=\inf T=0$. 但这两个集合都既没有最大数, 也没有最小数.

前面已经看到, 一个有界集合的最大数或最小数未必存在, 现在的问题是一个有界集合的上确界与下确界是否必定存在? 答案是肯定的. 这就是所谓实数的连续性问题, 称之为确界原理.

4. 确界原理

定理 1.3.1 (确界原理 (supremum and infimum principle)——实数系连续性定理) 非空有上界的 (实) 数集必有上确界; 非空有下界的 (实) 数集必有下确界.

该定理的直观理解还是不难的, 但证明涉及实数的定义等问题, 我们将不加证明地承认它, 并由此展开数学分析的讨论. 详细的讨论可参见第三册 §17.2、《数学分析》(陈纪修等, 2004) 和《数学分析教程》(常庚哲和史济怀, 2003), 也可参见著名华裔数学家、菲尔兹奖得主 Terence Chi-Shen Tao (陶哲轩) 的分析教材 (中译本)《陶哲轩实分析》(陶哲轩, 2008).

下面我们仅讨论上、下确界的唯一性.

命题 1.3.2 非空数集的上、下确界都是唯一的.

证明 下面仅证明上确界的唯一性. 设 β_1, β_2 都是非空数集 D 的上确界, 若 $\beta_1<\beta_2$, 则由 β_2 为 D 的上确界的定义知, $\exists\, x\in D$, $x>\beta_1$, 但此与 β_1 为 D 的上确界矛盾. 因此,$\beta_1\geqslant\beta_2$. 同理, $\beta_2\geqslant\beta_1$. 由此知, $\beta_1=\beta_2$. □

习题 1.3

A1. 证明: $\sqrt{2}$ 是无理数.

A2. 若 k 不是完全平方数, 证明: $\sqrt{k}$ 是无理数.

A3. 证明: $\sqrt[3]{2}$, $\sqrt{2}+\sqrt{3}$ 都是无理数.

A4. 证明: 无理数 $1+\sqrt{2}$ 不能通过有理数开方而来, 即对任何有理数 r 和正整数 n, 都有 $r\neq(1+\sqrt{2})^n$.

A5. 试分别给出数集 S 无上界、无下界以及无界的正面陈述, 并由此证明: 数集 $S=\{n\cos n\pi \big| n\in\mathbb{N}\}$ 既无上界也无下界.

A6. 确定下列数集的上、下确界:

(1) $S=\left\{x\big|x=1-\dfrac{1}{2^n}, n\in\mathbb{N}^+\right\}$;

(2) $S=\{y\big|y=\sin x$, x 为 $(0,1)$ 内的有理数 $\}$;

(3) $S=\{y\big|y=x-[x], x\in(-\infty,+\infty)\}$.

第 1 章总练习题

1. 设 $f:X\to Y$, 证明: 对任何 $A,B\subset Y$, 有

$$f^{-1}(A\cup B)=f^{-1}(A)\cup f^{-1}(B),$$

$$f^{-1}(A\cap B)=f^{-1}(A)\cap f^{-1}(B).$$

若 $A,B\subset X$, 问下列关系式

$$f(A\cup B)=f(A)\cup f(B),$$

$$f(A\cap B)=f(A)\cap f(B)$$

还成立吗?

2. 证明下列不等式:

(1) 设 a,b,c 为正数, 若 $\frac{a}{b}<\frac{c}{d}$, 则 $\frac{a}{a+b}<\frac{c}{c+d}$.

(2) $1+\frac{1}{4}+\frac{1}{9}+\cdots+\frac{1}{n^2}<2$.

(3) 对 $n\geqslant 2$, $x_i>-1$, $i=1,2,\cdots,n$, 且都同号, 则有

$$(1+x_1)(1+x_2)\cdots(1+x_n)>1+x_1+x_2+\cdots+x_n.$$

3. 证明: 小数函数和 Riemann 函数都是周期函数.

4. 两个周期函数的和是否一定是周期函数? 验证: $f(x)=\sin x$, $g(x)=\cos(\sqrt{2}x)$.

5. 如果设两个周期函数的正周期分别为 T_1,T_2, 试对 T_1,T_2 的关系提个条件以便保证这两个函数的和为周期函数.

6. 证明: 圆周 $(x-\sqrt{2})^2+y^2=2$ 上有唯一的有理点 (x,y), 即 x,y 都是有理数.

第 2 章　数列极限

§2.1　数列极限的概念

§2.1.1　数列与数列极限

1. 数列与数列极限

在中学阶段我们就学习过数列. 数列 (sequence) 是指按照某种顺序排列的一列数. 本教材中的数列均指无穷数列, 记为

$$a_1, a_2, \cdots, a_n, \cdots,$$

简记为 $\{a_n\}$. 以下这些都是数列:

$$\left\{\frac{1}{n}\right\}, \{n^2\}, \{(-1)^n\}, \left\{\frac{n}{n+1}\right\}, \left\{\frac{n+1}{n}\right\}.$$

注意, 尽管记号 $\{a_n\}$ 有时也表示集合, 但数列与可列集是不同的: 因为数列强调顺序关系, 不同的顺序表示不同的数列, 而可列集只是从 $\mathbb{N}^+$ 到 $\mathbb{R}$ 的对应的像集, 无顺序要求. 例如, $[0,1]$ 内的有理数有不同的排列方法, 因此可对应不同的数列.

今后, 关于数列 $\{a_n\}$ 的主要任务是研究 a_n 随 n 无限增大时的变化趋势, 即数列极限. 例如, 数列 $\left\{\dfrac{(-1)^{n-1}}{n}\right\}$, 即

$$1, -\frac{1}{2}, \frac{1}{3}, -\frac{1}{4}, \cdots, \frac{(-1)^{n-1}}{n}, \cdots,$$

容易看到, 当 n 无限增大时, $\dfrac{(-1)^{n-1}}{n}$ 能无限接近 0. 见图 2.1.1.

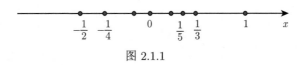

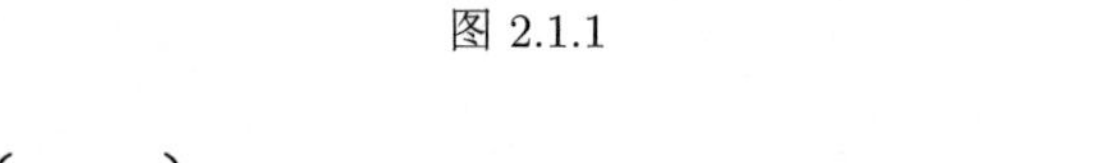

图 2.1.1

同样地, 对数列 $\left\{\dfrac{n}{n+1}\right\}$, 当 n 无限增大时, $a_n = \dfrac{n}{n+1}$ 能无限接近 1, 且它到 1 的距离为 $\dfrac{1}{n+1}$, 当 n 无限增大时该距离无限接近 0.

在正式讨论数列极限的严格概念之前, 我们必须提到中国古代数学家的贡献.

2. 刘徽割圆术

刘徽的“割圆术”是中国古代数学的重要成就之一, 反映了中国先哲们对无限问题的独特认识和处理方式. 在古代数学经典《九章算术》第一章“方田”中有我们现在所熟悉的圆面积公式“半周半径相乘得积步”.

魏晋时期的数学家刘徽于公元 263 年撰写了《九章算术注》, 其中专门写了一篇长约 1800 余字的注记——“割圆术”来证明圆的面积公式. 他从圆内接正六边形开始. 设圆面积为 S_0, 半径为 r, 圆内接正 n 边形边长为 l_n, 周长为 L_n, 面积为 S_n, 将边数加倍后, 得到圆内接正 $2n$ 边形的边长、周长、面积分别记为 l_{2n}, L_{2n}, S_{2n}. 刘徽用“勾股术”得: 若知 L_n, 则可求出圆内接正 $2n$ 边形的面积.

刘徽认为, “觚面之外, 犹有余径, 以面乘余径, 则幂出觚表”, 即有

$$S_{2n} < S_0 < S_n + 2(S_{2n} - S_n) = S_{2n} + (S_{2n} - S_n), \tag{2.1.1}$$

见图 2.1.2 ($n = 6$).

刘徽还指出: “割之弥细, 所失弥少. 割之又割, 以至于不可割, 则与圆周合体而无所失矣.” 刘徽思想的可取之处在于用有限认识无限, 用多边形逼近圆形, 不足之处在于所谓“不可割”与“合体”, 忽视了无限过程, 未意识到永远都不会“合体”. 因此那个时候没有建立起严格的极限概念. 在刘徽之后又经历 1500 多年左右的不断探索, 人们逐步提出了严格的极限概念, 并由西方数学家给出了形式化的数列极限的 ε-N 定义.

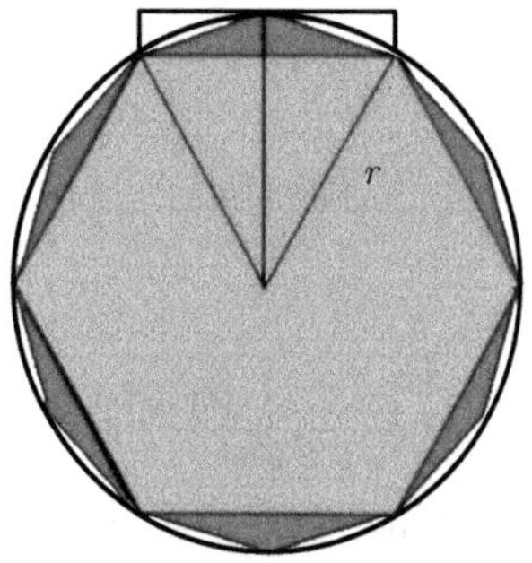

图 2.1.2

§2.1.2 数列极限的 ε-N 定义

上面的例子表明, n 无限增大时 a_n 无限接近 a, 是指 n 无限增大时 $a_n - a$ 无限接近 0. 所以刻画数列 $\{a_n\}$ 收敛于 a, 就变成刻画 n 无限增大时 $a_n - a$ 无限接近 0, 即只要 n 足够大, $|a_n - a|$ 就可以任意小.

为了刻画“任意小”, 我们引入任意正常数 ε; 为了表示 n“足够大”, 我们引入自然数 N. 由此我们引出如下的数列极限定义.

定义 2.1.1 设 $\{a_n\}$ 是一给定数列.

(1) 常数 a 称为数列 $\{a_n\}$ 的极限 (limit), 如果对于任意给定的 $\varepsilon > 0$, 都存在自然数 N, 使得当 $n > N$ 时, 成立

$$|a_n - a| < \varepsilon, \tag{2.1.2}$$

此时也称数列 $\{a_n\}$ 收敛于 a, 记为

$$\lim_{n\to\infty} a_n = a, \tag{2.1.3}$$

有时也记为

$$a_n \to a(n \to \infty). \tag{2.1.4}$$

(2) 数列 $\{a_n\}$ 称为收敛的 (convergent), 如果存在常数 a, 使数列 $\{a_n\}$ 收敛于 a; 否则称该数列发散 (divergent).

上述定义常称为数列极限的 ε-N 定义 (definition of ε-N). 用逻辑符号来表示, 即为

$$\forall \varepsilon > 0, \exists N \in \mathbb{N},\ \forall n > N:\ |a_n - a| < \varepsilon.$$

例 2.1.1 证明 $\lim\limits_{n\to\infty} \dfrac{n}{n+3} = 1.$

证明 对任意给定的 $\varepsilon > 0$, 要使

$$\left|\frac{n}{n+3} - 1\right| = \frac{3}{n+3} < \varepsilon,$$

只需

$$n > \frac{3}{\varepsilon} - 3.$$

N 可以取任意大于 $\dfrac{3}{\varepsilon} - 3$ 的自然数, 例如取 $N = \left[\dfrac{3}{\varepsilon}\right]$, 其中, $\left[\dfrac{3}{\varepsilon}\right]$ 表示 $\dfrac{3}{\varepsilon}$ 的整数部分, 则当 $n > N$ 时, 必有 $n > \dfrac{3}{\varepsilon} - 3$, 于是成立

$$\left|\frac{n}{n+3} - 1\right| = \frac{3}{n+3} < \varepsilon.$$

因此数列 $\left\{\dfrac{n}{n+3}\right\}$ 的极限为 1. □

同样可证, 对任何实数 a, 都有 $\lim\limits_{n\to\infty} \dfrac{n}{n+a} = 1.$

例 2.1.2 设 $|q| < 1$, 证明 $\lim\limits_{n\to\infty} q^n = 0.$

证明 当 $q = 0$ 时, 对任意 n 都有 $q^n = 0$, 显然数列极限为 0.

当 $0 < |q| < 1$ 时, 对任意给定的 $\varepsilon > 0$, 要找自然数 N, 使得当 $n > N$ 时, 成立

$$|q^n - 0| = |q|^n < \varepsilon,$$

对上式两边取对数, 即得

$$n > \frac{\lg \varepsilon}{\lg |q|}.$$

不妨设 $\varepsilon < 1$, 于是可取 $N = \left[\dfrac{\lg \varepsilon}{\lg |q|}\right]$, 则当 $n > N$ 时, 成立

$$|q^n - 0| = |q|^n < |q|^{\frac{\lg \varepsilon}{\lg |q|}} = \varepsilon,$$

因此 $\lim\limits_{n\to\infty} q^n = 0.$ □

思考 对其他 q, 有什么样的结论?

例 2.1.3 求证 $\lim\limits_{n\to\infty} \dfrac{n^2+1}{3n^2-7n} = \dfrac{1}{3}.$

证明 首先我们有

$$\left|\frac{n^2+1}{3n^2-7n}-\frac{1}{3}\right|=\left|\frac{7n+3}{3n(3n-7)}\right|.$$

当 $n>7$ 时,

$$\left|\frac{7n+3}{3n(3n-7)}\right|<\frac{8n}{6n^2}=\frac{4}{3n}. \tag{2.1.5}$$

于是, 对任意给定的 $\varepsilon>0$, 取 $N=\max\left\{7,\left[\frac{4}{3\varepsilon}\right]\right\}$, 当 $n>N$ 时, 成立

$$\left|\frac{n^2+1}{3n^2-7n}-\frac{1}{3}\right|<\frac{4}{3n}<\varepsilon,$$

因此 $\lim\limits_{n\to\infty}\frac{n^2+1}{3n^2-7n}=\frac{1}{3}$. □

同样可证, 对任何常数 a,b 都有 $\lim\limits_{n\to\infty}\frac{n^2+an+b}{3n^2-7n}=\frac{1}{3}$.

例 2.1.4 求证 $\lim\limits_{n\to\infty}(\sqrt{n+1}-\sqrt{n})=0$.

证明 首先有

$$\left|(\sqrt{n+1}-\sqrt{n})-0\right|=\frac{(\sqrt{n+1}-\sqrt{n})(\sqrt{n+1}+\sqrt{n})}{\sqrt{n+1}+\sqrt{n}}=\frac{1}{\sqrt{n+1}+\sqrt{n}}<\frac{1}{2\sqrt{n}}.$$

于是, 对任意给定的 $\varepsilon>0$, 取 $N=\left[\frac{1}{4\varepsilon^2}\right]$, 当 $n>N$ 时, 成立

$$\sqrt{n+1}-\sqrt{n}<\frac{1}{2\sqrt{n}}<\varepsilon.$$

因此 $\lim\limits_{n\to\infty}(\sqrt{n+1}-\sqrt{n})=0$. □

例 2.1.5 求证 $\lim\limits_{n\to\infty}(\sqrt{n^2+n}-\sqrt{n^2-n})=1$.

证明 因为

$$\frac{2n}{n+1+n}\leqslant\sqrt{n^2+n}-\sqrt{n^2-n}=\frac{2n}{\sqrt{n^2+n}+\sqrt{n^2-n}}\leqslant\frac{2n}{n+n-1},$$

所以

$$-\frac{1}{2n+1}\leqslant\sqrt{n^2+n}-\sqrt{n^2-n}-1\leqslant\frac{1}{2n-1},$$

于是, 对任意给定的 $\varepsilon>0$, 取 $N=\left[\frac{1}{2\varepsilon}\right]+1$, 当 $n>N$ 时, 成立

$$\left|(\sqrt{n^2+n}-\sqrt{n^2-n})-1\right|\leqslant\frac{1}{2n-1}<\varepsilon.$$

因此 $\lim\limits_{n\to\infty}(\sqrt{n^2+n}-\sqrt{n^2-n})=1$. □

注 2.1.1 (1) 数轴上以 a 为中心、长为 2ε 的小区间 $(a-\varepsilon, a+\varepsilon)$, 称为 a 的 ε 邻域, 记为 $U(a,\varepsilon)$, ε 称为该邻域的半径. 如果不计其半径, 可简称为 a 的邻域, 记为 $U(a)$. 邻域的概念可以用来刻画数列与极限接近的程度. 事实上, a_n 满足不等式 (2.1.2) 等价于 $a_n \in U(a,\varepsilon)$, 即 a_n 在 a 的 ε 邻域内.

于是, 数列 $\{a_n\}$ 收敛于 a 的充分必要条件是对 a 的任意的邻域 $U(a)$, 落在该邻域外的 a_n 至多有有限多个. 参见图 2.1.3.

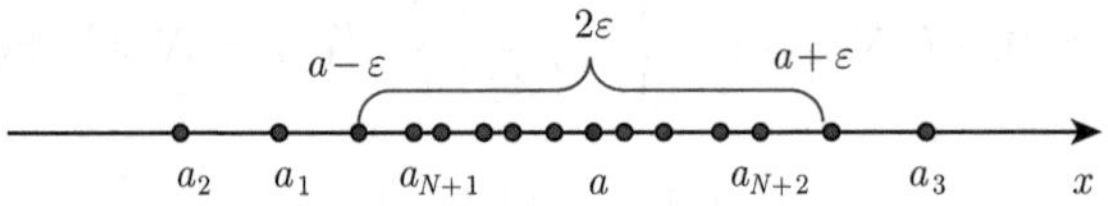

图 2.1.3

(2) 在 ε-N 定义中, 首先, ε 具有任意性, 以此刻画 a_n 与 a 接近的任意性；其次, 仅当 ε 给定时, 我们才能寻求相应的 N. 为了强调 N 对 ε 的依赖性, 我们常记作 $N=N(\varepsilon)$. 再次, N 一般并不是 ε 的函数, 因为它并非由 ε 唯一决定. 事实上, 一旦有一个这样的 N 存在, 那么比它大的正整数都可以选作定义中的 N, 因此 N 强调的是存在性, 关键是找到一个符合要求的 N. 正因为如此, 今后我们经常会像例 2.1.3 中那样, 事先可假定 n 大于某正常数, 并像式 (2.1.5) 那样先适当放大不等式, 以便更容易解得 N. 放大不等式的方法是经常要用到的, 例如例 2.1.4 和例 2.1.5 等.

(3) ε-N 定义是由 Cauchy、Weierstrass (魏尔斯特拉斯) 等大数学家逐步明确提出来的, 正是这样的定义才得以将极限概念严格化, 克服了以往朴素极限概念的弊病, 并得以将微积分建立在严格而坚实的基础之上. 因此, 要想吃透这样的严格定义是需要花时间仔细揣摩和练习的.

例 2.1.6 设 $a>1$, 证明 $\lim\limits_{n\to\infty}\sqrt[n]{a}=1$.

证明 令 $\sqrt[n]{a}=1+y_n$, $y_n>0(n=1,2,3,\cdots)$, 应用 Bernoulli 不等式可得

$$a=(1+y_n)^n \geqslant 1+ny_n,$$

便得到

$$\left|\sqrt[n]{a}-1\right|=|y_n|\leqslant \frac{a-1}{n}.$$

于是, 对于任意给定的 $\varepsilon>0$, 取 $N=\left[\dfrac{a-1}{\varepsilon}\right]$, 当 $n>N$ 时, 成立

$$\left|\sqrt[n]{a}-1\right|\leqslant \frac{a-1}{n}<\varepsilon.$$

因此 $\lim\limits_{n\to\infty}\sqrt[n]{a}=1$. □

例 2.1.7 证明 $\lim\limits_{n\to\infty}\sqrt[n]{n}=1$.

证明 令 $\sqrt[n]{n}=1+y_n$, $y_n>0$, $n=2,3,\cdots$, 应用二项式定理得

$$n=(1+y_n)^n=1+ny_n+\frac{n(n-1)}{2}y_n^2+\cdots+y_n^n>\frac{n(n-1)}{2}y_n^2,$$

因此,

$$\left|\sqrt[n]{n}-1\right| = |y_n| < \sqrt{\frac{2}{n-1}}.$$

于是, 对于任意给定的 $\varepsilon > 0$, 取 $N = \left[1+\frac{2}{\varepsilon^2}\right]$, 当 $n > N$ 时, 成立

$$\left|\sqrt[n]{n}-1\right| < \sqrt{\frac{2}{n-1}} < \varepsilon,$$

即 $\lim\limits_{n\to\infty} \sqrt[n]{n} = 1$. □

习题 2.1

A1. 按 ε-N 定义证明:

(1) $\lim\limits_{n\to\infty} \frac{n-1}{n+1} = 1$; (2) $\lim\limits_{n\to\infty} \frac{2n^2+n}{4n^2+n-1} = \frac{1}{2}$; (3) $\lim\limits_{n\to\infty} \frac{n!}{n^n} = 0$;

(4) $\lim\limits_{n\to\infty} \frac{\sqrt{n^2+2n}}{n} = 1$; (5) $\lim\limits_{n\to\infty} \frac{1+2+3+\cdots+n}{n^3} = 0$; (6) $\lim\limits_{n\to\infty} \left(1+\frac{(-1)^n}{n}\right) = 1$.

A2. 按 ε-N 定义证明:

(1) $\lim\limits_{n\to\infty} \sqrt[n]{n^2+1} = 1$; (2) $\lim\limits_{n\to\infty} (\sqrt{n^2+n}-n) = \frac{1}{2}$;

(3) $\lim\limits_{n\to\infty} a_n = 1$, 其中, $a_n = \begin{cases} 1-3^{-n}, & n\text{为偶数}, \\ \frac{\sqrt{n^2+2n}}{n}, & n\text{为奇数}. \end{cases}$

A3. 证明: 若 $\lim\limits_{n\to\infty} a_n = a$, 则对任一正整数 k, 有 $\lim\limits_{n\to\infty} a_{n+k} = a$.

C4. 下列条件是否与 $\lim\limits_{n\to\infty} x_n = a$ 的 ε-N 定义等价? 为什么?

(1) 对任意的 $\varepsilon > 0$, 总存在无穷多个 x_n, 使 $|x_n - a| < \varepsilon$;

(2) 对任意的 $\varepsilon > 0$, 总存在自然数 N, 当 $n \geqslant N$ 时, 有 $|x_n - a| < 2\varepsilon$;

(3) 对任意的 $\varepsilon > 0$, 总存在自然数 N, 当 $n \geqslant N$ 时, 有 $|x_n - a| \leqslant \varepsilon$;

(4) 对任意 $\varepsilon > 0$, 位于 a 的 ε 邻域外的 x_n 只有有限多个;

(5) 对任意自然数 k, 总存在自然数 N_k, 当 $n > N_k$ 时, 有 $|x_n - a| < \frac{1}{k}$.

§2.2 数列极限的性质

§2.2.1 数列极限的基本性质

收敛的数列有一些基本性质, 分述如下.

1. 极限的唯一性

定理 2.2.1 收敛数列的极限必是唯一的.

证明 假设 $\{a_n\}$ 有极限 a 与 b , 根据极限的定义, $\forall\varepsilon > 0$,

$$\exists N_1, \forall n > N_1 : |a_n - a| < \frac{\varepsilon}{2};$$

$$\exists N_2, \forall n > N_2 : |a_n - b| < \frac{\varepsilon}{2}.$$

取 $N=\max\{N_1,N_2\}$, 则当 $n>N$ 时上述两个不等式同时成立. 于是由三角不等式有

$$\begin{aligned}|a-b|&=|a-a_n+a_n-b|\\&\leqslant|a_n-a|+|a_n-b|<\frac{\varepsilon}{2}+\frac{\varepsilon}{2}=\varepsilon.\end{aligned}$$

由 ε 的任意性即知 $a=b$. □

2. 收敛的必要条件

定理 2.2.2 收敛数列必有界.

证明 设数列 $\{a_n\}$ 收敛于 a, 由极限的定义, 对 $\varepsilon=1$, $\exists N, \forall n>N: |a_n-a|<1$, 即

$$a-1<a_n<a+1.$$

取 $M=\max\{a_1,a_2,\cdots,a_N,a+1\}$, $m=\min\{a_1,a_2,\cdots,a_N,a-1\}$, 则对 $\{a_n\}$ 所有项都满足 $m\leqslant a_n\leqslant M$. 因此 $\{a_n\}$ 有界. □

注意: 该定理的逆命题不成立, 即有界数列未必收敛. 例如, $\{(-1)^n\}$.

3. 保序性 (order preserving)

定理 2.2.3 (保序性) 若 $\lim\limits_{n\to\infty}a_n=a$, $\lim\limits_{n\to\infty}b_n=b$, 且 $a<b$, 则存在正整数 N, 当 $n>N$ 时, 成立 $a_n<b_n$.

证明 取 $\varepsilon=\dfrac{b-a}{2}>0$. 由 $\lim\limits_{n\to\infty}a_n=a, \exists N_1, \forall n>N_1: |a_n-a|<\dfrac{b-a}{2}$, 因而

$$a_n<a+\frac{b-a}{2}=\frac{a+b}{2}.$$

而由 $\lim\limits_{n\to\infty}b_n=b, \exists N_2, \forall n>N_2: |b_n-b|<\dfrac{b-a}{2}$, 因而

$$b_n>b-\frac{b-a}{2}=\frac{a+b}{2}.$$

取 $N=\max\{N_1,N_2\}$, 则 $\forall n>N$, 有

$$a_n<\frac{a+b}{2}<b_n.$$ □

推论 2.2.1 (保号性) 设数列 $\lim\limits_{n\to\infty}b_n=b$, 则对任何 $a<b<c$, 存在正整数 N, 当 $n>N$ 时, 必有 $a<b_n<c$. 特别地, 若数列的极限为正, 则从某一项开始数列的每一项都为正.

证明 在保序性定理中, 任取定 $a<b, a_n\equiv a, n\in\mathbb{N}$, 则存在 $N>0$, $n>N: b_n>a_n=a$. 同理, 存在 $N>0$, $n>N: b_n<c$. □

由数列极限的保序性和反证法立得下面的极限的不等式性质.

推论 2.2.2 (不等式性质) 设 $\lim\limits_{n\to\infty}a_n=a$, $\lim\limits_{n\to\infty}b_n=b$, 且从某一项开始, $a_n\leqslant b_n$, 则 $a\leqslant b$.

注 2.2.1 即使 $a_n<b_n, \forall n\in\mathbb{N}^+$, 也未必有 $a<b$. 例如, $a_n=\dfrac{1}{n}, b_n=\dfrac{2}{n}$, $a_n<b_n$, 但 $a=b$.

4. 绝对值性质

定理 2.2.4 设数列 $\{a_n\}$ 收敛于 a, 则 $\{|a_n|\}$ 收敛于 $|a|$.

证明 由数列 $\{a_n\}$ 收敛到 a 可知: $\forall\varepsilon>0,\exists N,\forall n>N:|a_n-a|<\varepsilon$. 此时对于数列 $|a_n|$ 有

$$||a_n|-|a||\leqslant|a_n-a|<\varepsilon,$$

故 $\{|a_n|\}$ 收敛于 $|a|$. □

思考 该定理的逆成立吗?

5. 夹逼性质 (迫敛性质) (squeezing principle)

定理 2.2.5 给定三个数列 $\{a_n\}$, $\{b_n\}$, $\{c_n\}$, 若从某项开始成立

$$a_n\leqslant b_n\leqslant c_n, \tag{2.2.1}$$

且

$$\lim_{n\to\infty}a_n=\lim_{n\to\infty}c_n=a,$$

则 $\lim\limits_{n\to\infty}b_n=a$.

证明 假设从 N_0 项开始不等式 (2.2.1) 成立.

$\forall\varepsilon>0$, 由 $\lim\limits_{n\to\infty}a_n=a$, 可知 $\exists N_1,\forall n>N_1:|a_n-a|<\varepsilon$, 从而有

$$a-\varepsilon<a_n;$$

由 $\lim\limits_{n\to\infty}c_n=a$, 可知 $\exists N_2,\forall n>N_2:|c_n-a|<\varepsilon$, 从而有

$$c_n<a+\varepsilon.$$

取 $N=\max\{N_0,N_1,N_2\}$, 则 $\forall n>N$, 有

$$a-\varepsilon<a_n\leqslant b_n\leqslant c_n<a+\varepsilon,$$

此即

$$|b_n-a|<\varepsilon,$$

所以 $\lim\limits_{n\to\infty}b_n=a$. □

注 2.2.2 夹逼性质是判断数列收敛并求出极限值的重要方法之一. 在求比较复杂的数列 $\{b_n\}$ 的极限时, 往往需要先进行适当的放大与缩小. 例如, 将 b_n 放大为 c_n, 缩小为 a_n, 如果 $\{a_n\}$ 和 $\{c_n\}$ 的极限易求, 且两者相同, 则由上面的夹逼性质即可求出 $\{b_n\}$ 的极限. 请看下面的例 2.2.1.

例 2.2.1 求极限 $\lim\limits_{n\to\infty}(\sqrt{n^2+n}-n)$.

解 $\sqrt{n^2+n}-n=\dfrac{n}{\sqrt{n^2+n}+n}$, 由

$$\frac{n}{n+1+n}\leqslant\frac{n}{\sqrt{n^2+n}+n}\leqslant\frac{n}{n+n}=\frac{1}{2},$$

以及 $\lim\limits_{n\to\infty}\dfrac{n}{2n+1}=\dfrac{1}{2}$ 知 $\lim\limits_{n\to\infty}(\sqrt{n^2+n}-n)=\dfrac{1}{2}$.

类似地, 利用夹逼性质可以简化例 2.1.5 的证明, 请读者自己完成.

§2.2.2　数列极限的四则运算法则

收敛数列有如下四则运算 (rational operation) 法则.

定理 2.2.6　设 $\lim\limits_{n\to\infty} a_n = a, \lim\limits_{n\to\infty} b_n = b, \alpha, \beta$ 为常数, 则

(1) $\lim\limits_{n\to\infty} (\alpha a_n + \beta b_n) = \alpha a + \beta b;$

(2) $\lim\limits_{n\to\infty} a_n b_n = ab;$

(3) $\lim\limits_{n\to\infty} \dfrac{a_n}{b_n} = \dfrac{a}{b}, (b \neq 0).$

证明　由 $\lim\limits_{n\to\infty} a_n = a$ 可知, $\exists X > 0$, 使得 $\forall n \in \mathbb{N}^+ : |a_n| \leqslant X$, 且 $\forall \varepsilon > 0, \exists N_1, \forall n > N_1 : |a_n - a| < \varepsilon$. 再由 $\lim\limits_{n\to\infty} b_n = b$ 可知, $\exists N_2, \forall n > N_2 : |b_n - b| < \varepsilon$.

取 $N = \max\{N_1, N_2\}, \forall n > N :$

$$
\begin{aligned}
&|(\alpha a_n + \beta b_n) - (\alpha a + \beta b)| \\
\leqslant &|\alpha| \cdot |a_n - a| + |\beta| \cdot |b_n - b| < (|\alpha| + |\beta|)\varepsilon,
\end{aligned}
$$

以及

$$
|a_n b_n - ab| = |a_n(b_n - b) + b(a_n - a)| < (X + |b|)\varepsilon,
$$

因此 (1) 和 (2) 成立.

最后证明 (3). 由数列极限的绝对值性质知, $|b_n| \to |b|$, 再由保号性的证明过程知, $\exists N_0, \forall n > N_0 : |b_n| > \dfrac{|b|}{2}$. 取 $N = \max\{N_0, N_1, N_2\}, \forall n > N :$

$$
\left| \frac{a_n}{b_n} - \frac{a}{b} \right| = \left| \frac{b(a_n - a) - a(b_n - b)}{b_n b} \right| < \frac{2(|a| + |b|)}{b^2} \varepsilon.
$$

因此 (3) 也成立. □

例 2.2.2　求极限 $\lim\limits_{n\to\infty} \dfrac{n^2 + 1}{3n^2 - 7n}$.

解　由于

$$
\frac{n^2 + 1}{3n^2 - 7n} = \frac{1 + \frac{1}{n^2}}{3 - \frac{7}{n}},
$$

而 $\lim\limits_{n\to\infty} \left(1 + \dfrac{1}{n^2}\right) = 1, \lim\limits_{n\to\infty} \left(3 - \dfrac{7}{n}\right) = 3$, 所以

$$
\lim_{n\to\infty} \frac{n^2 + 1}{3n^2 - 7n} = \frac{1}{3}.
$$

例 2.2.3　求极限 $\lim\limits_{n\to\infty} \dfrac{4^{n+1} - (-3)^n}{5 \cdot 4^n + 2 \cdot 3^{n+1}}$.

解　将分子分母同除以 4^n 即可得

$$
\lim_{n\to\infty} \frac{4^{n+1} - (-3)^n}{5 \cdot 4^n + 2 \cdot 3^{n+1}} = \lim_{n\to\infty} \frac{4 - \left(\frac{-3}{4}\right)^n}{5 + 6 \cdot \left(\frac{3}{4}\right)^n} = \frac{4}{5}.
$$

例 2.2.4 设 $a>0$, 证明 $\lim\limits_{n\to\infty}\sqrt[n]{a}=1$.

解 由例 2.1.6 知道, 当 $a>1$ 时, $\lim\limits_{n\to\infty}\sqrt[n]{a}=1$. 当 $a=1$ 时, 结论是平凡的. 现考虑 $0<a<1$. 这时 $\dfrac{1}{a}>1$, 利用极限的四则运算,

$$\lim_{n\to\infty}\sqrt[n]{a}=\lim_{n\to\infty}\frac{1}{\sqrt[n]{\frac{1}{a}}}=1.$$

再看两个例子.

例 2.2.5 求极限 $\lim\limits_{n\to\infty}\sqrt[n]{3^n+4^n}$.

解 因为

$$4=\sqrt[n]{4^n}\leqslant\sqrt[n]{3^n+4^n}\leqslant\sqrt[n]{2\cdot 4^n}=4\sqrt[n]{2},$$

由 $\lim\limits_{n\to\infty}\sqrt[n]{2}=1$ 及极限夹逼性得到

$$\lim_{n\to\infty}\sqrt[n]{3^n+4^n}=4.$$

一般地, 对任何 k 个正数 $a_1,a_2,\cdots,a_k$, 有

$$\lim_{n\to\infty}\sqrt[n]{a_1^n+a_2^n+\cdots+a_k^n}=\max\{a_1,a_2,\cdots,a_k\}.$$

证明留作习题.

例 2.2.6 设 $\lim\limits_{n\to\infty}a_n=a$, 则

$$\lim_{n\to\infty}\frac{a_1+a_2+\cdots+a_n}{n}=a.$$

证明 先假设 $a=0$. 则对任意给定的 $\varepsilon>0$, 存在正整数 N_1, 当 $n>N_1$ 时, 成立

$$|a_n|<\frac{\varepsilon}{2}. \tag{2.2.2}$$

由于 $a_1+a_2+\cdots+a_{N_1}$ 是一个固定的数, 因此可以取 $N>N_1$, 使得当 $n>N$ 时成立

$$\left|\frac{a_1+a_2+\cdots+a_{N_1}}{n}\right|<\frac{\varepsilon}{2}. \tag{2.2.3}$$

于是, 当 $n>N$ 时式 (2.2.2) 和式 (2.2.3) 都成立. 再利用三角不等式就得到:

$$\begin{aligned}\left|\frac{a_1+a_2+\cdots+a_n}{n}\right|&=\left|\frac{a_1+a_2+\cdots+a_{N_1}}{n}+\frac{a_{N_1+1}+a_{N_1+2}+\cdots+a_n}{n}\right|\\&\leqslant\left|\frac{a_1+a_2+\cdots+a_{N_1}}{n}\right|+\left|\frac{a_{N_1+1}+a_{N_1+2}+\cdots+a_n}{n}\right|\\&<\frac{\varepsilon}{2}+\frac{\varepsilon}{2}\cdot\frac{n-N_1}{n}<\varepsilon.\end{aligned}$$

当 $a\neq 0$ 时, $\{a_n-a\}$ 极限为 0, 于是应用刚证得的结果就有

$$
\begin{aligned}
&\lim_{n\to\infty}\left(\frac{a_1+a_2+\cdots+a_n}{n}-a\right)\\
=&\lim_{n\to\infty}\frac{(a_1-a)+(a_2-a)+\cdots+(a_n-a)}{n}=0.
\end{aligned}
$$

此即

$$
\lim_{n\to\infty}\frac{a_1+a_2+\cdots+a_n}{n}=a. \qquad \square
$$

§2.2.3 无穷小数列与无穷大数列

本小节专门研究两类特殊的数列, 即无穷小数列与无穷大数列, 并介绍处理所谓 $\frac{\infty}{\infty}$ 型不定式极限的 Stolz 公式.

1. 无穷小数列

定义 2.2.1 若数列 $\{a_n\}$ 极限为 0, 则称 $\{a_n\}$ 为无穷小数列 (infinitely small sequence), 或无穷小量 (infinitesimal).

易见 $\left\{\dfrac{1}{1+\sqrt{n}}\right\}$ 是无穷小数列, $\left\{\dfrac{n!}{n^n}\right\}$ 也是为无穷小数列: $0<\dfrac{n!}{n^n}\leqslant\dfrac{1}{n}$, $\forall n\in\mathbb{N}^+$.

由极限性质容易证明下面的命题 (证明留作习题).

命题 2.2.1 无穷小数列具有下列性质:

(1) $\lim\limits_{n\to\infty}a_n=a \iff \{a_n-a\}$ 为无穷小数列 $\iff a_n=a+\alpha_n$, 其中 α_n 为无穷小数列;

(2) $\{a_n\}$ 为无穷小数列 $\iff \{|a_n|\}$ 为无穷小数列;

(3) 两个无穷小数列的和、差以及乘积仍然为无穷小数列;

(4) 设 $\{a_n\}$ 为无穷小数列, $\{b_n\}$ 为有界数列, 则 $\{a_nb_n\}$ 为无穷小数列.

2. 无穷大数列

定义 2.2.2 若对于任意给定的 $G>0$, 总可以找到正整数 N, 使得当 $n>N$ 时成立 $|a_n|>G$, 则称数列 $\{a_n\}$ 是无穷大数列 (infinitely large sequence), 或无穷大量 (infinitely large quantity), 记为 $\lim\limits_{n\to\infty}a_n=\infty$. 此时也称数列的广义极限是 ∞.

如果无穷大数列 $\{a_n\}$ 从某一项开始都是正的 (或都是负的), 则称其为正无穷大数列 (positive infinitely large quantity) (或负无穷大数列 (negative infinitely large quantity)), 统称为定号无穷大数列, 分别记为 $\lim\limits_{n\to\infty}a_n=+\infty$, 或 $\lim\limits_{n\to\infty}a_n=-\infty$.

例如: $\{n^2\}$ 是正无穷大数列, $\{-2^n\}$ 是负无穷大数列, 而 $\{(-2)^n\}$ 是 (不定号) 无穷大数列.

注 2.2.3 在极限定义 2.1.1 中我们用 ε 表示任意给定的小正数, 与此相类似, 这里的 G 表示任意给定的大正数, 我们可以事先要求它大于某个正数, 但不能要求它小于某个正数.

也是与定义 2.1.1 同样, 这里 G 既是任意的, 又是给定的: 对于给定的 G, 我们寻找 N, 一般来说, $N=N(G)$ 表示 N 与 G 有关, 但不是说由 N 唯一确定. 事实上, 我们只要找到一个 N, 则对任何 $N'>N$, 都可以作为定义中的 N.

例 2.2.7 证明: $|q|>1$ 时, 数列 $\{q^n\}$ 为无穷大数列, 特别地, 若 $q>1$, 则 $\{q^n\}$ 为正无穷大数列.

证明 $\forall G>1$, 取 $N=\left[\dfrac{\lg G}{\lg|q|}\right]$, 于是 $\forall n>N$, 成立

$$|q|^n>|q|^{\frac{\lg G}{\lg|q|}}=G,$$

因此, q^n 是无穷大数列. 当 $q>1$ 时, q^n 趋于 $+\infty$, 是正无穷大数列. □

例 2.2.8 证明: $\left\{\dfrac{n^2-1}{n+5}\right\}$ 是正无穷大数列.

证明 当 $n>5$ 时, 有不等式

$$\frac{n^2-1}{n+5}>\frac{n}{2},$$

于是, $\forall G>0$, 取 $N=\max\{[2G],5\}$, $\forall n>N$ 成立

$$\frac{n^2-1}{n+5}>\frac{n}{2}>G.$$

因此 $\left\{\dfrac{n^2-1}{n+5}\right\}$ 是正无穷大数列. □

例 2.2.9 证明: $\left\{\dfrac{1}{\sqrt{n+1}}+\dfrac{1}{\sqrt{n+2}}+\cdots+\dfrac{1}{\sqrt{2n}}\right\}$ 是正无穷大数列.

证明 由于

$$\frac{1}{\sqrt{n+1}}+\frac{1}{\sqrt{n+2}}+\cdots+\frac{1}{\sqrt{2n}}>\frac{n}{\sqrt{2n}}=\sqrt{\frac{n}{2}},$$

于是, $\forall G>0$, 取 $N=[2G^2]$, 当 $\forall n>N$ 时成立

$$\frac{1}{\sqrt{n+1}}+\frac{1}{\sqrt{n+2}}+\cdots+\frac{1}{\sqrt{2n}}>\sqrt{\frac{n}{2}}>G.$$

因此 $\left\{\dfrac{1}{\sqrt{n+1}}+\dfrac{1}{\sqrt{n+2}}+\cdots+\dfrac{1}{\sqrt{2n}}\right\}$ 是正无穷大数列. □

类似于无穷小量的性质, 容易证明:

命题 2.2.2 无穷大量具有下列性质

(1) 两同号无穷大数列之和仍然是该符号的无穷大数列, 而异号无穷大数列之差是无穷大数列, 其符号与被减无穷大数列的符号相同;

(2) 无穷大数列与有界数列之和或差仍然是无穷大数列;

(3) 两同号无穷大数列之积为正无穷大数列, 而异号无穷大数列之积为负无穷大数列;

(4) 设 $\{a_n\}$ 是无穷大数列, 若存在 $\delta>0, N>0$, 使 $\forall n>N$, 都有 $|b_n|\geqslant\delta$, 则 $\{a_nb_n\}$ 是无穷大数列.

特别地, 若 $\{a_n\}$ 是无穷大数列, $\lim\limits_{n\to\infty}b_n=b\neq0$, 则 $\{a_nb_n\}$ 和 $\left\{\dfrac{a_n}{b_n}\right\}$ 都是无穷大数列.

例 2.2.10 易见下列结果成立:

(1) $\lim\limits_{n\to\infty}(2^n+\lg n)=+\infty$;　　(2) $\lim\limits_{n\to\infty}\left(n-\lg n\right)=+\infty$;

(3) $\lim\limits_{n\to\infty}\lg n\arctan n=+\infty$;　　(4) $\lim\limits_{n\to\infty}\dfrac{n}{\cos n}=\infty$.

注 2.2.4 一般来说, 两个同号无穷大数列之差是不定的. 例 2.1.4、例 2.1.5、例 2.2.1 以及例 2.2.10(2) 虽然都是 $\infty-\infty$ 型的极限, 但前三者极限都存在, 而例 2.2.10(2) 极限不存在. 因此, 对这类极限四则运算法则不成立.

例 2.2.11 讨论极限

$$\lim_{n\to\infty}\frac{a_0n^k+a_1n^{k-1}+\cdots+a_{k-1}n+a_k}{b_0n^l+b_1n^{l-1}+\cdots+b_{l-1}n+b_l},$$

其中, k,l 为正整数, $a_0\cdot b_0\neq 0$.

解

$$\frac{a_0n^k+a_1n^{k-1}+\cdots+a_{k-1}n+a_k}{b_0n^l+b_1n^{l-1}+\cdots+b_{l-1}n+b_l}=n^{k-l}\frac{a_0+\frac{a_1}{n}+\cdots+\frac{a_{k-1}}{n^{k-1}}+\frac{a_k}{n^k}}{b_0+\frac{b_1}{n}+\cdots+\frac{b_{l-1}}{n^{l-1}}+\frac{b_l}{n^l}}.$$

由

$$\lim_{n\to\infty}\frac{a_0+\frac{a_1}{n}+\cdots+\frac{a_{k-1}}{n^{k-1}}+\frac{a_k}{n^k}}{b_0+\frac{b_1}{n}+\cdots+\frac{b_{l-1}}{n^{l-1}}+\frac{b_l}{n^l}}=\frac{a_0}{b_0}\neq 0,$$

可以得到

$$\lim_{n\to\infty}\frac{a_0n^k+a_1n^{k-1}+\cdots+a_{k-1}n+a_k}{b_0n^l+b_1n^{l-1}+\cdots+b_{l-1}n+b_l}=\begin{cases}0, & k<l,\\ \dfrac{a_0}{b_0}, & k=l,\\ \infty, & k>l.\end{cases}$$

3. 无穷小数列与无穷大数列的关系

容易想到无穷小数列与无穷大数列有如下关系:

定理 2.2.7 设 $\forall n\in\mathbb{N}^+$, $x_n\neq 0$, 则 $\{x_n\}$ 是无穷大数列当且仅当 $\left\{\dfrac{1}{x_n}\right\}$ 是无穷小数列.

证明 设 $\{x_n\}$ 是无穷大数列. $\forall\varepsilon>0$, 对 $G=\dfrac{1}{\varepsilon}>0$, 必 $\exists N$, $\forall n>N$, 有 $|x_n|>G=\dfrac{1}{\varepsilon}$, 从而 $\left|\dfrac{1}{x_n}\right|<\varepsilon$, 即 $\left\{\dfrac{1}{x_n}\right\}$ 是无穷小数列.

反过来, 设 $\left\{\dfrac{1}{x_n}\right\}$ 是无穷小数列, $\forall G>0$, 取 $\varepsilon=\dfrac{1}{G}>0$, 于是 $\exists N$, $\forall n>N$: $\left|\dfrac{1}{x_n}\right|<\varepsilon=\dfrac{1}{G}$, 从而 $|x_n|>G$, 即 $\{x_n\}$ 是无穷大数列. □

4. 不定式极限与 Stolz 定理

本段梳理一下所谓待定型或不定式 (indeterminate form) 的极限. 由命题 2.2.1 知道, 两个无穷小数列的和、差、积都必定是无穷小数列. 但两个无穷小数列的商却未必是无穷小数列, 甚至有可能是无界的量, 所以无法给出类似命题 2.2.1 那样的一般的判断. 一般地, 我们把两个无穷小数列的商称为是 $\dfrac{0}{0}$ 型的不定式, 或待定型.

总结一下, 不定式的类型共有七种, 我们以易于理解的符号表示如下:

$$\frac{0}{0},\quad \frac{\infty}{\infty},\quad 0\cdot\infty,\quad \infty-\infty,\quad 1^\infty,\quad \infty^0,\quad 0^0.$$

其中最基本的类型是

$$\frac{0}{0}, \frac{\infty}{\infty}.$$

说它们基本, 是因为其他形式的不定式极限都可以化为这两种不定式极限来处理. 详细的讨论参见 §5.2.2.

下面的 Stolz 定理是处理 $\dfrac{\infty}{\infty}$ 型数列极限的重要工具之一.

定理 2.2.8 (Stolz 定理 (Stolz theorem)) 给定两数列 $\{x_n\}$ 和 $\{y_n\}$, 其中 $\{y_n\}$ 为严格单调递增的正无穷大数列, 即

$$y_n < y_{n+1}, \forall n \in \mathbb{N}^+;\ y_n \to +\infty (n \to \infty),$$

且

$$\lim_{n\to\infty} \frac{x_n - x_{n-1}}{y_n - y_{n-1}} = a\,(a\text{可以为有限数, 或}\pm\infty),$$

则

$$\lim_{n\to\infty} \frac{x_n}{y_n} = a.$$

证明参见《数学分析讲义 (第一册)》定理 2.2.8 (张福保等, 2019). 应用该定理, 很容易证明前面用 ε-N 定义证明过的例 2.2.6: 即若 $\lim\limits_{n\to\infty} a_n = a$, 则

$$\lim_{n\to\infty} \frac{a_1 + a_2 + \cdots + a_n}{n} = a.$$

下面再看两个例子.

例 2.2.12 设 $\lim\limits_{n\to\infty} a_n = a$, 求极限

$$\lim_{n\to\infty} \frac{a_1 + 2a_2 + \cdots + na_n}{n^2}.$$

解 令 $x_n = a_1 + 2a_2 + \cdots + na_n$, $y_n = n^2$, 则 $\{y_n\}$ 是严格单调递增的正无穷大数列, 由

$$\begin{aligned}\lim_{n\to\infty} \frac{x_n - x_{n-1}}{y_n - y_{n-1}} &= \lim_{n\to\infty} \frac{na_n}{n^2 - (n-1)^2} \\ &= \lim_{n\to\infty} \frac{na_n}{2n-1} = \frac{a}{2}\end{aligned}$$

得到

$$\lim_{n\to\infty} \frac{a_1 + 2a_2 + \cdots + na_n}{n^2} = \frac{a}{2}.$$

例 2.2.13 求极限

$$\lim_{n\to\infty} \frac{1^k + 2^k + \cdots + n^k}{n^{k+1}}\ (\text{其中} k \text{ 为自然数}).$$

解　令 $x_n = 1^k + 2^k + \cdots + n^k$, $y_n = n^{k+1}$, 由

$$\lim_{n\to\infty}\frac{x_n - x_{n-1}}{y_n - y_{n-1}} = \lim_{n\to\infty}\frac{n^k}{n^{k+1} - (n-1)^{k+1}}$$
$$= \lim_{n\to\infty}\frac{n^k}{(k+1)n^k - C_{k+1}^2 n^{k-1} + \cdots} = \frac{1}{k+1},$$

得到

$$\lim_{n\to\infty}\frac{1^k + 2^k + \cdots + n^k}{n^{k+1}} = \frac{1}{k+1}.$$

习题 2.2

A1. 求下列极限:

(1) $\lim\limits_{n\to\infty}\dfrac{3n^3 - 4n^2 + 1}{4n^3 + 5n + 2}$;　　(2) $\lim\limits_{n\to\infty}\dfrac{3n+2}{n^2+1}$;

(3) $\lim\limits_{n\to\infty}\dfrac{(-2)^n + 3^{n+1}}{(-2)^{n+1} + 3^n}$;　　(4) $\lim\limits_{n\to\infty}\sqrt{n}(\sqrt{n+2} - \sqrt{n-1})$;

(5) $\lim\limits_{n\to\infty}\left(\dfrac{1}{1\cdot 2} + \dfrac{1}{2\cdot 3} + \cdots + \dfrac{1}{n\cdot(n+1)}\right)$;　　(6) $\lim\limits_{n\to\infty}\left(\dfrac{1}{2} + \dfrac{3}{2^2} + \cdots + \dfrac{2n-1}{2^n}\right)$.

A2. 求下列极限:

(1) $\lim\limits_{n\to\infty}\left(\sqrt[n]{1} + \sqrt[n]{2} + \cdots + \sqrt[n]{8}\right)$;　　(2) $\lim\limits_{n\to\infty}(\sqrt[n]{2} - 1)\sin n$;

(3) $\lim\limits_{n\to\infty}\sqrt[n]{1 - \dfrac{1}{n}}$;　　(4) $\lim\limits_{n\to\infty}\sqrt[n]{n^2\ln n}$;

(5) $\lim\limits_{n\to\infty}\left(\dfrac{1}{n^2} + \dfrac{1}{(n+1)^2} + \cdots + \dfrac{1}{(2n)^2}\right)$;　　(6) $\lim\limits_{n\to\infty}\left(\dfrac{1}{\sqrt{n^2+1}} + \dfrac{1}{\sqrt{n^2+2}} + \cdots + \dfrac{1}{\sqrt{n^2+n}}\right)$.

A3. 设 $a_1, a_2, \cdots, a_m$ 为 m 个正数, 证明:

$$\lim_{n\to\infty}\sqrt[n]{a_1^n + a_2^n + \cdots + a_m^n} = \max\{a_1, a_2, \cdots, a_m\}.$$

A4. 设数列 $\{a_n\}$ 满足下列条件: 存在正常数 m, M, 使 $0 < m \leqslant a_n \leqslant M, \forall n \in \mathbb{N}^+$, 证明: $\lim\limits_{n\to\infty}\sqrt[n]{a_n} = 1$.

A5. 证明: 若 $a_n \geqslant 0, \forall n \in \mathbb{N}^+$, 且 $\lim\limits_{n\to\infty} a_n = a$, 则 $\lim\limits_{n\to\infty}\sqrt{a_n} = \sqrt{a}$.

A6. 设 $\lim\limits_{n\to\infty} a_n = a$, 证明:

(1) $\lim\limits_{n\to\infty}\dfrac{[na_n]}{n} = a$;

(2) 若 $a > 0$, 则 $\lim\limits_{n\to\infty}\sqrt[n]{a_n} = 1$.

A7. 证明下列数列为无穷大量:

(1) $\{n - \sin n\}$;　　(2) $\{2^n - n\}$;

(3) $\left\{\dfrac{1}{\sqrt{n}+1} + \dfrac{1}{\sqrt{n}+\sqrt{2}} + \cdots + \dfrac{1}{2\sqrt{n}}\right\}$;　　(4) $\{\sqrt[n]{n!}\}$.

A8. 利用 Stolz 公式求极限:

(1) $\lim\limits_{n\to\infty}\dfrac{1 + 3^2 + 5^2 + \cdots + (2n+1)^2}{n^3}$;

(2) $\lim\limits_{n\to\infty}\dfrac{n^m}{a^n}$, 其中, $a>1, m$ 是正整数;

(3) $\lim\limits_{n\to\infty}\dfrac{\sum\limits_{p=1}^{n}p!}{n!}$;

(4) $\lim\limits_{n\to\infty}\dfrac{\lambda_1 a_1+\lambda_2 a_2+\cdots+\lambda_n a_n}{\lambda_1+\lambda_2+\cdots+\lambda_n}$, 其中, $\lim\limits_{n\to\infty}a_n=a$, $\lambda_i>0, i=1,2,\cdots$, 且当 $n\to\infty$ 时, $\lambda_1+\lambda_2+\cdots+\lambda_n\to+\infty$.

(5) $\lim\limits_{n\to\infty}\dfrac{1}{\sqrt{n}}\sum\limits_{k=1}^{n}\dfrac{a_k}{\sqrt{k}}$, 其中 $\lim\limits_{n\to\infty}a_n=a$.

C9. 设 $\{a_n\}$ 与 $\{b_n\}$ 中一个是收敛数列, 另一个是发散数列.

(1) 证明: $\{a_n\pm b_n\}$ 是发散数列.

(2) $\{a_nb_n\}$ 和 $\left\{\dfrac{a_n}{b_n}\right\}(b_n\neq 0)$ 是否必为发散数列?

(3) 如果 $\{a_n\}$ 与 $\{b_n\}$ 均是发散数列, 重新研究上述问题.

C10. (1) 若 $\{a_n^3-a_n\}$ 有上界, 问 $\{a_n\}$ 是否有上界?

(2) 若 $\{a_n^2-a_n\}$ 有上界, 问 $\{a_n\}$ 是否有上界? 是否有界?

(3) 若 $\{a_n-a_{n-1}\}$ 为无穷小, 问 $\{a_n\}$ 是否有界?

§2.3 数列极限存在的判别法则

按照 ε-N 定义验证数列极限的存在的前提是要先知道或猜到极限值, 然后再加以验证. 在很多情况下这不是一件容易的事情, 并且, 经常地, 我们可能事先根本就不"认识"极限值这个数. 更进一步, 如果极限概念只是已知数 (极限) 用一列数 (数列) 来逼近, 那将使我们研究极限的意义大打折扣. 事实上, 通过极限, 我们将认识许多新的数, 甚至新的函数等, 这种认识新事物的思想方法正是我们要从数学分析课程中加以学习的. 本节就是在不依赖事先已知极限值的情况下给出数列收敛的判别法则. 这种判别法可称之为数列收敛的"内在判别法" (Courant and John, 1999). 并且, 如果先解决了存在性问题, 即使极限的精确值很难确定, 也可以用逼近的方法求得近似值. 这样的内在判别法主要是单调有界原理和 Cauchy 收敛准则.

§2.3.1 单调有界原理

前面的收敛必要性定理即定理 2.2.2 告诉我们, 收敛数列必有界, 但反之未必成立. 因此, 对有界数列需要再加上适当的条件才能保证数列收敛. 单调性就是这样一个非常重要的条件.

定理 2.3.1 (单调有界原理 (monotone bounded principle)) *单调的有界数列必收敛.*

这个定理很有用, 也比较直观. 但要证明它, 则需要用到实数连续性. 我们用上一章的确界原理来证明. 不妨设 $\{a_n\}$ 是单调递增的, 则随着 n 的增加, a_n 越来越大. 但它是有上界的, 因此可以猜测, 如果收敛, 极限必定是由数列 $\{a_n\}$ 的项所组成的数集的最小上界, 即上确界.

证明 设 $\{a_n\}$ 是单调递增的有界数列, 则由数列 $\{a_n\}$ 中各项组成的数集是有界的, 因此由确界原理知这个数集有上确界, 记其为 β, 即

$$\beta=\sup\{a_n|n\in\mathbb{N}^+\}.$$

下面按照定义即可证明:

$$\lim_{n\to\infty} a_n = \beta.$$

事实上, 由上确界定义, 对任何 $\varepsilon > 0$, 总有 a_N, 使得 $\beta - \varepsilon < a_N \leqslant \beta$. 又因为数列是单调递增的, 所以, $n > N$ 时, $\beta - \varepsilon < a_N \leqslant a_n \leqslant \beta < \beta + \varepsilon$. 由数列极限定义即知, $\lim\limits_{n\to\infty} a_n = \beta$.

对递减的情况类似可证. 或可以考虑数列 $\{-a_n\}$, 它是单调递增的. □

例 2.3.1 证明: $(0,1)$ 中任一无限十进小数 $\alpha = 0.b_1b_2\cdots b_n\cdots$ 的不足近似值所组成的数列 $\{\alpha_n\}$, 即

$$\alpha_1 = \frac{b_1}{10}, \alpha_2 = \frac{b_1}{10} + \frac{b_2}{10^2}, \cdots, \alpha_n = \frac{b_1}{10} + \frac{b_2}{10^2} + \cdots + \frac{b_n}{10^n}, \cdots$$

收敛, 其中 $b_1, b_2, \cdots, b_n, \cdots$ 是不超过 9 的自然数.

证明 $\{\alpha_n\}$ 单调递增: $\alpha_n - \alpha_{n-1} = \dfrac{b_n}{10^n} \geqslant 0$, 且有界: $0 \leqslant \alpha_n \leqslant 1$, 所以 $\{\alpha_n\}$ 收敛. □

此例表明, 承认了单调有界原理, 即可证明用十进制小数表示实数的合理性.

例 2.3.2 设 $a_1 = \sqrt{2}, a_{n+1} = \sqrt{3 + 2a_n}, n = 1, 2, 3, \cdots$, 证明数列 $\{a_n\}$ 收敛并求其极限.

证明 先证明单调.

$$a_{n+1} - a_n = \sqrt{3 + 2a_n} - a_n = \frac{3 + 2a_n - a_n^2}{\sqrt{3 + 2a_n} + a_n} = \frac{(3 - a_n)(1 + a_n)}{\sqrt{3 + 2a_n} + a_n},$$

由此启发我们先要证明 $a_n < 3, \forall n \in \mathbb{N}$. 这可由归纳法容易证得. 因此数列 $\{a_n\}$ 收敛.

注意, 我们也可以应用数学归纳法证明数列 $\{a_n\}$ 单调递增.

设极限为 a, 则由递推公式两边取极限立得 $a = \sqrt{3 + 2a}$, 由此得到 $a = 3$. □

§2.3.2 三个重要常数 π, e, γ

在这部分, 我们介绍由数列极限引出的三个重要常数: π, e 和 γ . 特别是前两个数堪称数学中最重要的两个常数.

1. 圆周率 π 和圆的面积

计算 π 与计算圆的面积或周长几乎是同义语. 古代的人们就知道圆的周长与直径之比为常数, 即 π, 或者说, 单位圆的面积就是 π. 因此, 我们用式 (2.1.1) 即可任意逼近 π. 通常, 我们用正 3×2^n 边形的面积 T_n 来逼近 π. 这时显然有 $\{T_n\}$ 单调递增且有界, 从而收敛. 实际上, 逼近 π 的办法很多, 我们在以后还会介绍更加实用的计算办法.

2. 常数 e 和自然对数

数学上十分重要的常数 e 由 Euler 首先引入, 并把它作为自然对数的底: $\log_{\mathrm{e}} x = \ln x$. 尽管中学数学中多用以 10 为底的常用对数 $y = \lg x$, 但微分学内容告诉我们, 在自然科学中, 自然对数 $\ln x$ 确实比以其他数为底的对数更自然、更常用. 这个 e 可由下列数列的极限而得.

例 2.3.3 证明数列 $\left\{\left(1+\frac{1}{n}\right)^n\right\}$ 单调递增且有界.

证明 令

$$e_n=\left(1+\frac{1}{n}\right)^n,$$

$$s_n=1+\frac{1}{1!}+\frac{1}{2!}+\cdots+\frac{1}{n!},$$

则由二项式定理知

$$e_n=1+\sum_{k=1}^{n}C_n^k\frac{1}{n^k}=1+\frac{1}{1!}+\frac{1}{2!}\left(1-\frac{1}{n}\right)+\frac{1}{3!}\left(1-\frac{1}{n}\right)\left(1-\frac{2}{n}\right)+\cdots+\frac{1}{n!}\left(1-\frac{1}{n}\right)\cdots\left(1-\frac{n-1}{n}\right),$$

$$e_{n+1}=1+\frac{1}{1!}+\frac{1}{2!}\left(1-\frac{1}{n+1}\right)+\frac{1}{3!}\left(1-\frac{1}{n+1}\right)\left(1-\frac{2}{n+1}\right)+\cdots$$
$$+\frac{1}{n!}\left(1-\frac{1}{n+1}\right)\cdots\left(1-\frac{n-1}{n+1}\right)+\frac{1}{(n+1)^{n+1}},$$

由此可见, $e_n<e_{n+1}$, 并且由 $n!\geqslant 2^{n-1}, n\geqslant 2$, 我们有

$$e_n\leqslant s_n\leqslant 1+1+\frac{1}{2}+\frac{1}{2^2}+\cdots+\frac{1}{2^{n-1}}<3,$$

因此, $\{e_n\}$ 单调递增且有界. □

由单调有界原理知道该数列收敛, 习惯上, 记其极限为 e, 即

$$\lim_{n\to\infty}\left(1+\frac{1}{n}\right)^n=\mathrm{e}. \tag{2.3.1}$$

由前面的讨论知, $2<\mathrm{e}\leqslant 3$. 经过计算可以得到 e 的近似值: $\mathrm{e}\approx 2.7182818\cdots$. 但直接用 e_n 来求 e 的近似值速度很慢. 下面我们证明数列 $\{s_n\}$ 也收敛于 e, 且可检验, 用 s_n 逼近 e 比用 e_n 要快得多.

首先, $\{s_n\}$ 也是单调递增的, 且 $s_n<3$, 所以收敛, 记其极限为 s, 下面我们证明 $s=\mathrm{e}$.

一方面, 由 $e_n<s_n$ 知 $\mathrm{e}\leqslant s$. 另一方面, 对任何 n, 以及任何 $m>n$, 有

$$e_m\geqslant 1+\sum_{k=1}^{n}\frac{1}{k!}\left(1-\frac{1}{m}\right)\left(1-\frac{2}{m}\right)\cdots\left(1-\frac{k-1}{m}\right).$$

令 $m\to\infty$, 得

$$\mathrm{e}\geqslant\sum_{k=0}^{n}\frac{1}{k!}=s_n,$$

再令 $n\to\infty$ 得 $\mathrm{e}\geqslant s$, 因此 $s=\mathrm{e}$.

由于 e 的重要性, 相关的研究颇多. 比如, $\{e_n\}$ 的单调性, 还可应用平均值不等式得到:

$$e_n=\left(1+\frac{1}{n}\right)^n\cdot 1<\left[\frac{n(1+\frac{1}{n})+1}{n+1}\right]^{n+1}=e_{n+1}.$$

若再引入

$$f_n=\left(1+\frac{1}{n}\right)^{n+1},$$

则同样可证 $\{f_n\}$ 单调递减:

$$\frac{1}{f_n}=\left(\frac{n}{n+1}\right)^{n+1}\cdot 1<\left(\frac{(n+1)\frac{n}{n+1}+1}{n+2}\right)^{n+2}=\frac{1}{f_{n+1}},$$

于是,

$$2<e_n<e_{n+1}<e_{n+1}\left(1+\frac{1}{n+1}\right)=f_{n+1}<f_n<f_1=4. \tag{2.3.2}$$

因此, 数列 $\{e_n\}$ 与数列 $\{f_n\}$ 都收敛, 且极限相同.

进一步, 由不等式 (2.3.2) 可得

$$\left(1+\frac{1}{n}\right)^n=e_n<\mathrm{e}<f_n=\left(1+\frac{1}{n}\right)^{n+1},$$

再取对数即得

$$\frac{1}{n+1}<\ln\left(1+\frac{1}{n}\right)<\frac{1}{n}, \tag{2.3.3}$$

这是一个重要的不等式. 由此又可得

$$\lim_{n\to\infty}\frac{\ln(1+\frac{1}{n})}{\frac{1}{n}}=1.$$

利用这一重要极限, 可以求一些相关的极限. 例如,

$$\lim_{n\to\infty}\left(1+\frac{1}{n-2}\right)^n=\lim_{n\to\infty}\left(1+\frac{1}{n-2}\right)^{n-2}\left(1+\frac{1}{n-2}\right)^2=\mathrm{e},$$

$$\lim_{n\to\infty}\left(1-\frac{1}{n+3}\right)^n=\lim_{n\to\infty}\frac{1}{(1+\frac{1}{n+2})^n}=\mathrm{e}^{-1}.$$

3. Euler 常数 γ

先讨论如下数列的敛散性.

例 2.3.4　考虑数列 $\{s_n\}$, 其中, $s_n=1+\frac{1}{2^p}+\frac{1}{3^p}+\cdots+\frac{1}{n^p}$, 则当 $p>1$ 时, $\{s_n\}$ 收敛, 当 $p\leqslant 1$ 时, $\{s_n\}$ 是正无穷大量.

证明　$\{s_n\}$ 显然是单调递增的. 下面只要证明 $p>1$ 时 $\{s_n\}$ 有界. 注意到

$$\frac{1}{2^p}+\frac{1}{3^p}<\frac{1}{2^p}+\frac{1}{2^p}=\frac{1}{2^{p-1}},$$

记 $r=\frac{1}{2^{p-1}}$, 则

$$\frac{1}{4^p}+\frac{1}{5^p}+\frac{1}{6^p}+\frac{1}{7^p}\leqslant\frac{1}{4^{p-1}}=r^2,$$

一般地, $\forall n \in \mathbb{Z}^+$,

$$s_n \leqslant s_{2^n-1} = 1 + \underbrace{\frac{1}{2^p} + \frac{1}{3^p}}_{2\text{项}} + \underbrace{\frac{1}{4^p} + \frac{1}{5^p} + \frac{1}{6^p} + \frac{1}{7^p}}_{2^2\text{项}} + \cdots + \underbrace{\frac{1}{2^{(n-1)p}} + \cdots + \frac{1}{(2^n-1)^p}}_{2^{n-1}\text{项}}$$

$$< 1 + r + r^2 + \cdots + r^{n-1} < \frac{1}{1-r},$$

所以这时 $\{s_n\}$ 收敛.

而当 $p \leqslant 1$ 时, $\{s_n\}$ 是正无穷大量: 根据 Stolz 公式可得

$$\lim_{n\to\infty} \frac{1 + \frac{1}{2} + \cdots + \frac{1}{n}}{\ln n} = \lim_{n\to\infty} \frac{\frac{1}{n}}{\ln(1 + \frac{1}{n-1})} = 1, \tag{2.3.4}$$

因此, $1 + \dfrac{1}{2} + \cdots + \dfrac{1}{n}$ 是无穷大量, 从而, 当 $p \leqslant 1$ 时, $\{s_n\}$ 也是正无穷大量. □

进一步, 由 $p = 1$ 时候的这个无穷大量引入一个新的数列.

例 2.3.5 设 $b_n = 1 + \dfrac{1}{2} + \dfrac{1}{3} + \cdots + \dfrac{1}{n} - \ln n$, 则数列 $\{b_n\}$ 是单调递减的非负数列.

证明 首先, 由

$$\begin{aligned} b_{n+1} - b_n &= \frac{1}{n+1} - \ln(n+1) + \ln n \\ &= \frac{1}{n+1} - \ln\frac{n+1}{n} \end{aligned}$$

及式 (2.3.3) 知, $\{b_n\}$ 单调递减.

其次, 仍然由式 (2.3.3) 知,

$$\begin{aligned} b_n &= 1 + \frac{1}{2} + \frac{1}{3} + \cdots + \frac{1}{n} - \ln n \\ &> \ln\frac{2}{1} + \ln\frac{3}{2} + \ln\frac{4}{3} + \cdots + \ln\frac{n+1}{n} - \ln n \\ &= \ln(n+1) - \ln n > 0. \end{aligned}$$

这说明数列 $\{b_n\}$ 非负, 因此 $\{b_n\}$ 收敛. □

习惯上记其极限为 γ, 称为 Euler 常数, 其数值 $\approx 0.577215664\cdots$. 由此得

$$1 + \frac{1}{2} + \frac{1}{3} + \cdots + \frac{1}{n} = \ln n + \gamma + \alpha_n, \tag{2.3.5}$$

其中, $\{\alpha_n\}$ 为一无穷小量.

例 2.3.6 证明 $\displaystyle\lim_{n\to\infty}\left(\frac{1}{n+1} + \frac{1}{n+2} + \cdots + \frac{1}{2n}\right) = \ln 2.$

证明 记 $c_n = \dfrac{1}{n+1} + \dfrac{1}{n+2} + \cdots + \dfrac{1}{2n}$, 则显然有

$$c_n = b_{2n} - b_n + \ln(2n) - \ln n = b_{2n} - b_n + \ln 2.$$

由 $\displaystyle\lim_{n\to\infty} b_n = \gamma$ 易知 $\displaystyle\lim_{n\to\infty} b_{2n} = \gamma$. 于是得到

$$\lim_{n\to\infty} c_n = \lim_{n\to\infty}\left(\frac{1}{n+1} + \frac{1}{n+2} + \cdots + \frac{1}{2n}\right) = \ln 2.$$ □

§2.3.3 子数列与致密性定理 (抽子列定理)

考察数列 $\{(-1)^{n-1}\}$, 即

$$1,-1,1,\cdots,(-1)^{n-1},\cdots,$$

按定义可以证明, 这个数列是发散的. 但是, 若把它的奇数项拿出来,

$$1,1,\cdots,1,\cdots,$$

则是常数列, 因此收敛. 同样地, 把偶数项拿出来得到的数列也是收敛的. 我们称这两个数列是原来数列的子数列.

为了深入讨论数列收敛问题, 我们引入一般的子数列的概念.

定义 2.3.1 设 $\{a_n\}$ 是一个数列, 而

$$n_1<n_2<\cdots<n_k<n_{k+1}<\cdots$$

是一个严格递增的正整数列, 即是自然数的一个子列, 则

$$a_{n_1},a_{n_2},\cdots,a_{n_k},\cdots$$

也形成一个数列, 称为数列 $\{a_n\}$ 的子列 (subsequence), 记为 $\{a_{n_k}\}$.

由定义可知, 对任何自然数 k, 都有 $k\leqslant n_k$, 并且 a_{n_k} 在子列 $\{a_{n_k}\}$ 中是第 k 项, 而在原来的数列 $\{a_n\}$ 中是第 n_k 项.

给定数列 $\{a_n\}$, 通常可以考虑它的奇子列 $\{a_{2n-1}\}$, 偶子列 $\{a_{2n}\}$, 以及子列 $\{a_{3n-2}\}$, $\{a_{3n-1}\}$, $\{a_{3n}\}$ 等. 例如, $\{(-1)^{n-1}\}$ 的奇子列和偶子列都是常数列, 它们均收敛, 但极限不同. 由此可以断言数列 $\{(-1)^{n-1}\}$ 发散. 事实上, 我们有下面的结果.

定理 2.3.2 设数列 $\{a_n\}$ 收敛于 a, 则它的任何子列也收敛于 a.

证明 由 $\lim\limits_{n\to\infty}a_n=a$ 可知, $\forall\varepsilon>0,\exists N,\forall n>N$, 有

$$|a_n-a|<\varepsilon.$$

取 $K=N$, 于是当 $k>K$ 时, 有 $n_k\geqslant k>N$, 因而成立

$$|a_{n_k}-a|<\varepsilon. \qquad \square$$

由上面的定理容易证得下面的推论.

推论 2.3.1 若数列 $\{a_n\}$ 有一个子列发散, 或有两个子列收敛, 但其极限不同, 则数列 $\{a_n\}$ 发散.

例 2.3.7 数列 $\{(-1)^{n-1}\}$, $\left\{\sin\dfrac{n\pi}{4}\right\}$ 都是发散的.

解 我们仅考虑数列 $\left\{\sin\dfrac{n\pi}{4}\right\}$, 取 $n_k^{(1)}=4k,n_k^{(2)}=8k+2$, 则子列 $\{x_{n_k^{(1)}}\}$ 收敛于 0, 而子列 $\{x_{n_k^{(2)}}\}$ 收敛于 1, 因此数列 $\left\{\sin\dfrac{n\pi}{4}\right\}$ 发散.

特别地, 对奇子列与偶子列, 我们有下面更进一步的结论. 证明参见《数学分析讲义(第一册)》(张福保等, 2019).

命题 2.3.1 数列 $\{a_n\}$ 收敛 $\Longleftrightarrow$ 奇子列 $\{a_{2n-1}\}$ 和偶子列 $\{a_{2n}\}$ 都收敛, 且它们的极限相等.

例 2.3.8 证明: $\lim\limits_{n\to\infty}\left(1-\dfrac{1}{2}+\dfrac{1}{3}-\cdots+(-1)^{n+1}\dfrac{1}{n}\right)=\ln 2$.

证明 令 $a_n=1-\dfrac{1}{2}+\dfrac{1}{3}-\cdots+(-1)^{n+1}\dfrac{1}{n}$, 则由式 (2.3.5) 知

$$\begin{aligned}a_{2n}&=1-\frac{1}{2}+\frac{1}{3}-\cdots+\frac{1}{2n-1}-\frac{1}{2n}\\&=1+\frac{1}{2}+\frac{1}{3}+\cdots+\frac{1}{2n}-2\left(\frac{1}{2}+\frac{1}{4}+\cdots+\frac{1}{2n}\right)\\&=\ln(2n)+\gamma-(\ln n+\gamma)-\alpha_n+\alpha_{2n},\end{aligned}$$

其中, α_n 由式 (2.3.5) 定义. 由此可知 $a_{2n}\to\ln 2(n\to\infty)$. 而 $a_{2n-1}=a_{2n}+\dfrac{1}{2n}\to\ln 2(n\to\infty)$. 因此由命题 2.3.1 知结论获证. □

例 2.3.9 Fibonacci 数列 (续). 例 1.1.4 已经引入了 Fibonacci 数列, 即

$$a_1=a_2=1,\ a_{n+1}=a_n+a_{n-1},\ n\geqslant 2.$$

现令 $b_n=\dfrac{a_{n+1}}{a_n}$, 则 $\{b_n\}$ 收敛.

证明 注意到

$$b_n=\frac{a_{n+1}}{a_n}=1+\frac{1}{b_{n-1}},b_{n+1}-b_n=\frac{b_{n-1}-b_n}{b_nb_{n-1}},$$

由此可知, $\{b_n\}$ 不是单调数列. 但是, $\{b_{2n}\}$ 和 $\{b_{2n-1}\}$ 是单调数列.

事实上,

$$b_{n+1}=1+\frac{1}{b_n}=1+\frac{1}{1+\frac{1}{b_{n-1}}},\tag{2.3.6}$$

$$b_{n+1}-b_{n-1}=\frac{b_{n-1}-b_{n-3}}{(b_{n-1}+1)(b_{n-3}+1)},\tag{2.3.7}$$

并且

$$b_1=1,b_2=2,b_3=\frac{3}{2},b_4=\frac{5}{3},$$

所以 $\{b_{2n-1}\}$ 单调递增, $\{b_{2n}\}$ 单调递减. 又 $1\leqslant b_n\leqslant 2$, 所以数列 $\{b_{2n-1}\}$ 和 $\{b_{2n}\}$ 都收敛. 记其极限分别为 α,β, 易见, α,β 均满足方程 $x^2-x-1=0$. 该方程有唯一正解 $x=\dfrac{1+\sqrt{5}}{2}$, 即 $\alpha=\beta=\dfrac{1+\sqrt{5}}{2}$. 根据命题 2.3.1 知道 $\{b_n\}$ 收敛, 且

$$\lim_{n\to\infty}b_n=\frac{1+\sqrt{5}}{2},\quad \lim_{n\to\infty}b_n-1=\frac{\sqrt{5}-1}{2}\approx 0.618.$$ □

注 2.3.1 Fibonacci 数列起源于一个我们现在看起来非常“初等”的问题. 1202 年, 意大利数学家 Fibonacci 出版了他的《算盘全书》. 他在书中提出了一个关于兔子繁殖的问题:

开始时有一对刚出生的兔子, 要经过 2 个季度到达成熟并繁殖, 且每对成熟的兔子每个季度繁殖一对. 假设兔子没有死亡, 这样到第 n 个季度的兔对总数 a_n 即恰好是 Fibonacci 数列的第 n 项. 注意到 $b_n - 1 = \dfrac{a_{n+1} - a_n}{a_n}$, 即为兔群在第 $n+1$ 季度的增长率, 那么, 上述讨论表明, 在不考虑兔子死亡的前提下, 经过较长一段时间, 兔群逐季增长率趋于黄金分割数 $\dfrac{\sqrt{5}-1}{2} \approx 0.618$.

Fibonacci 数列是一个很神奇的数列, 美国还在 1963 年创刊了《裴波那契季刊》专门研究该数列. 在股市中, Fibonacci 数列的作用在于预测未来走势的升跌幅. Fibonacci 数列有一系列特殊的性质. 例如, 从第二项开始, 每个奇数项的平方都比前后两项之积多 1, 每个偶数项的平方都比前后两项之积少 1. 例 1.1.4 表明, Fibonacci 数列有通项公式:

$$a_n = \frac{1}{\sqrt{5}}\left[\left(\frac{1+\sqrt{5}}{2}\right)^n - \left(\frac{1-\sqrt{5}}{2}\right)^n\right],$$

这是用无理数表示有理数的范例.

Fibonacci 数列还与二项式系数有关. 可以证明: $a_n = C_{n-1}^0 + C_{n-2}^1 + \cdots + C_{n-k-1}^k$, 其中, $k = \left[\dfrac{n}{2}\right]$, $C_0^0 = 1$, $C_n^m = 0, m > n \geqslant 0$.

我们知道, 有界数列未必收敛, 需要加条件才能保证收敛. 如果不加条件, 可以得到什么样结论? 这就是下面的定理.

定理 2.3.3 (致密性定理 (Bolzano-Weierstrass theorem))　有界数列必有收敛子列.

致密性定理也称为抽子列定理. 为证明这个定理, 我们先证明下面的引理.

引理 2.3.1　每个数列必存在单调子列.

证明　任意给定数列 $\{a_n\}$. 若它有单调递增的子列, 则结论已经成立. 现假设 $\{a_n\}$ 不存在递增的子列. 此时必存在最大项, 即存在 $n_1 \in \mathbb{N}^+$, 使对任何 $n \neq n_1$, 有 $a_n < a_{n_1}$. 事实上, 若 $\{a_n\}$ 没有最大项, 则 a_1 不是最大项, 从而存在 $n > 1$, 使得 $a_1 < a_n$. 记 n_1 为满足 $a_1 < a_n$ 的最小的 n. 同样, a_{n_1} 也不是 $\{a_n\}$ 的最大项, 因此存在 n_2, 使得 $a_{n_1} < a_{n_2}$. 由 n_1 选取的最小性知, $n_1 < n_2$. 依此类推可得 $\{a_n\}$ 的单调递增的子列. 矛盾.

又对数列 $\{a_n\}_{n>n_1}$, 则它也不存在递增的子列 (否则 $\{a_n\}$ 也存在递增的子列), 于是必存在 n_1 后面的所有项中的最大项, 即存在 $n_2 > n_1$, 使得 $a_n < a_{n_2}$, $\forall n > n_1, n \neq n_2$. 此时得到 $a_{n_2} < a_{n_1}$. 依此类推可得 $\{a_n\}$ 的一个 (严格) 递减的子列. □

由上述引理及单调有界原理立得定理 2.3.3的证明.

定理 2.3.4　若 $\{a_n\}$ 是一个无界数列, 则存在其子列 $\{a_{n_k}\}$, 使得 $a_{n_k} \to \infty (k \to \infty)$.

证明　由于 $\{a_n\}$ 无界, 因此对任意 $M > 0$, $\{a_n\}$ 中必存在无穷多个 a_n, 使得 $|a_n| > M$, 否则可以得出 $\{a_n\}$ 有界的结论.

令 $M_1 = 1$, 则存在 a_{n_1}, 使得 $|a_{n_1}| > 1$; 再令 $M_2 = 2$, 因为在 $\{a_n\}$ 中有无穷多项满足 $|a_n| > 2$, 可以取到排在 a_{n_1} 之后的 a_{n_2}, 即 $n_2 > n_1$, 使得 $|a_{n_2}| > 2$; 继续令 $M_3 = 3$, 同理可以取到 a_{n_3}, 且 $n_3 > n_2$, 使得 $|a_{n_3}| > 3$; $\cdots$. 依此类推便得到 $\{a_n\}$ 的一个子列 $\{a_{n_k}\}$, 满足 $|a_{n_k}| > k$. 由定义即知, $\lim\limits_{k\to\infty} a_{n_k} = \infty$. □

§2.3.4 Cauchy 收敛准则

单调有界原理只对单调数列适用, 对一般有界数列, 由抽子列定理只能得到存在某子列收敛. 本段给出数列收敛的充分必要条件, 并且同样不依赖极限定义中的极限值. 这就是 Cauchy 收敛准则. 在今后的学习中, 它将以适当的面孔不断出现. 对初学者而言, 尽管在接受与使用上比单调有界原理要困难, 但应给以足够重视.

定理 2.3.5 (Cauchy 收敛准则 (Cauchy convergence criterion)) 数列 $\{a_n\}$ 收敛的充分必要条件是: 对于任意给定的 $\varepsilon>0$, 存在正整数 N, 使得

$$|a_n-a_m|<\varepsilon,\forall m,n>N. \tag{2.3.8}$$

证明 **必要性** 设 $\{a_n\}$ 收敛于 a, 则对任何 $\varepsilon>0$, 存在 $N>0$, 当 $n>N$ 时, $|a_n-a|<\dfrac{\varepsilon}{2}$. 于是, 对任何 $n,m>N$, 有

$$|a_n-a_m|\leqslant|a_n-a|+|a_m-a|<\frac{\varepsilon}{2}+\frac{\varepsilon}{2}=\varepsilon.$$

充分性 对任何 $\varepsilon>0$, 存在正整数 N, 使得式 (2.3.8) 成立, 即

$$|a_n-a_m|<\varepsilon,\forall m,n>N.$$

首先, 对 $\varepsilon=1$, 存在 $N_0>0$, 使对任何 $n>N_0$, 都有

$$|a_n-a_{N_0+1}|<1,\ \text{因此}\ |a_n|<|a_{N_0+1}|+1,$$

由此可知数列 $\{a_n\}$ 有界.

其次, 由抽子列定理, $\{a_n\}$ 有收敛子列, 记为 $\{a_{n_k}\}, a_{n_k}\to a(k\to\infty)$. 下面我们证明 $a_n\to a(n\to\infty)$.

事实上, 对任何 $\varepsilon>0$, 存在正整数 $K>0$, 当 $k>K$ 时, $|a_{n_k}-a|<\varepsilon$. 由式 (2.3.8) 知, 存在 $N>0$, 当 $n,k>N$ 时, $|a_n-a_{n_k}|<\varepsilon$, 于是, $n>N$ 时, 取 $k>K,k>N$, 有

$$|a_n-a|\leqslant|a_n-a_{n_k}|+|a_{n_k}-a|<\varepsilon+\varepsilon=2\varepsilon.$$

这即表示 $\lim\limits_{n\to\infty}a_n=a$. □

注 2.3.2 数列如果满足定理 2.3.5 的充分条件, 即式 (2.3.8), 则称之为 Cauchy 列 (Cauchy sequence), 或基本列 (basic sequence). 因此, 定理 2.3.5 可重新叙述为

$$\text{数列}\ \{a_n\}\ \text{收敛} \Longleftrightarrow \{a_n\}\ \text{为 Cauchy 列}.$$

例 2.3.10 证明数列 $\{a_n\}$ 收敛, 其中, $a_n=\sin 1+\dfrac{\sin 2}{2^2}+\dfrac{\sin 3}{3^2}+\cdots+\dfrac{\sin n}{n^2}, n=1,2,\cdots$.

证明 数列 $\{a_n\}$ 不是单调数列, 因此不适合用单调有界原理. 现用 Cauchy 收敛准则. 对任意正整数 n 与 m, 不妨设 $m>n$, 则

$$|a_m-a_n|=\left|\frac{\sin(n+1)}{(n+1)^2}+\frac{\sin(n+2)}{(n+2)^2}+\cdots+\frac{\sin m}{m^2}\right|$$

$$
\begin{aligned}
&\leqslant \frac{1}{(n+1)^2}+\frac{1}{(n+2)^2}+\cdots+\frac{1}{m^2}\\
&<\frac{1}{n(n+1)}+\frac{1}{(n+1)(n+2)}+\cdots+\frac{1}{(m-1)m}\\
&=\left(\frac{1}{n}-\frac{1}{n+1}\right)+\left(\frac{1}{n+1}-\frac{1}{n+2}\right)+\cdots+\left(\frac{1}{m-1}-\frac{1}{m}\right)\\
&=\frac{1}{n}-\frac{1}{m}<\frac{1}{n}.
\end{aligned}
$$

因此, 对任意给定的 $\varepsilon>0$, 取 $N=\left[\frac{1}{\varepsilon}\right]$, 当 $m>n>N$ 时, 成立 $|a_m-a_n|<\varepsilon$, 即数列 $\{a_n\}$ 是一个 Cauchy 列, 故由 Cauchy 收敛准则知 $\{a_n\}$ 收敛. □

例 2.3.11　证明数列 $\{a_n\}$ 发散, 其中, $a_n=1+\frac{1}{2}+\frac{1}{3}+\cdots+\frac{1}{n}, n=1,2,\cdots$.

证明　对任意正整数 n, 有

$$
\begin{aligned}
a_{2n}-a_n&=\frac{1}{n+1}+\frac{1}{n+2}+\cdots+\frac{1}{2n}\\
&>n\cdot\frac{1}{2n}=\frac{1}{2}.
\end{aligned}
$$

取 $\varepsilon_0=\frac{1}{2}$, 无论 N 取多大, 总存在正整数 $m,n>N$, 例如, 取 $n=N+1, m=2n$, 使得

$$
|a_m-a_n|=|a_{2n}-a_n|>\varepsilon_0.
$$

因此, $\{a_n\}$ 不是 Cauchy 列, 即该数列发散. □

注 2.3.3　前面应用 Stolz 定理已经证明过该数列发散, 且与 $\ln n$ 差不多是同样的无穷大, 即满足式 (2.3.4) 和式 (2.3.5). 这里又应用 Cauchy 收敛准则给出了该数列发散的一个新证明. 由于 $\ln n$ 趋于无穷的速度很慢, 所以可知 a_n 趋于无穷大的速度也很慢: a_{83} 才第一次大于 5, a_{12367} 才刚超过 10, 以至人们很难想象它是无穷大量.

事实上, 关于该数列发散有多种证明, 历史上最早的是由 Oresme (奥雷姆) 在 1360 年左右发表的, 后来 Bernoulli (伯努利) 兄弟 (Jacob Bernoulli (雅可比), Johann Bernoulli (约翰)) 在 1689 年又给出了两个证明. 容易看到:

$$
a_{2^n}=1+\frac{1}{2}+\underbrace{\frac{1}{3}+\frac{1}{4}}+\underbrace{\frac{1}{5}+\cdots+\frac{1}{8}}+\cdots+\underbrace{\frac{1}{2^{n-1}+1}+\cdots+\frac{1}{2^n}}>1+\frac{n}{2},
$$

$$
\frac{1}{n+1}+\frac{1}{n+2}+\cdots+\frac{1}{n^2}>\frac{n^2-n}{n^2}=1-\frac{1}{n},
$$

因此,

$$
\frac{1}{n}+\frac{1}{n+1}+\cdots+\frac{1}{n^2}>1,
$$

于是, $a_4>2, a_{25}=a_4+\frac{1}{5}+\cdots+\frac{1}{25}>3$, 依此类推.

例 2.3.12 假设存在 $k \in (0,1)$, 使得

$$|a_{n+1}-a_n| \leqslant k|a_n-a_{n-1}|, n=2,3,\cdots,$$

则数列 $\{a_n\}$ 收敛.

证明 只要证明 $\{a_n\}$ 是一个基本数列即可.

首先对于一切 n, 我们有

$$|a_{n+1}-a_n| \leqslant k\,|a_n-a_{n-1}| \leqslant k^2\,|a_{n-1}-a_{n-2}| \leqslant \cdots \leqslant k^{n-1}\,|a_2-a_1|,$$

则对任何 $m>n$, 有

$$\begin{aligned}|a_m-a_n| &\leqslant |a_m-a_{m-1}|+|a_{m-1}-a_{m-2}|+\cdots+|a_{n+1}-a_n|\\ &\leqslant k^{m-2}\,|a_2-a_1|+k^{m-3}\,|a_2-a_1|+\cdots+k^{n-1}\,|a_2-a_1|\\ &<\frac{k^{n-1}}{1-k}\,|a_2-a_1| \to 0\ (n\to\infty).\end{aligned}$$

对任何 $\varepsilon>0$, 存在 $N>0$, 当 $n>N$ 时, $\dfrac{k^{n-1}}{1-k}\,|a_2-a_1|<\varepsilon$. 从而, 当 $n,m>N$ 时, $|a_m-a_n|<\varepsilon$. 这说明 $\{a_n\}$ 是一个基本数列, 从而收敛. □

习题 2.3

A1. 证明下列数列极限存在并求其值:

(1) $a_n=\dfrac{c^n}{n!}(c>0), n=1,2,\cdots$;

(2) 设 $a_1=\sqrt{3}, a_{n+1}=\sqrt{3a_n}, n=1,2,\cdots$;

(3) 设 $a_1=c>0, a_{n+1}=\sqrt{c^2+a_n}, n=1,2,\cdots$;

(4) 设 $0<a_1<1,\ a_{n+1}=a_n(2-a_n), n=1,2,\cdots$.

A2. 利用 $\lim\limits_{n\to\infty}\left(1+\dfrac{1}{n}\right)^n=\mathrm{e}$, 求下列极限:

(1) $\lim\limits_{n\to\infty}\left(1-\dfrac{1}{n-1}\right)^n$; (2) $\lim\limits_{n\to\infty}\left(1+\dfrac{1}{n+1}\right)^n$;

(3) $\lim\limits_{n\to\infty}\left(1+\dfrac{1}{2n}\right)^n$; (4) $\lim\limits_{n\to\infty}\left(1+\dfrac{1}{n^2}\right)^n$.

A3. 证明: $\left|\mathrm{e}-\left(1+\dfrac{1}{n}\right)^n\right|<\dfrac{3}{n}$.

A4. 证明: 若 $a_n>0$, 且 $\lim\limits_{n\to\infty}\dfrac{a_n}{a_{n+1}}=l>1$, 则 $\lim\limits_{n\to\infty}a_n=0$.

A5. 设 $a_1>0, a_{n+1}=1+\dfrac{a_n}{1+a_n}, n=1,2,3,\cdots$, 证明: 数列 $\{a_n\}$ 收敛并求其极限.

A6. 设 $a>0,\sigma>0,a_1=\dfrac{1}{2}(a+\dfrac{\sigma}{a}), a_{n+1}=\dfrac{1}{2}\left(a_n+\dfrac{\sigma}{a_n}\right), n=1,2,\cdots$. 证明: 数列 $\{a_n\}$ 收敛, 且其极限为 $\sqrt{\sigma}$.

A7. 在例 2.3.2中, 改变 a_1 的值, 会发生什么情况? 例如, 令 $a_1=4$ 如何? 或只假定 $a_1>0$, 请再研究其收敛性.

A8. 证明以下数列发散:

(1) $\left\{(-1)^n\dfrac{n}{n+1}\right\}$; (2) $\{n^{(-1)^n}\}$.

B9. 判别下列数列的收敛性:

(1) 设 $a_1=2, a_{n+1}=\dfrac{2}{2+a_n}, n=1,2,\cdots$;

(2) 设 $a_1=4, a_{n+1}=\sqrt{6-a_n}, n=1,2,\cdots$;

(3) 任意给定 $x\in\mathbb{R}$, 令 $x_1=\cos x,\ x_{n+1}=\cos x_n,\ n=1,2,\cdots$.

B10. 设数列 $\{a_n\}$ 满足: 存在正数 M, 对一切 n 有

$$A_n=|a_2-a_1|+|a_3-a_2|+\cdots+|a_n-a_{n-1}|\leqslant M.$$

证明: 数列 $\{a_n\}$ 与 $\{A_n\}$ 都收敛.

B11. 应用 Cauchy 收敛准则, 证明以下数列 $\{a_n\}$ 收敛:

(1) $a_n=\dfrac{\cos 1}{2}+\dfrac{\cos 2}{2^2}+\cdots+\dfrac{\cos n}{2^n}, n=1,2,\cdots$;

(2) $a_n=1-\dfrac{1}{2}+\dfrac{1}{3}+\cdots+(-1)^{n+1}\dfrac{1}{n}, n=1,2,\cdots$.

第 2 章总练习题

1. 求下列数列的极限:

(1) $a_n=\sqrt[n]{1+b^n+\left(\dfrac{b^2}{2}\right)^n}$;

(2) $a_n=\sum\limits_{k=1}^{n}\dfrac{1}{\sqrt[m]{n^m+k}}(2\leqslant m\in\mathbb{N}^+)$;

(3) $a_n=\sum\limits_{k=1}^{n}\dfrac{1}{\sqrt[k]{n^k+1}}$;

(4) $a_n=\sum\limits_{k=1}^{n+1}\dfrac{1}{\sqrt{(n+k-1)(n+k)}}$.

2. 给定两正数 a_1 与 b_1, 且 $a_1>b_1$, 分别作出其等差中项 $a_2=\dfrac{a_1+b_1}{2}$ 与等比中项 $b_2=\sqrt{a_1b_1}$, 一般地, 令

$$a_{n+1}=\frac{a_n+b_n}{2}, b_{n+1}=\sqrt{a_nb_n}, n=1,2,\cdots,$$

证明: $\lim\limits_{n\to\infty}a_n$ 与 $\lim\limits_{n\to\infty}b_n$ 皆存在且相等.

3. 讨论数列的收敛性, 并求其极限:

(1) 设 $\alpha,\beta>0$ 为常数, 令 $a_1=\alpha,\ a_{n+1}=\sqrt{\beta a_n}, n=1,2,\cdots$;

(2) 设 $\alpha,\beta,\gamma>0$ 为常数, 令 $a_1=\alpha,\ a_{n+1}=\sqrt{\beta a_n+\gamma}, n=1,2,\cdots$;

(3) 设 $\alpha>0, a_{n+1}=a_n(2-\alpha a_n),\ n=1,2,\cdots$, 且 $a_1,a_2>0$;

(4) 设 $\alpha\in(0,1),\ a_{n+1}=\alpha a_n+(1-\alpha)a_{n-1}$.

提示: 极限为 $\dfrac{a_2+(1-\alpha)a_1}{2-\alpha}$.

4. 设 $a_1>0,\ a_{n+1}=a_n+\dfrac{1}{a_n}, n\in\mathbb{N}^+$, 证明: $\lim\limits_{n\to\infty}\dfrac{a_n}{\sqrt{2n}}=1$.

5. 设 $\{a_n\}$ 是发散的数列, 证明:

(1) 若数列 $\{a_n\}$ 有界, 则必存在两个收敛子列, 其极限不相等;

(2) 若数列 $\{a_n\}$ 无界, 但不是无穷大量, 则必存在两个子列, 其中一个子列收敛于一个实数, 另一子列趋于无穷大.

6. 证明: (1) 对任意正数 x, $a_n=\left(1+\dfrac{x}{n}\right)^n, n=1,2,\cdots$, 则 $\{a_n\}$ 是有界严格递增数列;

(2) 对任意正数 x, 和自然数 $m\geqslant x$, $a_n=\left(1+\dfrac{x}{n}\right)^{n+m}, n=1,2,\cdots$, 则 $\{a_n\}$ 是有界严格递减数列.

7. 设 $A_n=\left\{x\in\mathbb{R}:x\geqslant\dfrac{n-1}{n}\right\},\quad B_n=\left\{x\in\mathbb{R}:x>\dfrac{n-1}{n}\right\}, n=1,2,\cdots$.

(1) 证明: $\bigcap\limits_{n\geqslant 1}A_n=[1,+\infty)$;

(2) 问: $\bigcap\limits_{n\geqslant 1}B_n=(1,+\infty)$ 是否成立?

第 3 章 函数极限与连续

上一章我们学习了数列的极限, 本章将研究函数极限. 极限概念是整个数学分析的基础. 一方面, 17 世纪 Newton (牛顿)、Leibniz (莱布尼茨) 的微积分在诸多领域中的应用获得了巨大的成功与荣耀, 另一方面, 微积分因其基础不牢而饱受质疑. d'Alembert (达朗贝尔)、Cauchy 和 Weierstrass 等一大批数学家, 在微积分诞生后长达 200 年时间里, 不断探索, 终于为微积分这幢宏伟大厦奠定了坚实的基础. 这就是严格的极限理论. 函数极限是数列极限的一般化. 微积分的主要概念都是由函数极限概念来定义的.

§3.1 函 数 极 限

我们已经知道, $\lim\limits_{n\to\infty}\left(1+\dfrac{1}{n}\right)^n=\mathrm{e}$, 本节要研究 x 趋于无穷大时函数 $\left(1+\dfrac{1}{x}\right)^x$ 的极限, 以及 x 趋于 0 时函数 $\dfrac{\sin x}{x}$ 的极限, 等等.

§3.1.1 函数极限的定义

函数极限可以看作数列极限的推广, 但类型较多, 下面我们将一一介绍.

1. $x\to+\infty$, $x\to-\infty$ 以及 $x\to\infty$ 时函数极限的定义

这三种情况与数列极限相似.

定义 3.1.1 设函数 $f(x)$ 在区间 $[a,+\infty)$ 上有定义, A 是一个常数, 若对任意的正数 ε, 总存在 $X>a$, 使当 $x>X$ 时, 有

$$|f(x)-A|<\varepsilon,$$

则称函数 $f(x)$ 当 $x\to+\infty$ 时以 A 为极限, 记为

$$\lim_{x\to+\infty}f(x)=A,\ \text{或}\ f(x)\to A\,(x\to+\infty).$$

此时也称当 $x\to+\infty$ 时 $f(x)$ 有极限, 或收敛. 如果当 $x\to+\infty$ 时 $f(x)$ 不以任何常数 A 为极限, 则称函数 $f(x)$ 当 $x\to+\infty$ 时极限不存在, 或发散.

注 3.1.1 在此定义中, X 的作用相当于数列极限定义中的 N, 但不限于自然数. 同样, 类似于数列极限, 我们可以给出上述定义的几何解释, 参见图 3.3.1(a).

对于任意给定的 $\varepsilon>0$, 我们有平面上由两条平行于 x 轴的直线 $y=A\pm\varepsilon$ 所围成的带型区域. 在直线 $x=X$ 的右方, 曲线 $y=f(x)$ 全都进入该带型区域. 一般来说, 当带型区域变窄时, 直线 $x=X$ 会向右方移动.

例 3.1.1 设 $a>1$, 证明 $\lim\limits_{x\to+\infty}a^{-x}\sin x=0$.

证明 事实上, $\forall \varepsilon > 0$, 欲使 $|a^{-x}\sin x| < \varepsilon$, 只要 $a^{-x} < \varepsilon$, 亦即 $x > -\log_a \varepsilon$. 因此, 取 $X = -\log_a \varepsilon$ 即可. □

类似地我们有 $x \to -\infty$ 和 $x \to \infty$ 时函数极限的定义.

定义 3.1.2 设函数 $f(x)$ 在 $(-\infty, b)$ 上有定义, 如果存在常数 A, 使对任意的正数 ε, 存在 $X < b$, 使当 $x < X$ 时, 有

$$|f(x) - A| < \varepsilon,$$

则称函数 $f(x)$ 当 $x \to -\infty$ 时以 A 为极限, 记为

$$\lim_{x \to -\infty} f(x) = A, \text{ 或 } f(x) \to A\,(x \to -\infty).$$

若函数 $f(x)$ 在 $(-\infty, +\infty)$ 上有定义, 且存在常数 A, 使对任意的正数 ε, 存在 $X > 0$, 使当 $|x| > X$ 时, 有

$$|f(x) - A| < \varepsilon,$$

则称函数 $f(x)$ 当 $x \to \infty$ 时以 A 为极限, 记为

$$\lim_{x \to \infty} f(x) = A, \text{ 或 } f(x) \to A\,(x \to \infty),$$

其几何意义参见图 3.1.1(b).

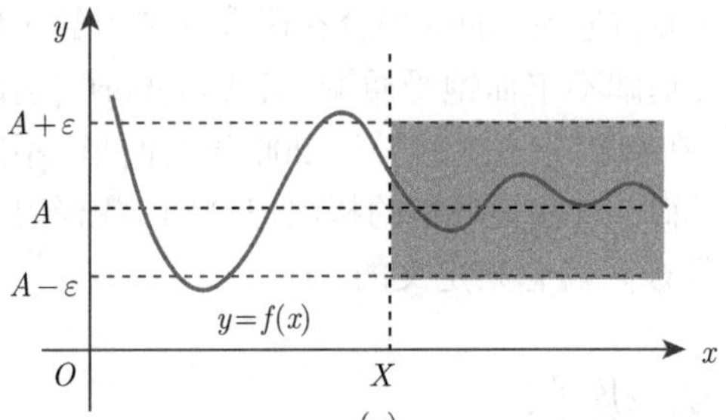

(a)

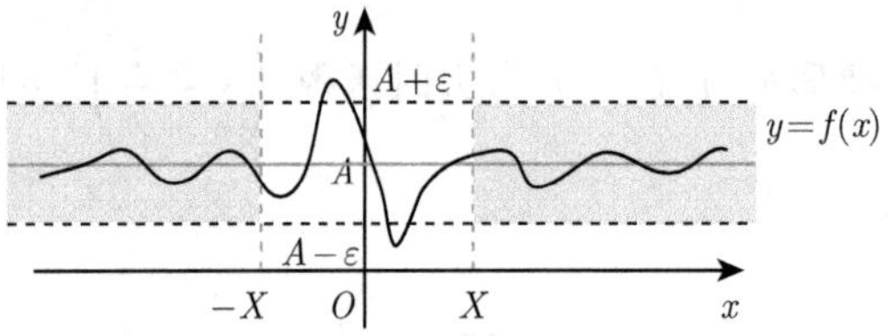

(b)

图 3.1.1

显然, 下列命题成立.

命题 3.1.1 $\lim\limits_{x \to \infty} f(x) = A \Longleftrightarrow \lim\limits_{x \to +\infty} f(x) = \lim\limits_{x \to -\infty} f(x) = A.$

例 3.1.2 证明 $\lim\limits_{x \to +\infty} \dfrac{e^x}{1+e^x} = 1$, $\lim\limits_{x \to -\infty} \dfrac{e^x}{1+e^x} = 0$, 因此 $\lim\limits_{x \to \infty} \dfrac{e^x}{1+e^x}$ 不存在.

证明 事实上, 当 $x \to +\infty$ 时, 对任给的正数 ε, 只要取 $X = -\ln\varepsilon$, 则当 $x > X$ 时, $\left|\dfrac{e^x}{1+e^x} - 1\right| = \dfrac{1}{1+e^x} \leqslant e^{-x} < e^{-X} = \varepsilon$. 而当 $x \to -\infty$ 时, 由 $\dfrac{e^x}{1+e^x} \leqslant e^x$ 即知 $\lim\limits_{x \to -\infty} \dfrac{e^x}{1+e^x} = 0$. 再根据命题 3.1.1 知, $x \to \infty$ 时函数的极限不存在. □

2. $x \to a$ 时函数极限的定义

所谓 $x \to a$ 时, 函数 $f(x)$ 以 A 为极限, 是指当 x 充分接近 a 时, $f(x)$ 可以任意接近 A. 为了刻画 $f(x)$ 接近 A 的程度, 我们任取正数 ε, 使成立 $|f(x) - A| < \varepsilon$, 而为刻画 x 趋近 a, 则用另一可任意小的正数 δ, 使成立 $|x - a| < \delta$.

例如, $x \to 0$ 时 $f(x) = 2^{-1/x^2} \to 0$. 但请注意, 函数 $f(x)$ 在 $x = 0$ 点没有定义. 也就是说, 函数在一点 a 处的极限与函数在该点附近有关, 但与函数在该点是否有定义可以没有关系. 于是我们引入去心邻域的概念.

a 的 ρ 去心邻域是指在 a 的 ρ 邻域中去掉 a 点, 记为 $U^\circ(a, \rho)$, 即

$$U^\circ(a, \rho) = (a - \rho, a + \rho) \backslash \{a\} = (a - \rho, a) \cup (a, a + \rho).$$

有时也可省去 ρ, 直接记为 $U^\circ(a)$.

下面给出 $x \to a$ 时函数极限的定义, 通常称之为函数极限的 ε-δ 定义.

定义 3.1.3 (ε-δ 定义 (definition of ε-δ)) 设函数 $y = f(x)$ 在点 a 的某去心邻域 $U^\circ(a,\rho)$ 中有定义, A 是一常数. 如果对于任意给定的 $\varepsilon > 0$, 总可以找到 $\delta > 0(\delta \leqslant \rho)$, 使当

$$0 < |x - a| < \delta \tag{3.1.1}$$

时, 成立

$$|f(x) - A| < \varepsilon, \tag{3.1.2}$$

则称 $f(x)$ 在点 a 以 A 为极限, 或称 A 是 $f(x)$ 在点 a 处的极限, 记为

$$\lim_{x\to a} f(x) = A,$$

或

$$f(x) \to A\,(x \to a).$$

此时也称函数 $f(x)$ 在点 a 处有极限. 如果 $f(x)$ 在点 a 不以任何常数 A 为极限, 则称 $f(x)$ 在点 a 处没有极限, 或极限不存在.

仿照数列极限定义, 我们可以画出表征函数极限几何意义的图 3.1.2.

它表明, 对以直线 $y = A$ 为中心线, 宽为 2ε 的水平带型区域, 必存在 a 的某去心邻域 $U^\circ(a,\delta)$, 使在此 $U^\circ(a,\delta)$ 上的曲线落在上述带型区域内.

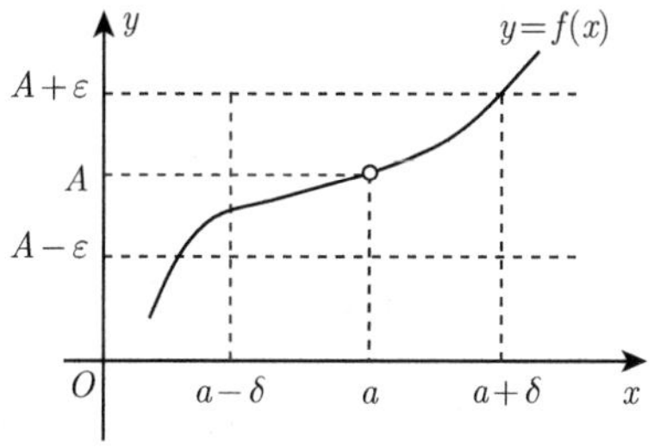

图 3.1.2

例 3.1.3 对任何 $a > 0$, $\lim\limits_{x\to 0} a^x = 1$.

证明 $\forall \varepsilon > 0$, 不妨设 $\varepsilon < 1$, 要找 $\delta > 0$, 使当 $0 < |x| < \delta$ 时, $|a^x - 1| < \varepsilon$, 即

$$1 - \varepsilon < a^x < 1 + \varepsilon. \tag{3.1.3}$$

$a = 1$ 时对任何 $\delta > 0$, 式 (3.1.3) 显然成立.

$a > 1$ 时, 式 (3.1.3) 等价于 $\log_a(1-\varepsilon) < x < \log_a(1+\varepsilon)$, 因此, 取 $\delta = \min\{\log_a(1+\varepsilon), -\log_a(1-\varepsilon)\}$, 只要 $0 < |x| < \delta$, 就有 $|a^x - 1| < \varepsilon$, 即 $\lim\limits_{x\to 0} a^x = 1$.

而 $0 < a < 1$ 时, 式 (3.1.3) 等价于 $\log_a(1-\varepsilon) > x > \log_a(1+\varepsilon)$, 因此, 取 $\delta = \min\{-\log_a(1+\varepsilon), \log_a(1-\varepsilon)\}$, 只要 $0 < |x| < \delta$, 就有 $|a^x - 1| < \varepsilon$, 即 $\lim\limits_{x\to 0} a^x = 1$. □

例 3.1.4 $\forall a > 0, a \neq 1, b > 0$, 有 $\lim\limits_{x\to b} \log_a x = \log_a b$. 特别地, $\lim\limits_{x\to 0} \log_a(1+x) = 0$.

证明 $\forall \varepsilon > 0$, 欲使 $-\varepsilon < \log_a x - \log_a b = \log_a \dfrac{x}{b} < \varepsilon$, 只要 $b(a^{-\varepsilon} - 1) < x - b < b(a^{\varepsilon} - 1)$ $(a > 1)$ 或 $b(a^{-\varepsilon} - 1) > x - b > b(a^{\varepsilon} - 1)(a < 1)$, 因此, 取 $\delta = \min\{b|a^{-\varepsilon} - 1|, b|a^{\varepsilon} - 1|\}$, 则当 $0 < |x - b| < \delta$ 时, $|\log_a x - \log_a b| < \varepsilon$, 即 $\lim\limits_{x\to b} \log_a x = \log_a b$. □

注 3.1.2 与数列极限的情况一样, ε 既是任意的又是给定的, 说它任意的, 是指它可以取任意小的正数; 说它是给定的, 是指在给定的 ε 后再寻求相应的正数 δ. 这里的 δ 一般是依赖 ε 的, 但它并不是由 ε 唯一确定. 事实上, 只要找到一个 δ, 则任一比它小的正数都可以起到与 δ 相同的作用.

例 3.1.5 证明 $\lim\limits_{x\to 1}\dfrac{x^2-1}{x-1}=2$.

证明 因为

$$\left|\frac{x^2-1}{x-1}-2\right|=|x-1|,\quad x\neq 1,$$

所以, $\forall\varepsilon>0$, 取 $\delta=\varepsilon$, 则当 $0<|x-1|<\delta$ 时, 成立

$$\left|\frac{x^2-1}{x-1}-2\right|<\varepsilon.$$

从而证得 $\lim\limits_{x\to 1}\dfrac{x^2-1}{x-1}=2$. □

注 3.1.3 从例 3.1.5 可以看到, 尽管函数 $f(x)=\dfrac{x^2-1}{x-1}$ 在 $x=1$ 处没有定义, 但该函数在 $x\to 1$ 时仍有极限. 事实上, 这样的现象非常普遍, 这也说明为什么在定义 3.1.3 中, 我们只要求 $f(x)$ 在 $x=a$ 的一个去心邻域内有定义, 并且不等式 (3.1.2) 也只要在 a 的某去心邻域中成立的原因.

例 3.1.6 证明 $\lim\limits_{x\to 1}\dfrac{x^2-1}{2x^2-3x+1}=2$.

证明 首先,

$$\left|\frac{x^2-1}{2x^2-3x+1}-2\right|=\left|\frac{x+1}{2x-1}-2\right|=\frac{3}{|2x-1|}|x-1|.$$

其次, 对任何 $\varepsilon>0$, 我们不宜直接解不等式 $\dfrac{3}{|2x-1|}|x-1|<\varepsilon$ 来找 δ, 而是先放大不等式, 因此先缩小分母:

$$|2x-1|=|2(x-1)+1|\geqslant 1-2|x-1|>\frac{1}{2},\ \text{只要}|x-1|<\frac{1}{4},$$

这里, 要求 $|x-1|<\dfrac{1}{4}$ 是合理的, 因为 $x\to 1$. 这种预先限制 $|x-1|$ 小于某个正数的想法今后经常用到.

最后, 对任何 $\varepsilon>0$, 只要取 $\delta=\min\left\{\dfrac{1}{4},\dfrac{\varepsilon}{6}\right\}$, 则当 $0<|x-1|<\delta$ 时必有

$$\left|\frac{x^2-1}{2x^2-3x+1}-2\right|=\frac{3}{|2x-1|}|x-1|<6|x-1|<\varepsilon.$$ □

例 3.1.7 证明 $\lim\limits_{x\to 0}x\sin\dfrac{1}{x}=0$.

证明 对任何 $\varepsilon>0$, 因为 $\left|x\sin\dfrac{1}{x}\right|\leqslant|x|$, 所以, 只要取 $\delta=\varepsilon$, 则当 $0<|x|<\delta$ 时, $\left|x\sin\dfrac{1}{x}\right|\leqslant|x|<\varepsilon$, 因此 $\lim\limits_{x\to 0}x\sin\dfrac{1}{x}=0$. 参见图 3.1.3. □

注意: $x \to a$ 时既可以大于 a, 也可以小于 a, 亦即 x 可以在 a 的左侧, 也可以在 a 的右侧. 如果只对某一侧的 x 要求不等式 (3.1.2) 成立, 则得相应的单侧极限的概念.

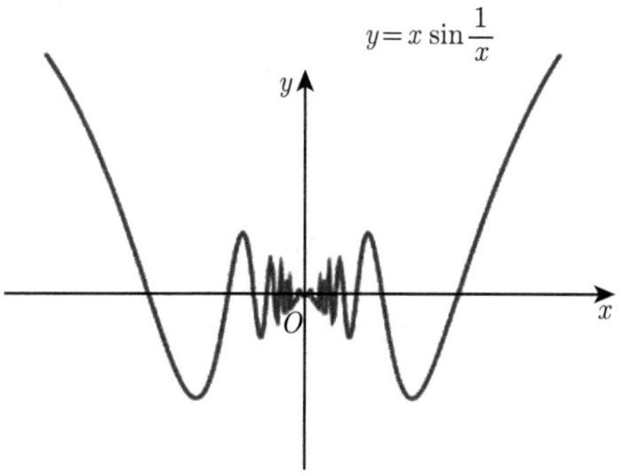

图 3.1.3

3. 单侧极限

定义 3.1.4 设 $f(x)$ 在 $(a-\rho, a)$ 内有定义 $(\rho>0)$, 如果存在实数 A, 对于任意给定的 $\varepsilon>0$, 总可以找到 $\delta>0$, 使得当 $-\delta<x-a<0$ 时, 成立 $|f(x)-A|<\varepsilon$, 则称 A 是函数 $f(x)$ 在点 a 处的左极限 (left-hand limit), 记为

$$\lim_{x\to a-} f(x)=A \text{ 或 } f(a-)=A.$$

类似地, 可定义 $f(x)$ 在点 a 处的右极限 (right-hand limit), 记为

$$\lim_{x\to a+} f(x)=A \text{ 或 } f(a+)=A.$$

左极限与右极限统称为单侧极限 (one-side limit).

根据定义, 我们容易证得下面定理.

定理 3.1.1 函数 $f(x)$ 在点 a 处极限存在的充分必要条件是 $f(x)$ 在 a 点的左、右极限都存在且相等, 即

$$\lim_{x\to a} f(x)=A \Longleftrightarrow f(a+)=f(a-)=A.$$

例 3.1.8 设 $f(x)=\operatorname{sgn}x$, 则 $x<0$ 时 $f(x)=-1$, 所以 $f(0-)=-1$, 同理 $f(0+)=1$, 因此 $f(x)$ 在点 0 处的极限不存在. 参见图 1.2.1.

例 3.1.9 $f(x)=\begin{cases} 2x+1, & x\leqslant 0, \\ 1-x^2, & x>0, \end{cases}$ 求 $f(0+)$, $f(0-)$. 又问 $f(x)$ 在 $x=0$ 的极限存在吗?

解 易求得

$$f(0-)=\lim_{x\to 0-} f(x)=\lim_{x\to 0-}(2x+1)=1,$$

$$f(0+)=\lim_{x\to 0+} f(x)=\lim_{x\to 0+}(1-x^2)=1,$$

因此, $f(0+)=f(0-)=1$, 所以 $f(x)$ 在 $x=0$ 的极限存在, 且为 1.

§3.1.2 函数极限的性质

函数极限有类似于数列极限的一些性质, 但有不同, 请注意比较. 我们以其中一种极限形式 $x\to a$ 为例来说明, 其余情况请读者自己补充.

1. 极限的唯一性

定理 3.1.2 函数 $f(x)$ 在点 a 处有极限, 则极限必是唯一的.

证明 若 A 与 B 都是函数 $f(x)$ 在点 a 处的极限, 则根据定义可知: $\forall \varepsilon > 0$,

$$\exists \delta_1 > 0, \quad \forall x (0 < |x - x_0| < \delta_1) : |f(x) - A| < \frac{\varepsilon}{2};$$
$$\exists \delta_2 > 0, \quad \forall x (0 < |x - x_0| < \delta_2) : |f(x) - B| < \frac{\varepsilon}{2}.$$

取 $\delta = \min\{\delta_1, \delta_2\}$, 任意取定 $x \in U^\circ(x_0, \delta)$, 有

$$|A - B| \leqslant |f(x) - A| + |f(x) - B| < \varepsilon.$$

由 ε 的任意性知, $A = B$. □

2. 局部有界性 (locally bounded property)

定理 3.1.3 若函数 $f(x)$ 在点 a 处有极限, 则必局部有界, 即 $f(x)$ 在 a 的某去心邻域内有界.

证明 设 $\lim\limits_{x \to a} f(x) = A$, 则对 $\varepsilon = 1$, 存在 $\delta > 0$, 当 $0 < |x - x_0| < \delta$ 时, 成立

$$A - 1 < f(x) < A + 1.$$

由此可知 $f(x)$ 在 $U^\circ(a, \delta)$ 内有界. □

3. 局部保序性 (local order preserving property)

定理 3.1.4 若 $\lim\limits_{x \to a} f(x) = A, \lim\limits_{x \to a} g(x) = B$, 且 $A > B$, 则存在在 a 的某去心邻域 $U^\circ(a)$, 使成立 $f(x) > g(x), \forall x \in U^\circ(a)$.

证明 取 $\varepsilon = \dfrac{A - B}{2} > 0$. 由 $\lim\limits_{x \to x_0} f(x) = A, \exists \delta_1 > 0, \forall x (0 < |x - x_0| < \delta_1) : |f(x) - A| < \varepsilon_0$, 从而

$$\frac{A + B}{2} < f(x);$$

由 $\lim\limits_{x \to x_0} g(x) = B, \exists \delta_2 > 0, \forall x (0 < |x - x_0| < \delta_2) : |g(x) - B| < \varepsilon_0$, 从而

$$g(x) < \frac{A + B}{2}.$$

取 $\delta = \min\{\delta_1, \delta_2\}$, 当 $0 < |x - x_0| < \delta$, 成立

$$g(x) < \frac{A + B}{2} < f(x).$$ □

推论 3.1.1 设 $\lim\limits_{x \to a} f(x) = A > 0$, 则存在 a 的某去心邻域, 使在其内成立 $f(x) > 0$, 即由函数在一点的极限值为正, 可保证函数在该点的某去心邻域内都为正.

推论 3.1.2 设 $\lim\limits_{x \to a} f(x) = A, \lim\limits_{x \to a} g(x) = B$, 且存在 a 的某去心邻域 $U^\circ(a, r)$, 使在其内成立 $f(x) \leqslant g(x)$, 则 $A \leqslant B$.

证明 **反证法** 若 $B < A$, 则由定理 3.1.4, 存在 $\delta > 0$, 当 $0 < |x - x_0| < \delta$ 时,

$$g(x) < f(x).$$

取 $\eta = \min\{\delta, r\}$, 则当 $0 < |x - x_0| < \eta$ 时, 即有 $g(x) < f(x)$, 此与在 $U^\circ(a, r)$ 内成立 $f(x) \leqslant g(x)$ 矛盾. □

这里, 和数列极限中注 2.2.1一样, 即使 $f(x)$ 严格小于 $g(x)$, 也未必一定有 $A < B$.

4. 绝对值性质

定理 3.1.5 若 $\lim\limits_{x\to a} f(x) = A$, 则 $\lim\limits_{x\to a} |f(x)| = |A|$.

证明 因为 $\lim\limits_{x\to a} f(x) = A$, 则 $\forall \varepsilon > 0, \exists \delta > 0, \forall x \in U^\circ(a, \delta)$ 都有 $|f(x) - A| < \varepsilon$. 因此有

$$\Big||f(x)| - |A|\Big| \leqslant |f(x) - A| < \varepsilon, \forall x \in U^\circ(a, \delta).$$

由此即得 $\lim\limits_{x\to a} |f(x)| = |A|$. □

该定理表明, 像数列极限一样, 对函数取极限也可以从绝对值号外入内, 即 $\lim\limits_{x\to a} |f(x)| = |\lim\limits_{x\to a} f(x)|$, 前提是极限 $\lim\limits_{x\to a} f(x)$ 存在.

5. 夹逼定理 (squeeze theorem)

定理 3.1.6 给定函数 $f(x)$, 若存在 a 的某去心邻域 $U^\circ(a)$ 及函数 $g(x), h(x)$, 使

$$g(x) \leqslant f(x) \leqslant h(x), \forall x \in U^\circ(a),$$

且 $\lim\limits_{x\to a} g(x) = \lim\limits_{x\to a} h(x) = A$, 则 $\lim\limits_{x\to a} f(x) = A$.

证明 $\forall \varepsilon > 0$, 由 $\lim\limits_{x\to x_0} h(x) = A$, 可知 $\exists \delta_1 > 0, \forall x(0 < |x - x_0| < \delta_1)$: $|h(x) - A| < \varepsilon$, 从而

$$h(x) < A + \varepsilon;$$

由 $\lim\limits_{x\to x_0} g(x) = A$ 可知, $\exists \delta_2 > 0, \forall x(0 < |x - x_0| < \delta_2)$: 有 $|g(x) - A| < \varepsilon$, 从而

$$A - \varepsilon < g(x).$$

取 $\delta = \min\{\delta_1, \delta_2, r\}, \forall x(0 < |x - x_0| < \delta):$

$$A - \varepsilon < g(x) \leqslant f(x) \leqslant h(x) < A + \varepsilon,$$

此即 $\lim\limits_{x\to x_0} f(x) = A$. □

例 3.1.10 证明 $\lim\limits_{x\to 0} x\left[\dfrac{1}{x}\right] = 1$.

证明 $\forall x \neq 0$ 有 $\dfrac{1}{x} - 1 < \left[\dfrac{1}{x}\right] \leqslant \dfrac{1}{x}$.

当 $x > 0$ 时,

$$1 - x < x\left[\frac{1}{x}\right] \leqslant 1.$$

由夹逼性质得

$$\lim_{x\to 0+} x\left[\frac{1}{x}\right] = 1.$$

而当 $x<0$ 时,

$$1 \leqslant x\left[\frac{1}{x}\right] < 1-x,$$

同样由夹逼性质得

$$\lim_{x\to 0-} x\left[\frac{1}{x}\right] = 1.$$

综上知 $\lim\limits_{x\to 0} x\left[\dfrac{1}{x}\right] = 1$. □

6. 函数极限的四则运算法则

定理 3.1.7 设 $\lim\limits_{x\to x_0} f(x)=A$, $\lim\limits_{x\to x_0} g(x)=B$, 则对任何常数 α,β, 函数 $\alpha f(x)+\beta g(x)$, $f\cdot g$ 在 x_0 点的极限也存在, 且有

(1) $\lim\limits_{x\to x_0}(\alpha f(x)+\beta g(x))=\alpha A+\beta B$;

(2) $\lim\limits_{x\to x_0}(f(x)g(x))=AB$;

(3) 又若 $B\neq 0$, 则函数 $\dfrac{f}{g}$ 在 x_0 点的极限也存在, 且 $\lim\limits_{x\to x_0}\dfrac{f(x)}{g(x)}=\dfrac{A}{B}$.

证明 因 $\lim\limits_{x\to x_0} f(x)=A$, 由局部有界性知, $\exists M>0$, $\delta_0>0, \forall x(0<|x-x_0|<\delta_0)$:

$$|f(x)| \leqslant M,$$

且 $\forall \varepsilon>0$, $\exists \delta_1>0, \forall x(0<|x-x_0|<\delta_1)$:

$$|f(x)-A|<\varepsilon;$$

再由 $\lim\limits_{x\to x_0} g(x)=B$, 可知 $\exists \delta_2>0, \forall x(0<|x-x_0|<\delta_2)$:

$$|g(x)-B|<\varepsilon.$$

取 $\delta=\min(\delta_0,\delta_1,\delta_2)$, 则 $\forall x(0<|x-x_0|<\delta)$:

$$\begin{aligned}&|(\alpha f(x)+\beta g(x))-(\alpha A+\beta B)|\\ \leqslant&|\alpha||f(x)-A|+|\beta||g(x)-B|\\ <&(|\alpha|+|\beta|)\varepsilon,\end{aligned}$$

及

$$\begin{aligned}&|f(x)g(x)-AB|\\ =&|f(x)(g(x)-B)+B(f(x)-A)|\\ <&(M+|B|)\varepsilon.\end{aligned}$$

因此 (1) 和 (2) 成立. 利用极限的绝对值性质与保序性可知, $\exists\delta_*>0,\forall x(0<|x-x_0|<\delta_*)$:

$$|g(x)|>\frac{|B|}{2}.$$

取 $\delta=\min(\delta_*,\delta_1,\delta_2)$, 则 $\forall x(0<|x-x_0|<\delta)$:

$$\left|\frac{f(x)}{g(x)}-\frac{A}{B}\right|=\left|\frac{B(f(x)-A)-A(g(x)-B)}{Bg(x)}\right|<\frac{2(|A|+|B|)}{|B|^2}\varepsilon,$$

因此 (3) 也成立. □

函数极限的四则运算法则是求函数极限最常用到的方法.

例 3.1.11 $\lim\limits_{x\to0}\dfrac{(x-1)^3+1-3x}{x^2+2x^3}=\lim\limits_{x\to0}\dfrac{x^3-3x^2}{x^2+2x^3}=\lim\limits_{x\to0}\dfrac{x^2(x-3)}{x^2(1+2x)}=\lim\limits_{x\to0}\dfrac{x-3}{1+2x}=-3.$

7. 复合函数的极限

定理 3.1.8 设 $\lim\limits_{x\to x_0}g(x)=u_0$, $\lim\limits_{u\to u_0}f(u)=A$, 且在 x_0 的某去心邻域内 $g(x)\neq u_0$, 则复合函数 $y=f\circ g$ 在 x_0 处有极限, 且

$$\lim_{x\to x_0}f(g(x))=A. \tag{3.1.4}$$

证明 $\forall\varepsilon>0$, 因为 $\lim\limits_{u\to u_0}f(u)=A$, 所以存在正数 $\eta>0$, 使得当 $0<|u-u_0|<\eta$ 时, $|f(u)-A|<\varepsilon$. 又因为 $\lim\limits_{x\to x_0}g(x)=u_0$, 所以对上述 $\eta>0$, 存在 $\delta>0$, 使得当 $0<|x-x_0|<\delta$ 时 $0<|g(x)-u_0|<\eta$. 因此, 当 $0<|x-x_0|<\delta$ 时 $|f(g(x))-A|<\varepsilon$. 即我们证明了式 (3.1.4). □

注意, 本定理的结论对 x_0 或 u_0 是 $\pm\infty$ 的情况也适用. 例如

$$\lim_{x\to+\infty}2^{\sqrt{x+1}-\sqrt{x}}=\lim_{u\to0}2^u=1.$$

§3.1.3 两个重要极限

本小节, 我们应用夹逼性质来证明两个重要极限.

1. 第一个重要极限

例 3.1.12

$$\lim_{x\to0}\frac{\sin x}{x}=1. \tag{3.1.5}$$

证明 首先建立重要不等式

$$|\sin x|<|x|<|\tan x|,\ \forall\, 0<|x|<\frac{\pi}{2}. \tag{3.1.6}$$

注意到 $\sin x,\tan x$ 都是奇函数, 所以只需要对 $0<x<\dfrac{\pi}{2}$ 来证明不等式.

如图 3.1.4 所示, 下面的几何事实显然成立:

$$\triangle OAB\text{的面积} < \text{扇形}OAB\text{的面积} < \triangle OAD\text{的面积},$$

由此我们立即有 $\sin x < x < \tan x, 0 < x < \dfrac{\pi}{2}$.

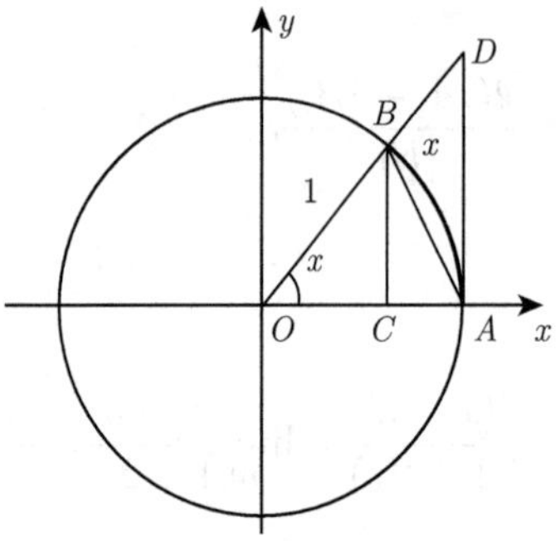

图 3.1.4

其次, 由上述不等式我们有

$$\cos x < \frac{\sin x}{x} < 1, \forall 0 < |x| < \frac{\pi}{2},$$

而由

$$|\cos x - 1| = 2\sin^2\frac{x}{2} \leqslant \frac{x^2}{2} \to 0,$$

可知 $\lim\limits_{x\to 0}\cos x = 1$, 再由夹逼性质立得式 (3.1.5). □

注 3.1.4 由不等式 (3.1.6) 易知下列不等式成立:

$$|\sin x| < |x|, \forall x \neq 0.$$

例 3.1.13 (1) 对任意实数 $\alpha \neq 0$, 有

$$\lim_{x\to 0}\frac{\sin \alpha x}{x} = \lim_{x\to 0}\left(\alpha \cdot \frac{\sin \alpha x}{\alpha x}\right) = \alpha,$$

所以对任意实数 α, 都有 $\lim\limits_{x\to 0}\dfrac{\sin \alpha x}{x} = \alpha$.

(2) $\lim\limits_{x\to 0}\dfrac{\tan x}{x} = \lim\limits_{x\to 0}\dfrac{\sin x}{x}\lim\limits_{x\to 0}\dfrac{1}{\cos x} = 1.$

(3) $\lim\limits_{x\to 0}\dfrac{1-\cos x}{x^2} = \lim\limits_{x\to 0}\dfrac{2\sin^2\frac{x}{2}}{x^2} = \lim\limits_{x\to 0}\dfrac{1}{2}\cdot\dfrac{\sin^2\frac{x}{2}}{(\frac{x}{2})^2} = \dfrac{1}{2}.$

2. 第二个重要极限

在上一章, 我们通过数列极限引入了重要常数 $\mathrm{e} = \lim\limits_{n\to\infty}\left(1+\dfrac{1}{n}\right)^n$, 下面我们用它来讨论函数的第二个重要极限.

例 3.1.14 证明

$$\lim_{x\to\infty}\left(1+\frac{1}{x}\right)^x = \mathrm{e}. \tag{3.1.7}$$

证明 先证 $\lim\limits_{x\to+\infty}\left(1+\dfrac{1}{x}\right)^x = \mathrm{e}$. 首先, 对于任意 $x \geqslant 1$, 有

$$\left(1+\frac{1}{[x]+1}\right)^{[x]} < \left(1+\frac{1}{x}\right)^x < \left(1+\frac{1}{[x]}\right)^{[x]+1},$$

其中, $[x]$ 表示 x 的整数部分. 因此上面的不等式左、右两侧都为数列, 且 $x \to +\infty$ 当且仅当 $[x] \to +\infty$. 又因为

$$\lim_{n\to\infty}\left(1+\frac{1}{n+1}\right)^n = \lim_{n\to\infty}\left(1+\frac{1}{n}\right)^{n+1} = \mathrm{e},$$

利用函数极限的夹逼性, 得到

$$\lim_{x\to+\infty}\left(1+\frac{1}{x}\right)^x=\mathrm{e}.$$

再证 $\lim\limits_{x\to-\infty}\left(1+\dfrac{1}{x}\right)^x=\mathrm{e}$. 为此令 $y=-x$, 于是当 $x\to-\infty$ 时, $y\to+\infty$, 从而有

$$\lim_{x\to-\infty}\left(1+\frac{1}{x}\right)^x=\lim_{y\to+\infty}\left(1-\frac{1}{y}\right)^{-y}=\lim_{y\to+\infty}\left(1+\frac{1}{y-1}\right)^y=\mathrm{e}.$$

将 $\lim\limits_{x\to+\infty}\left(1+\dfrac{1}{x}\right)^x=\mathrm{e}$ 与 $\lim\limits_{x\to-\infty}\left(1+\dfrac{1}{x}\right)^x=\mathrm{e}$ 结合起来, 就得到

$$\lim_{x\to\infty}\left(1+\frac{1}{x}\right)^x=\mathrm{e}.$$

□

例 3.1.15 根据上述第二个重要极限 (3.1.7), 令 $y=\dfrac{1}{x}$ 可得

(1) $\lim\limits_{y\to0}(1+y)^{\frac{1}{y}}=\mathrm{e}$;

再令 $y=-x$, 仍然由第二个重要极限 (3.1.7) 可得

(2) $\lim\limits_{y\to\infty}\left(1-\dfrac{1}{y}\right)^y=\mathrm{e}^{-1}$.

§3.1.4 函数极限存在的充要条件

与数列极限的存在性对应, 本节讨论函数极限的存在性条件, 主要结果是归结原则和 Cauchy 准则. 这两个准则都是函数极限存在的充要条件.

1. 归结原则

我们知道, 数列极限是函数极限的特例, 同时, 函数极限又可以利用数列极限来讨论, 如例 3.1.4. 一般地, 两者之间的密切关系即是由德国数学家 Heine (海涅) 提出的归结原则.

定理 3.1.9 (归结原则 (Heine principle)) 设函数 $f(x)$ 在点 a 的某去心邻域 $U^\circ(a,\rho)$ 有定义, 则函数极限

$$\lim_{x\to a}f(x)=A$$

的充分必要条件是: 对于 $U^\circ(a,\rho)$ 中任意的数列 $a_n\to a\,(n\to\infty)$, 有相应的数列极限

$$\lim_{n\to\infty}f(a_n)=A.$$

证明 **必要性** 对于 $U^\circ(a,\delta)$ 中任意的 $a_n\to a(n\to\infty)$, 以及任给的 $\varepsilon>0$, 因为函数极限

$$\lim_{x\to a}f(x)=A,$$

所以存在 $\delta>0$, 不妨设 $\delta<\rho$, 使当 $0<|x-a|<\delta$ 时 $|f(x)-A|<\varepsilon$. 因为 $a_n\to a\,(n\to\infty)$, 所以对上述 $\delta>0$, 存在自然数 N, 使当 $n>N$ 时, 有 $0<|a_n-a|<\delta$, 从而 $|f(a_n)-A|<\varepsilon$, 因此数列极限 $\lim\limits_{n\to\infty}f(a_n)=A$.

充分性 用反证法. 设 $x \to a$ 时 $f(x)$ 不以 A 为极限. 于是, 存在 $\varepsilon_0 > 0$, 对任意 $\delta > 0$, 存在相应的 $x \in U^\circ(a, \delta)$, 使得 $|f(x) - A| \geqslant \varepsilon_0$.

依次取 $\delta_1 = \rho, \delta_2 = \dfrac{\rho}{2}, \cdots, \delta_n = \dfrac{\rho}{n}, \cdots$, 则相应地存在 $x_1, x_2, \cdots, x_n, \cdots$, $x_n \in U^\circ\left(a, \dfrac{\rho}{n}\right), \forall n \in \mathbb{N}^+$, 使得 $|f(x_n) - A| \geqslant \varepsilon_0$. 显然, 数列 $\{x_n\}$ 收敛于 a, 且 $x_n \neq a$, 但数列 $\{f(x_n)\}$ 不收敛于 A, 矛盾. □

归结原则也称为 Heine 定理, 是沟通函数极限和数列极限之间的桥梁. 根据归结原则, 函数极限问题可归结为数列极限问题, 反之亦然. 因此, 函数极限的性质可用数列极限的有关性质来加以证明. 例如, 前面的函数极限的唯一性等性质都可借助归结原则给出新的证明.

在求数列极限时, 归结原则起着重要的作用.

例 3.1.16 根据第一个重要极限和归结原则, 得数列极限

$$\lim_{n \to \infty} \sqrt{n} \sin \frac{1}{\sqrt{n}} = 1,$$

根据第二个重要极限和归结原则, 得数列极限

$$\lim_{n \to \infty} \left(1 + \frac{3}{n}\right)^n = \lim_{n \to \infty} \left(\left(1 + \frac{3}{n}\right)^{\frac{n}{3}}\right)^3 = \mathrm{e}^3.$$

为了使用方便, 我们对归结原则稍作改进, 即有下面的定理.

定理 3.1.10 设函数 $f(x)$ 在点 a 的某去心邻域 $U^\circ(a)$ 有定义, 则函数极限 $\lim\limits_{x \to a} f(x)$ 存在的充分必要条件是: 对于 $U^\circ(a)$ 中任意的收敛于 a 的数列 $\{a_n\}$, 数列 $\{f(a_n)\}$ 也收敛.

证明 **必要性** 同定理 3.1.9的证明.

充分性 可以证明, 如果对于 $U^\circ(a)$ 中任意的收敛于 a 的数列 $\{a_n\}$, 数列 $\{f(a_n)\}$ 都收敛, 则这些极限必相同. 从而再由上述定理 3.1.9 即得证.

事实上, 假如有两个数列 $\{a_n\}$ 和 $\{b_n\}$ 都收敛于 a, 但 $\{f(a_n)\}$ 和 $\{f(b_n)\}$ 的极限不相同, 则可构造数列 $\{x_n\}$ 如下: $x_{2n-1} = a_n, x_{2n} = b_n$, 则 $x_n \in U^\circ(a)$, 且 $x_n \to a\,(n \to \infty)$, 但 $\{f(x_n)\}$ 发散, 因为它的奇子列与偶子列的极限不同. □

根据归结原则的必要性条件还可以判断函数极限的不存在.

推论 3.1.3 如果在点 a 的某去心邻域 $U^\circ(a)$ 有一个收敛于 a 的数列 $\{a_n\}$, 使 $\{f(a_n)\}$ 不收敛, 或在 $U^\circ(a)$ 中有两个都收敛于 a 的数列 $\{a_n\}, \{b_n\}$, 使 $\{f(a_n)\}, \{f(b_n)\}$ 都收敛, 但极限不相等, 则函数 f 在点 a 的极限不存在.

例 3.1.17 证明函数 $\sin \dfrac{1}{x}$ 在 $x = 0$ 处的极限不存在.

证明 取 $x_n = \dfrac{1}{n\pi}, y_n = \dfrac{1}{2n\pi + \frac{\pi}{2}}, n = 1, 2, \cdots$, 则 x_n, y_n 都不等于 0 且收敛于 0, 但 $\sin \dfrac{1}{x_n} = 0, \sin \dfrac{1}{y_n} = 1$, 因此由上述推论知 $\sin \dfrac{1}{x}$ 在 $x = 0$ 处的极限不存在. □

函数 $y = \sin \dfrac{1}{x}$ 的图像如图 3.1.5 所示, 在 $x \to 0$ 的过程中, 其函数值在 -1 与 1 之间来回振荡而不趋于任何定数.

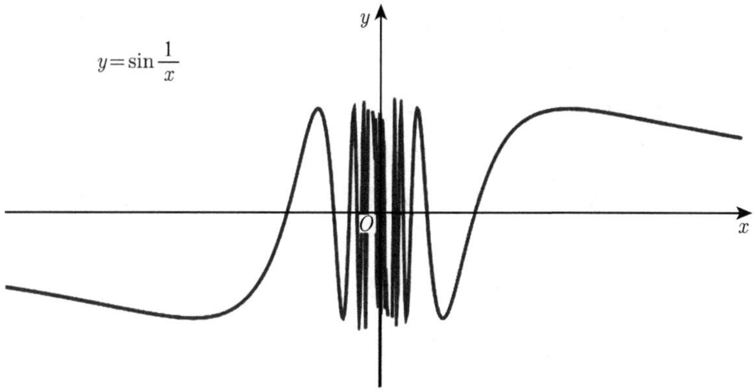

图 3.1.5

请读者将此例与例 3.1.7 比较.

例 3.1.18 Dirichlet 函数 $D(x)$ 在任意一点的极限都不存在.

证明 对任何 $a \in \mathbb{R}$, 由有理数与无理数的稠密性, 总可以取两列异于 a 的数列 $\{a_n\}$ 和 $\{b_n\}$ 都收敛于 a, 且一切 a_n 是有理数, 一切 b_n 为无理数. 于是, $D(a_n)=1, D(b_n)=0$, 从而, 由上述推论知道, $x \to a$ 时, $D(x)$ 的极限不存在. □

2. Cauchy 收敛准则 (Cauchy convergence criterion)

这一段, 我们讨论函数极限的 Cauchy 收敛准则. 我们只对 $x\to\infty$ 和 $x \to a-$ 两种极限情况进行讨论, 其余情况请读者自己补齐.

定理 3.1.11 $\lim\limits_{x\to\infty} f(x)$ 存在的充分必要条件是: $\forall\ \varepsilon>0$, $\exists\ G>0$, $\forall x', x''$, 满足 $|x'|, |x''|>G$ 时, 都有

$$|f(x')-f(x'')|<\varepsilon.$$

证明 **必要性** 设 $\lim\limits_{x\to\infty} f(x)$ 存在, 记为 A, 则由极限存在的定义, $\forall\varepsilon>0, \exists G>0$, 当 $|x|>G$ 时, $|f(x)-A|<\dfrac{\varepsilon}{2}$.

于是, 当 $|x'|, |x''|>G$ 时, 有

$$|f(x')-f(x'')| \leqslant |f(x')-A|+|f(x'')-A|<\varepsilon.$$

充分性 对任意 $\varepsilon>0$, 由充分性条件, 存在 $G>0$, $\forall x', x''$, 满足 $|x'|, |x''|>G$ 时, 有

$$|f(x')-f(x'')|<\varepsilon.$$

于是对任何无穷大数列 $\{x_n\}$, 存在 $N>0$, 当 $n, m>N$ 时, $|x_n|, |x_m|>G$, 从而

$$|f(x_n)-f(x_m)|<\varepsilon.$$

由数列极限的 Cauchy 收敛准则知 $\{f(x_n)\}$ 收敛, 再由改进的 Heine 归结原则 (定理 3.1.10) 知 $\lim\limits_{x\to\infty} f(x)$ 存在. □

推论 3.1.4 $\lim\limits_{x\to\infty} f(x)$ 存在的充分必要条件是对任意两个无穷大数列 $\{x_n\}$ 和 $\{y_n\}$，有 $f(x_n)-f(y_n)\to 0\ (n\to\infty)$.

例 3.1.19 应用上述推论可知，$x\to\infty$ 时，$\sin x$ 的极限不存在，这是因为对 $x_n=2n\pi, y_n=2n\pi+\dfrac{\pi}{2}$，它们都趋于无穷大，但 $|\sin x_n-\sin y_n|=1$.

定理 3.1.12 $\lim\limits_{x\to a-} f(x)$ 存在的充分必要条件是 $\forall\varepsilon>0,\exists\delta>0,\ \forall x',x''\in(a-\delta,a)$，都有

$$|f(x')-f(x'')|<\varepsilon.$$

证明 **必要性** 设 $\lim\limits_{x\to a-} f(x)=A$ 存在，则由左极限的定义，$\forall\varepsilon>0,\exists\delta>0$，当 $x\in(a-\delta,a)$ 时，$|f(x)-A|<\dfrac{\varepsilon}{2}$. 于是，对任何 $x',x''\in(a-\delta,a)$，有

$$|f(x')-f(x'')|\leqslant|f(x')-A|+|f(x'')-A|<\varepsilon.$$

充分性 $\forall\varepsilon>0,\exists\delta>0$，对任何 $x',x''\in(a-\delta,a)$，有 $|f(x')-f(x'')|<\varepsilon$. 于是，对 $(a-\delta,a)$ 中任何收敛于 a 的数列 $\{x_n\}$，存在 $N>0$，当 $n,m>N$ 时，$x_n,x_m\in(a-\delta,a)$，因此

$$|f(x_n)-f(x_m)|<\varepsilon.$$

由数列极限的 Cauchy 收敛准则知 $\{f(x_n)\}$ 收敛，再由 Heine 归结原则知 $\lim\limits_{x\to a-} f(x)$ 存在. □

应用 Cauchy 收敛准则，同样可以证明例 3.1.17 的结论，即 $x\to 0$ 时，$\sin\dfrac{1}{x}$ 的极限不存在，请读者自己完成.

习题 3.1

A1. 按定义证明下列极限:

(1) $\lim\limits_{x\to+\infty}\dfrac{6x+5}{x}=6$; (2) $\lim\limits_{x\to\infty}\dfrac{x^2-5}{x^2-1}=1$;

(3) $\lim\limits_{x\to 2}(x^2-6x+10)=2$; (4) $\lim\limits_{x\to 2-}\sqrt{4-x^2}=0$;

(5) $\lim\limits_{x\to x_0} a^x=a^{x_0}$; (6) $\lim\limits_{x\to 1}\dfrac{x^2-1}{4x^2-7x+3}=2$;

(7) $\lim\limits_{x\to 2}\dfrac{x+1}{x^2-x}=\dfrac{3}{2}$; (8) $\lim\limits_{x\to 1}\sqrt{\dfrac{7}{16x^2-9}}=1$.

A2. 讨论下列函数在 $x=0$ 处的极限:

(1) $f(x)=\dfrac{|x|}{x}$; (2) $f(x)=\dfrac{[x]}{x}$; (3) $f(x)=\dfrac{\mathrm{e}^{\frac{1}{x}}-1}{\mathrm{e}^{\frac{1}{x}}+1}$; (4) $f(x)=\begin{cases}1, & x<0,\\ 0, & x=0,\\ \mathrm{e}^x+x^2, & x>0.\end{cases}$

A3. 求下列极限:

(1) $\lim\limits_{x\to 0}\dfrac{x^2-2}{2x^2+x-1}$; (2) $\lim\limits_{x\to 1}\dfrac{x^2-1}{2x^2-x-1}$; (3) $\lim\limits_{x\to 1}\dfrac{x^n-1}{x^m-1}(n,m\in\mathbb{N}^+)$;

(4) $\lim\limits_{x\to 1}\dfrac{x+\cdots+x^n-n}{x-1}$; (5) $\lim\limits_{x\to 9}\dfrac{\sqrt{2x-2}-4}{\sqrt{x}-3}$; (6) $\lim\limits_{x\to 0}\dfrac{\sqrt{1+x}-1}{x}$;

(7) $\lim\limits_{x\to 0}\dfrac{\sqrt[n]{1+x}-1}{x}$; (8) $\lim\limits_{x\to+\infty}\dfrac{(2x+3)^{40}(4-3x)^{20}}{(5x-1)^{60}}$; (9) $\lim\limits_{x\to-\infty}\dfrac{x-\cos x}{x}$;

(10) $\lim\limits_{x\to+\infty}\dfrac{x\sin x}{x^2-4}$; (11) $\lim\limits_{x\to\infty}\dfrac{[x]}{x}$; (12) $\lim\limits_{x\to+\infty}x\left[\dfrac{1}{x}\right]$.

A4. 求下列极限:

(1) $\lim\limits_{x\to0}\dfrac{\sin 2x}{3x}$; (2) $\lim\limits_{x\to0}\dfrac{\sin x^3}{(2\sin x)^2}$; (3) $\lim\limits_{x\to\frac{\pi}{2}}\dfrac{\cos x}{x-\frac{\pi}{2}}$;

(4) $\lim\limits_{x\to0}\dfrac{\arctan x}{x}$; (5) $\lim\limits_{n\to+\infty}n\sin\dfrac{1}{n}$; (6) $\lim\limits_{x\to a}\dfrac{\sin^2 x-\sin^2 a}{x-a}$;

(7) $\lim\limits_{x\to0}\dfrac{\sqrt{1-\cos x^2}}{1-\cos x}$; (8) $\lim\limits_{x\to0}\dfrac{\cos x-\cos 2x}{1-\cos x}$; (9) $\lim\limits_{x\to0}\dfrac{4\cos x-\cos 2x-3}{x^4}$;

(10) $\lim\limits_{n\to\infty}\left(1-\dfrac{2}{n}\right)^{-n}$; (11) $\lim\limits_{x\to0}(1+3x)^{\frac{1}{x}}$; (12) $\lim\limits_{x\to+\infty}\left(1+\dfrac{\alpha}{x}\right)^{\frac{2x}{\alpha}}(0\neq\alpha)$.

A5. 设 $\lim\limits_{x\to a}f(x)=A\neq0$, 证明: 存在 a 的某去心邻域 $U^\circ(a)$ 使在其内成立 $|f(x)|>\dfrac{|A|}{2}$.

A6. 设 $f(x)\geqslant0$, $\lim\limits_{x\to x_0}f(x)=A$. 证明:

$$\lim_{x\to x_0}\sqrt[n]{f(x)}=\sqrt[n]{A},$$

其中, $n\geqslant2$ 为正整数.

A7. 证明: 若 f 为周期函数, 且 $\lim\limits_{x\to+\infty}f(x)=0$, 则 $f(x)\equiv0$.

A8. 证明: $x\to0$ 时 $y=\cos\dfrac{1}{x}$ 的极限不存在.

A9. 证明: 如果极限 $\lim\limits_{x\to+\infty}(a\sin x+b\cos x)$ 存在, 则 $a=b=0$.

§3.2 无穷小量与无穷大量

可以说, 厘清无穷小量与无穷大量概念是研究严格的函数极限概念的起因. 无穷小量与无穷大量的概念最早出现在导数概念中, 并且, 其他的极限问题本质上都可以转化为无穷小量与无穷大量来研究. 本节主要研究无穷小量与无穷大量, 包括两者的相互关系、阶的概念以及在极限计算中的应用等.

§3.2.1 无穷小量及其阶的比较

1. 无穷小量的概念

作为无穷小数列概念的推广, 我们定义函数的无穷小量的概念.

定义 3.2.1 若 $\lim\limits_{x\to a}f(x)=0$, 则称 $x\to a$ 时 $f(x)$ 为无穷小量 (infinitesimal).

对 $x\to a+, a-, -\infty, +\infty, \infty$ 等极限过程, 类似地可以定义无穷小量.

注意, 无穷小量是变量, 并且, 说到无穷小量, 必须指明自变量变化过程. 例如, $y=\mathrm{e}^x$, 当 $x\to-\infty$ 时是无穷小量, 而当 $x\to0$ 时就不是无穷小量.

极限问题的讨论本质上都可以转化为无穷小量的讨论, 因为我们有下面的性质.

性质 3.2.1 $\lim\limits_{x\to a}f(x)=A\Longleftrightarrow f(x)-A$ 当 $x\to a$ 时为无穷小量.

请读者自行给出证明. 同样, 也容易证明无穷小量的如下性质:

性质 3.2.2 (1) $x\to a$ 时 $f(x)$ 为无穷小量当且仅当 $x\to a$ 时 $|f(x)|$ 为无穷小量;

(2) 设 $x\to a$ 时 $f(x), g(x)$ 均为无穷小量, 则它们的线性组合也是无穷小量, 即对任何常数 α,β, 当 $x\to a$ 时, $\alpha f(x)+\beta g(x)$ 也是无穷小量;

(3) 设 $x \to a$ 时 $f(x)$ 为无穷小量, $g(x)$ 在 a 的某去心邻域内有界, 则 $x \to a$ 时 $f(x)g(x)$ 为无穷小量.

下面要对无穷小量趋于零的快慢进行比较. 我们均对函数的无穷小量来叙述, 对无穷小数列的讨论是类似的.

2. 无穷小量的阶 (order of infinitesimal quantity)

设 $x \to a$ 时, $u(x), v(x)$ 均为无穷小量.

(1) **高阶无穷小量** (higher order infinitesimal)

如果

$$\lim_{x \to a} \frac{u(x)}{v(x)} = 0,$$

则称当 $x \to a$ 时, $u(x)$ 是比 $v(x)$ **高阶无穷小量**, 记为 $u(x) = o(v(x))\ (x \to a)$.

记号 $u(x) = o(1)$, 表示 $u(x)$ 是无穷小量.

例如, 由例 3.1.13 知: $\sin x = o(1)$, $1 - \cos x = o(x)\ (x \to 0)$.

(2) **同阶无穷小量** (the same order infinitesimal)

首先, 引入记号 "$u(x) = O(v(x))(x \to a)$ ", 它表示: 存在 a 的去心邻域 $U^\circ(a)$ 及正常数 M, 使

$$\left|\frac{u(x)}{v(x)}\right| \leqslant M,\ \forall x \in U^\circ(a),$$

即 $\dfrac{u(x)}{v(x)}$ 局部有界.

记号 $u(x) = O(1)$ 表示 $u(x)$ 是局部有界量.

根据极限的局部有界性可以得到:

性质 3.2.3　设 $x \to a$ 时, $u(x), v(x)$ 均为无穷小量, 且 $\lim\limits_{x \to a} \dfrac{u(x)}{v(x)}$ 存在, 则 $u(x) = O(v(x))(x \to a)$.

当然, 性质 3.2.3 中的条件是一个充分而非必要的条件. 例如, $x \sin \dfrac{1}{x} = O(x)\ (x \to 0)$, 但是极限 $\lim\limits_{x \to a} \dfrac{u(x)}{v(x)} = \lim\limits_{x \to 0} \sin \dfrac{1}{x}$ 不存在.

其次, 若 $x \to a$ 时 $u(x) = O(v(x))$, 且 $v(x) = O(u(x))$, 即存在正数 $m, M(m < M)$, 使

$$0 < m \leqslant \left|\frac{u(x)}{v(x)}\right| \leqslant M, \quad \forall x \in U^\circ(a),$$

则称当 $x \to a$ 时, $u(x)$ 与 $v(x)$ 是**同阶无穷小量**.

由性质 3.2.3 可以得到

性质 3.2.4　若 $\lim\limits_{x \to a} \dfrac{u(x)}{v(x)} = c \neq 0$, 则当 $x \to a$ 时, $u(x)$ 与 $v(x)$ 是同阶无穷小量.

特别地, 若 $k > 0$, $x \to a$ 时 $u(x)$ 与 $v(x) = (x-a)^k$ 是同阶的无穷小量, 则称 $x \to a$ 时 $u(x)$ 是 k 阶的无穷小量.

例如, 由例 3.1.13 知, 当 $x \to 0$ 时, $\sin x, \tan x$ 是 1 阶无穷小量, $1 - \cos x$ 是 2 阶无穷小量, 而由下面的例 3.2.4 知, $\tan x - \sin x$ 是 3 阶无穷小量.

$\dfrac{1}{\ln x} = o(1)\,(x \to 0+)$, 但其无穷小阶数无法确定. 因为下面的例 3.2.2 说明, 对任何 $\alpha > 0$, $\dfrac{1}{\ln x}$ 比 x^α 阶数都要低: $x^\alpha \ln x \to 0, x \to 0+$.

进一步, 当 $x \to 0+$ 时, 对任意自然数 k, 对任何 $\alpha > 0$, $\left(\dfrac{1}{\ln x}\right)^k$ 是比 x^α 低阶的无穷小量. 这等价于 $x^\alpha (\ln x)^k \to 0$, 当 $x \to 0+$.

(3) **等价无穷小量** (equivalent infinitesimal)

若 $\lim\limits_{x\to a} \dfrac{u(x)}{v(x)} = 1$, 则称当 $x \to a$ 时, $u(x)$ 与 $v(x)$ 是**等价无穷小量**, 记为

$$u(x) \sim v(x)\ (x \to a).$$

上式也等价于

$$u(x) = v(x) + o(v(x))\,(x \to a). \tag{3.2.1}$$

例如, 由第一个重要极限以及例 3.1.13 知道, 当 $x \to 0$ 时,

$$\sin x \sim x \sim \tan x, \tag{3.2.2}$$

因此

$$\sin x = x + o(x)(x \to 0), \quad \tan x = x + o(x)(x \to 0).$$

同样地,

$$1 - \cos x \sim \frac{x^2}{2}(x \to 0).$$

我们将常见的等价无穷小以命题形式汇总如下:

命题 3.2.1 $x \to 0$ 时, $x \sim \sin x \sim \tan x \sim \ln(1+x) \sim \mathrm{e}^x - 1 \sim \dfrac{1}{a}((1+x)^a - 1)$.

证明 由例 3.1.13, 我们只需要证明 $x \sim \ln(1+x) \sim \mathrm{e}^x - 1 \sim \dfrac{1}{a}((1+x)^a - 1)$. 由例 3.1.15、例 3.1.4 与复合函数求极限定理可得 $\lim\limits_{x\to 0} \ln(1+x)^{\frac{1}{x}} = 1$, 因此有

$$\lim_{x\to 0} \frac{\ln(1+x)}{x} = 1.$$

而若令 $\mathrm{e}^x - 1 = t$, 则 $x = \ln(1+t)$, 由例 3.1.3 知道, $x \to 0$ 时, $t \to 0$, 并且

$$\lim_{x\to 0} \frac{\mathrm{e}^x - 1}{x} = \lim_{t\to 0} \frac{t}{\ln(1+t)} = 1.$$

最后,

$$\lim_{x\to 0} \frac{(1+x)^\alpha - 1}{x} = \lim_{x\to 0} \frac{\mathrm{e}^{\alpha\ln(1+x)} - 1}{x} = \lim_{x\to 0} \frac{\mathrm{e}^{\alpha\ln(1+x)} - 1}{\alpha\ln(1+x)} \frac{\alpha\ln(1+x)}{x} = \alpha. \qquad \square$$

§3.2.2 无穷大量及其阶的比较

1. 广义极限与无穷大量

为了方便起见, 我们把极限为实数 A 的情况推广到无穷大, 称为广义极限 (generalized limit). 以极限过程 $x \to a$ 情形为例.

定义 3.2.2　设 $f(x)$ 在 a 的某去心邻域 $U^\circ(a,\rho)$ 内有定义, 如果对任何正数 G, 存在 $\delta\in(0,\rho)$, 使当 $x\in U^\circ(a,\delta)$ 时, $f(x)>G$, 则称 $f(x)$ 在 a 的广义极限为 $+\infty$, 或称 $x\to a$ 时 $f(x)$ 为正无穷大量 (positive infinite), 记为

$$\lim_{x\to a}f(x)=+\infty.$$

如果 $x\to a$ 时 $-f(x)$ 为正无穷大量, 则称 $f(x)$ 在点 a 处的广义极限为 $-\infty$, 或称 $x\to a$ 时 $f(x)$ 为负无穷大量 (negative infinite), 记为

$$\lim_{x\to a}f(x)=-\infty.$$

如果 $x\to a$ 时 $|f(x)|$ 为正无穷大量, 则称 $x\to a$ 时 $f(x)$ 为无穷大量 (infinite). 以上情况之一成立, 我们也称 $f(x)$ 在 a 处存在广义极限.

类似可以定义 $x\to a+,a-,x\to\infty$ 等情形的广义极限.

例 3.2.1　证明 $\lim\limits_{x\to0+}\dfrac{e^{\frac1x}}{x-1}=-\infty$.

证明　对任何 $G>0$, 不妨设 $G>1,x<1$, 则欲使 $\dfrac{e^{\frac1x}}{x-1}<-G$, 只要 $\dfrac{e^{\frac1x}}{1-x}>G$, 因为 $\dfrac{e^{\frac1x}}{1-x}>e^{\frac1x}$, 因此只要 $0<x<\dfrac{1}{\ln G}$. 取 $\delta=\min\left\{1,\dfrac{1}{\ln G}\right\}$ 即可.　□

对广义极限而言, 函数极限通常的性质未必成立, 例如, 四则运算性质就未必成立, 相关性质可参见无穷大数列的性质 2.2.2 自行给出.

2. 无穷大量的阶 (order of infinity)

记号: 为方便起见, 有时我们以 $x\to X$ 表示一般的极限过程, 即 $x\to X$ 可表示 $x\to a$, $x\to a+,a-,x\to+\infty,-\infty$ 以及 $x\to\infty$ 等任意一种情形. 而 $U^\circ(X)$ 当 $X=+\infty$ 时表示 $+\infty$ 的某个邻域, 即某个区间 $(b,+\infty)$, 等等.

设当 $x\to X$ 时, $u(x)$ 和 $v(x)$ 都是无穷大量.

(1) **高阶无穷大量** (higher order infinity)

若 $\lim\limits_{x\to X}\dfrac{u(x)}{v(x)}=\infty$, 则当 $x\to X$ 时, $u(x)$ 比 $v(x)$ 趋向 ∞ 的速度快, 我们称 $u(x)$ 是比 $v(x)$ **高阶无穷大量**, 或 $v(x)$ 是比 $u(x)$ 低阶的无穷大量.

例 3.2.2　当 $a>1$ 时, 对任意自然数 k, 有

$$\lim_{x\to+\infty}\frac{a^x}{x^k}=+\infty,\ \lim_{x\to+\infty}\frac{\ln^k x}{x}=0,$$

所以当 $x\to+\infty$ 时, a^x 是比 x^k 高阶的无穷大量, 而 $\ln^k x$ 是比 x 低阶的无穷大量.

先证第一个结论. 设 $a=1+h,\ h>0$, 则当 $x\to+\infty$ 时有

$$\begin{aligned}\frac{(1+h)^x}{x^k}&\geqslant\frac{(1+h)^{[x]}}{([x]+1)^k}>\frac{C_{[x]}^{k+1}h^{k+1}}{[x]^k}\left(\frac{[x]}{[x]+1}\right)^k\\&>\frac{[x]\cdots([x]-k+1)}{[x]^k(k+1)!}([x]-k)\left(\frac12\right)^k h^{k+1}\to+\infty.\end{aligned}$$

由此可证第二个结论. 令 $\ln x = y$, 则 $x = \mathrm{e}^y$, 且 $x \to +\infty$ 时 $y \to +\infty$, 于是

$$\frac{\ln^k x}{x} = \frac{y^k}{\mathrm{e}^y} \to 0 \ (y \to +\infty).$$

由此易证, $x \to 0+$ 时 $x^\alpha \ln x$ 是无穷小量, 其中 $\alpha > 0$. 因此, 当 $x \to 0+$ 时, $\ln x$ 都是比 $x^{-\alpha}$ 低阶的无穷大量.

注意: 对无穷大量, 不用记号 “o” 进行比较, 但仍然引进记号 “O”.

(2) **同阶无穷大量** (same order infinty)

若存在 X 的某个邻域 $U^\circ(X)$ 以及常数 $M > 0$, 使得

$$\left|\frac{u(x)}{v(x)}\right| \leqslant M, \forall x \in U^\circ(X),$$

即 $\dfrac{u(x)}{v(x)}$ 局部有界, 则记为 $u(x) = O(v(x))(x \to X)$.

例如, $x(\arctan x + \sin x) = O(x) \ (x \to +\infty)$.

若存在 X 的某个去心邻域 $U^\circ(X)$, 以及正常数 $M, m \ (m < M)$, 使得

$$m \leqslant \left|\frac{u(x)}{v(x)}\right| \leqslant M, \forall x \in U^\circ(X),$$

则称 $x \to X$ 时 $u(x)$ 与 $v(x)$ 是**同阶无穷大量**.

特别地, 当 $\lim\limits_{x \to X} \dfrac{u(x)}{v(x)} = c \neq 0$ 时, $u(x)$ 与 $v(x)$ 是同阶的无穷大量.

类似于无穷小量, 如果 $x \to a$ 时 $u(x)$ 与 $v(x) = (x-a)^{-k}$ 是同阶的无穷大量, 则称 $x \to a$ 时 $u(x)$ 是 k 阶的无穷大量, 或 $x \to \infty$ 时 $u(x)$ 是与 $|x|^k$ 同阶的无穷大量, 则称 $x \to \infty$ 时 $u(x)$ 是 k 阶无穷大量 (infinite number of order k).

例如, $x \to +\infty$ 时, $\sqrt{x + \sqrt{x}}$ 是 $\dfrac{1}{2}$ 阶无穷大量; 而 e^x 的阶数应该视为 $+\infty$, 因为, 对任何正数 k, $\dfrac{x^k}{\mathrm{e}^x} \to 0, x \to +\infty$.

(3) **等价无穷大量** (equivalent infinity)

设 $x \to X$ 时, $u(x), v(x)$ 都是无穷大量, 若 $\lim\limits_{x \to X} \dfrac{u(x)}{v(x)} = 1$, 则称当 $x \to X$ 时 $u(x)$ 与 $v(x)$ 是**等价无穷大量**, 记为 $u(x) \sim v(x) \ (x \to X)$.

§3.2.3 等价量及其代换

在计算极限时, 有些情况下可以用等价的无穷小量或等价的无穷大量相互代换.

先看一个例子.

例 3.2.3 设 $n \leqslant m, b_m \neq 0$, 则当 $a_m \neq 0$ 时

$$\lim_{x \to \infty} \frac{a_n x^n + a_{n+1} x^{n+1} + \cdots + a_m x^m}{b_n x^n + b_{n+1} x^{n+1} + \cdots + b_m x^m} = \lim_{x \to \infty} \frac{a_m x^m}{b_m x^m} \cdot \frac{\frac{a_n x^n + a_{n+1} x^{n+1} + \cdots + a_m x^m}{a_m x^m}}{\frac{b_n x^n + b_{n+1} x^{n+1} + \cdots + b_m x^m}{b_m x^m}} = \frac{a_m}{b_m};$$

显然这一结果对 $a_m = 0$ 也对. 又当 $b_n \neq 0$ 时, 对 $x \to 0$ 时的极限有

$$\lim_{x \to 0} \frac{a_n x^n + a_{n+1} x^{n+1} + \cdots + a_m x^m}{b_n x^n + b_{n+1} x^{n+1} + \cdots + b_m x^m} = \lim_{x \to 0} \frac{a_n x^n}{b_n x^n} \cdot \frac{\frac{a_n x^n + a_{n+1} x^{n+1} + \cdots + a_m x^m}{a_n x^n}}{\frac{b_n x^n + b_{n+1} x^{n+1} + \cdots + b_m x^m}{b_n x^n}} = \frac{a_n}{b_n}.$$

在这里我们看到, 当 $x \to \infty$ 时,

$$a_n x^n + a_{n+1} x^{n+1} + \cdots + a_m x^m \sim a_m x^m, a_m \neq 0,$$

因此求极限时可以用 $a_m x^m$ 代替 $a_n x^n + a_{n+1} x^{n+1} + \cdots + a_m x^m$.

而当 $x \to 0$ 时, 可以用 $a_n x^n$ 代替 $a_n x^n + a_{n+1} x^{n+1} + \cdots + a_m x^m \sim a_n x^n, a_n \neq 0$.

受到上例的启发, 容易得到下面的一般的等价量代换定理.

定理 3.2.1　设 $u(x), v(x), w(x)$ 在 X 的某个去心邻域内有定义, 且 $v(x) \sim w(x), x \to X$, 是等价的无穷小量或无穷大量, 则

(1) $u(x)v(x) \to A(x \to X) \Longrightarrow u(x)w(x) \to A(x \to X)$;

(2) $\dfrac{u(x)}{v(x)} \to A(x \to X) \Longrightarrow \dfrac{u(x)}{w(x)} \to A(x \to X)$.

证明　(1) 由下式即得

$$u(x)w(x) = u(x)v(x) \cdot \frac{w(x)}{v(x)}.$$

(2) 类似可证. □

例 3.2.4　$\lim\limits_{x \to 0} \dfrac{\tan x - \sin x}{x^3} = \lim\limits_{x \to 0} \dfrac{\tan x(1 - \cos x)}{x^3} = \lim\limits_{x \to 0} \dfrac{x \cdot \frac{x^2}{2}}{x^3} = \dfrac{1}{2}$.

注意, 计算中我们应用了等价无穷小代换: $\tan x \sim x, 1 - \cos x \sim \dfrac{x^2}{2}$ $(x \to 0)$, 但不能将 $\tan x$ 与 $\sin x$ 用 x 代入分子 $\tan x - \sin x$ 中去. 定理 3.2.1 中用等价无穷小代换只适用于代换积、商运算中的因子, 而加减运算中则不能直接用等价无穷小代换.

例 3.2.5　求极限 $\lim\limits_{x \to 0} \dfrac{\sqrt{1+x} - \sqrt[3]{1+x}}{\ln(1+2x)}$.

解

$$\lim_{x \to 0} \frac{\sqrt{1+x} - \sqrt[3]{1+x}}{\ln(1+2x)} = \lim_{x \to 0} \frac{(\sqrt{1+x} - 1) - (\sqrt[3]{1+x} - 1)}{2x} \tag{3.2.3}$$

$$= \lim_{x \to 0} \frac{\sqrt{1+x} - 1}{2x} - \lim_{x \to 0} \frac{\sqrt[3]{1+x} - 1}{2x} = \lim_{x \to 0} \frac{\frac{x}{2}}{2x} - \lim_{x \to 0} \frac{\frac{x}{3}}{2x} = \frac{1}{12}. \tag{3.2.4}$$

这里, 我们利用了等价无穷小代换: 当 $x \to 0$ 时, $\sqrt{1+x} - 1 \sim \dfrac{x}{2}, \sqrt[3]{1+x} - 1 \sim \dfrac{x}{3}$, 但不是直接代入和差运算式 (3.2.3), 而是分开后再代换, 见式 (3.2.4).

在加减运算中不能直接用等价无穷小代换, 但可利用公式 (3.2.1). 例如, 在本例中可作如下操作:

$$\begin{aligned} \lim_{x \to 0} \frac{\sqrt{1+x} - \sqrt[3]{1+x}}{\ln(1+2x)} &= \lim_{x \to 0} \frac{(\sqrt{1+x} - 1) - (\sqrt[3]{1+x} - 1)}{2x} \\ &= \lim_{x \to 0} \frac{\frac{x}{2} + o(x) - (\frac{x}{3} + o(x))}{2x} = \frac{1}{12}. \end{aligned} \tag{3.2.5}$$

习题 3.2

A1. 确定 α 和 β, 使下列各无穷小量或无穷大量等价于 αx^β:

(1) $2x^3-x^5, x\to 0, x\to\infty$;

(2) $\sqrt{1+x}-1, x\to 0, x\to+\infty$;

(3) $(1+x)^n-1, x\to 0, x\to+\infty$;

(4) $\dfrac{1}{1+x}-(1-x), x\to 0, x\to\infty$;

(5) $\sqrt{1+\tan x}-\sqrt{1-\sin x}, x\to 0$;

(6) $x+x^2(2+\sin x), x\to 0, x\to\infty$ (对 $x\to\infty$ 只确定无穷大的阶数).

A2. 求下列极限:

(1) $\lim\limits_{x\to\infty}\dfrac{x\tan\frac{1}{x}}{x-\cos x}$; (2) $\lim\limits_{x\to 0}\dfrac{\sqrt[3]{1+x}-\sqrt[4]{1+2x}}{\ln(1+x)}$;

(3) $\lim\limits_{x\to 0}\dfrac{\sqrt{1+x}-\sqrt[3]{1+2x^2}}{\ln(1+\sin x)}$; (4) $\lim\limits_{x\to 0}\dfrac{\sqrt{1+x}-1-\frac{x}{2}}{x^2}$;

(5) $\lim\limits_{x\to-\infty}(\sqrt{1-x+x^2}-\sqrt{1+x+x^2})$; (6) $\lim\limits_{n\to\infty}n(\sqrt[n]{x}-1)(x>0)$.

A3. 设 $x\to a$ 时 $f(x)$ 和 $g(x)$ 是等价无穷小量, 证明:

$$f(x)-g(x)=o(f(x)),\text{且 } f(x)-g(x)=o(g(x)),\ (x\to a).$$

A4. 当 $x\to+\infty$ 时, 将下列无穷大量按照从高阶到低阶的顺序排列 (说明理由):

$$2^x,\qquad x^x,\qquad x^2,\qquad \ln^2(1+x^2),\qquad [x]!.$$

A5. 当 $x\to 0+$ 时, 将下列无穷小量按照从高阶到低阶的顺序排列 (说明理由):

$$x^2,\qquad 2^{-\frac{1}{x}},\qquad \ln(1+x),\qquad 1-\cos x^2.$$

§3.3 函数的连续与间断

§3.3.1 函数连续的定义

1. 在一点处的连续性

从几何直观上看, 连续的曲线就是连绵不间断. 如果曲线在某一点处断开, 即在该点不连续.

例如, 图 3.3.1 中函数 $y=f(x)$ 在 $x=1$ 处连续, 在 $x=2$ 处不连续.

从几何上看, 函数 $y=f(x)$ 在定义域内一点 a 处连续, 就是指当 x 充分靠近 a 时, 相应的函数值 $f(x)$ 也充分靠近 $f(a)$.

借助极限的概念, 我们给出函数在一点处连续的定义如下.

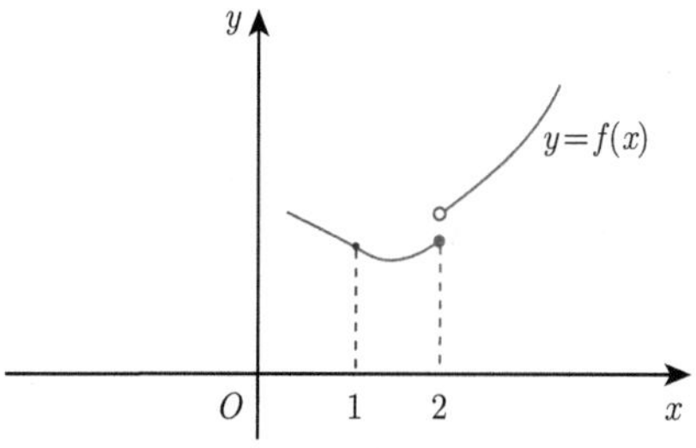

图 3.3.1

定义 3.3.1 *设函数 $y=f(x)$ 在点 a 的某邻域 $U(a,r)$ 内有定义, 并且成立*

$$\lim_{x\to a}f(x)=f(a),$$

即对任何 $\varepsilon>0$, 存在 $\delta\in(0,r)$, 使当 $|x-a|<\delta$ 时, $|f(x)-f(a)|<\varepsilon$, 则称函数 $y=f(x)$ 在点 a 处是连续的 (continuous), 并称 a 是函数 $f(x)$ 的连续点.

注 3.3.1　记 $x-a=\Delta x, f(x)-f(a)=\Delta y$, 则 $y=f(x)$ 在 $x=a$ 点连续当且仅当

$$\lim_{\Delta x\to 0}\Delta y=0,$$

也就是说, 当自变量作微小变化时, 函数的变化也是微小的.

2. 在开区间内的连续

定义 3.3.2　若 $f(x)$ 在开区间 (a,b) 内每一点都连续, 则称函数 $f(x)$ 在开区间 (a,b) 内连续.

例 3.3.1　$f(x)=\dfrac{1}{x}$ 在开区间 $(0,1)$ 内连续.

证明　$\forall x_0\in(0,1)$, $x\in(0,1)$, 根据极限的四则运算法则立得 $\lim\limits_{x\to x_0}\dfrac{1}{x}=\dfrac{1}{x_0}$, 即 $f(x)=\dfrac{1}{x}$ 在 x_0 点连续, 由 $x_0\in(0,1)$ 的任意性知, $f(x)$ 在 $(0,1)$ 内连续. □

例 3.3.2　$f(x)=\sin x$, $g(x)=\cos x$ 均在 $(-\infty,+\infty)$ 上连续.

证明　设 $x_0\in(-\infty,+\infty)$ 是任意一点, 又 $\forall x\in(-\infty,+\infty)$, 由于

$$|\sin x-\sin x_0|=2\left|\cos\frac{x+x_0}{2}\sin\frac{x-x_0}{2}\right|\leqslant|x-x_0|,$$

所以, 对任意给定的 $\varepsilon>0$, 取 $\delta=\varepsilon$, 则当 $|x-x_0|<\delta$ 时, 成立 $|\sin x-\sin x_0|\leqslant|x-x_0|<\varepsilon$. 这说明 $f(x)$ 在 x_0 点连续. 因此, 由 $x_0\in(-\infty,+\infty)$ 的任意性知, $f(x)=\sin x$ 在 $(-\infty,+\infty)$ 上连续.

同样可以按定义证明 $g(x)=\cos x$ 在 $(-\infty,+\infty)$ 上连续. □

例 3.3.3　$f(x)=a^x\,(a>0)$ 在 $(-\infty,+\infty)$ 上连续.

证明　$\forall x_0\in(-\infty,+\infty)$, 有

$$f(x)-f(x_0)=a^x-a^{x_0}=a^{x_0}(a^{x-x_0}-1).$$

因此, 要证明 $\lim\limits_{x\to x_0}a^x=a^{x_0}$, 只要证明 $\lim\limits_{t\to 0}a^t=1$, 而这正是例 3.1.3的结论. □

例 3.3.4　$f(x)=\log_a x\,(a>0)$ 在 $(0,+\infty)$ 上连续.

证明　由例 3.1.4 立知 $f(x)=\log_a x\,(a>0)$ 在任意一点 $x_0>0$ 处连续, 故结论获证. □

3. 在其他类型区间上的连续性

为定义在其他区间上的连续性, 需要下面的单侧连续的概念.

定义 3.3.3　设函数 $y=f(x)$ 在 a 的某右邻域 $[a,a+\delta)$ 内有定义, 如果

$$f(a+)=\lim_{x\to a+}f(x)=f(a),$$

则称 $f(x)$ 在 $x=a$ 点右连续 (right continuous). 类似可以定义左连续 (left continuous).

定义 3.3.4　如果函数 $y=f(x)$ 在开区间 (a,b) 内连续, 且在区间左端点 a 处右连续, 在右端点 b 处左连续, 在称 $f(x)$ 在闭区间 $[a,b]$ 上连续.

类似可定义在左开右闭区间 $(a,b]$ 和左闭右开区间 $[a,b)$ 上的连续性.

类似可定义函数在若干区间的并集上的连续性.

例 3.3.5 $f(x)=\sqrt{\sin x}$ 在闭区间 $[0,\pi]$ 上连续.

证明 对任意 $x_0\in(0,\pi)$, 有

$$|\sqrt{\sin x}-\sqrt{\sin x_0}|=\left|\frac{\sin x-\sin x_0}{\sqrt{\sin x}+\sqrt{\sin x_0}}\right|\leqslant\frac{|x-x_0|}{\sqrt{\sin x_0}}.$$

$\forall\varepsilon>0$, 当 $|x-x_0|<\delta=\varepsilon\sqrt{\sin x_0}$ 时, 有 $|\sqrt{\sin x}-\sqrt{\sin x_0}|<\varepsilon$, 所以 $\sqrt{\sin x}$ 在 $(0,\pi)$ 连续.

又 $x\in(0,\pi)$ 时, $|\sin x|<x$, 于是 $\forall\varepsilon>0$, 可取 $\delta=\varepsilon^2$, 则当 $0<x<\delta$ 时, 有

$$\sqrt{\sin x}<\sqrt{x}<\sqrt{\varepsilon^2}=\varepsilon,$$

所以 $f(x)=\sqrt{\sin x}$ 在 $x=0$ 右连续. 类似可知它在 $x=\pi$ 左连续, 证明留给读者. 因此 $f(x)=\sqrt{\sin x}$ 在闭区间 $[0,\pi]$ 上连续. □

§3.3.2 连续函数的局部性质

由函数在一点处连续, 可得函数在该点的某邻域内的某些性质. 这样的性质称为连续函数的局部性质.

1. 基本性质

性质 3.3.1 (1) 局部有界性 (locally bounded property): 如果 f 在 a 点连续, 则存在 a 的邻域 $U(a)$, 使 f 在其上有界.

(2) 局部保号性 (local sign preserving property): 如果 f 在 a 点连续, 则对任何 $c:c<f(a)$, 存在 a 的邻域 $U(a)$, 使 f 在 $U(a)$ 内都大于 c.

特别地, 若 $f(a)>0$, 则存在 a 的邻域 $U(a)$, 使 f 在 $U(a)$ 内都大于 0.

(3) 绝对值保连续性: 如果 f 在 a 点连续, 则 $|f|$ 在 a 点也连续.

由于这些性质对应于极限的局部性质, 证明留作习题.

2. 四则运算性质

同样容易证明下列的四则运算性质成立.

定理 3.3.1 四则运算保持函数连续性, 即如果函数 f,g 都在 a 点连续, 则函数 $f(x)\pm g(x)$, $f(x)g(x)$ 以及 $\dfrac{f(x)}{g(x)}$(此时 $g(a)\neq0$) 在点 a 也连续.

例 3.3.6 任意一多项式在 $(-\infty,+\infty)$ 上连续. 有理函数在其定义域内连续.

证明 对于常函数 $f(x)=c$ 与恒等函数 $g(x)=x$, 容易从定义出发证明它们的连续性, 然后由上述的连续函数的四则运算规则, 可以得到: 多项式是 $(-\infty,+\infty)$ 上的连续函数, 有理函数在其定义域内连续. □

例 3.3.7 函数 $y=\tan x, y=\sec x$ 在其定义域 $\mathbb{R}\backslash\left\{k\pi+\dfrac{\pi}{2},k\in\mathbb{Z}\right\}$ 内连续.

同样, 函数 $\cot x,\csc x$ 在其定义域 $\mathbb{R}\backslash\{k\pi,k\in\mathbb{Z}\}$ 内连续.

证明　之前已经验证了 $f(x)=\sin x, g(x)=\cos x$ 的连续性, 对它们使用连续函数的四则运算规则, 即可得到: 函数 $y=\tan x, y=\sec x$ 在其定义域 $\mathbb{R}\backslash\left\{k\pi+\dfrac{\pi}{2}, k\in\mathbb{Z}\right\}$ 内连续, 函数 $\cot x, \csc x$ 在其定义域 $\mathbb{R}\backslash\{k\pi, k\in\mathbb{Z}\}$ 内连续. □

3. 复合函数的连续性定理

定理 3.3.2　设 $\lim\limits_{x\to x_0} g(x)=u_0$, $f(u)$ 在 u_0 处连续, 则复合函数 $y=f\circ g$ 在 x_0 处有极限, 且

$$\lim_{x\to x_0} f(g(x))=f(u_0). \tag{3.3.1}$$

证明　$\forall\varepsilon>0$, 由于 f 在 u_0 点连续, 所以存在 $\eta>0$, 当 $|u-u_0|<\eta$ 时, 有

$$|f(u)-f(u_0)|<\varepsilon. \tag{3.3.2}$$

又由于 $\lim\limits_{x\to x_0} g(x)=u_0$, 所以对上述 η, 存在 $\delta>0$, 当 $0<|x-x_0|<\delta$ 时 $|g(x)-u_0|<\eta$. 从而不等式 (3.3.2) 成立, 即 $|f(g(x))-f(u_0))|<\varepsilon$. 因此结论获证. □

推论 3.3.1 (复合函数的连续性)　若 $u=g(x)$ 在 $x=x_0$ 连续, $g(x_0)=u_0$, 又 $f(u)$ 在 u_0 处连续, 则复合函数 $y=f\circ g$ 在 x_0 处连续.

公式 (3.3.1) 表明, 当外函数连续时, 对复合函数求极限时极限符号 $\lim\limits_{x\to x_0}$ 可以从 f 的外面拿到里面, 即

$$\lim_{x\to x_0} f(g(x))=f(\lim_{x\to x_0}(g(x)). \tag{3.3.3}$$

例 3.3.8　证明对任意实数 α, 幂函数 $f(x)=x^\alpha$ 在其定义域内连续.

证明　幂函数的定义域我们在 §1.2.4 节已经讨论过.

(1) 当 $\alpha=0$ 时, $f(x)\equiv 1, \forall x\in(-\infty,+\infty)$, 结论成立.

(2) $\alpha=\dfrac{q}{p}$ 是有理数, 其中 p, q 互质.

(i) 若 p 是奇数, 则 $\alpha>0$ 时定义域 $D=(-\infty,+\infty)$, 由 $x^\alpha=\mathrm{e}^{\alpha\ln x}$ 和 $y=\mathrm{e}^u$ 与 $u=\alpha\ln x$ 的连续性以及复合函数的连续性知, 函数在 $(0,+\infty)$ 内连续, 并且由定义可知函数在 $x=0$ 处连续. 又此时的幂函数 $x^{\frac{q}{p}}$ 要么是奇函数, 要么是偶函数, 因此该函数在 $(-\infty,0]$ 上也连续.

若 $\alpha<0$ 时 $D=(-\infty,+\infty)\backslash\{0\}$, 类似可知函数在 $D=(-\infty,+\infty)\backslash\{0\}$ 内连续.

(ii) 若 p 是偶数, 则 $\alpha>0$ 时定义域为 $[0,+\infty)$, 而 $\alpha<0$ 时 $D=(0,+\infty)$, 此时同样可知函数在定义域内连续.

(3) α 为无理数.

同样, 若 $\alpha>0$, 函数在定义域 $[0,+\infty)$ 上连续, 若 $\alpha<0$, 函数在定义域 $(0,+\infty)$ 内连续. □

§3.3.3　间断点及其分类

函数不连续的点, 称为间断点. 具体定义如下.

定义 3.3.5　设函数 f 在 a 的某去心邻域 $U^\circ(a)$ 内有定义, 若 f 在 a 点无定义, 或 f 在 a 点有定义, 但 f 在 a 点极限不存在, 或极限虽然存在但与 $f(a)$ 不相等, 则称 a 为 f 的不连续点, 或间断点 (discontinuious point).

据此, 我们将间断点分为两类.

1. 第一类间断点 (discontinuity points of the first kind): 在点 a 处的左、右极限都存在

当左、右极限都存在时, 如果左、右极限还相等, 即极限也存在, 这时要么 f 在 a 点没定义, 要么极限不等于 $f(a)$, 这样的间断点称为可去间断点 (removable discontin point). (因为, 如果我们补充定义 $f(a)$ 或改变 $f(a)$ 的值, 使 $f(a)$ 等于在点 a 处的极限, 则函数在 a 点即可连续.)

如果左、右极限都存在, 但它们不相等, 则称点 a 为**跳跃间断点** (jump discontinuous point). $|f(a+)-f(a-)|$ 称为函数 f 在点 a 处的**跃度** (jump).

例如, 对 $f(x)=x\sin\dfrac{1}{x}$ 和 $g(x)=\dfrac{\sin x}{x}, x=0$ 都是其可去间断点; 而对 $f(x)=\operatorname{sgn} x, x=0$ 是跳跃间断点, 跃度为 2; $g(x)=[x]$, 每个整数点都是跳跃间断点, 跃度为 1.

2. 第二类间断点: 左、右极限中至少有一个不存在

例如, 对 $f(x)=\mathrm{e}^{\frac{1}{x}}, x=0$ 是第二类间断点, 因为左极限为 0, 右极限为 $+\infty$.

再看两个例子.

例 3.3.9　设 $f(x)=\dfrac{1}{x}-\left[\dfrac{1}{x}\right]$, 确定函数 $f(x)$ 的间断点及其类型.

解　显然, 可疑间断点是 $x=0$ 以及 $x=\dfrac{1}{n}$, 其中 n 为非零整数.

考虑 $x=0$. 任给 $a\in(0,1)$, 对任何 $n\in\mathbb{N}^+$, 取 $x_n=\dfrac{1}{n+a}$, 则 $f(x_n)=a$, 当 $n\to\infty$ 时, $x_n\to 0, f(x_n)\to a$, 这表明 $f(0+)$ 不存在. 所以 $x=0$ 是第二类间断点.

再考虑 $x=\dfrac{1}{n}, n\in\mathbb{N}^+$. 当 $x\to\dfrac{1}{n}+$ 时, $\dfrac{1}{x}\to n-$, 所以 $f(x)\to 1$, 即 $f\left(\dfrac{1}{n}+\right)=1$.

类似可知左极限 $f\left(\dfrac{1}{n}-\right)=0$, 即 $x=\dfrac{1}{n}$ 为跳跃间断点.

同理, n 为负整数时, $x=\dfrac{1}{n}$ 也为跳跃间断点.

综合可知, 间断点为 $x=0$ 和 $x=\dfrac{1}{n}(0\neq n\in\mathbb{Z})$, 并且, $x=0$ 是第二类间断点, 而 $x=\dfrac{1}{n}$ 为第一类的跳跃间断点.

例 3.3.10　区间 (a,b) 上单调函数的间断点必为第一类间断点, 且为跳跃间断点.

证明　我们用确界原理来证明. 不妨设 $f(x)$ 是 (a,b) 上的单调递增函数. $\forall a<c_1<c<c_2<b$, 由 f 的单调性可知 $f(c_1)\leqslant f(x)\leqslant f(c_2), x\in[c_1,c_2]$.

由确界原理和 $f(x)$ 的单调性容易得出

$$\lim_{x\to c-} f(x)=\sup_{x\in[c_1,c)} f(x)\leqslant \inf_{x\in(c,c_2]} f(x)=\lim_{x\to c+} f(x).$$

所以若 $x=c$ 是间断点, 则 $x=c$ 是第一类跳跃间断点. □

注 3.3.2　对区间的左端点 a, 若右极限 $f(a+)$ 存在, 但不等于 $f(a)$, 或 f 在 a 点无定义, 则称 a 为第一类间断点; 若右极限不存在则称它为第二类间断点. 对右端点类似讨论.

§3.3.4　有限闭区间上连续函数的性质

与前面的局部性质相比, 有限闭区间上的连续函数有很好的整体性质. 所谓整体性质, 就是指这种性质是在整个区间上都适用, 而不仅仅是点的某个邻域. 这些整体性质包括函数的有界性, 最大值、最小值的存在性以及零点的存在性与介值性等.

1. 有界性定理 (boundedness theorem)

定理 3.3.3　若函数 f 在闭区间 $[a,b]$ 上连续, 则它在 $[a,b]$ 上有界.

证明　反证法 若 f 在 $[a,b]$ 上无界, 则对任何自然数 n, 存在 $x_n\in[a,b]$, 使 $|f(x_n)|\geqslant n$, 因此 $f(x_n)\to\infty(n\to\infty)$. 因为 $\{x_n\}$ 是有界数列, 所以存在收敛子列, 记为 $\{x_{n_k}\}$, 且 $\lim\limits_{k\to\infty}x_{n_k}=c$. 由极限不等式性质知, $c\in[a,b]$. 再由 f 在 c 点的连续性得, $f(x_{n_k})\to f(c)(k\to\infty)$, 此与 $f(x_n)\to\infty(n\to\infty)$ 矛盾. □

注 3.3.3　定理中有限闭区间的条件是重要的, 也就是说在无穷区间或开区间上的连续函数未必有界. 例如, $f(x)=x,x\in(-\infty,+\infty)$ 既上无界, 也下无界, 而 $g(x)=\dfrac{1}{x}$ 在开区间 $(0,1)$ 上无上界.

2. 最值定理 (extreme value theorem)

定理 3.3.4 (最值定理)　闭区间 $[a,b]$ 上的连续函数必取得最小值和最大值, 即存在 $\xi,\eta\in[a,b]$, 使得

$$f(\xi)\leqslant f(x)\leqslant f(\eta),\forall x\in[a,b].$$

参见图 3.3.2.

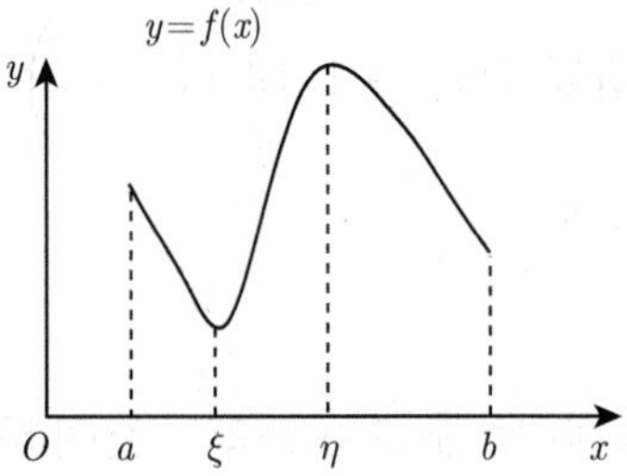

图 3.3.2

证明　根据上面的有界性定理和确界原理知, $M=\sup\{f(x),x\in[a,b]\}$ 存在, 且是有限数. 再根据上确界定义, 对任何 $\varepsilon>0$, 存在 $x\in[a,b]$, 使 $f(x)>M-\varepsilon$. 取 $\varepsilon=\dfrac{1}{n}$, 则存在相应的点 x_n, 使 $f(x_n)>M-\dfrac{1}{n}$. 由于 $\{x_n\}\subset[a,b]$ 是有界数列, 所以, 根据抽子列定理, 它存在收敛子列, 记为 $\{x_{n_k}\}$, 使得 $\lim\limits_{k\to\infty}x_{n_k}=\eta\in[a,b]$, 且由 $f(x_{n_k})>M-\dfrac{1}{n_k}$, $\forall k\in\mathbb{N}$, 以及 f 在 η 处的连续性可推得 $f(\eta)=\lim\limits_{k\to\infty}f(x_{n_k})\geqslant M$. 但 M 是 f 在 $[a,b]$ 上的一个上界, 所以 $f(\eta)=M$, 即 $f(\eta)$ 是 $f(x)$ 在 $[a,b]$ 上的最大值: $f(\eta)=\max\{f(x):x\in[a,b]\}$. 类似可证最小值的存在性. □

与注 3.3.3 的情况类似, 如果将闭区间 $[a,b]$ 换为开区间 (a,b), 即使 $f(x)$ 在 (a,b) 上有界, 也未必有最大值或最小值. 例如, $f(x)=x$ 在开区间 $(0,1)$ 上有上确界 1 和下确界 0, 但 $f(x)=x$ 在开区间 $(0,1)$ 上既没有最大值也没有最小值.

在继续讨论连续函数的性质之前, 我们先讨论实数系另一个重要性质——区间套定理.

3. 闭区间套定理 (theorem of nested closed interval)

定义 3.3.6 如果一列闭区间 $\{[a_n,b_n]\}$ 满足条件

$$[a_{n+1},b_{n+1}]\subset[a_n,b_n], n=1,2.\cdots, \text{且} \lim_{n\to\infty}(b_n-a_n)=0, \tag{3.3.4}$$

则称这列闭区间是一个闭区间套.

定理 3.3.5 (闭区间套定理) 如果闭区间列 $\{[a_n,b_n]\}$ 是个闭区间套, 则存在唯一的实数 ξ 属于所有的这些闭区间, 即

$$\forall n\in\mathbb{N}^+,\quad \xi\in[a_n,b_n], \tag{3.3.5}$$

且

$$\xi=\lim_{n\to\infty}b_n=\lim_{n\to\infty}a_n. \tag{3.3.6}$$

证明 由式 (3.3.4) 知, 对任何 $n,p\in\mathbb{N}^+$, 有

$$a_n\leqslant a_{n+p}\leqslant b_{n+p}\leqslant b_n, \tag{3.3.7}$$

由单调有界原理即知 $\{a_n\},\{b_n\}$ 收敛.

记 $\xi=\lim\limits_{n\to\infty}a_n$, 则由 $b_n=a_n+(b_n-a_n)$ 知, $\lim\limits_{n\to\infty}b_n=\xi$.

在式 (3.3.7) 中令 $p\to+\infty$ 即知, 对任何 $n\in\mathbb{N}^+$, 有 $a_n\leqslant\xi\leqslant b_n$, 即 $\xi\in[a_n,b_n]$.

若另有一点 ζ 也属于所有的闭区间 $[a_n,b_n]$, 则 $|\xi-\zeta|\leqslant b_n-a_n\to0$, 这表明 $\xi=\zeta$. □

注 3.3.4 闭区间套定理有时也简称为区间套定理. 但是, 若定理中的区间不是闭区间, 则结论可能不成立. 例如, 考虑开区间列 $\left\{\left(0,\dfrac{1}{n}\right)\right\}$, 或半开区间列 $\left\{\left(0,\dfrac{1}{n}\right]\right\}$.

注 3.3.5 总结一下, 到现在为止, 我们已经介绍了以下有关实数连续性的基本定理:

确界原理、单调有界原理、致密性定理、Cauchy 收敛准则、闭区间套定理, 可以证明, 这五个定理是相互等价的. 参见第三册 §17.2, 或《数学分析讲义 (第二册)》第 7 章 (张福保等, 2019).

4. 零点存在性定理和介值定理

定理 3.3.6 (零点存在性定理 (existence theorem for zeros)) 若 $f(x)$ 在闭区间 $[a,b]$ 上连续, 且在端点的函数值异号, 即 $f(a)f(b)<0$, 则 $f(x)$ 在 (a,b) 内至少有一个零点, 即存在 $\xi\in(a,b)$, 使 $f(\xi)=0$. 如图 3.3.3.

证明 将闭区间 $[a,b]$ 二等分, 记中点为 c, 若 $f(c)=0$, 则结论获证, 否则, $f(c)$ 必与 $f(a)$ 和 $f(b)$ 中的某一个异号. 取 $[a_1,b_1]$ 为 $[a,c]$(或 $[c,b]$), 使 $f(a_1)f(b_1)<0$.

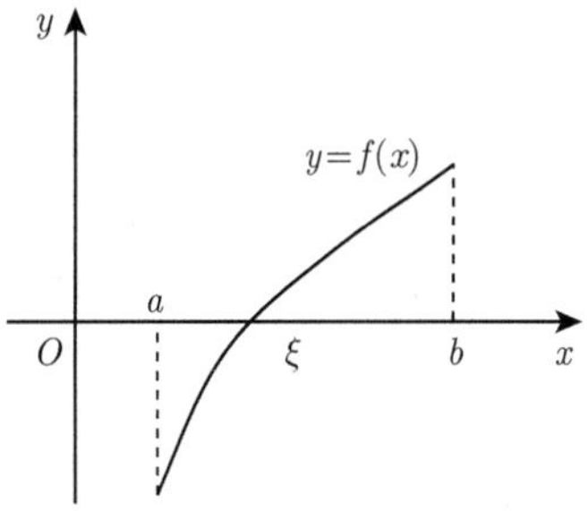

图 3.3.3

再将 $[a_1,b_1]$ 二等分, 记中点为 c_1 , 若 $f(c_1)=0$, 则结论获证, 否则又可选取 $[a_2,b_2]=[a_1,c_1]$(或 $[c_1,b_1]$), 使 $f(a_2)f(b_2)<0$.

假设区间 $[a_n,b_n]$ 已经取好, 则有两种情况: 要么其中点为函数的零点, 要么我们继续等分区间,

使得新的区间端点的函数值异号. 如此进行下去, 则要么到某一步, 区间的中点为零点, 证明即完成, 要么我们得闭区间套 $\{[a_n,b_n]\}$, 满足 $f(a_n)f(b_n)<0, n=1,2,\cdots$. 由区间套定理, 存在唯一的 ξ 属于所有的 $[a_n,b_n]$, 且 $\lim\limits_{n\to\infty}a_n=\lim\limits_{n\to\infty}b_n=\xi$.

下面证明 $f(\xi)=0$. 因为 $f(a_n)f(b_n)<0$, 而 $a_n,b_n\to\xi,n\to\infty$, 则由连续性 $f(\xi)^2=\lim\limits_{n\to\infty}f(a_n)f(b_n)\leqslant 0$, 因此 $f(\xi)=0$. □

推论 3.3.2 若 $f(x)$ 在闭区间 $[a,b]$ 上连续, 且 $f(a)f(b)\leqslant 0$, 则 $f(x)$ 在 $[a,b]$ 上至少有一个零点, 即存在 $\xi\in[a,b]$, 使 $f(\xi)=0$.

例 3.3.11 证明方程 $2^x-4x=0$ 在区间 $\left(0,\dfrac{1}{2}\right)$ 内至少有一个根.

证明 令 $f(x)=2^x-4x,x\in\left[0,\dfrac{1}{2}\right]$, 则显然 $f(x)$ 连续, 并且 $f(0)=1>0,f\left(\dfrac{1}{2}\right)=\sqrt{2}-2<0$, 所以由连续函数的零点定理知结论获证. □

例 3.3.12 若函数 $f:[a,b]\to[a,b]$ 连续, 则 f 在 $[a,b]$ 上至少有一点 $x_0\in[a,b]$, 使 $f(x_0)=x_0$. 这样的点 x_0 称为 f 的不动点 (图 3.3.4).

证明 作辅助函数 $F(x)=f(x)-x$, 则 $F(x)$ 在 $[a,b]$ 上连续, 且

$$F(a)=f(a)-a\geqslant 0,F(b)=f(b)-b\leqslant 0.$$

因此由零点存在性定理知, $F(x)$ 在 $[a,b]$ 上有零点 x_0, 即 $f(x_0)=x_0$, 结论获证. □

定理 3.3.7 (介值定理 (intermediate value theorem)) 若函数 $f(x)$ 在闭区间 $[a,b]$ 上连续, 记

$$M=f_{\max}=\max\{f(x):x\in[a,b]\},m=f_{\min}=\min\{f(x):x\in[a,b]\},$$

则对任何 $\mu\in[m,M]$, 存在 $\xi\in[a,b]$, 使 $f(\xi)=\mu$. 参见图 3.3.5.

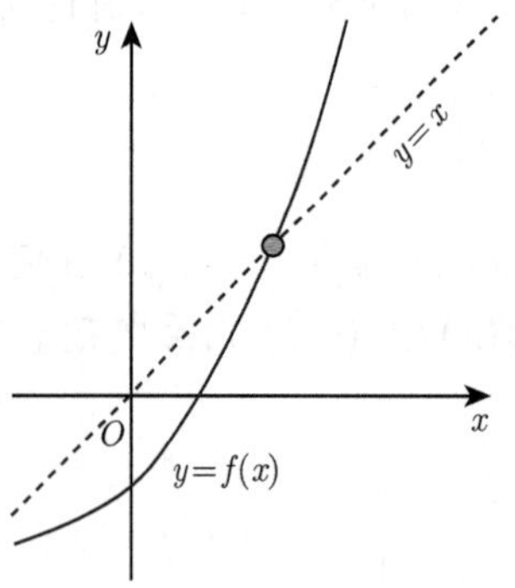

图 3.3.4

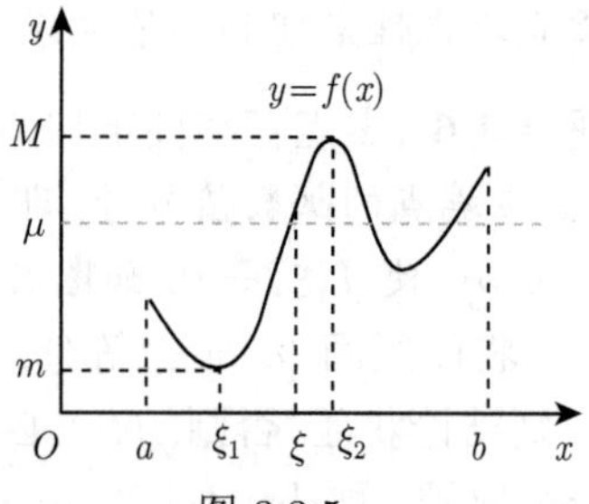

图 3.3.5

证明 设 $f(\xi_1)=m,f(\xi_2)=M$, 不妨设 $\xi_1<\xi_2$, 作辅助函数 $F(x)=f(x)-\mu$, 则 $F(\xi_1)=m-\mu\leqslant 0$, $F(\xi_2)=M-\mu\geqslant 0$, 应用连续函数的零点定理知, 存在 $\xi\in[\xi_1,\xi_2]$, 使得 $F(\xi)=0$, 即 $f(\xi)=\mu$. □

注 3.3.6 显然, 零点定理是介值定理的特殊情况: 当 $f(a)f(b)<0$ 时, 取 $\mu=0$ 即可. 而上面的证明过程说明, 两者实际是等价的.

例3.3.13 若函数 $f(x)$ 在闭区间 $[a,b]$ 上连续, $x_1,x_2,\cdots,x_n\in[a,b]$, 则存在 $\xi\in[a,b]$, 使

$$f(\xi)=\frac{f(x_1)+f(x_2)+\cdots+f(x_n)}{n}.$$

证明 根据介值定理, 我们只需要证明值 $\dfrac{f(x_1)+f(x_2)+\cdots+f(x_n)}{n}$ 介于函数 f 的最小值与最大值之间. 而注意到这个值是 n 个函数值 $f(x_1),f(x_2),\cdots,f(x_n)$ 的算术平均值, 所以必定介于最小值和最大值之间, 因此结论成立. □

根据介值定理可得下面有趣的结论.

推论 3.3.3 连续函数把闭区间映成闭区间, 即 $f([a,b])=[m,M]$, 其中,

$$M=f_{\max}=\max\{f(x)|x\in[a,b]\},\ m=f_{\min}=\min\{f(x)|x\in[a,b]\}.$$

推论 3.3.4 连续函数把区间映成区间.

§3.3.5 反函数的连续性定理

定理 3.3.8 严格单调的连续函数的反函数存在且连续.

证明 设函数 $y=f(x)$ 在 $[a,b]$ 上连续、严格递增, 记 $f(a)=\alpha,f(b)=\beta$ (见图 3.3.6). 则根据推论 3.3.3, $R_f=[\alpha,\beta]$, 且由命题 1.2.1 知, f 在 $[a,b]$ 存在反函数. 记反函数为 $x=f^{-1}(y),y\in[\alpha,\beta]$. 下面只需证明 $x=f^{-1}(y)$ 在 $[\alpha,\beta]$ 上连续.

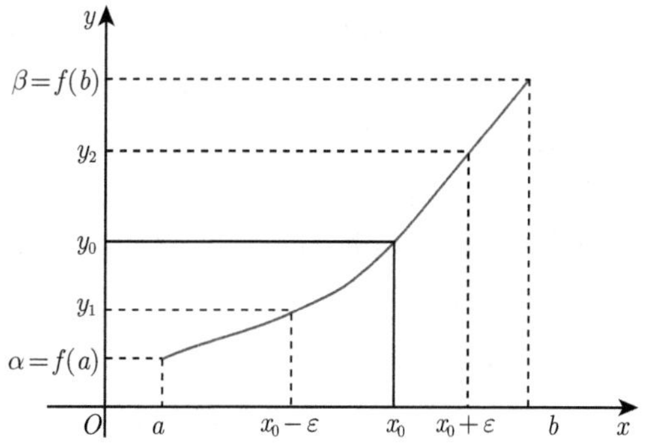

图 3.3.6

对任何 $y_0\in(\alpha,\beta)$, 存在唯一的 $x_0\in(a,b)$, 使 $f(x_0)=y_0$. 下面要证对任何正数 $\varepsilon>0$, 存在 $\delta>0$, 使当 $|y-y_0|<\delta$ 时, $|f^{-1}(y)-f^{-1}(y_0)|=|f^{-1}(y)-x_0|<\varepsilon$. 不妨设 $\varepsilon<\min\{b-x_0,x_0-a\}$. 令 $y_1=f(x_0-\varepsilon)$, $y_2=f(x_0+\varepsilon)$, 并取 $\delta=\min\{y_2-y_0,y_0-y_1\}$, 则 $\delta>0$, 且当 $y_0-\delta<y<y_0+\delta$ 时, $y_1<y<y_2$, 因此由反函数的单调性可得

$$x_0-\varepsilon=f^{-1}(y_1)<f^{-1}(y)<f^{-1}(y_2)=x_0+\varepsilon,$$

即 $|f^{-1}(y)-f^{-1}(y_0)|<\varepsilon$.

$y_0=\alpha$ 或 β 为端点的情况请读者补证. □

推论 3.3.5 设函数 $y=f(x)$ 在 (a,b) 上连续、严格递增, 记 $f(a+)=\alpha,f(b-)=\beta$, 则 f 在 (a,b) 上存在连续、严格递增的反函数 $f^{-1}:(\alpha,\beta)\to(a,b)$.

这里, a,α 可以是 $-\infty$, b,β 可以是 $+\infty$.

根据上述反函数的连续性定理可得

例 3.3.14 反三角函数在各自定义域内连续.

反正弦函数 $y=\arcsin x, x\in[-1,1], y\in\left[-\frac{\pi}{2},\frac{\pi}{2}\right]$, 严格单调递增, 且是奇函数;

反余弦函数 $y=\arccos x, x\in[-1,1], y\in[0,\pi]$, 严格单调递减;

反正切函数 $y=\arctan x, x\in(-\infty,\infty), y\in\left(-\frac{\pi}{2},\frac{\pi}{2}\right)$, 严格单调递增, 且是奇函数.

它们的图形分别见图 1.2.4(a)~(c).

根据例 3.3.7 和反函数连续性定理可知, 上述反三角函数在各自定义域内连续.

例 3.3.15 由例 3.3.3 及反函数连续性定理知, 对数函数 $y=\log_a x(a>0,a\neq 1)$ 在 $(0,+\infty)$ 内连续, 其图形见图 1.2.5.

§3.3.6 初等函数的连续性

初等函数的连续性有下面的重要结论.

定理 3.3.9 任一初等函数在其定义区间内连续.

为证明此结论, 我们只要回顾总结一下前面的一些结论即可.

所谓**初等函数** (elementary function), 是指由基本初等函数经过有限次四则运算与复合运算所得的函数. 由于四则运算和复合运算都保持连续性, 因此, 只要说明基本初等函数的连续性即可. 逐一对照 §1.2.4 中基本初等函数. 显然, 常函数是连续的, 而在前面的例题中我们已经证明, 幂函数、指数函数、对数函数、三角函数与反三角函数在其定义区间内都是连续的. 因此, 基本初等函数在其定义区间内都是连续的. 由此知定理的结论获证.

由此定理可知, 要研究初等函数的连续性, 等价于明确其定义域.

例 3.3.16 函数 $y=x^x$ 在其定义域 $(0,+\infty)$ 内连续. 这是因为, $y=x^x=\mathrm{e}^{x\ln x}$ 是初等函数. 而 $y=\ln x$ 的定义域是 $(0,+\infty)$.

初等函数的连续性有一些重要应用. 例如, 对于下面的分段函数, 欲研究其连续性, 只需讨论分段点处的连续性.

例 3.3.17 讨论下列函数的连续性:

$$f(x)=\begin{cases}\dfrac{1}{x+2}, & -\infty<x<-2,\\ x-2, & -2\leqslant x\leqslant 2,\\ (x-2)\sin\dfrac{1}{x-2}, & 2<x<+\infty.\end{cases}$$

解 由于在区间 $(-\infty,-2)$ 内 $f(x)=\dfrac{1}{x+2}$ 是初等函数, 故连续, 同样, $f(x)$ 在区间 $(-2,2)$ 和 $(2,+\infty)$ 上都是连续的, 所以只需要在分段点 $x=-2$ 和 $x=2$ 处分别考虑其单侧极限.

由于 $f(-2-)=-\infty$, 所以 $x=-2$ 是第二类间断点中的无穷间断点. 而 $f(2-)=f(2+)=f(2)=0$, 所以 $x=2$ 不是间断点, 即函数有唯一的间断点 $x=-2$.

设函数 $y=f(x)$ 在 a 点连续, 则

$$\lim_{x\to a}f(x)=f(a)=f(\lim_{x\to a}x),$$

即极限运算与函数运算可交换.

初等函数是常见的函数, 它们的连续性以及复合函数的连续性定理, 即定理 3.3.2 常用来求极限.

例 3.3.18 由 $\arctan x$ 的连续性及定理 3.3.2 知

$$\lim_{x\to\infty}\arctan\frac{\sqrt{x^4+1}}{1+x^2}=\arctan\lim_{x\to\infty}\frac{\sqrt{x^4+1}}{1+x^2}=\arctan\lim_{x\to\infty}\frac{\sqrt{1+x^{-4}}}{1+x^{-2}}=\arctan 1=\frac{\pi}{4}.$$

例 3.3.19

$$\lim_{x\to0}(\cos x)^{\frac{1}{x^2}}=\lim_{x\to0}\mathrm{e}^{\frac{\ln\cos x}{x^2}}=\mathrm{e}^{\lim\limits_{x\to0}\frac{\ln(1+(\cos x-1))}{x^2}}=\mathrm{e}^{\lim\limits_{x\to0}\frac{\cos x-1}{x^2}}=\mathrm{e}^{-\frac{1}{2}}.$$

事实上, 对一般的幂指函数 $f(x)^{g(x)}$ 的极限, 我们有

性质 3.3.2 (1) 设 $\lim\limits_{x\to X}f(x)=\alpha>0$, $\lim\limits_{x\to X}g(x)=\beta\in(-\infty,+\infty)$, 则

$$\lim_{x\to X}f(x)^{g(x)}=\alpha^{\beta}.$$

(2) 设 $\lim\limits_{x\to X}f(x)=1$, $\lim\limits_{x\to X}g(x)=\infty$, 且 $\lim\limits_{x\to X}g(x)(f(x)-1)=A$, 则

$$\lim_{x\to X}f(x)^{g(x)}=\mathrm{e}^{A}.$$

证明 (1)

$$\lim_{x\to X}f(x)^{g(x)}=\mathrm{e}^{\lim\limits_{x\to X}g(x)\ln f(x)}=\mathrm{e}^{\beta\ln\alpha}=\alpha^{\beta},$$

(2) 只要注意到下式即可:

$$f(x)^{g(x)}=\mathrm{e}^{g(x)\ln(1+(f(x)-1))},\quad \ln(1+(f(x)-1))=f(x)-1+\alpha\cdot(f(x)-1),$$

其中 $\alpha\to0$ 当 $x\to X$. □

§3.3.7 一致连续性

由例 3.3.2 知道, 函数 $f(x)=\sin x$ 在 $(-\infty,+\infty)$ 上连续, 并且对任何 $x_0\in(-\infty,+\infty)$, 以及任何 $\varepsilon>0$, 可取 $\delta=\varepsilon$, 只要 $|x-x_0|<\delta$, 即有 $|\sin x-\sin x_0|<\varepsilon$.

请注意, 我们不仅根据 ε 找到了 δ, 而且这里的 δ 是与点 x_0 无关的, 亦即 δ 是对所有 $x_0\in(-\infty,+\infty)$ 一致适用的. 我们称这样的连续函数在 $(-\infty,+\infty)$ 上一致连续.

是不是区间上的每个连续函数都是一致连续呢? 即是否都能找到与点 x_0 无关的公共的 δ? 我们再看一个例子: $f(x)=\dfrac{1}{x}$, $x\in(0,+\infty)$.

我们也早已知道, $f(x)=\dfrac{1}{x}$ 在 $(0,+\infty)$ 上每一点 x_0 处连续, 但从图 3.3.7 容易直观地看到, 随着 x_0 越靠近 0, δ 必须越小, 以至于我们无法找到对所有 $x_0\in(0,+\infty)$ 都一致适用的 δ. 因此它不具备函数 $y=\sin x$ 的那种一致连续性.

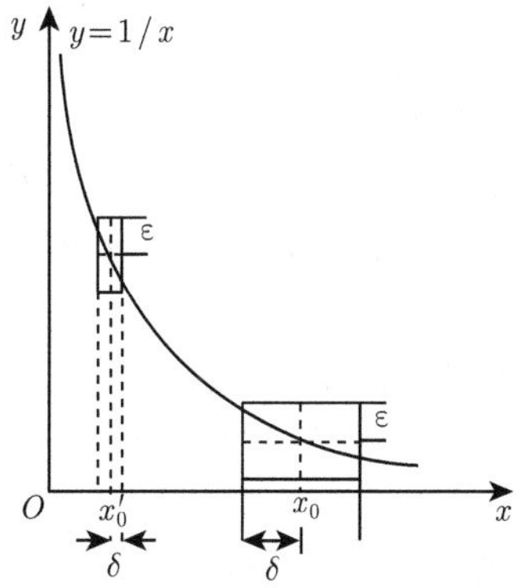

图 3.3.7

下面就来严格地讨论这种一致连续性, 它是一种更强的连续性, 将在后续的相关内容 (例如定积分的可积性理论) 中起重要作用.

定义 3.3.7 设函数 $f(x)$ 在区间 I 上有定义, 若对于任何 $\varepsilon>0$, 都存在 $\delta>0$, 使对任何 $x',x''\in I$, 只要 $|x'-x''|<\delta$, 就有 $|f(x')-f(x'')|<\varepsilon$, 则称函数 $f(x)$ 在区间 I 上一致连续 (uniformly continuous on I).

下面, 我们再来严格证明 $f(x)=\dfrac{1}{x}$ 在 $(0,+\infty)$ 上非一致连续.

为此, 先给出非一致连续的正面陈述: $f(x)$ 在 I 上非一致连续当且仅当存在 $\varepsilon_0>0$, 对任何 $\delta>0$, 存在 $x',x''\in I$, 虽然 $|x'-x''|<\delta$, 但 $|f(x')-f(x'')|\geqslant\varepsilon_0$.

取 $\varepsilon_0=1$, 对任何 $\delta>0$, 取 $x_1=\min\left\{\dfrac{1}{2},\delta\right\}, x_2=\dfrac{x_1}{2}$, 则 $|x_1-x_2|=\dfrac{x_1}{2}<\delta$, 但 $|f(x_1)-f(x_2)|=\dfrac{1}{x_1}\geqslant 2$.

由定义可知, 函数 f 在区间上一致连续蕴含 f 在区间上连续, 但上面的例子表明, 反之未必成立, 即区间上连续函数未必在此区间上一致连续. 什么条件下由连续可推出一致连续呢? 下面我们给出关于一致连续的 Cantor 定理.

定理 3.3.10 (Cantor 定理 (Cantor theorem)) 闭区间 $[a,b]$ 上的连续函数必定一致连续.

证明 **反证法** 设 f 在闭区间 $[a,b]$ 上非一致连续, 则存在 $\varepsilon_0>0$, 对任何正数 δ, 都存在 $x,y\in[a,b]$, 尽管 $|x-y|<\delta$, 但 $|f(x)-f(y)|\geqslant\varepsilon_0$. 取 $\delta=\dfrac{1}{n}$, 则存在 $x_n,y_n\in[a,b]$, 尽管 $|x_n-y_n|<\dfrac{1}{n}$, 但

$$|f(x_n)-f(y_n)|\geqslant\varepsilon_0. \tag{3.3.8}$$

因为 $\{x_n\}$ 有界, 由致密性定理, $\{x_n\}$ 存在收敛子列, 记为 $\{x_{n_k}\}$, 其极限为 ξ, 则 $\xi\in[a,b]$. 由于 f 在 ξ 点连续, 所以对上述 ε_0, 存在 $\delta_0>0$, 当 $|x-\xi|<\delta_0$ 时, $|f(x)-f(\xi)|<\dfrac{\varepsilon_0}{2}$. 由于 $\{y_n\}$ 相应的子列 $\{y_{n_k}\}$ 满足 $|x_{n_k}-y_{n_k}|\leqslant\dfrac{1}{n_k}$, 且 $x_{n_k}\to\xi$, 所以 $y_{n_k}\to\xi(k\to+\infty)$. 因此当 k 充分大时, $|x_{n_k}-\xi|<\delta_0$, $|y_{n_k}-\xi|<\delta_0$, 所以有

$$|f(x_{n_k})-f(\xi)|<\frac{\varepsilon_0}{2},\ |f(y_{n_k})-f(\xi)|<\frac{\varepsilon_0}{2}.$$

由此得到 $|f(x_{n_k})-f(y_{n_k})|<\varepsilon_0$. 此与式 (3.3.8) 矛盾. □

下列结果是一致连续的序列说法 (证明以及关于一致连续性的更多讨论参见第三册 §17.2.4、《数学分析讲义 (第二册)》(张福保等, 2019) 和《数学分析研学》(张福保和薛星美, 2020)).

定理 3.3.11 设函数 $f(x)$ 在区间 I 上有定义, 则 $f(x)$ 在区间 I 上一致连续的充分必要条件是对 I 中任何数列 $\{x_n'\}$ 和 $\{x_n''\}$, 只要 $\lim\limits_{n\to\infty}(x_n'-x_n'')=0$, 就有 $\lim\limits_{n\to\infty}(f(x_n')-f(x_n''))=0$.

例 3.3.20 $f(x)=x^2$ 在任何有限区间 $[0,A]$ ($A>0$ 为任意给定的实数) 上一致连续, 但在 $[0,+\infty)$ 上非一致连续.

证明 首先由 Cantor 定理知, $f(x)$ 在任何有限区间 $[0,A]$ 上一致连续.

其次证明 $f(x)$ 在 $[0,+\infty)$ 上非一致连续. 注意到 $f(x)$ 在任何有限区间 $[0,A]$ 上一致连续, 因此用定理 3.3.11 时所取的 x_n',x_n'' 必定是趋于 $+\infty$ 的. 具体来说, 取 $x_n'=n$, $x_n''=$

$n+\dfrac{1}{n}$, 则 $|x_n'-x_n''|=\dfrac{1}{n}\to 0$, 但 $f(x_n'')-f(x_n')=2+\dfrac{1}{n^2}\to 2\neq 0$, 所以 $f(x)$ 在 $[0,+\infty)$ 上非一致连续. □

习题 3.3

A1. 按 ε-δ 定义证明下列函数在其定义域内连续:

(1) $f(x)=\dfrac{1}{\sqrt{x}}$;　(2) $f(x)=\sqrt[3]{|x|}$.

A2. 按 ε-δ 定义证明: 若 f 在点 x_0 连续, 则 $|f|$ 与 f^2 也在点 x_0 连续. 又问: 若 $|f|$ 或 f^2 在 x_0 点连续, 那么 f 在 x_0 点是否必连续?

A3. 设当 $x\neq 0$ 时, $f(x)\equiv g(x)$, 而 $f(0)\neq g(0)$, 证明: f 与 g 至多有一个在点 0 处连续.

A4. 设函数 f 在区间 I 上连续, 证明:

(1) 若对任何有理数 $r\in I$, 有 $f(r)=0$, 则在 I 上 $f(x)\equiv 0$;

(2) 若对任意两个有理数 $r_1,r_2\in I$, $r_1<r_2$, 有 $f(r_1)<f(r_2)$, 则 f 在 I 上严格递增.

A5. 指出下列函数的间断点并说明其类型:

(1) $f(x)=\dfrac{\sin x}{x}$;　(2) $f(x)=\dfrac{x}{\sin x}$;　(3) $f(x)=\dfrac{x^2-2x}{|x|(x^2-4)}$;

(4) $f(x)=\operatorname{sgn}(\sin x)$;　(5) $f(x)=[x]\sin\dfrac{1}{x}$;　(6) $f(x)=[\sin x]$;

(7) $f(x)=\dfrac{1}{1-\mathrm{e}^{\frac{x}{1-x}}}$;　(8) $f(x)=\begin{cases} x, & x\in\mathbb{Q},\\ -x, & x\notin\mathbb{Q};\end{cases}$　(9) $f(x)=\lim\limits_{n\to\infty}\dfrac{x^{2n+1}-x}{x^{2n}+1}$;

(10) $f(x)=x(x-1)D(x)$, 其中 $D(x)$ 是 Dirichlet 函数;

(11) $f(x)=\begin{cases} \mathrm{e}^{\frac{1}{x}}, & x<0,\\ 1, & x=0,\\ \mathrm{e}^{-2}-(1-2x)^{\frac{1}{x}}, & 0<x\leqslant\dfrac{1}{\pi},\\ \tan\dfrac{1}{2x}, & \dfrac{1}{\pi}<x\leqslant 1,\\ (x-1)\sin\dfrac{1}{x-1}, & 1<x<+\infty.\end{cases}$

A6. 延拓下列函数, 使其在 $\mathbb{R}$ 上连续:

(1) $f(x)=\dfrac{x^3-1}{x-1}$;　(2) $f(x)=\dfrac{1-\cos x}{x^2}$.

A7. (广义的局部保号性) 设 f,g 在点 x_0 连续, 证明:

(1) 若 $f(x_0)>g(x_0)$, 则存在 $U(x_0)$, 使在其内有 $f(x)>g(x)$;

(2) 若在某 $U^\circ(x_0)$ 内有 $f(x)\geqslant g(x)$, 则 $f(x_0)\geqslant g(x_0)$.

A8. 设 f,g 在区间 I 上连续, 记

$$F(x)=\max\{f(x),g(x)\},G(x)=\min\{f(x),g(x)\},\forall x\in I,$$

证明: F 和 G 也都在 I 上连续.

提示: 对任何两个数 a,b, $\max\{a,b\}=\dfrac{a+b}{2}+\dfrac{|a-b|}{2}$, $\min\{a,b\}=\dfrac{a+b}{2}-\dfrac{|a-b|}{2}$.

A9. 设 f 为 $\mathbb{R}$ 上的连续函数, 常数 $c>0$, 记

$$F(x)=\begin{cases} -c, & f(x)<-c,\\ f(x), & |f(x)|\leqslant c,\\ c, & f(x)>c.\end{cases}$$

证明: F 在 $\mathbb{R}$ 上连续.

提示: $F(x)=\max\{-c,\min\{c,f(x)\}\}$.

A10. 证明: 若 f 在 $[a,b]$ 上连续, 且对任何 $x\in[a,b],f(x)\neq 0$, 则 f 在 $[a,b]$ 上恒正或恒负.

A11. 证明: 任一实系数奇次多项式方程 $P_{2n-1}(x)=0$ 至少有一个实根.

A12. 设 f 在 $[0,2a]$ 上连续, 且 $f(0)=f(2a)$, 则存在点 $\xi\in[0,a]$, 使得 $f(\xi)=f(\xi+a)$.

A13. 设 f 在 $[a,b]$ 上连续, $x_1,x_2,\cdots,x_n\in[a,b]$, 另有一组正数 $\lambda_1,\lambda_2,\cdots,\lambda_n$ 满足 $\lambda_1+\lambda_2+\cdots+\lambda_n=1$. 证明: 存在一点 $\xi\in[a,b]$, 使得

$$f(\xi)=\lambda_1 f(x_1)+\lambda_2 f(x_2)+\cdots+\lambda_n f(x_n).$$

A14. 设 a_1,a_2,a_3 为正数, $\lambda_1<\lambda_2<\lambda_3$. 证明: 方程

$$\frac{a_1}{x-\lambda_1}+\frac{a_2}{x-\lambda_2}+\frac{a_3}{x-\lambda_3}=0$$

在区间 (λ_1,λ_2) 与 (λ_2,λ_3) 内各有一个根.

A15. 求极限:

(1) $\lim\limits_{x\to 0}(1+\mathrm{e}^x)^{2\cos x}$;　(2) $\lim\limits_{x\to 0}(x+\mathrm{e}^x)^{\frac{1}{x}}$;　(3) $\lim\limits_{x\to 0}\left(\dfrac{1+x}{1-x}\right)^{\frac{1}{x}}$;

(4) $\lim\limits_{x\to+\infty}\left(\dfrac{3x+2}{3x-1}\right)^{2x-1}$;　(5) $\lim\limits_{x\to a}\left(\dfrac{\sin x}{\sin a}\right)^{\frac{1}{x-a}}$;　(6) $\lim\limits_{n\to\infty}\tan^n\left(\dfrac{\pi}{4}+\dfrac{1}{n}\right)$.

A16. 证明: $f(x)=\sqrt{x}$ 在区间 $[1,+\infty)$ 上一致连续.

A17. 试用定义证明: 若 f,g 都在区间 I 上一致连续, 则 $f+g$ 也在 I 上一致连续.

A18. 设函数 f 在区间 I 上满足 Lipchitz (利普希茨) 条件, 即存在常数 $L>0$, 使得对 I 上任意两点 x',x'' 都有

$$|f(x')-f(x'')|\leqslant L|x'-x''|.$$

证明: f 在 I 上一致连续.

B19. 证明: $f(x)=\sqrt{x}$ 在 $[0,+\infty)$ 上一致连续.

B20. 证明: $f(x)=\cos\sqrt{x}$ 在 $[0,+\infty)$ 上一致连续.

B21. 证明: $f(x)=\sin\dfrac{1}{x}$ 在 $(0,1)$ 内连续, 但非一致连续.

B22. 设 f 为 $[a,b]$ 上的增函数, 其值域为 $[f(a),f(b)]$. 证明: f 在 $[a,b]$ 上连续.

B23. 设 f 在 $[0,+\infty)$ 上连续, 满足 $0\leqslant f(x)\leqslant x,x\in[0,+\infty)$. 设 $a_1\geqslant 0,a_{n+1}=f(a_n),n=1,2,\cdots$. 证明:

(1) $\{a_n\}$ 为收敛数列;

(2) 设 $\lim\limits_{n\to\infty}a_n=t$, 则有 $f(t)=t$;

(3) 若条件改为 $0\leqslant f(x)<x,x\in(0,+\infty)$, 则 $t=0$.

C24. 若对任何充分小的 $\varepsilon>0$, f 在 $[a+\varepsilon,b-\varepsilon]$ 上连续, 能否由此推出

(1) f 在 (a,b) 内连续?

(2) f 在 $[a,b]$ 上连续?

C25. 举出定义在 $[0,1]$ 上分别符合下述要求的函数:

(1) 只在 $\dfrac{1}{2}$、$\dfrac{1}{3}$ 和 $\dfrac{1}{4}$ 三点不连续的函数;

(2) 只在 $\dfrac{1}{2}$、$\dfrac{1}{3}$ 和 $\dfrac{1}{4}$ 三点连续的函数;

(3) 只在 $\dfrac{1}{n}(n=1,2,3,\cdots)$ 处间断的函数;

(4) 只在 $x=0$ 右连续, 而在其他点都不连续的函数;

(5) 定义在闭区间 $[0,1]$ 上的无界函数.

第 3 章总练习题

1. (1) 试按照定义, 给出函数 $f(x)$ 当 $x \to a$ 时不以 A 为极限的正面陈述;

(2) 试分别根据归结原则和 Cauchy 收敛准则, 给出函数 $f(x)$ 当 $x \to a$ 时极限不存在的正面陈述;

(3) 试分别根据归结原则和 Cauchy 收敛准则, 给出函数 $f(x)$ 当 $x \to \infty$ 时极限不存在的正面陈述;

(4) 由此用两种方法证明 $\lim\limits_{x\to+\infty} \cos x$ 不存在.

2. 试用归结原则和数列极限的性质证明函数极限的性质, 即定理 3.1.2~ 定理 3.1.7

3. (改进的归结原则) 设函数 $f(x)$ 在 a 的某左去心邻域 $U_-^\circ(a) \doteq (a-\delta, a)$ 有定义, 证明函数极限 $\lim\limits_{x\to a-} f(x)$ 存在的充分必要条件是: 对于 $(a-\delta, a)$ 中任意的单调递增收敛于 a 的数列 $\{a_n\}$, 数列 $\{f(a_n)\}$ 也收敛.

4. (函数极限的单调有界原理) 设 f 为 $U_-^\circ(a)$ (或 $U_+^\circ(a)$ 内) 的单调递增有界函数. 证明: $f(a-)$ (或 $f(a+)$) 存在, 且

$$f(a-) = \sup_{x\in U_-^\circ(a)} f(x) \quad (\text{或 } f(a+) = \inf_{x\in U_+^\circ(a)} f(x)).$$

5. 证明: 区间 I 上的单调函数仅有跳跃间断点.

6. 设 f 为定义在 $[a,+\infty)$ 上的增 (减) 函数. 证明: $\lim\limits_{x\to+\infty} f(x)$ 存在的充要条件是 f 在 $[a,+\infty)$ 上有上 (下) 界.

7. 计算下列极限:

(1) $\lim\limits_{x\to\infty}\left(\sqrt[n]{(x^2+1)(x^2+2)\cdots(x^2+n)} - x^2\right)$; (2) $\lim\limits_{x\to 0}\left(\dfrac{e^x+e^{2x}+\cdots+e^{nx}}{n}\right)^{\frac{1}{x}}$;

(3) $\lim\limits_{n\to\infty}\dfrac{3\sqrt[n]{16}-4\sqrt[n]{8}+1}{(\sqrt[n]{2}-1)^2}$; (4) $\lim\limits_{n\to\infty} n^2\left(\arctan\dfrac{1}{n} - \arctan\dfrac{1}{n+1}\right)$.

8. 设 f, g 是 $(-\infty,+\infty)$ 上的周期函数, 且 $\lim\limits_{x\to+\infty}(f(x)-g(x)) = 0$, 证明: $f = g$.

9. 设 f 在 $[0,1]$ 上有界, $a, b > 1$, 使得对任何 $x \in \left[0, \dfrac{1}{a}\right]$, 有 $f(ax) = bf(x)$. 证明: $f(0+) = 0$.

10. 设 f, g 都在 $(-a, a)$ 内有定义, 且有

$$|f(x) - f(y)| \leqslant |g(x) - g(y)|, \forall x, y \in (-a, a).$$

证明: 若极限 $\lim\limits_{x\to 0} g(x)$ 存在, 则极限 $\lim\limits_{x\to 0} f(x)$ 也存在.

11. 设存在有限的极限 $\lim\limits_{x\to 0}\dfrac{f(x)}{x}$, 又 $f(x) - f\left(\dfrac{x}{2}\right) = o(x)\,(x\to 0)$, 证明: $f(x) = o(x)\,(x \to 0)$.

12. 设 $f(x)$ 是 $[0,+\infty)$ 上的连续正值函数, 若 $\lim\limits_{x\to+\infty} f(f(x)) = +\infty$, 证明: $\lim\limits_{x\to+\infty} f(x) = +\infty$.

13. 试证明下列结论:

(1) 若 f 在 $[a,b]$ 上连续, 且存在反函数, 则 f 在 $[a,b]$ 上严格单调;

(2) 若 f 在 $[a,b]$ 上单调, 且在 $[a,b]$ 上具有介质性, 即对任何介于两个函数值之间的 μ, 都存在 $x \in [a,b]$, 使得 $f(x) = \mu$, 则 f 在 $[a,b]$ 上连续.

14. 设 f 在 $[a,b]$ 上连续, 且 $f(a) = f(b)$, 证明: 在 $[a,b]$ 中存在 $\alpha, \beta, \beta - \alpha = \dfrac{b-a}{2}$, 使得 $f(\alpha) = f(\beta)$.

15. 设 f 在 $[0,1]$ 上连续, 且 $f(0) = f(1)$, 证明: 在 $[0,1]$ 中存在 $\alpha, \beta, \beta - \alpha = \dfrac{1}{5}$, 使得 $f(\alpha) = f(\beta)$.

16. 设 $f(x)$ 在 $[0,+\infty)$ 上一致连续, 且对任意 $x \in [0,+\infty)$, 都有 $\lim\limits_{n\to+\infty} f(x+n) = 0$, 证明: $\lim\limits_{x\to+\infty} f(x) = 0$.

第 4 章　微分与导数

从本章开始研究微积分, 主要包括: 微分学、积分学等. 本章只研究一元函数的微分和导数的概念与求法.

微分 (differential) 和导数 (derivative) 起源于函数极值和曲线的切线问题, 其核心思想可以追溯到古希腊, 但公认的微分方法的第一个值得注意的先驱工作应是 1625 年 Fermat(费马) 在讨论 "定周长的矩形面积何时最大" 问题中陈述的概念, 从中我们可以看到微分和导数的影子; Barrow (巴罗, Newton 的老师) 在研究曲线切线问题时也用到了微分和导数的方法. 微积分理论的最主要的贡献当然应归功于伟大的 Newton 和 Leibniz. 微积分中现在通用的很多记号, 如: 微分号 d、积分号 $\int$ 等都出自 Leibniz 之手.

§4.1　微分和导数的定义

§4.1.1　微分概念的导出背景

公元前 5 世纪, 古希腊哲学家 Zeno (芝诺) 提出了著名的 Zeno 悖论 (Zeno paradox), 其一是: 飞着的箭是静止的. 设想一支飞行的箭, 在每一时刻, 它位于空间中的一个特定位置, 是静止的, 由于箭在每个时刻都是静止的, 所以 Zeno 断定, 飞行的箭总是静止的, 它不可能在运动. 这看似有理但结论又很荒谬. 事实上, 这涉及瞬时速度与无穷小的概念.

Zeno 悖论启发我们思考一个问题: 如何描述当自变量有微小的改变时, 它的因变量由此引起的改变? 前一章连续性概念是我们思考这个问题的一个工具, 但连续只是考虑了因变量的绝对改变量的情况, 即自变量作微小改变, 因变量也作微小改变. 那又如何刻画这种因变量的改变相对于自变量的改变的程度? 即相对改变量? 这就涉及微分和导数的概念.

另一方面, 在很多实际问题中, 需要计算一些量, 但初始数据往往是测量得到的近似值, 同时由实际问题得到的数学模型往往也是舍弃了次要因素而得到的近似模型 (如我们经常将地球当成规则的球体), 因此我们无须 (有时也无法) 得到其精确值, 而只要能方便地获得近似值就足够了. 那什么样的近似是方便易得的呢? 下面来看个具体的例子.

例 4.1.1　设正方形的边长为 x, 面积为 S, 则边长增加 Δx 时面积的改变量为

$$\Delta S = (x + \Delta x)^2 - x^2 = 2x\Delta x + (\Delta x)^2.$$

在计算 ΔS 时, 若 Δx 很小, 则为了计算的快捷和简单, 我们常会舍弃最后一项 $(\Delta x)^2$, 即有

$$\Delta S = (x + \Delta x)^2 - x^2 \approx 2x\Delta x.$$

如图 4.1.1.

上例也可理解为当测量正方形的边长误差为 Δx 时, 对面积的误差 ΔS 的估计为: $\Delta S \approx 2x\Delta x$, 这是一个线性化的估计, 即 $2x \cdot \Delta x$ 关于 Δx 是线性的, 方便易得. 这种思想, 在几何上就是: "以直代曲", 分析中就是: "用线性代替非线性". 这就是微分学思想的来源和应用.

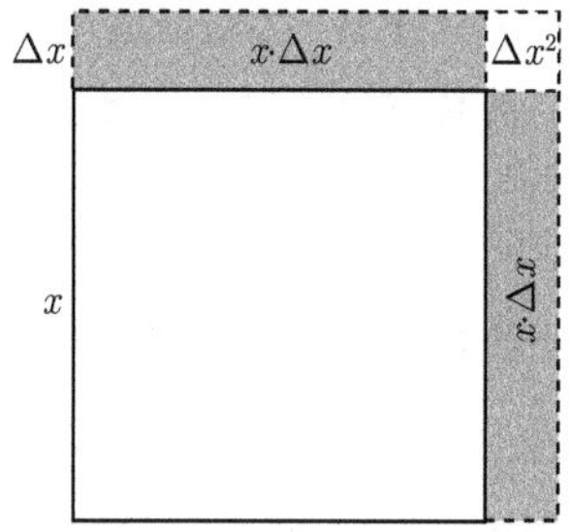

图 4.1.1

下面, 我们借助极限概念给出微分的定义.

§4.1.2 微分的定义

定义 4.1.1 设函数 f 在 x_0 点的某邻域内有定义, 若存在只可能与 x_0 有关而与 Δx 无关的常数 $A = A(x_0)$, 使

$$\Delta y = f(x_0 + \Delta x) - f(x_0) = A\Delta x + o(\Delta x)(\Delta x \to 0), \tag{4.1.1}$$

则称函数 $y = f(x)$ 在 x_0 点**可微** (differentiable), 并称其线性主部 $A\Delta x$ 为 f 在 x_0 点的**微分** (differential), 记为

$$\mathrm{d}y = A\Delta x. \tag{4.1.2}$$

若函数 $y = f(x)$ 在某一开区间内的每一点都可微, 则称 $f(x)$ 在该区间内**可微**.

由此可知, 当 $|\Delta x|$ 很小时, $\mathrm{d}y \approx \Delta y$, 且两者相差一个关于 Δx 的高阶无穷小.

例 4.1.2 证明: $y = f(x) = x^n (n \in \mathbb{N}^+)$ 在任意点 $x \in (-\infty, +\infty)$ 可微, 且 $\mathrm{d}y = nx^{n-1}\Delta x$.

证明 对于任意一点 $x \in (-\infty, +\infty)$ 的增量 Δx, 相应的函数增量为

$$\begin{aligned}\Delta y &= (x + \Delta x)^n - x^n \\ &= nx^{n-1}\Delta x + \frac{n(n-1)}{2}x^{n-2}\Delta x^2 + \cdots + \Delta x^n \\ &= nx^{n-1}\Delta x + o(\Delta x)(\Delta x \to 0).\end{aligned}$$

由定义, 函数 $y = x^n$ 在 x 处是可微的, 且它的微分是

$$\mathrm{d}y = \mathrm{d}(x^n) = nx^{n-1}\Delta x.$$ □

特别地, $n = 2$ 时, 例 4.1.1 中 $S = x^2, \Delta S = \mathrm{d}S = 2x\Delta x$.

$n = 1$ 时, 对 $y = x$, 我们有

$$\mathrm{d}y = \mathrm{d}(x) = \Delta x.$$

鉴于此, 视自变量为恒同函数 $y = x$, 则自变量的微分 $\mathrm{d}x = \Delta x$. 因此微分的表达式通常记为

$$\mathrm{d}y = A\mathrm{d}x. \tag{4.1.3}$$

例 4.1.3 证明: 函数 $y = |x|$ 在 $x = 0$ 点连续, 但不可微.

证明 连续是显然的. 下证不可微. 在 $x = 0$ 点, $\Delta y = |\Delta x|$, 当 $\Delta x > 0$ 时, $\Delta y = \Delta x$, 当 $\Delta x < 0$ 时, $\Delta y = -\Delta x$, 则不存在常数 A 使得 $\Delta y = A\Delta x + o(\Delta x)$, 所以 $y = |x|$ 在 $x = 0$ 点不可微. □

注 4.1.1 由可微定义即知, 如果函数在某一点可微, 则在该点必连续, 但上例表明反之不一定成立, 即连续未必可微. 事实上, 存在处处连续, 但处处不可微的例子 (这样的例子不易举出, Weierstrass 贡献了一个例子, 可参见《数学分析》(陈纪修等, 2004)).

注 4.1.2 Carathéodory 给出了可微的一个等价定义（充要条件）:
函数 $f(x)$ 在 x_0 点可微的充要条件是存在在 x_0 点连续的函数 $g(x)$, 使得

$$f(x) = f(x_0) + g(x)(x - x_0). \tag{4.1.4}$$

请读者证明其等价性.

§4.1.3 导数的定义

前面我们学习了微分的概念, 那么如何确定微分定义中的常数 A? 除了用微分定义外如何判断函数在某一点是否可微?

如果 f 在 x_0 点可微, 则式 (4.1.1) 成立, 因此有

$$A = \frac{f(x) - f(x_0)}{x - x_0} + o(1) = \frac{\Delta y}{\Delta x} + o(1),$$

故 $A = \lim\limits_{\Delta x \to 0} \dfrac{\Delta y}{\Delta x} = \lim\limits_{\Delta x \to 0} \dfrac{f(x_0 + \Delta x) - f(x_0)}{\Delta x}$. 由此我们引出导数的概念.

定义 4.1.2 设函数 $y = f(x)$ 在 x_0 点的某邻域内有定义, 若极限

$$\lim_{\Delta x \to 0} \frac{\Delta y}{\Delta x} = \lim_{\Delta x \to 0} \frac{f(x_0 + \Delta x) - f(x_0)}{\Delta x} \tag{4.1.5}$$

存在, 则称函数 f 在点 x_0 处**可导** (derivable), 并称此极限 (4.1.5) 为函数 f 在点 x_0 处的**导数** (derivative), 记为

$$f'(x_0), \quad y'(x_0), \quad \left.\frac{\mathrm{d}f}{\mathrm{d}x}\right|_{x=x_0}, \quad \left.\frac{\mathrm{d}y}{\mathrm{d}x}\right|_{x=x_0}. \tag{4.1.6}$$

若函数 f 在开区间 (a,b) 内每一点都可导, 则称函数 f 在开区间 (a,b) 内可导, 并且得到函数: $x \to f'(x)$, 称为函数 f 的**导函数**, 记为 $y = f'(x), x \in (a,b)$, 简称为 f 的导数.

例 4.1.4 证明: $y = \sin x$ 在任意点 $x \in \mathbb{R}$ 处可导, 且 $(\sin x)' = \cos x$.

证明 因为

$$\Delta y = \sin(x + \Delta x) - \sin x = 2\cos\left(x + \frac{\Delta x}{2}\right)\sin\frac{\Delta x}{2},$$

由 $\cos x$ 的连续性与 $\sin\dfrac{\Delta x}{2} \sim \dfrac{\Delta x}{2}(\Delta x \to 0)$ 可知:

$$\lim_{\Delta x \to 0} \frac{\sin(x + \Delta x) - \sin x}{\Delta x} = \lim_{\Delta x \to 0} \cos\left(x + \frac{\Delta x}{2}\right) \cdot \lim_{\Delta x \to 0} \frac{\sin\frac{\Delta x}{2}}{\frac{\Delta x}{2}} = \cos x,$$

根据定义知, $\sin x$ 在任意点 $x \in \mathbb{R}$ 可导, 且 $(\sin x)' = \cos x$. □

例 4.1.5 考察函数 $f(x) = \begin{cases} x^n \sin\dfrac{1}{x}, & x \neq 0 \\ 0, & x = 0 \end{cases}$ 在 $x = 0$ 处的可导性, 其中 $n \geqslant 1$ 为自然数.

解 对 $x \neq 0$,

$$\frac{f(x) - f(0)}{x} = \frac{x^n \cdot \sin\frac{1}{x}}{x} = x^{n-1}\sin\frac{1}{x},$$

于是, 若 $n=1$, 当 $x\to 0$ 时, 上式的极限不存在, 所以函数在 $x=0$ 处不可导; 而当 $n>1$ 时上述极限存在, 且为 0, 从而函数 f 在 $x=0$ 处可导, 且导数为 0.

由导数定义 4.1.2 前的分析可知, 函数 f 在点 x_0 处可微必可导, 且有关系:

$$\mathrm{d}y=f'(x_0)\mathrm{d}x, \text{ 或 } \frac{\mathrm{d}y}{\mathrm{d}x}=f'(x_0). \tag{4.1.7}$$

因此, 可以将导数看成因变量微分与自变量微分之商, 简称为微商. 并且, 容易证明, 可导也必可微, 即有下面的定理.

定理 4.1.1 *函数 f 在 x_0 点可微的充分必要条件是 f 在 x_0 点可导.*

证明 下面只要证明可导蕴含可微. 设 f 在 x_0 点可导, 则式 (4.1.5) 成立, 因此有

$$\frac{\Delta y}{\Delta x}=f'(x_0)+o(1)\ (\Delta x\to 0),$$

即

$$\Delta y=f'(x_0)\Delta x+o(1)\Delta x,$$

显然, $o(1)\Delta x=o(\Delta x)\ (\Delta x\to 0)$, 所以 f 在 x_0 点可微, 且 $A=f'(x_0)$. □

§4.1.4 产生导数的实际背景

通常认为运动的**瞬时速度**与曲线的**切线斜率**问题是导数产生的实际背景. 从历史上看, 导数是伴随微分产生的, 并且是研究微分的有力工具: $\mathrm{d}y=f'(x)\mathrm{d}x$. 但导数的计算比微分更直接, 表示也更简洁, 并且导数也有深刻的实际背景, 因此对导数的研究更多些.

Fermat 研究最值和切线的方法已经与现在导数的定义有关, 但那时 Descartes 坐标系还未建立, 因此在他的方法中无法用分析的思想和语言; Barrow 在研究切线问题时, 认识到求切线方法的关键概念是"特征三角形"或"微分三角形", 即 $\frac{\mathrm{d}y}{\mathrm{d}x}$ 对于决定切线的重要性, 他用几何形式给出面积与切线的某种关系; Leibniz 进一步发展了 Barrow 的方法 (Leibniz 本人认为是受到了 Pascal(帕斯卡) 的特征三角形的启发), 他认为, 对任意给定的曲线都可以作这样的无限小"特征三角形", 由此"可迅速地、毫无困难地建立大量的定理"; Newton 最早是从运动学的瞬时速度开始研究导数的, 同时他从一个新的角度理解曲线: 曲线是由一点连续运动生成的, 他将变动的量称为流 (fluent), 流的变化度称为流数 (fluxion), 即导数.

1. 瞬时速度

下面我们来详细分析**瞬时速度**的问题. 速度是刻画物体运动快慢的物理量. 所谓物体作匀速直线运动, 是指运动的方向与快慢都不随时间改变, 此时位移的改变量与所用时间的比是常数, 即为运动的速度. 如果运动物体的快慢随时间改变, 那么人们是如何来刻画 t_0 时刻运动快慢的?

设物体的位移可以用函数 $s=s(t)$ 来描述, 考虑时间段 $[t_0,t_0+\Delta t]$, 这段时间内位移的改变量为 $\Delta s=s(t_0+\Delta t)-s(t_0)$, 此时, 位移的改变量与所用时间的比, 即 $\dfrac{\Delta s}{\Delta t}$ 只是表示这一段时间内运动平均的快慢情况, 即所谓的平均速度 $\bar{v}$. 当 Δt 越小, 这个平均速度越能刻画时间 t_0 时刻物体的运动快慢情况, 因此自然地, 我们定义物体在时刻 t_0 的速度, 即瞬时速度 $v(t_0)$ 是当 $\Delta t\to 0$ 时 $\bar{v}$ 的极限值, 即

$$v(t_0)=\lim_{\Delta t\to 0}\frac{\Delta s}{\Delta t}=\lim_{\Delta t\to 0}\frac{s(t_0+\Delta t)-s(t_0)}{\Delta t}.$$

于是, 当这个极限存在时, $v(t_0) = s'(t_0)$, 也即运动物体的速度是它的位移函数对时间的导数.

2. 一般平面曲线的切线

切线斜率问题在 17 世纪前被认为是非常重要和困难的数学问题, Descartes 称它为 "不仅是我所知道而且是我想知道的最有用最一般的数学问题". 在中学的解析几何里, 我们学过圆和椭圆的切线. 那时的定义是: 若一条直线与圆 (或椭圆) 只相交于一点, 那么称这条直线为该圆 (或椭圆) 的切线. 但是要将这个定义运用到一般的曲线上去是不行的. 例如, 对抛物线 $y = x^2$, 在 $(0,0)$ 点就有两条直线 (x 轴和 y 轴) 与抛物线只交于一点. x 轴是其切线, 而 y 轴不是. 下面我们用运动的观点、变化的观点来看待切线问题, 借助极限的概念把切线定义为割线的 "极限位置".

具体来说, 设 $y = f(x)$ 是 xOy 平面上的一条光滑的曲线 C, $P(x_0, f(x_0))$ 是曲线 C 上一个定点, 研究过点 $P(x_0, f(x_0))$ 的切线, 不能只考虑 $P(x_0, f(x_0))$ 点, 还需要考虑 C 上 P 附近的任意一点 $Q(x_0 + \Delta x,\ f(x_0 + \Delta x))$. 连接 P 和 Q 两点可以唯一确定曲线 C 的一条割线, 并且, 当点 Q 沿曲线 C 向 P 点移动时将引起割线位置的不断变化.

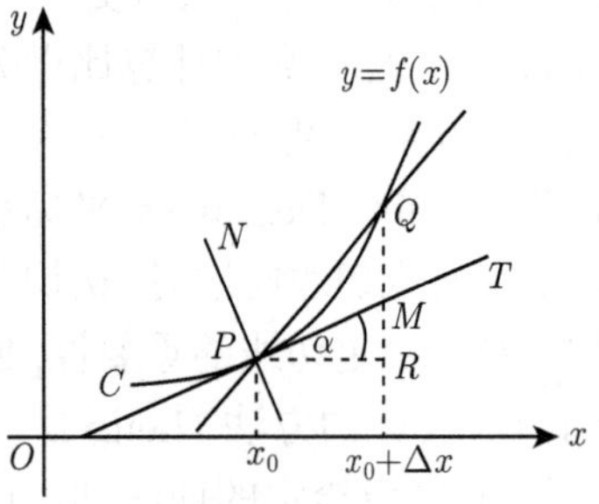

图 4.1.2

曲线的切线定义是: 如果在点 Q 沿着曲线无限趋近于点 P (即 $\Delta x \to 0$) 时, 这些变化的割线存在着唯一的极限位置, 处于这个极限位置的直线 T 就被称为曲线 $y = f(x)$ 在点 P 处的**切线** (tangent line), 而过点 P 且与切线垂直的直线 N 称为**法线** (normal line). 参见图 4.1.2.

下面需要说清楚 "极限位置" 的确切意思. 显然, 要确定切线只要确定切线的斜率 (slope). 为此先考虑过点 $P(x_0, f(x_0))$ 、$Q(x_0 + \Delta x, f(x_0 + \Delta x))$ 的割线斜率:

$$\frac{\Delta y}{\Delta x} = \frac{f(x_0 + \Delta x) - f(x_0)}{\Delta x},$$

而过点 P 的切线斜率就是割线斜率的极限

$$\lim_{\Delta x \to 0} \frac{\Delta y}{\Delta x} = \lim_{\Delta x \to 0} \frac{f(x_0 + \Delta x) - f(x_0)}{\Delta x}$$

的值, 即 $f(x)$ 在 x_0 处的导数 $f'(x_0)$——这就是导数的几何意义 (geometric meaning of derivative). 如图 4.1.2, 若记切线的倾斜角为 $\angle MPR = \alpha$, 则 $\tan\alpha = f'(x_0)$.

由此易得, 曲线 $y = f(x)$ 在点 $P(x_0, f(x_0))$ 处的切线方程是

$$y - f(x_0) = f'(x_0)(x - x_0). \tag{4.1.8}$$

当 $f'(x_0) \neq 0$ 时, 在点 P 处的法线方程是

$$y - f(x_0) = -\frac{1}{f'(x_0)}(x - x_0). \tag{4.1.9}$$

当 $f'(x_0) = 0$ 时, 在点 P 处的法线方程是 $x = x_0$.

3. 微分的几何表示 (geometric representation of differential)

如果函数 $y=f(x)$ 在 x_0 点可微, 则对任意的 $x=x_0+\Delta x$, 曲线的纵坐标与切线的纵坐标之差为 Δx 的高阶无穷小:

$$f(x)-(f(x_0)+f'(x_0)(x-x_0))=o(\Delta x),$$

由此可见, 曲线上某点处的切线是在该点附近与曲线 "贴得最近" 的直线, 且如图 4.1.3 中的 RM 所示, 微分 $\mathrm{d}y=f'(x_0)\Delta x$ 表示切线的纵坐标相对于 Δx 的改变量, 而 Δy 表示曲线的纵坐标相对于 Δx 的改变量, 即为图 4.1.3 上的 RQ 所示. 由可微的定义, $\Delta y-\mathrm{d}y=MQ$ 是 Δx 的高阶无穷小, 即

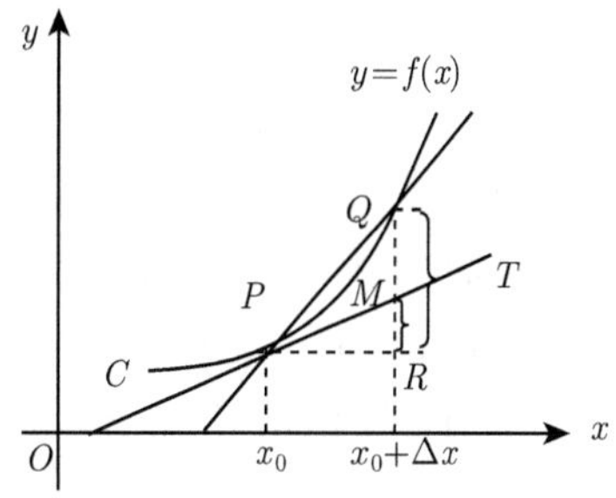

图 4.1.3

$$\lim_{\Delta x\to 0}\frac{\Delta y-\mathrm{d}y}{\Delta x}=\lim_{\Delta x\to 0}\frac{MQ}{PR}=\lim_{\Delta x\to 0}f'(x_0)\frac{MQ}{RM}=0,$$

所以, 当 $f'(x_0)\neq 0$ 时

$$\lim_{\Delta x\to 0}\frac{MQ}{RM}=0.$$

例 4.1.6 求抛物线 $y^2=2px(p>0)$ 上任意一点 (x_0,y_0) 处的切线斜率与切线方程.

解 设 (x_0,y_0) 为抛物线上属于上半平面的点 (属于下半平面时是类似的), 则 $y=f(x)=\sqrt{2px}$. 当 $x_0>0$ 时, 它在 (x_0,y_0) 处的切线斜率应为

$$\lim_{\Delta x\to 0}\frac{f(x_0+\Delta x)-f(x_0)}{\Delta x}=\lim_{\Delta x\to 0}\frac{\sqrt{2p(x_0+\Delta x)}-\sqrt{2px_0}}{\Delta x}$$

$$=\sqrt{2p}\lim_{\Delta x\to 0}\frac{\Delta x}{(\sqrt{(x_0+\Delta x)}+\sqrt{x_0})\cdot\Delta x}=\frac{\sqrt{p}}{\sqrt{2x_0}}=\frac{p}{y_0}.$$

由此得它在任意一点 (x_0,y_0) 处的切线方程为

$$y-y_0=\frac{p}{y_0}(x-x_0). \tag{4.1.10}$$

当 $x_0=0$ 时, 易知切线是 y 轴.

§4.1.5 单侧导数

我们已经定义了函数在一点和在开区间上的导数, 如何研究函数在闭区间上的导数和微分呢? 即如何研究函数在闭区间的端点处的导数和微分呢?

导数作为 (商的) 极限, 自然有左、右极限的概念, 与此相对应, 我们有左、右导数的概念.

如果极限

$$\lim_{x\to x_0-}\frac{f(x)-f(x_0)}{x-x_0} \tag{4.1.11}$$

存在, 则称 f 在点 x_0 左可导, 并称该极限为**左导数** (left-hand derivative), 记为 $f'_-(x_0)$; 同样, 如果极限

$$\lim_{x\to x_0+}\frac{f(x)-f(x_0)}{x-x_0} \tag{4.1.12}$$

存在, 则称 f 在点 x_0 右可导, 并称该极限为**右导数** (right-hand derivative), 记为 $f'_+(x_0)$.

于是, f 在 x_0 可导, 当且仅当 f 在 x_0 既左可导, 又右可导, 且左、右导数相等.

以后我们说函数在区间 I 上可导 (可微), 是指在除端点外可导 (可微), 且在左 (右) 端点 (如果端点在 I 中) 处右 (左) 可导 (可微).

单侧导数概念不仅可用于端点处, 还可用于非端点处可导的讨论.

例 4.1.7 证明: $g(x)=|x|$ 在 $x=0$ 处不可导, 但 $f(x)=|x^3|$ 在 $x=0$ 处可导.

证明 由例 4.1.3 知, $g(x)=|x|$ 在 $x=0$ 处不可微, 则 $g(x)$ 在 $x=0$ 处不可导, 且易知 $g'_-(0)=-1, g'_+(0)=1$.

下面证明函数 f 在 $x=0$ 处可导.

当 $x<0$, $f(x)=|x^3|=-x^3$, 所以 $f(x)$ 在 $x=0$ 处的左导数为

$$f'_-(0)=\lim_{\Delta x\to 0-}\frac{-(\Delta x)^3}{\Delta x}=0;$$

而当 $x>0$, $f(x)=|x^3|=x^3$, 所以 $f(x)$ 在 $x=0$ 处的右导数为

$$f'_+(0)=\lim_{\Delta x\to 0+}\frac{(\Delta x)^3}{\Delta x}=0,$$

$f(x)$ 在 $x=0$ 处的左、右导数都存在且相等, 所以它在 $x=0$ 处可导. □

习题 4.1

A1. 设 $f(x_0)=0, f'(x_0)=4$, 试求极限 $\lim\limits_{\Delta x\to 0}\dfrac{f(x_0+\Delta x)}{\Delta x}$.

A2. 设函数 f 在点 x_0 可微, 试证 f 在点 x_0 连续.

A3. 设 $g(0)=g'(0)=0$,

$$f(x)=\begin{cases} g(x)\sin\dfrac{1}{x}, & x\neq 0,\\ 0, & x=0.\end{cases}$$

求 $f'(0)$.

A4. 证明: 若 $f'(x_0)$ 存在, 则

(1) $\lim\limits_{\Delta x\to 0}\dfrac{f(x_0+\Delta x)-f(x_0-\Delta x)}{2\Delta x}=f'(x_0)$;

(2) $\forall\alpha\neq\beta,\ \lim\limits_{\Delta x\to 0}\dfrac{f(x_0+\alpha\Delta x)-f(x_0+\beta\Delta x)}{(\alpha-\beta)\Delta x}=f'(x_0)$;

(3) 举例说明, 在 (1) 中等号左端极限存在, 但 f 在 x_0 点不可导.

B5. 若 $f'(0)$ 存在, 而 $0>a_n\to 0,\ 0<b_n\to 0(n\to\infty)$, 证明:

$$\lim_{n\to\infty}\frac{f(b_n)-f(a_n)}{b_n-a_n}=f'(0).$$

B6. 设 f 是定义在 $\mathbb{R}$ 上的函数, 且对任何 $x_1,x_2\in\mathbb{R}$, 都有

$$f(x_1+x_2)=f(x_1)\cdot f(x_2).$$

若 $f'(0)=1$, 证明: f 在任何一点 $x\in\mathbb{R}$ 处可导, 且 $f'(x)=f(x)$.

B7. 证明:

(1) 可导的偶函数, 其导函数为奇函数;

(2) 可导的奇函数, 其导函数为偶函数;

(3) 可导的周期函数, 其导函数为仍为周期函数.

B8. 证明注 4.1.2, 即 Carathéodory 的可微定义与定义 4.1.1 的可微定义的等价性.

A9. 已知直线运动方程为 $s=10t+5t^2$, 分别令 $\Delta t=1,0.1,0.01$, 求从 $t=4$ 至 $t=4+\Delta t$ 这一段时间内的运动的平均速度及 $t=4$ 时的瞬时速度.

A10. 等速旋转的角速度等于旋转角与对应的时间的比, 试由此给出变速旋转的角速度的定义.

A11. 试确定曲线 $y^2=2x$ 上哪些点的切线平行于下列直线:

(1) $y=x-1$; (2) $y=2x-3$.

A12. 求下列曲线在指定点 P 的切线方程与法线方程:

(1) $y=\dfrac{x^2}{4}, P(2,1)$; (2) $y=\cos x, P(0,1)$.

A13. 求下列函数的导函数:

(1) $f(x)=x^2\operatorname{sgn} x$; (2) $f(x)=\begin{cases} x+1, & x\geqslant 0,\\ 1, & x<0.\end{cases}$

A14. 设 $f(x)=\begin{cases} x^2, & x\geqslant 3,\\ ax+b, & x<3,\end{cases}$ 试确定 a,b 的值, 使 f 在 $x=3$ 处可导.

A15. 设 $f(x)=\begin{cases} \dfrac{1-\cos x}{\sqrt{x}}, & x>0,\\ x^2g(x), & x\leqslant 0,\end{cases}$ 其中 g 是有界函数, 讨论 f 在 $x=0$ 处的可微性.

B16. 证明: 若函数 f 在 $[a,b]$ 上连续, 且 $f(a)=f(b)=K, f'_+(a)f'_-(b)>0$, 则在 (a,b) 内至少有一点 ξ, 使 $f(\xi)=K$.

B17. 证明: 双曲线 $xy=a^2$ 上任一点处的切线与两坐标轴构成的直角三角形的面积为常数.

B18. 在曲线 $y=x^3$ 上取一点 P, 过 P 的切线与该曲线交于 Q, 证明: 在 Q 处的切线斜率正好是在 P 处切线斜率的 4 倍.

§4.2 导数四则运算和反函数求导法则

一些简单函数可以直接通过导数的定义, 即差商的极限来求导, 但对于一般的函数, 即使对初等函数, 其导数的计算也可能比较复杂, 因此需要研究求导法则, 并借助于常见的基本初等函数的导数来简化导数的计算.

下面, 我们先讨论基本初等函数的导数, 然后讨论导数的运算性质.

§4.2.1 几个常见初等函数的导数

例 4.2.1 证明下列一些基本初等函数的导数公式:

(1) 常函数的导数为 0;

(2) $(x^n)'=nx^{n-1}, n=1,2,\cdots, x\in\mathbb{R}$;

(3) $(\sin x)'=\cos x$, $(\cos x)'=-\sin x$, $x\in\mathbb{R}$;

(4) $(\log_a x)'=\dfrac{1}{x\ln a}(0<a\neq 1)$, 特别地, $(\ln x)'=\dfrac{1}{x}$, $x>0$;

(5) $(a^x)'=a^x\ln a$, $x\in\mathbb{R}$, 特别地, $(\mathrm{e}^x)'=\mathrm{e}^x$;

(6) $(x^\alpha)'=\alpha x^{\alpha-1}$, $x>0$, 这里 α 为任意实数.

证明　(1) 按照定义显然可证.

(2) 参见例 4.1.2.

(3) 参见例 4.1.4.

(4) 因为 $\log_a(x+\Delta x)-\log_a x=\log_a\dfrac{x+\Delta x}{x}=\log_a\left(1+\dfrac{\Delta x}{x}\right)$, 由 $\log_a\left(1+\dfrac{\Delta x}{x}\right)\sim\dfrac{\Delta x}{x\ln a}$ $(\Delta x\to 0)$, 可知

$$\lim_{\Delta x\to 0}\frac{\log_a(x+\Delta x)-\log_a x}{\Delta x}=\frac{1}{x}\lim_{\Delta x\to 0}\frac{\log_a\left(1+\frac{\Delta x}{x}\right)}{\frac{\Delta x}{x}}=\frac{1}{x\ln a},$$

根据定义, 即有 $(\log_a x)'=\dfrac{1}{x\ln a}$, 特别地, $(\ln x)'=\dfrac{1}{x}$, $x>0$.

(5) 利用等价关系式 $a^{\Delta x}-1\sim\Delta x\cdot\ln a\quad(a>0,a\neq 1)$, 可得

$$(a^x)'=(\ln a)a^x.$$

(6) 利用等价关系 $\left(1+\dfrac{\Delta x}{x}\right)^a-1\sim\dfrac{a\Delta x}{x}(\Delta x\to 0)$, 有

$$\lim_{\Delta x\to 0}\frac{(x+\Delta x)^a-x^a}{\Delta x}=x^{a-1}\lim_{\Delta x\to 0}\frac{\left(1+\frac{\Delta x}{x}\right)^a-1}{\frac{\Delta x}{x}}=ax^{a-1},$$

于是得到

$$(x^a)'=ax^{a-1}.$$ □

注意: 对于某些实数 α, 幂函数 $y=x^\alpha$ 的定义域与可导范围可能比 $(0,+\infty)$ 大. 例如, 当 n 为自然数时, $y=x^n$ (n 为自然数) 在定义域 $(-\infty,+\infty)$ 内处处可导, 且它的导函数为

$$y'=nx^{n-1},\quad x\in(-\infty,+\infty).$$

$y=\dfrac{1}{x^n}$ (n 为自然数) 的定义域为 $(-\infty,0)\cup(0,+\infty)$, 它的导函数为

$$y'=\frac{-n}{x^{n+1}},\quad x\in(-\infty,0)\cup(0,+\infty).$$

而 $y=\sqrt{x}$ 的定义域为 $[0,+\infty)$, 但可导的范围是 $(0,+\infty)$.

读者也可以考虑 α 的其他情况, 这里不再一一列举.

§4.2.2　导数的四则运算法则

我们知道, 一切初等函数都由基本初等函数经过有限次四则运算和复合运算得到, 因此有必要讨论导数和微分的四则运算法则.

定理 4.2.1 (线性求导法则 (linear derivation rule))　设 $f(x)$ 和 $g(x)$ 在区间 I 上都是可导的, 则对任意常数 α 和 β, 它们的线性组合 $\alpha f(x)+\beta g(x)$ 也在 I 上可导, 且满足:

$$[\alpha f(x)+\beta g(x)]'=\alpha f'(x)+\beta g'(x). \tag{4.2.1}$$

证明　不妨假设 I 是开区间. 由 $f(x)$ 和 $g(x)$ 的可导性, 根据定义, 可得

$$[\alpha f(x)+\beta g(x)]'=\lim_{\Delta x\to 0}\frac{[\alpha f(x+\Delta x)+\beta g(x+\Delta x)]-[\alpha f(x)+\beta g(x)]}{\Delta x}$$

$$
\begin{aligned}
&=\alpha\cdot\lim_{\Delta x\to 0}\frac{f(x+\Delta x)-f(x)}{\Delta x}+\beta\cdot\lim_{\Delta x\to 0}\frac{g(x+\Delta x)-g(x)}{\Delta x}\\
&=\alpha f'(x)+\beta g'(x).
\end{aligned}
$$

对于函数 $\alpha f(x)+\beta g(x)$ 的微分, 也有类似的结果:

$$\mathrm{d}[\alpha f(x)+\beta g(x)]=\alpha\mathrm{d}[f(x)]+\beta\mathrm{d}[g(x)].$$ □

线性求导法则可推广到任意有限个可导函数的线性组合的情况, 即若 $f_1,f_2,\cdots,f_n$ 都在区间 I 上都是可导的, 则对任意常数 $c_1,c_2,\cdots,c_n$, 函数 $c_1f_1+c_2f_2+\cdots+c_nf_n$ 也在 I 上可导, 且

$$(c_1f_1(x)+c_2f_2(x)+\cdots+c_nf_n(x))'=c_1f_1'(x)+c_2f_2'(x)+\cdots+c_nf_n'(x),\forall x\in I.$$

例 4.2.2 设 $f(x)=a_0x^n+a_1x^{n-1}+\cdots+a_{n-1}x+a_n$ 为 n 次多项式, 则由线性求导法则与幂函数的导数公式可得

$$f'(x)=a_0nx^{n-1}+a_1(n-1)x^{n-2}+\cdots+a_{n-1},$$

因此 n 次多项式的导函数是 $n-1$ 次多项式.

例 4.2.3 求 $y=\log_a x+2\sin x$ 的导数 $(a>0,a\neq 1)$.

解 $y'=(\log_a x+2\sin x)'=\left(\dfrac{\ln x}{\ln a}\right)'+2(\sin x)'=\dfrac{1}{x\ln a}+2\cos x.$

定理 4.2.2 (乘积求导法则 (derivative rule of product)) 设 $f(x)$ 和 $g(x)$ 在某一区间 I 上都是可导的, 则它们的积函数也在该区间上可导, 且满足积的求导法则

$$[f(x)\cdot g(x)]'=f'(x)g(x)+f(x)g'(x),\quad x\in I, \tag{4.2.2}$$

相应的积的微分法则是

$$\mathrm{d}[f(x)\cdot g(x)]=g(x)\mathrm{d}[f(x)]+f(x)\mathrm{d}[g(x)],\quad x\in I.$$

证明 不妨假设 I 是开区间. 因为

$$
\begin{aligned}
&\frac{f(x+\Delta x)\cdot g(x+\Delta x)-f(x)\cdot g(x)}{\Delta x}\\
&=f(x+\Delta x)\frac{g(x+\Delta x)-g(x)}{\Delta x}+g(x)\frac{f(x+\Delta x)-f(x)}{\Delta x},
\end{aligned}
$$

由 $f(x)$ 和 $g(x)$ 可导性 (显然也具有连续性), 即可得到

$$
\begin{aligned}
[f(x)\cdot g(x)]' &=\lim_{\Delta x\to 0}\frac{f(x+\Delta x)\cdot g(x+\Delta x)-f(x)\cdot g(x)}{\Delta x}\\
&=\lim_{\Delta x\to 0}f(x+\Delta x)\lim_{\Delta x\to 0}\frac{g(x+\Delta x)-g(x)}{\Delta x}+g(x)\lim_{\Delta x\to 0}\frac{f(x+\Delta x)-f(x)}{\Delta x}\\
&=f'(x)g(x)+f(x)g'(x).
\end{aligned}
$$ □

同样可将乘积求导法则推广到任意有限个可导函数的乘积的情况. 例如, n 个函数乘积的求导法则为

$$(f_1(x)f_2(x)\cdots f_n(x))'=f_1'(x)f_2(x)\cdots f_n(x)+f_1(x)f_2'(x)\cdots f_n(x)+\cdots+f_1(x)f_2(x)\cdots f_n'(x).$$

例 4.2.4 求 $y=\mathrm{e}^x\cos x+\dfrac{1}{\sqrt{x}}$ 的导数.

解 由定理 4.2.2得

$$y'=\left(\mathrm{e}^x\cos x+\frac{1}{\sqrt{x}}\right)'=(\mathrm{e}^x)'\cos x+\mathrm{e}^x(\cos x)'+\left(\frac{1}{\sqrt{x}}\right)'$$
$$=\mathrm{e}^x\cos x-\mathrm{e}^x\sin x-\frac{1}{2\sqrt{x^3}}=\mathrm{e}^x(\cos x-\sin x)-\frac{1}{2\sqrt{x^3}}.$$

定理 4.2.3 设 $g(x)$ 在某一区间 I 上可导, 且 $g(x)\neq 0,\forall x\in I$, 则它的倒数 $\dfrac{1}{g(x)}$ 也在 I 上可导, 且有

$$\left(\frac{1}{g(x)}\right)'=-\frac{g'(x)}{(g(x))^2},\tag{4.2.3}$$

相应地,

$$\mathrm{d}\left(\frac{1}{g(x)}\right)=-\frac{1}{(g(x))^2}\mathrm{d}(g(x)).$$

证明 不放假设 I 是开区间. 根据导数的定义有

$$\left(\frac{1}{g(x)}\right)'=\lim_{\Delta x\to 0}\frac{\frac{1}{g(x+\Delta x)}-\frac{1}{g(x)}}{\Delta x}=\lim_{\Delta x\to 0}\frac{g(x)-g(x+\Delta x)}{g(x+\Delta x)\cdot g(x)\cdot\Delta x}$$
$$=\frac{-1}{g(x)}\left(\lim_{\Delta x\to 0}\frac{g(x+\Delta x)-g(x)}{\Delta x}\right)\left(\lim_{\Delta x\to 0}\frac{1}{g(x+\Delta x)}\right)$$
$$=-\frac{g'(x)}{(g(x))^2}.$$

□

利用定理 4.2.2 和定理 4.2.3 可得下面商的求导法则:

定理 4.2.4 (商的求导法则 (derivative rule of quotient)) 设 $f(x)$ 和 $g(x)$ 在某一区间上都是可导的, 且 $g(x)\neq 0$, 则它们的商函数也在该区间上可导, 且满足商的求导法则

$$\left(\frac{f(x)}{g(x)}\right)'=\frac{f'(x)g(x)-f(x)g'(x)}{(g(x))^2};\tag{4.2.4}$$

相应的商的微分法则是

$$\mathrm{d}\left(\frac{f(x)}{g(x)}\right)=\frac{g(x)\mathrm{d}f(x)-f(x)\mathrm{d}g(x)}{(g(x))^2}.$$

例 4.2.5 求 $y=\tan x$ 和 $y=\sec x$ 的导数.

解 由于 $\tan x=\dfrac{\sin x}{\cos x}$, 由商的求导法则得

$$(\tan x)'=\left(\frac{\sin x}{\cos x}\right)'=\frac{(\sin x)'\cos x-\sin x(\cos x)'}{\cos^2 x}$$
$$=\frac{\cos^2 x+\sin^2 x}{\cos^2 x}=\sec^2 x.$$

同样, 由倒数求导法则 (即定理 4.2.3) 得

$$(\sec x)'=\left(\frac{1}{\cos x}\right)'=\frac{-(\cos x)'}{\cos^2 x}=\frac{\sin x}{\cos^2 x}=\tan x\sec x.$$

类似可得: $(\csc x)'=-\cot x\csc x$, $(\cot x)'=-\csc^2 x$.

例 4.2.6 求 $y=\dfrac{x\sin x+\cos x}{x\cos x-\sin x}$ 的导数.

解 由商的求导法则得

$$\begin{aligned}&\left(\frac{x\sin x+\cos x}{x\cos x-\sin x}\right)'\\=&\frac{(x\sin x+\cos x)'(x\cos x-\sin x)-(x\sin x+\cos x)(x\cos x-\sin x)'}{(x\cos x-\sin x)^2}\\=&\frac{x\cos x(x\cos x-\sin x)-(x\sin x+\cos x)(-x\sin x)}{(x\cos x-\sin x)^2}\\=&\frac{x^2}{(x\cos x-\sin x)^2}.\end{aligned}$$

§4.2.3 反函数的导数

设函数 $y=f(x)$ 在某区间上存在反函数 $x=g(y)$, 这两个函数在平面上表示同一条曲线 C. 由导数的几何意义知道, $y=f(x)$ 的导数 $f'(x)$ 表示曲线 C 的切线 T 的以 x 为自变量的直线斜率 $k=\tan\alpha$, 而 $x=f^{-1}(y)$ 的导数 $(f^{-1})'(y)$ 表示 T 的以 y 为自变量的直线斜率 $\bar{k}=\tan\beta$, 其中 α,β 表示同一条切线 T 分别关于 x 轴与 y 轴的倾斜角, 如图 4.2.1. 由此易见, $\beta=\dfrac{\pi}{2}-\alpha$, 所以 $\bar{k}=\tan\beta=\dfrac{1}{\tan\alpha}=\dfrac{1}{k}$, 因此 $(f^{-1}(y))'=\dfrac{1}{f'(x)}$, 此乃反函数求导法则.

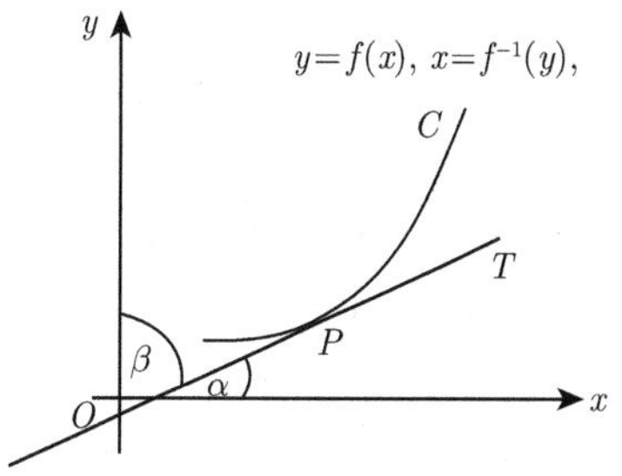

图 4.2.1

定理 4.2.5 (反函数求导法则 (derivation rule of inverse function)) 若函数 $y=f(x)$ 在 (a,b) 上可导、严格单调, $f'(x)\neq 0$. 记 $\alpha=\min\{f(a+),f(b-)\},\beta=\max\{f(a+),f(b-)\}$, 则它的反函数 $x=f^{-1}(y)$ 在 (α,β) 上可导, 且

$$(f^{-1}(y))'=\frac{1}{f'(x)}\quad 或 \quad \frac{\mathrm{d}x}{\mathrm{d}y}=\frac{1}{\frac{\mathrm{d}y}{\mathrm{d}x}}. \tag{4.2.5}$$

证明 因为函数 $y=f(x)$ 在 (a,b) 上连续且严格单调, 由反函数连续性定理, 它的反函数 $x=f^{-1}(y)$ 在 (α,β) 上存在、连续且严格单调, 所以 $\Delta y=f(x+\Delta x)-f(x)\neq 0$ 等价于 $\Delta x=f^{-1}(y+\Delta y)-f^{-1}(y)\neq 0$, 并且当 $\Delta y\to 0$ 时有 $\Delta x\to 0$. 因此

$$\begin{aligned}(f^{-1})'(y)&=\lim_{\Delta y\to 0}\frac{f^{-1}(y+\Delta y)-f^{-1}(y)}{\Delta y}\\&=\lim_{\Delta x\to 0}\frac{\Delta x}{f(x+\Delta x)-f(x)}\\&=\frac{1}{\lim\limits_{\Delta x\to 0}\frac{f(x+\Delta x)-f(x)}{\Delta x}}=\frac{1}{f'(x)}.\end{aligned}$$

□

例 4.2.7 求 $y=\arctan x$ 和 $y=\arcsin x$ 的导数.

解 容易验证 $x=\tan y$ 满足定理 4.2.5的条件, 将 $y=\arctan x$ 看成它的反函数, 于是有

$$(\arctan x)'=\frac{1}{(\tan y)'}=\frac{1}{\sec^2 y}=\frac{1}{1+\tan^2 y}=\frac{1}{1+x^2},\ \forall x\in\mathbb{R}.$$

类似地, 将 $y=\arcsin x$ 看成 $x=\sin y$ 的反函数, 便可得到

$$(\arcsin x)'=\frac{1}{(\sin y)'}=\frac{1}{\cos y}=\frac{1}{\sqrt{1-\sin^2 y}}=\frac{1}{\sqrt{1-x^2}},\ |x|<1.$$

同样可得到

$$(\arccos x)'=-\frac{1}{\sqrt{1-x^2}},\ |x|<1,$$

$$(\mathrm{arccot} x)'=-\frac{1}{1+x^2},\ \forall x\in\mathbb{R}.$$

习题 4.2

A1. 求下列函数在指定点的导数:

(1) 设 $f(x)=3x^4+2x^3+5$, 求 $f'(0),f'(1)$;

(2) 设 $f(x)=\dfrac{x}{\cos x}$, 求 $f'(0),f'(\pi)$.

A2. 求下列函数的导数:

(1) $y=4x^5-x^3+2$; (2) $y=\dfrac{\sqrt{x}-x^2}{1+x+x^2}$;

(3) $y=x^n+nx$; (4) $y=a^x\log_a x(a>0,a\neq 1)$;

(5) $y=(x^2+1)(x^2-1)(1-x^3)$; (6) $y=\dfrac{\tan x}{x}$;

(7) $y=\arcsin x+x^3\arctan x$; (8) $y=\dfrac{x+\ln x}{x-\ln x}$;

(9) $y=(\sqrt{x}+x^2)\sec x$; (10) $y=\dfrac{\cos x-\sin x}{\sin x+\cos x}$.

A3. 证明:

(1) $(\cot x)'=-\csc^2 x$; (2) $(\csc x)'=-\cot x\csc x$;

(3) $(\arccos x)'=-\dfrac{1}{\sqrt{1-x^2}}$; (4) $(\mathrm{arccot} x)'=-\dfrac{1}{1+x^2}$.

B4. 设 $f_{ij}(x)(i,j=1,2,\cdots,n)$ 为可导函数, 证明:

$$\frac{\mathrm{d}}{\mathrm{d}x}\begin{vmatrix} f_{11}(x) & f_{12}(x) & \cdots & f_{1n}(x)\\ f_{21}(x) & f_{22}(x) & \cdots & f_{2n}(x)\\ \vdots & \vdots & & \vdots\\ f_{n1}(x) & f_{n2}(x) & \cdots & f_{nn}(x)\end{vmatrix}=\sum_{k=1}^{n}\begin{vmatrix} f_{11}(x) & f_{12}(x) & \cdots & f_{1n}(x)\\ \vdots & \vdots & & \vdots\\ f'_{k1}(x) & f'_{k2}(x) & \cdots & f'_{kn}(x)\\ \vdots & \vdots & & \vdots\\ f_{n1}(x) & f_{n2}(x) & \cdots & f_{nn}(x)\end{vmatrix}.$$

并利用这个结果求 $F'(x)$:

(1) $F(x)=\begin{vmatrix} x-1 & 1 & 2\\ -3 & x & 3\\ -2 & -3 & x+1\end{vmatrix}$; (2) $F(x)=\begin{vmatrix} x & x^2 & x^3\\ 1 & 2x & 3x^2\\ 0 & 2 & 6x\end{vmatrix}$.

C5. 请回答以下问题. 正确请证明, 不正确请给出反例:

(1) 设 $f(x)$ 在 $x=x_0$ 可导, $g(x)$ 在 $x=x_0$ 不可导, 问 $f(x)+g(x)$ 在 $x=x_0$ 是否可导?

(2) 设 $f(x),g(x)$ 在 $x=x_0$ 均不可导, 问 $f(x)+g(x)$ 在 $x=x_0$ 是否一定不可导?

C6. 请回答以下问题. 正确请证明, 不正确请给出反例:

(1) 设 $f(x)$ 在 $x=x_0$ 可导, $g(x)$ 在 $x=x_0$ 不可导, 问 $f(x)g(x)$ 在 $x=x_0$ 是否可导?

(2) 设 $f(x),g(x)$ 在 $x=x_0$ 均不可导, 问 $f(x)g(x)$ 在 $x=x_0$ 是否一定不可导?

(3) 设 $f(x)g(x)$ 在 $x=x_0$ 可导, 问 $f(x),g(x)$ 在 $x=x_0$ 是否均一定可导?

(4) 设 $f(x)g(x)$ 在 $x=x_0$ 不可导, 问 $f(x),g(x)$ 在 $x=x_0$ 是否均一定不可导?

C7. 讨论下列函数的连续性与可微性:

(1) $f(x)=xD(x)$, 其中 $D(x)$ 是 Dirichlet 函数; (2) $f(x)=x^2D(x)$;

(3) $f(x)=\begin{cases} x, & x\in\mathbb{Q}, \\ x^2+x, & x\notin\mathbb{Q}; \end{cases}$ (4) $f(x)=x^2(x-1)^2D(x)$.

C8. (1) 请举一个仅在已知点 $a_1,a_2,\cdots,a_n$ 不可导的连续函数的例子;

(2) 请举一个仅在已知点 $a_1,a_2,\cdots,a_n$ 可导的函数的例子.

§4.3 复合函数求导法则及其应用

上一节研究了基本初等函数的导数、函数四则运算的求导法则和反函数的求导法则. 为了进一步讨论导数, 还需研究复合函数的求导法则即链式法则及其在计算隐函数和参数形式函数的导数中的应用.

§4.3.1 复合函数求导法则

定理 4.3.1 (复合函数求导法则 (derivation rule of compound function)) 设函数 $u=g(x)$ 在 $x=x_0$ 处可导, 函数 $y=f(u)$ 在 $u=u_0=g(x_0)$ 处可导, 则复合函数 $y=f(g(x))$ 在 $x=x_0$ 处可导, 且有

$$(f(g(x)))'_{x=x_0}=f'(g(x_0))g'(x_0). \tag{4.3.1}$$

证明 因为 $f(u)$ 在 u_0 处可导, 则它在 u_0 点可微. 因此对任意充分小的 $\Delta u\neq 0$, 都有

$$\Delta y=f(u_0+\Delta u)-f(u_0)=f'(u_0)\Delta u+\alpha\Delta u,$$

这里 $\alpha\to 0(\Delta u\to 0)$. 又当 $\Delta u=0$ 时 $\Delta y=0$, 因此上式对 $\Delta u=0$ 也成立.

同样, 因为 $g(x)$ 在 x_0 处可导, 则它在 x_0 处可微, 因此对任意充分小的 $\Delta x\neq 0$, 有

$$g(x_0+\Delta x)-g(x_0)=g'(x_0)\Delta x+o(\Delta x).$$

设 $\Delta u=g(x_0+\Delta x)-g(x_0)$, 则有

$$\begin{aligned} &f(g(x_0+\Delta x))-f(g(x_0))=f(u_0+\Delta u)-f(u_0)=f'(u_0)\Delta u+\alpha\Delta u\\ =&f'(u_0)[g'(x_0)\Delta x+o(\Delta x)]+\alpha[g'(x_0)\Delta x+o(\Delta x)]\\ =&f'(u_0)g'(x_0)\Delta x+f'(u_0)o(\Delta x)+g'(x_0)\alpha\Delta x+\alpha o(\Delta x). \end{aligned}$$

因为当 $\Delta x\to 0$ 时 $\Delta u\to 0$, 所以当 $\Delta x\to 0$ 时, $\alpha\to 0$, 从而

$$f(g(x_0+\Delta x))-f(g(x_0))=f'(u_0)g'(x_0)\Delta x+o(\Delta x).$$

由微分的定义知: 复合函数 $y=f(g(x))$ 在 $x=x_0$ 处可微, 即可导, 并有

$$(f(g(x)))'_{x=x_0}=f'(g(x_0))g'(x_0).$$

□

注 4.3.1　(1) 根据定理 4.3.1 易知, 如果 $u=g(x)$ 在区间 I 上可导, 函数 $y=f(u)$ 在区间 $g(I)$ 上可导, 则复合函数 $y=f(g(x))$ 在 I 上可导, 且有

$$(f(g(x)))'=f'(g(x))g'(x),\quad \forall x\in I. \tag{4.3.2}$$

它可以写成

$$\frac{\mathrm{d}y}{\mathrm{d}x}=\frac{\mathrm{d}y}{\mathrm{d}u}\cdot\frac{\mathrm{d}u}{\mathrm{d}x}. \tag{4.3.3}$$

复合函数的求导法则也称为**链式法则** (chain rule), 由它立得复合函数的微分法则:

$$\mathrm{d}(f(g(x)))=f'(u)g'(x)\mathrm{d}x. \tag{4.3.4}$$

(2) 链式法则对两个以上函数的复合情况仍然成立. 例如, 对 3 个可导函数 f,g,h, 链式法则是

$$(f(g(h(x))))'=f'(g(h(x)))g'(h(x))h'(x). \tag{4.3.5}$$

例 4.3.1　求下列函数的导数.

(1) $y=\sin^2 x$; (2) $y=\sin x^2$; (3) $y=\ln|x|$.

解　(1) 把 $y=\sin^2 x$ 看成是由

$$y=u^2, u=\sin x$$

复合而成的函数, 则由链式法则得

$$(\sin^2 x)'=(u^2)'\cdot(\sin x)'=2u|_{u=\sin x}\cdot\cos x=2\sin x\cos x=\sin 2x.$$

(2) 令 $y=\sin u, u=x^2$, 则有

$$(\sin x^2)'=2x\cdot\cos x^2.$$

(3) 当 $x>0$ 时,

$$(\ln|x|)'=(\ln x)'=\frac{1}{x}.$$

当 $x<0$ 时, $\ln|x|=\ln(-x)$, 将其看成由

$$y=\ln u, u=-x$$

复合而成的函数, 则由链式法则得

$$(\ln|x|)'=(\ln(-x))'=\frac{(-x)'}{-x}=\frac{1}{x}.$$

因此对任意的 $x\neq 0$, 有

$$(\ln|x|)'=\frac{1}{x}.$$

例 4.3.2　求下列函数的导数

(1) $y=\mathrm{e}^{\sin\frac{1}{x}}$;　　(2) $y=\ln(x+\sqrt{x^2+a^2})$.

解 (1) 令 $y = \mathrm{e}^u, u = \sin v, v = \dfrac{1}{x}$, 则根据链式法则 (4.3.5), 可求得

$$(\mathrm{e}^{\sin\frac{1}{x}})' = \mathrm{e}^{\sin\frac{1}{x}}\cos\frac{1}{x}\left(-\frac{1}{x^2}\right) = -\frac{1}{x^2}\cos\frac{1}{x}\mathrm{e}^{\sin\frac{1}{x}}.$$

(2) 同样运用复合函数求导法则就可得到

$$y' = \frac{(x+\sqrt{x^2+a^2})'}{x+\sqrt{x^2+a^2}} = \frac{1+\frac{2x}{2\sqrt{x^2+a^2}}}{x+\sqrt{x^2+a^2}} = \frac{1}{\sqrt{x^2+a^2}}.$$

§4.3.2 一阶微分的形式不变性

到目前为止, 我们已经可以求出所有初等函数的导数. 但对于形式比较复杂的函数的导数计算, 其计算量可能较大, 且容易出错, 下面我们给出一种新的方法, 它可简化某些类型函数的导数计算, 这种方法的理论根据就是一阶微分的形式不变性.

1. 一阶微分的形式不变性的含义

由复合函数 $y = f(g(x))$ 的微分公式

$$\mathrm{d}(f(g(x))) = f'(u)g'(x)\mathrm{d}x,$$

以 $\mathrm{d}u = g'(x)\mathrm{d}x$ 代入, 可得到

$$\mathrm{d}f(u) = f'(u)\mathrm{d}u, \tag{4.3.6}$$

这里 $u = g(x)$ 是中间变量. 公式 (4.3.6) 与以 u 为自变量的函数 $y = f(u)$ 的微分式 $\mathrm{d}(f(u)) = f'(u)\mathrm{d}u$ 完全一致. 于是, 我们得到结论: 不论 u 是自变量还是中间变量, 函数 $y = f(u)$ 的微分形式 (4.3.6) 是相同的, 或者说. 微分形式在坐标变换下是不变的, 这一性质被称为**一阶微分的形式不变性** (form invariance of first order differential).

2. 一阶微分形式的不变性的应用

例 4.3.3 求幂指函数 $y = (u(x))^{v(x)}$ 的导数, 其中 u, v 在区间 I 上可导, 且 $u(x) > 0, \forall x \in I$.

解 这里介绍两种解法.

解法一 (对数求导法): 对等号两边取对数可得

$$\ln y = v(x)\ln u(x),$$

在上式两边分别求微分, 由一阶微分的形式不变性得到

$$\frac{\mathrm{d}y}{y} = \mathrm{d}\ln y = \mathrm{d}(v\ln u) = \ln u\mathrm{d}v + v\mathrm{d}\ln u,$$

即

$$\frac{y'}{y}\mathrm{d}x = (v'(x)\ln u(x) + v(x)\frac{u'(x)}{u(x)})\mathrm{d}x,$$

所以

$$y' = y\left(v'(x)\ln u(x) + v(x)\frac{u'(x)}{u(x)}\right) = u(x)^{v(x)}\left(v'(x)\ln u(x) + v(x)\frac{u'(x)}{u(x)}\right).$$

解法二 (链式法则): 根据恒等式 $u^v = \mathrm{e}^{v\ln u}$ 和链式法则, 有

$$(\mathrm{e}^{v\ln u})' = \mathrm{e}^{v\ln u}\left(v'(x)\ln u(x) + v(x)\frac{1}{u(x)}u'(x)\right) = u(x)^{v(x)}\left(v'(x)\ln u(x) + v(x)\frac{u'(x)}{u(x)}\right).$$

例 4.3.4 求 $y = x\sqrt{\dfrac{1-x}{1+x}}$ 的导数.

解 用对数求导法, 两边取对数, 我们有

$$\ln y = \ln x + \frac{1}{2}\ln(1-x) - \frac{1}{2}\ln(1+x),$$

两边求微分, 就得到

$$\frac{\mathrm{d}y}{y} = \frac{\mathrm{d}x}{x} - \frac{\mathrm{d}x}{2(1-x)} - \frac{\mathrm{d}x}{2(1+x)},$$

将 $y = x\sqrt{\dfrac{1-x}{1+x}}$ 代入, 并进行化简就得到

$$\mathrm{d}y = \frac{1-x-x^2}{(1+x)\sqrt{1-x^2}}\mathrm{d}x,\ y' = \frac{1-x-x^2}{(1+x)\sqrt{1-x^2}}.$$

注 4.3.2 在例 4.3.4 中, 函数的定义区间是 $(-1,1]$, 而可微区间是 $(-1,1)$. 但我们在取对数时默认了自变量的取值区间是 $(0,1)$. 请读者考虑, 是否可将结论推广到 $(-1,1)$ 上呢? 或如何讨论区间 $(-1,0]$ 上的导数? 提醒注意例 4.3.1(3) 的结论.

利用一阶微分的形式不变性和链式法则, 我们可以讨论隐函数和参数式表示的函数的导数问题.

§4.3.3 隐函数的导数与微分

1638 年, Desartes 首次研究了 Desartes 叶形线 (参见图 4.3.1) 的切线问题, 此曲线的方程为: $x^3 + y^3 = 9xy$. 它不能用一个形如 $y = f(x)$ 这样的函数显式表示. 那么如何研究其切线和法线呢? 注意到切线与法线都是曲线在一点处的局部概念, 我们可以分段考虑, 且不必非要先求出显式方程再来求导数.

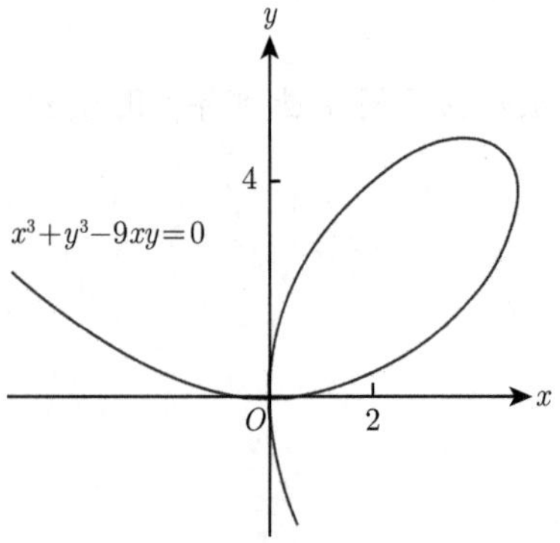

图 4.3.1

一般来说, 在一定条件下方程 $F(x,y) = 0$ 可以决定一个 y 关于 x 的函数, 记之为 $y = y(x)$, 但这个函数不一定能用解析表达式显式表示. 例如, 上述的 Desartes 叶形线, 以及方程 $y^2 = x^2 + \sin(xy)$ 所表示的曲线, 见图 4.3.2, 这时我们称方程 $F(x,y) = 0$ 可以确定隐函数 (implicit function) $y = y(x)$. 有些隐函数可以通过某种方法局部地化成显函数 $y = f(x)$ 形式 (称为隐函数的显化), 如椭圆标准方程

$$\frac{x^2}{a^2} + \frac{y^2}{b^2} = 1$$

分别确定了图像位于上、下半平面的两个显函数

$$y=\pm\frac{b}{a}\sqrt{a^2-x^2}\qquad(-a\leqslant x\leqslant a).$$

但一般情况下, 隐函数不一定能被显化, 或虽可显化, 但计算复杂 (如 Desartes 叶形线和椭圆). 事实上, 对于隐函数的求导与求微分问题, 可以利用复合函数的求导法则或一阶微分的形式不变性来计算, 而不必先从方程解出显函数后再求导.

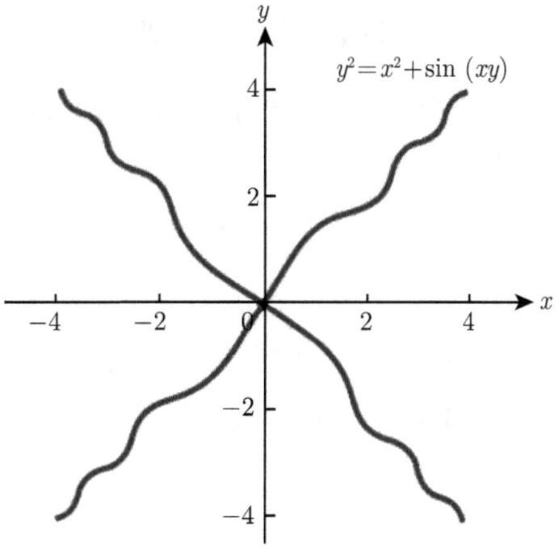

图 4.3.2

关于隐函数的存在性及其可导性的一般理论, 我们将在第二册第 11 章多元函数微分学中研究. 本节中我们只讨论一些具体的例子, 且假定所讨论的隐函数存在且可导.

例 4.3.5 求由下列方程确定的隐函数 $y=y(x)$ 的导数 $y'(x)$:

(1) $x^3+y^3=9xy$;

(2) $y^2=x^2+\sin(xy)$.

解 (1) (直接求导法) 对方程 $x^3+y^3=9xy$ 的两边关于 x 求导, 注意到 y 是 x 的函数, 由复合函数的求导法则

$$3x^2+3y^2y'=9y+9xy'.$$

由此解得

$$y'=\frac{3y-x^2}{y^2-3x}$$

(2) (微分法) 在方程 $y^2=x^2+\sin(xy)$ 的两边求微分, 并应用一阶微分的形式不变性可得

$$2y\mathrm{d}y=2x\mathrm{d}x+\cos(xy)(x\mathrm{d}y+y\mathrm{d}x),$$

由此解得

$$\frac{\mathrm{d}y}{\mathrm{d}x}=\frac{2x+y\cos(xy)}{2y-x\cos(xy)}.$$

例 4.3.6 求由方程 $\mathrm{e}^{x+y}-xy=\mathrm{e}$ 确定的隐函数 $y=y(x)$ 在 $x=0$ 处的微分与切线方程.

解 由方程可知, 当 $x=0$ 时, $y=1$. 对方程 $\mathrm{e}^{x+y}-xy=\mathrm{e}$ 的两边关于 x 求导, 得到

$$\mathrm{e}^{x+y}(1+y')-y-xy'=0,$$

由此解得

$$y'=\frac{y-\mathrm{e}^{x+y}}{\mathrm{e}^{x+y}-x}.$$

将 $x=0$ 和 $y=1$ 代入, 即得 $y'(0)=\dfrac{1-\mathrm{e}}{\mathrm{e}}$, 于是得到 $y=y(x)$ 在 $x=0$ 处的微分为 $\mathrm{d}y=\dfrac{1-\mathrm{e}}{\mathrm{e}}\mathrm{d}x$, 而切线方程为 $y=\dfrac{1-\mathrm{e}}{\mathrm{e}}x+1$.

§4.3.4 由参数方程所确定的函数的求导公式

前面我们讨论了 Desartes 叶形线的导数计算问题, 事实上 Desartes 叶形线还可以用参数方程来表示:

$$x=\frac{9t}{1+t^3},\ y=\frac{9t^2}{1+t^3},$$

那么 $y=y(x)$ 的导数能否通过参数方程来计算呢? 答案是肯定的. 下面我们来讨论用参数方程表示函数的一般情况的求导问题.

设自变量 x 和因变量 y 间的函数关系由参数形式

$$\begin{cases} x= & \varphi(t), \\ y= & \psi(t), \end{cases} \quad t_0\leqslant t\leqslant t_1$$

确定, 其中 t 是参数, $\varphi(t),\psi(t)$ 可导, $\varphi(t)$ 严格单调, 且 $\varphi'(t)\neq 0$.

由反函数存在定理, $x=\varphi(t)$ 有反函数 $t=\varphi^{-1}(x)$, 于是 y 是 x 的函数 $y=\psi(\varphi^{-1}(x))$. 根据复合函数和反函数求导法则可得由参数方程所确定的函数的导数公式:

$$\frac{\mathrm{d}y}{\mathrm{d}x}=\frac{\mathrm{d}y}{\mathrm{d}t}\cdot\frac{\mathrm{d}t}{\mathrm{d}x}=\frac{\mathrm{d}(\psi(t))}{\mathrm{d}t}\cdot\frac{\mathrm{d}(\varphi^{-1}(x))}{\mathrm{d}x}=\frac{\psi'(t)}{\varphi'(t)}. \tag{4.3.7}$$

或根据微分定义

$$\begin{cases} \mathrm{d}y=\psi'(t)\mathrm{d}t, \\ \mathrm{d}x=\varphi'(t)\mathrm{d}t \end{cases}$$

可得

$$\frac{\mathrm{d}y}{\mathrm{d}x}=\frac{\psi'(t)}{\varphi'(t)}.$$

例 4.3.7 如图 4.3.3, 星形线 (内摆线 (astroid)) 的参数方程为

$$\begin{cases} x=a\cos^3 t, \\ y=a\sin^3 t, \end{cases} \quad (a>0, 0\leqslant t<2\pi).$$

(1) 求过点 $(x(t_0),y(t_0))$ 的切线方程;

(2) 证明: 当 $t_0\neq 0,\dfrac{\pi}{2},\pi$ 和 $\dfrac{3\pi}{2}$ 时, 切线被两坐标轴所截线段的长度为一常数.

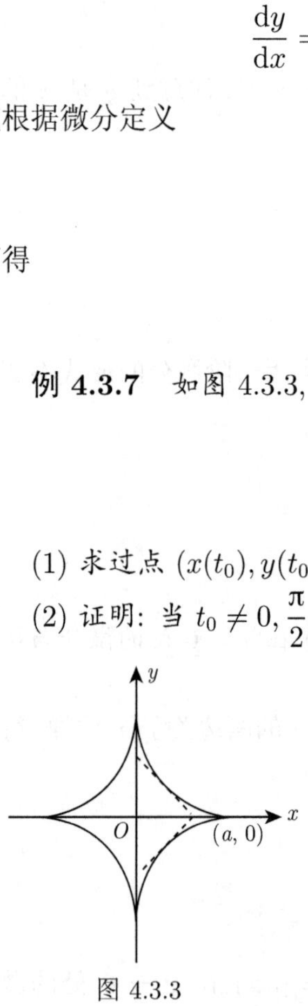

图 4.3.3

解 (1) $x'(t)=-3a\cos^2 t\sin t$, $y'(t)=3a\sin^2 t\cos t$. 当 $t_0=0,\dfrac{\pi}{2},\pi$ 和 $\dfrac{3\pi}{2}$ 时 $x'(t_0)=0$, 除此之外, $k=\dfrac{y'(t_0)}{x'(t_0)}=-\tan t_0$. 所以切线方程为

$$y-a\sin^3 t_0=-\tan t_0(x-a\cos^3 t_0).$$

进一步讨论可知, 在 $t=\dfrac{\pi}{2}$ 及 $t=\dfrac{3\pi}{2}$ 处曲线有垂直切线; 而在 $t=0$ 与 $t=\pi$ 处有水平切线.

(2) 易求得切线与两坐标轴的交点分别为 $M(a\cos t_0,0)$ 和 $N(0,a\sin t_0)$, 则 $|MN|=a$.

习题 4.3

A1. 求下列函数的导数:

(1) $y=\sqrt{1-x^3}$; (2) $y=(x^2-\sin^2 x)^3$;

(3) $y=\left(\dfrac{1-x^2}{2+x}\right)^3$; (4) $y=\ln(|\ln x|)$;

(5) $y=\ln(\cos x)$; (6) $y=\operatorname{arccot}\dfrac{1+\ln x}{1-\ln x}$;

(7) $y=\ln(1+\sqrt{1+x^2})$; (8) $y=\arcsin(\cos^2 x)$;

(9) $y=\mathrm{e}^{\sin x+1}$; (10) $y=\mathrm{e}^{-2x}\arcsin\dfrac{2x}{1+x^2}$.

A2. 对下列各函数计算 $f'(x), f'(x+1), f'(2x), (f(2x))'$.

(1) $f(x)=x^3$; (2) $f(x+1)=x^3$; (3) $f(x-1)=x^3$.

A3. 用对数法, 求以下函数的导数:

(1) $y=x^{\sin x}$; (2) $y=x^x$;

(3) $y=(x-1)(x-2)^{\frac{1}{2}}\cdots(x-10)^{\frac{1}{10}}$; (4) $y=x^{x^x}$.

A4. 求以下隐函数 $y=y(x)$ 的导数:

(1) $xy^2-\ln(xy)=1$; (2) $\sqrt{x}+\sqrt{y}=\sqrt{a}$(斜抛物线);

(3) $\dfrac{x^2}{a^2}+\dfrac{y^2}{b^2}=1$; (4) $\arctan\dfrac{y}{x}=\ln\sqrt{x^2+y^2}$(对数螺线).

A5. 求下列由参量方程所确定的函数 $y=y(x)$ 的导数:

(1) 斜抛物线 $\begin{cases} x=\cos^4 t, \\ y=\sin^4 t \end{cases}$ 在 $t=\dfrac{\pi}{4}$ 对应的点处.

(2) 摆线 (旋轮线)$\begin{cases} x=a(t-\sin t), \\ y=a(1-\cos t) \end{cases}$ 在任意 $t\neq 2n\pi$ 对应的点处;

B6. 设 $a>0$, 证明: 圆的渐开线

$$\begin{cases} x=a(\cos t+t\sin t), \\ y=a(\sin t-t\cos t) \end{cases}$$

上任一点的法线到原点距离等于 a.

B7. 设函数 f 满足反函数求导定理条件, 求下列函数的导数

(1) $y=f^{-1}(\arcsin x)$; (2) $y=f^{-1}\left(\dfrac{1}{f(x)}\right)$.

§4.4 高 阶 导 数

§4.4.1 高阶导数的实际背景及定义

设 $y=f(x)$ 在区间 I 上可导, 且它的导函数 $f'(x)$ 仍是个可导函数, 则可以继续讨论 $f'(x)$ 的导数, 即所谓函数 $f(x)$ 的二阶导数. 二阶导数在物理学中的背景就是加速度.

与瞬时速度的概念类似, 物体在时刻 t 的瞬时加速度就是当 $\Delta t\to 0$ 时, 它的平均加速度 $\dfrac{\Delta v}{\Delta t}$ 的极限值, 即

$$a(t)=\lim_{\Delta t\to 0}\frac{\Delta v}{\Delta t}=\lim_{\Delta t\to 0}\frac{v(t+\Delta t)-v(t)}{\Delta t}=v'(t),$$

即加速度 $a(t)$ 是速度函数 $v(t)$ 的导函数, 因此 $a(t)$ 是位移函数 $s(t)$ 的导函数的导函数, 即是 $s(t)$ 的二阶导数.

下面给出函数的高阶导数的定义.

设函数 $y=f(x)$ 在点 a 的某邻域 $U(a)$ 内可导, 则我们得到 $U(a)$ 上的导函数 $f'(x)$. 如果 $f'(x)$ 在点 a 可导, 则有在点 a 的二阶导数 $f''(a)$, 即

$$f''(a)=\lim_{\Delta x\to 0}\frac{f'(a+\Delta x)-f'(a)}{\Delta x},$$

并称为 $f(x)$ 在点 a 二阶可导.

若 $f(x)$ 在区间 I 上每一点都二阶可导, 则称 $y=f(x)$ 在区间 I 上 **二阶可导** (second order differentiable), 二阶导 (函) 数记为

$$f''(x), y''(x), \text{或 } \frac{\mathrm{d}^2 f}{\mathrm{d}x^2}, \frac{\mathrm{d}^2 y}{\mathrm{d}x^2}.$$

因此 $f'(x)$ 的导数 $[f'(x)]'=\frac{\mathrm{d}}{\mathrm{d}x}(f'(x))$ 即为 $f(x)$ 的**二阶导数** (second derivative). 归纳地可以定义 $f(x)$ 在点 a 处的 n 阶导数 $f^{(n)}(a)$ 以及区间 I 上的 n 阶导数 $f^{(n)}(x)$ 或 $y^{(n)}(x)$.

二阶及二阶以上的导数统称为**高阶导数** (higher derivative).

利用上述记号, 加速度函数可以写成 $a(t)=s''(t)=\frac{\mathrm{d}^2 s}{\mathrm{d}t^2}$.

§4.4.2　高阶导数的计算

1. 逐次求导法

由高阶导数的定义, 只要按求导法则对 $f(x)$ 逐次求导, 就能得到任意阶的导数. 一般来说, 可以先求低阶导数, 然后归纳出高阶导数的结论, 必要时用数学归纳法.

例 4.4.1　求 $y=\mathrm{e}^x$ 的 n 阶导数.

解　由 $(\mathrm{e}^x)'=\mathrm{e}^x$ 可知

$$(\mathrm{e}^x)^{(n)}=\mathrm{e}^x, \forall n\geqslant 1. \tag{4.4.1}$$

类似可以得到: $\forall a>0$,

$$(a^x)^{(n)}=(\ln a)^n a^x, \forall n\geqslant 1. \tag{4.4.2}$$

例 4.4.2　求 $y=\sin x$ 和 $y=\cos x$ 的 n 阶导数.

解　因为

$$(\sin x)'=\cos x=\sin\left(x+\frac{\pi}{2}\right),$$

利用复合函数的求导法则

$$(\sin x)''=\left(\sin\left(x+\frac{\pi}{2}\right)\right)'=\cos\left(x+\frac{\pi}{2}\right)=\sin\left(x+\frac{2\pi}{2}\right).$$

由数学归纳法容易证得

$$(\sin x)^{(n)}=\sin\left(x+\frac{n\pi}{2}\right). \tag{4.4.3}$$

同理, $y=\cos x$ 的 n 阶导数为

$$(\cos x)^{(n)}=\cos\left(x+\frac{n\pi}{2}\right). \tag{4.4.4}$$

例 4.4.3 (1) 由例 4.2.1 知道, 对任何实数 α 和任意正数 x, 有 $(x^\alpha)' = \alpha x^{\alpha-1}$, 所以当 α 不是正整数时, 对任何正整数 n, 有

$$(x^\alpha)^{(n)} = \alpha(\alpha-1)\cdots(\alpha-n+1)x^{\alpha-n}, \forall x > 0. \tag{4.4.5}$$

(2) 当 $\alpha = m$ 为正整数时, $y = x^m$ ($m \in \mathbb{N}^+$) 的任意 n 阶导数在 $\mathbb{R}$ 上存在. 事实上,

$$(x^m)' = mx^{m-1},\quad (x^m)'' = m(m-1)x^{m-2},\ \cdots, (x^m)^{(m-1)} = m!x,\quad (x^m)^{(m)} = m!.$$

$$(x^m)^{(n)} = 0,\ \forall n > m.$$

而当 α 不是正整数时, 由式 (4.4.5) 知, 幂函数 x^α 的任意阶导数不是 0. 考虑 $\alpha = -1$.

(3) 由于

$$\left(\frac{1}{x}\right)' = (x^{-1})' = -x^{-2};\ (-x^{-2})' = 2x^{-3};\ (2x^{-3})' = -3\cdot 2x^{-4},\ \cdots,$$

依此类推, 或根据式 (4.4.5), 可以导出一般 n 阶导数公式

$$\left(\frac{1}{x}\right)^{(n)} = \frac{(-1)^n n!}{x^{n+1}}. \tag{4.4.6}$$

例 4.4.4 求 $y = \ln(1+x^2)$ 的二阶导数.

解 对 $y = \ln(1+x^2)$ 求导, 得

$$y' = (\ln(1+x^2))' = \frac{2x}{1+x^2},$$

再求一次导数, 就得到

$$y'' = \frac{2(1-x^2)}{(1+x^2)^2}.$$

2. 间接求导法

我们可以利用一些函数的已知的高阶导数来计算与之有关函数的高阶导数.

例 4.4.5 求 $y = \ln x$ 的 n 阶导数.

解 因为

$$(\ln x)^{(n)} = \left(\frac{1}{x}\right)^{(n-1)},$$

所以, 根据式 (4.4.6) 我们有

$$(\ln x)^{(n)} = (-1)^{n-1}\frac{(n-1)!}{x^n}. \tag{4.4.7}$$

例 4.4.6 求 $y = \sin^2 x$ 的 n 阶导数.

解 根据三角函数公式 $\sin^2 x = \dfrac{1-\cos 2x}{2}$, 可得

$$y^{(n)} = -2^{n-1}\cos\left(2x + \frac{n}{2}\pi\right).$$

或由 $y' = (\sin^2 x)' = 2\cos x\sin x = \sin 2x$, 于是由式 (4.4.3) 有

$$y^{(n)} = (\sin 2x)^{(n-1)} = 2^{n-1}\sin\left(2x + \frac{n-1}{2}\pi\right).$$

§4.4.3 高阶导数的运算法则

1. 高阶导数的线性运算法则 (linear rule for higher derivative)

定理 4.4.1 设 $f(x)$ 和 $g(x)$ 都是 n 阶可导的, 则对任意常数 c_1 和 c_2, 线性组合 $c_1f(x)+c_2g(x)$ 也是 n 阶可导的, 且满足如下的线性运算关系

$$[c_1f(x)+c_2g(x)]^{(n)}=c_1f^{(n)}(x)+c_2g^{(n)}(x). \tag{4.4.8}$$

这个结论可以推广到多个函数线性组合的情况:

$$\left(\sum_{i=1}^{m}c_if_i(x)\right)^{(n)}=\sum_{i=1}^{m}c_if_i^{(n)}(x).$$

证明从略.

例 4.4.7 求 $y=\dfrac{1}{x^2-3x+2}$ 的 n 阶导数.

解 将分母进行因式分解后可得

$$\frac{1}{x^2-3x+2}=\frac{1}{x-1}-\frac{1}{x-2},$$

这样, 由公式 (4.4.8), 并类似于公式 (4.4.5) 可得

$$\begin{aligned}\left(\frac{1}{x^2-3x+2}\right)^{(n)}&=\left(\frac{1}{x-1}\right)^{(n)}-\left(\frac{1}{x-2}\right)^{(n)}\\&=(-1)^nn!\left(\frac{1}{(x-1)^{n+1}}-\frac{1}{(x-2)^{n+1}}\right).\end{aligned}$$

2. 乘积的高阶导数的计算法则——Leibniz 公式 (Leibniz formula)

用数学归纳法可以证明下面的乘积求导公式. 证明参见《数学分析讲义 (第一册)》(张福保等, 2019).

定理 4.4.2 (Leibniz 公式) 设 $f(x)$ 和 $g(x)$ 都 n 阶可导, 则它们的乘积也 n 阶可导, 且成立

$$\big(f(x)g(x)\big)^{(n)}=\sum_{k=0}^{n}C_n^kf^{(n-k)}(x)g^{(k)}(x), \tag{4.4.9}$$

这里, $C_n^k=\dfrac{n!}{k!(n-k)!}$ 是组合系数.

例 4.4.8 求 $y=(2x^3+x^2-x-5)\cos 2x$ 的 n 阶导数.

解 因为 $y=2x^3+x^2-x-5$ 的 4 阶及 4 阶以上导数均为 0, 所以应用 Leibniz 公式 (4.4.9) 时只有前四项不为 0. 于是,

$$\begin{aligned}&\left((2x^3+x^2-x-5)\cos 2x\right)^{(n)}=\sum_{k=0}^{3}C_n^k(2x^3+x^2-x-5)^{(k)}(\cos 2x)^{(n-k)}\\&=2^{n-1}\left(2(2x^3+x^2-x-5)\cdot\cos\left(2x+\frac{n\pi}{2}\right)+n(6x^2+2x-1)\cdot\cos\left(2x+\frac{(n-1)\pi}{2}\right)\right)\\&\quad+n(n-1)2^{n-2}\left((6x+1)\cdot\cos\left(2x+\frac{(n-2)\pi}{2}\right)+(n-2)\cdot\cos\left(2x+\frac{(n-3)\pi}{2}\right)\right).\end{aligned}$$

§4.4.4 复合函数、隐函数、反函数及由参数方程确定的函数的高阶导数

对复合函数、隐函数、反函数及参数方程确定的函数的高阶导数，没有像 Leibniz 公式那样简单的公式. 我们仅讨论一些具体函数的高阶导数，对一般函数仅讨论二阶导数的求导公式.

1. 复合函数的高阶导数 (higher derivative of composite function)

对复合函数 $y=f(u)$, $u=g(x)$，求导得

$$\frac{\mathrm{d}y}{\mathrm{d}x}=\frac{\mathrm{d}y}{\mathrm{d}u}\cdot\frac{\mathrm{d}u}{\mathrm{d}x}.$$

一般来说，$\frac{\mathrm{d}y}{\mathrm{d}u}$ 仍然是 x 的函数，所以再应用乘积的导数公式可得二阶导数为

$$\frac{\mathrm{d}^2y}{\mathrm{d}x^2}=\frac{\mathrm{d}}{\mathrm{d}x}\left(\frac{\mathrm{d}y}{\mathrm{d}x}\right)=\frac{\mathrm{d}}{\mathrm{d}x}\left(\frac{\mathrm{d}y}{\mathrm{d}u}\cdot\frac{\mathrm{d}u}{\mathrm{d}x}\right)=\frac{\mathrm{d}^2y}{\mathrm{d}u^2}\cdot\left(\frac{\mathrm{d}u}{\mathrm{d}x}\right)^2+\frac{\mathrm{d}y}{\mathrm{d}u}\cdot\frac{\mathrm{d}^2u}{\mathrm{d}x^2}. \tag{4.4.10}$$

例 4.4.9 求 $y=\mathrm{e}^{\sin x}$ 的二阶导数.

解 把 $y=\mathrm{e}^{\sin x}$ 看成是由 $y=\mathrm{e}^u, u=\sin x$ 复合而成的函数，代入式 (4.4.10) 便得到

$$(\mathrm{e}^{\sin x})''=(\mathrm{e}^u)''\cdot\cos^2x+(\mathrm{e}^u)'(-\sin x)=\mathrm{e}^{\sin x}(\cos^2x-\sin x).$$

当然，本题更自然的算法就是逐次求导 (不必用公式 (4.4.10)):

$$y'=\mathrm{e}^{\sin x}\cos x,\ y''=\mathrm{e}^{\sin x}\cos^2x-\mathrm{e}^{\sin x}\sin x=\mathrm{e}^{\sin x}(\cos^2x-\sin x).$$

例 4.4.10 设函数 f 三阶可导，求函数 $y=f(x^2)$ 的三阶导数.

解 由复合函数导数的链式法则，得到 $y'=2xf'(x^2)$. 继续求导得

$$y''=2f'(x^2)+2xf''(x^2)\cdot 2x=2f'(x^2)+4x^2f''(x^2),$$

$$y'''=2f''(x^2)\cdot 2x+8xf''(x^2)+4x^2f'''(x^2)\cdot 2x=8x^3f'''(x^2)+12xf''(x^2).$$

2. 隐函数的高阶导数

例 4.4.11 求由方程 $y^2=x^2+\sin(xy)$ 确定的隐函数 $y=y(x)$ 的二阶导数 $y''(x)$.

解 在 $y^2=x^2+\sin(xy)$ 两边对 x 求导得

$$2yy'=2x+\cos(xy)(xy'+y),$$

两边再次关于 x 求导，得

$$2(y')^2+2yy''=2+\cos(xy)(2y'+xy'')-\sin(xy)(y+xy')^2,$$

由上式解得

$$y''=\frac{2-2(y')^2+2y'\cos(xy)-(y+xy')^2\sin(xy)}{2y-x\cos(xy)},$$

其中

$$y'=\frac{2x+y\cos(xy)}{2y-x\cos(xy)}.$$

3. 反函数的高阶导数 (higher derivative of inverse function)

例 4.4.12　求反函数的二阶导数公式.

解　设 $x=g(y)$ 是 $y=f(x)$ 的反函数, 则 $f(g(y))=y$. 在等式两边对 y 求导得

$$f'(g(y))g'(y)=1,$$

两边再次关于 y 求导得

$$f''(g(y))(g'(y))^2+f'(g(y))g''(y)=0,$$

由此解得 $g''(y)=-\dfrac{f''(g(y))(g'(y))^2}{f'(g(y))}$, 其中 $g'(y)=\dfrac{1}{f'(g(y))}=\dfrac{1}{f'(x)}$, 于是得到反函数的二阶导数公式

$$g''(y)=-\frac{f''(g(y))}{(f'(g(y)))^3}=-\frac{f''(x)}{(f'(x))^3}. \tag{4.4.11}$$

注意: 反函数的二阶导数公式并不是 $g''(y)=\dfrac{1}{f''(g(y))}$.

4. 由参数方程所确定的函数的高阶导数

设自变量 x 和因变量 y 间的函数关系由参数形式 $\begin{cases} x=\varphi(t), \\ y=\psi(t) \end{cases}$ 确定, 其中, $t\in[t_0,t_1]$ 是参数, 则在上一节已经推得

$$\frac{\mathrm{d}y}{\mathrm{d}x}=\frac{\frac{\mathrm{d}y}{\mathrm{d}t}}{\frac{\mathrm{d}x}{\mathrm{d}t}}=\frac{\psi'(t)}{\varphi'(t)},$$

再对由参数方程

$$\begin{cases} x=\varphi(t), \\ \dfrac{\mathrm{d}y}{\mathrm{d}x}=\dfrac{\psi'(t)}{\varphi'(t)} \end{cases}$$

确定的函数关于 x 求导得

$$\frac{\mathrm{d}^2y}{\mathrm{d}x^2}=\frac{\mathrm{d}}{\mathrm{d}x}\left(\frac{\mathrm{d}y}{\mathrm{d}x}\right)=\frac{\frac{\mathrm{d}}{\mathrm{d}t}\left(\frac{\psi'(t)}{\varphi'(t)}\right)}{\frac{\mathrm{d}x}{\mathrm{d}t}}=\frac{\psi''(t)\varphi'(t)-\psi'(t)\varphi''(t)}{[\varphi'(t)]^3}. \tag{4.4.12}$$

类似可得由参数方程所确定的函数的其他高阶导数.

例 4.4.13　设函数 $y=y(x)$ 由参数方程 $x=\ln(1+t^2)$, $y=t-\arctan t$ 所确定, 求 $\dfrac{\mathrm{d}^3y}{\mathrm{d}x^3}$.

解　由参数形式方程的导数公式得

$$\frac{\mathrm{d}y}{\mathrm{d}x}=\frac{(t-\arctan t)'}{(\ln(1+t^2))'}=\frac{1-\frac{1}{1+t^2}}{\frac{2t}{1+t^2}}=\frac{t}{2},$$

我们可以套用公式 (4.4.12) 中的最后一个式子来求得二阶导数, 也可以应用其推导思想来求得, 即可对由参数方程

$$x=\ln(1+t^2),\ \frac{\mathrm{d}y}{\mathrm{d}x}=\frac{t}{2},$$

所确定的函数求关于 x 导数得

$$\frac{\mathrm{d}^2y}{\mathrm{d}x^2}=\frac{\mathrm{d}}{\mathrm{d}x}\left(\frac{\mathrm{d}y}{\mathrm{d}x}\right)=\frac{\frac{\mathrm{d}}{\mathrm{d}t}\left(\frac{\mathrm{d}y}{\mathrm{d}x}\right)}{\frac{\mathrm{d}x}{\mathrm{d}t}}=\frac{\left(\frac{t}{2}\right)'}{\frac{2t}{1+t^2}}=\frac{1+t^2}{4t},$$

同样对由参数方程

$$x=\ln(1+t^2),\ \frac{\mathrm{d}^2y}{\mathrm{d}x^2}=\frac{1+t^2}{4t},$$

所确定的函数求关于 x 的导数得

$$\frac{\mathrm{d}^3y}{\mathrm{d}x^3}=\frac{\frac{\mathrm{d}}{\mathrm{d}t}\left(\frac{\mathrm{d}^2y}{\mathrm{d}x^2}\right)}{\frac{\mathrm{d}x}{\mathrm{d}t}}=\frac{\left(\frac{1+t^2}{4t}\right)'}{\frac{2t}{1+t^2}}=\frac{t^4-1}{8t^3}.$$

§4.4.5 高阶微分

前面我们已经讨论过函数 y 的微分 $\mathrm{d}y$, 今后我们也称它为函数 y 的一阶微分. 下面我们将定义函数 y 的高阶微分的概念.

若对一阶微分 $\mathrm{d}y$ 再求微分, 则称之为函数 y 的二阶微分, 记为 d^2y, 即 $\mathrm{d}^2y=\mathrm{d}(\mathrm{d}y)$.

一般地, 可归纳定义 n 阶微分:

$$\mathrm{d}^ny=\mathrm{d}(\mathrm{d}^{n-1}y), n=2,3,\cdots.$$

二阶或二阶以上的微分称为高阶微分 (higher order differential).

考虑函数 $y=f(x)$, 其中 x 为自变量. 由于自变量微分 $\mathrm{d}x$ 与 x 是相互独立的, 因此 $\mathrm{d}(\mathrm{d}x)=0$. 这时, $\mathrm{d}y=f'(x)\mathrm{d}x$ 只是 x 的函数, 而与 $\mathrm{d}x$ 无关, 因此

$$\mathrm{d}^2y=\mathrm{d}(\mathrm{d}y)=\mathrm{d}(f'(x)\mathrm{d}x)=(f''(x)\mathrm{d}x)\mathrm{d}x=f''(x)\mathrm{d}x^2,$$

其中, $\mathrm{d}x^2=(\mathrm{d}x)^2$. 一般地,

$$\mathrm{d}^ny=\mathrm{d}(\mathrm{d}^{n-1}y)=f^{(n)}(x)\mathrm{d}x^n, n=2,3,\cdots.$$

其中, $\mathrm{d}x^n=(\mathrm{d}x)^n$. 于是由上式可得 $\dfrac{\mathrm{d}^ny}{\mathrm{d}x^n}=f^{(n)}(x)$, 这与通常 n 阶导数的记号一致.

注意, $\mathrm{d}x^2, \mathrm{d}(x^2)$ 以及 d^2x 意义是不同的. 首先, $\mathrm{d}(x^2)=2x\mathrm{d}x$; 其次, 当 x 为自变量时, 二阶微分 $\mathrm{d}^2x=0$, 但当 x 是中间变量时, 一般来说 $\mathrm{d}^2x\neq 0$, 这时公式 $\mathrm{d}^2y=f''(x)\mathrm{d}x^2$ 不一定成立, 即二阶 (或更高阶) 微分不再具有形式不变性. 事实上, 设 $y=f(x)$, x 是中间变量, 则

$$\mathrm{d}^2y=\mathrm{d}(f'(x)\mathrm{d}x)=f''(x)\mathrm{d}x^2+f'(x)\mathrm{d}^2x.$$

若 $x=g(t)$, 则 $\mathrm{d}^2x=\mathrm{d}(g'(t)\mathrm{d}t)=g''(t)\mathrm{d}t^2$.

而当 x 是自变量时, $\mathrm{d}^2y=f''(x)\mathrm{d}x^2$. 故二阶 (及二阶以上) 微分不再具有形式不变性.

习题 4.4

A1. 求下列函数在指定点的高阶导数:

(1) $f(x)=3x^3-4x^2+5-\mathrm{e}^x$, 求 $f''(1), f'''(1), f^{(4)}(1)$;

(2) $f(x)=\dfrac{\sin x}{1+x^2}$, 求 $f''(0)$.

A2 求下列函数的二阶导数 y''：

(1) $y=\dfrac{1}{3+\sqrt{x}}$;　　(2) $y=\tan x$;

(3) $y=\ln\sin x$;　　(4) $y=(1+x^2)\arctan x$.

A3. 设 f 为二阶可导函数, 求下列各函数的二阶导数:

(1) $y=f(\ln x)$;　(2) $y=\ln f(x)$;　(3) $y=f(x^n), n\in\mathbb{N}^+$;　(4) $y=f(f(x))$.

A4. 求下列函数的高阶导数:

(1) $f(x)=x\ln x$, 求 $f'''(x)$;　　(2) $f(x)=\mathrm{e}^{-x^2}$, 求 $f'''(x)$;

(3) $f(x)=2^{\sin^2\frac{1}{x}}$, 求 $f''(x)$;　　(4) $f(x)=\ln\sqrt{x+\sqrt{1+x^2}}$, 求 $f''(x)$;

(5) $f(x)=\ln(1+x)$, 求 $f^{(5)}(x)$;　　(6) $f(x)=x^3\mathrm{e}^x$, 求 $f^{(10)}(x)$.

A5. 设函数

$$f(x)=\begin{cases} x^m\sin\dfrac{1}{x}, & x\neq 0, \\ 0, & x=0, \end{cases}\quad m\text{为正整数},$$

问 m 分别取什么值时 f 在 $x=0$ 二阶可导以及 f'' 在 $x=0$ 连续?

A6. 设函数 f 在 $(-\infty,a]$ 上二阶可导, 记

$$F(x)=\begin{cases} f(x), & x\leqslant a, \\ A(x-a)^2+B(x-a)+C, & x>a, \end{cases}$$

问 A,B,C 取何值时函数 F 在 $(-\infty,+\infty)$ 上二阶可导?

A7. 求下列函数的 n 阶导数:

(1) $y=\ln(3x+1)$;　　(2) $y=\dfrac{1}{x(1-x)}$;

(3) $y=\dfrac{x^2+x+1}{x^2-5x+6}$;　　(4) $y=\dfrac{\ln x}{x}$;

(5) $f(x)=\dfrac{x^n}{1-x}$;　　(6) $y=\mathrm{e}^{ax}\sin bx$(a,b均为实数).

A8. 设 $y=y(x)$ 是分别由下列方程所确定的隐函数, 试分别求出它的高阶导数:

(1) $x^2+xy+y^2=1$, 求 y',y'';　　(2) $\mathrm{e}^{xy}+x^2y-1=0$, 求 $y''(1)$.

A9. 求下列参量方程所确定的二阶导数 $\dfrac{\mathrm{d}^2y}{\mathrm{d}x^2}$：

(1) $\begin{cases} x=a\cos^3 t, \\ y=a\sin^3 t; \end{cases}$　　(2) $\begin{cases} x=\mathrm{e}^t\cos t, \\ y=\mathrm{e}^t\sin t. \end{cases}$

A10. 问函数 $f(x)=|\sin^3 x|$ 在 $x=0$ 处最多是几阶可导? 并求出其最高阶导数.

A11. 求下列函数指定阶数的高阶微分:

(1) $y=\mathrm{e}^{\sin x}$, 求 d^2y;　(2) 设 $u(x)=\ln x, v(x)=\mathrm{e}^x$, 求 $\mathrm{d}^3(uv), \mathrm{d}^3\left(\dfrac{u}{v}\right)$.

B12. 设 $y=\arctan x$.

(1) 证明它满足方程: $(1+x^2)y''+2xy'=0$;

(2) 求 $y^{(n)}|_{x=0}$;

(3) 证明: $y^{(n)}=\dfrac{P_{n-1}(x)}{(1+x^2)^n}$, 其中 P_{n-1} 为最高次项系数是 $(-1)^{n-1}n!$ 的 $n-1$ 次多项式.

第 4 章总练习题

1. 设函数 f 在 $x=a$ 处左、右导数都存在, 问 f 在 $x=a$ 处是否连续? 是否在 $x=a$ 的某一邻域中有界? 是否在 $x=a$ 的某一邻域中连续?

2. 设 $f'(0)$ 存在, 且 $f(0)=0$, 求 $\lim\limits_{x\to 0}\dfrac{1}{x}\sum\limits_{i=1}^{n} f\left(\dfrac{x}{i}\right)$.

3. 设 $f'(a)$ 存在, 求

(1) $\lim\limits_{n\to\infty} n\left(\sum\limits_{i=1}^{k} f\left(a+\dfrac{i}{n}\right)-kf(a)\right)$, $k>1$ 为自然数;

(2) $\lim\limits_{n\to\infty}\left(\sum\limits_{i=1}^{n} f\left(a+\dfrac{i}{n^2}\right)-nf(a)\right)$.

4. 设 $f'(a)$ 存在, $f(a)\neq 0$, 求极限 $\lim\limits_{n\to\infty}\left(\dfrac{f\left(a+\frac{1}{n}\right)}{f(a)}\right)^n$.

5. 设函数 f 在 $x=a$ 处可导, 问在何条件下函数 $|f(x)|$ 在 $x=a$ 处也可导? 反之, 若 $|f|$ 在 $x=a$ 处可导, 问在何条件下函数 $f(x)$ 在 $x=a$ 处也可导?

6. 设函数 g 在点 $x=a$ 处连续, $f(x)=|x-a|g(x)$, 求 $f'_-(a)$ 和 $f'_+(a)$. 问在什么条件下 $f'(a)$ 存在?

7. 请回答以下问题. 若正确请证明, 若不正确请给出反例:

(1) 设 $f(u)$ 在 $u=g(x_0)$ 处可导, $g(x)$ 在 $x=x_0$ 处不可导, 问 $f(g(x))$ 在 $x=x_0$ 处是否一定不可导?

(2) 设 $f(u)$ 在 $u=g(x_0)$ 处不可导, $g(x)$ 在 $x=x_0$ 处可导, 问 $f(g(x))$ 在 $x=x_0$ 处是否一定不可导?

(3) 设 $f(u)$ 在 $u=g(x_0)$ 和 $g(x)$ 在 $x=x_0$ 处均不可导, 问 $f(g(x))$ 在 $x=x_0$ 处是否一定不可导?

8. 求曲线 $y=x^2$ 与曲线 $y=\dfrac{1}{x}$ 之公切线.

9. 设曲线 $y=\dfrac{1}{1+x^n}$ 在点 $\left(1,\dfrac{1}{2}\right)$ 处的切线与 x 轴的焦点为 $(x_n,0)$, 求极限 $\lim\limits_{n\to\infty} x_n^n$.

10. 设 $f(x)$ 在 $[0,1]$ 上可导, 且 $f^2(x)+f'^2(x)>0$, $\forall x\in[0,1]$, 证明: $f(x)$ 在 $[0,1]$ 内至多有有限个零点.

11. 设 $f(x)$ 在 $[a,+\infty)$ 上可导, $f(a)=0$, 且对任何 $x\in[a,+\infty)$, 有 $f'(x)\geqslant -f(x)$. 证明: $f(x)\geqslant 0$, $\forall x\in[a,+\infty)$.

12. 设 M 为极坐标表示的曲线 $r=r(\theta)$ 上的任意一点, φ 为向径 OM 与过 M 点的切线的夹角, 求 $\tan\varphi$, 并由此解释等角螺线 $r=\mathrm{e}^{a\theta}$ 的几何意义.

13. 试应用复合函数求导法则分别导出倒数函数与反函数的求导公式.

14. 设函数 $y=f(x)$ 二阶可导, 且 $f'(x)\neq 0$, 试用 $f'(x), f''(x)$ 以及 $f'''(x)$ 表示 $(f^{-1})'''(y)$.

15. 设函数 $y=f(x)$ 在点 $x=a$ 处二阶可导, 问: $f'(x)$ 在 $x=a$ 的某一邻域中存在吗? $f'(x)$ 在 $x=a$ 的某一邻域中连续吗? 若正确请证明, 否则举反例.

16. 设 $f(x)-f(x_0)=g(x)(x-x_0)$, 且 $g(x)$ 在 x_0 的某邻域 U 内 n 次连续可导, 问 $f(x)$ 是否在 U 内 $n+1$ 次可导?

17. 证明: 函数

$$f(x)=\begin{cases}\mathrm{e}^{-\frac{1}{x^2}}, & x\neq 0,\\ 0, & x=0\end{cases}$$

在 $x=0$ 处 n 阶可导, 且 $f^{(n)}(0)=0$, 其中 n 为任意正整数.

18. 试作一函数 f, 它在 $\mathbb{R}$ 上无穷次可微, $f'(1)=1$, 且在 $[0,2]$ 外恒为 0.

第 5 章　微分中值定理、Taylor 公式及其应用

本章主要研究微分中值定理与 Taylor 公式, 它们是应用导数研究函数的桥梁. 微分中值定理由三个主要定理组成: Rolle 定理、Lagrange 中值定理和 Cauchy 中值定理, 它们构成了微分学的核心内容. 而 Taylor 公式则被视为一元函数微分学的顶峰. 这些理论在本教材的后续章节以及其他一些课程中都发挥了举足轻重的作用.

§5.1　Rolle 定理、Lagrange 中值定理及其应用

§5.1.1　极值与 Fermat 引理

在中学数学中, 我们已经学习过如何求一些特殊的函数 (如二次函数和三角函数等) 的最大值和最小值的问题. 那么, 如何求解一般函数的最值问题? 根据闭区间上连续函数的性质, 我们已经从理论上肯定闭区间上连续函数必有最大值和最小值. 但最值点怎么找还有待解决. 本章将借助导数这个工具来解决这个问题. 为此先要引入极值的概念.

1. 极值的定义

定义 5.1.1　设 $f(x)$ 在区间 I 中有定义, 若存在 $x_0 \in I$ 及 x_0 的一个邻域 $U(x_0) \subset I$, 使

$$\forall x \in U(x_0), 有\ f(x) \leqslant f(x_0), \tag{5.1.1}$$

则称 x_0 点是 $f(x)$ 的一个**极大值点** ((local) maximum point), 称 $f(x_0)$ 为相应的**极大值** ((local) maximum value).

若存在 $x_0 \in I$ 以及 x_0 的一个邻域 $U(x_0) \subset I$, 使

$$\forall x \in U(x_0,), 有\ f(x) \geqslant f(x_0), \tag{5.1.2}$$

则称 x_0 点是 $f(x)$ 的一个**极小值点** ((local) minimum point), 称 $f(x_0)$ 为相应的**极小值** ((local) minimum value).

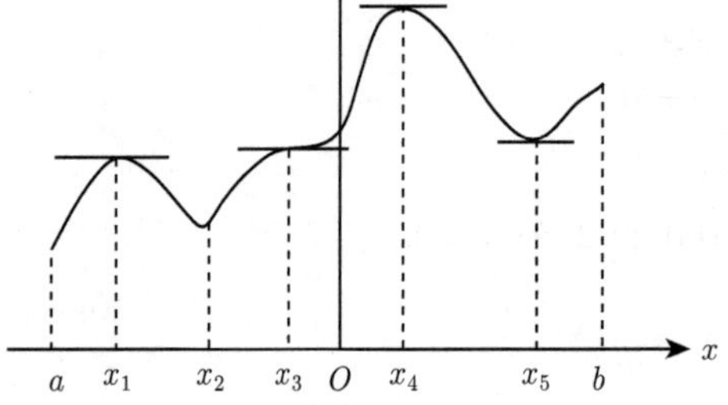

图 5.1.1

极大值与极小值统称为**极值** (extremum); 极大值与极小值点统称为**极值点** (extremum point).

注 5.1.1　(1) 极值点必须是区间内部的点, 不能是区间端点. 即使端点是最值点, 也不是极值点. 而当最值点为内点时, 必是极值点, 参见图 5.1.1, 点 x_4 是最大值点, 也是极大值点, 而点 a 是最小值点, 但不是极值点.

(2) 极值不必是最值, 极大值未必大于极小值, 极小值也未必小于极大值. 例如, $f(x_5)$ 是极小值, $f(x_1)$ 是极大值, 但 $f(x_1) < f(x_5)$. 因此, 极值是局部概念, 而最值是全局概念.

(3) 一个函数的极值问题可能很复杂. 一个不是常数的函数, 可能有无穷多极值点, 甚至每点都是极值点.

例如, Dirichlet 函数 $D(x)$ 在区间 $(0,1)$ 上每个有理数点都是极大值点, 每个无理点都是极小值点.

2. Fermat 引理

Kepler(开普勒) 在研究极值问题时注意到: 极值点邻域中函数增量为 "零". Fermat 将其转化为确定极值点的方法, 我们用函数的语言还原 Fermat 在研究 "定周长矩形何时面积最大" 问题时所用的方法.

设矩形周长为 $2a$, 其某一边长为 x, 则其面积函数为 $f(x) = x(a-x)$, 假如在边长为 x 时面积最大, 则由 Kepler 的思想知道: 增量为零, 即

$$(x+\Delta x)(a-x-\Delta x) - x(a-x) = 0,$$

化简得

$$\Delta x^2 + 2x\Delta x - a\Delta x = 0,$$

两边除以 Δx 得

$$\Delta x + 2x - a = 0,$$

令 $\Delta x = 0$ 得 $x = \frac{a}{2}$, Fermat"证明" 了正方形时面积最大.

Fermat 的方法在逻辑上有相互矛盾之处: Δx 有时为零, 有时又不为零 (后来 Newton 和 Leibniz 也经常这样讨论问题). 事实上, 如果将 Kepler 的想法 "极值点邻域中函数增量为 '零' " 中的 "零" 理解成 "自变量增量的高阶无穷小", 则 Fermat 的方法用极限的思想严格化就是

$$\lim_{\Delta x \to 0} \frac{f(x+\Delta x) - f(x)}{\Delta x} = 0,$$

即极值点的导数为 0. 下面将 Fermat 方法严格化, 并给出极值点的一个必要条件. 因其源自 Fermat 的方法, 故称之为 Fermat 引理.

定理 5.1.1 (Fermat 引理 (Fermat lemma)) 若函数 f 在其极值点 x_0 可导, 则

$$f'(x_0) = 0. \tag{5.1.3}$$

证明 设 x_0 是 $f(x)$ 的极大值点, 则 $f(x)$ 在 x_0 的某个邻域 $U(x_0,\ \delta)$ 内有定义, 且满足

$$f(x) \leqslant f(x_0), \forall x \in U(x_0,\ \delta).$$

当 $x_0 - \delta < x < x_0$ 时, 有 $\dfrac{f(x)-f(x_0)}{x-x_0} \geqslant 0$; 当 $x_0 < x < x_0 + \delta$ 时, 有 $\dfrac{f(x)-f(x_0)}{x-x_0} \leqslant 0$. 因为 $f(x)$ 在 x_0 可导, 所以 $f'(x_0) = f'_+(x_0) = f'_-(x_0)$, 由于

$$f'_-(x_0) = \lim_{x \to x_0-} \frac{f(x)-f(x_0)}{x-x_0} \geqslant 0,$$

$$f'_+(x_0) = \lim_{x \to x_0+} \frac{f(x) - f(x_0)}{x - x_0} \leqslant 0,$$

因此 $f'(x_0) = 0$.

如果 x_0 是 f 的极小值点, 则它是 $-f$ 的极大值点, 由前面证明知结论同样成立. □

注 5.1.2 (1) Fermat 引理的几何意义: 若函数 $y = f(x)$ 在其极值点 x_0 处可导, 则相应的曲线在点 $(x_0, f(x_0))$ 处存在水平切线, 参见图5.1.1, $f'(x_1) = f'(x_4) = f'(x_5) = 0$.

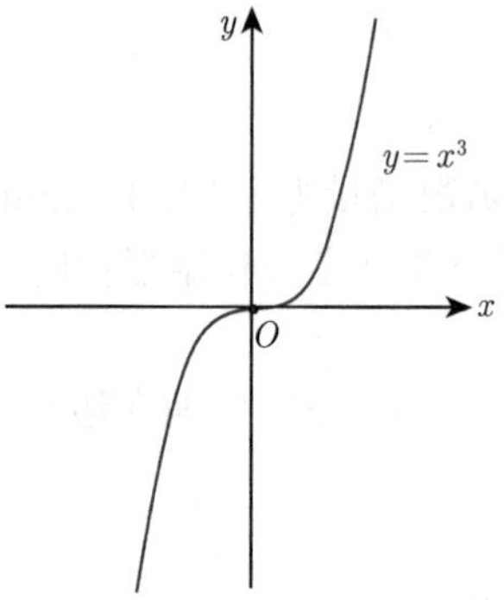

图 5.1.2

(2) 导数为零的点称为**稳定点** (stable point), 或**驻点** (stationary point)、**临界点** (critical point). 在可导的前提下, 临界点是极值点的必要条件但非充分条件. 例如, 在图 5.1.1 中, x_3 是临界点但不是极值点. 又例如, $x = 0$ 是函数 $f(x) = x^3$ 的临界点, 但非极值点, 如图 5.1.2.

3. Darboux 定理

作为 Fermat 引理的应用, 可得下面的 Darboux 定理.

定理 5.1.2 (Darboux 定理 (Darboux theorem)) 设函数 f 在 (a, b) 内可导, $x_1, x_2 \in (a, b)$, 使得 $f'(x_1)f'(x_2) < 0$, 则函数 f 在 x_1, x_2 之间必存在临界点, 即存在 ξ, 使 $f'(\xi) = 0$.

证明 不妨设 $x_1 < x_2$, 且 $f'(x_1) > 0, f'(x_2) < 0$. 于是根据导数定义及极限的局部保号性, 存在 x_i 的邻域 $U(x_i, \delta_i)(i = 1, 2)$, 使得

$$\frac{f(x) - f(x_1)}{x - x_1} > 0, \forall x \in U(x_1, \delta_1); \quad \frac{f(x) - f(x_2)}{x - x_2} < 0, \forall x \in U(x_2, \delta_2).$$

不妨设 $x_1 + \delta_1 < x_2 - \delta_2$. 因此, 在 x_1 的右侧存在点 x'_1, 使得 $f(x'_1) > f(x_1)$, 而在 x_2 的左侧存在点 x'_2, 使得 $f(x'_2) > f(x_2)$, 这表明连续函数 $y = f(x)$ 在闭区间 $[x_1, x_2]$ 上的最大值必在内部某点 ξ 处取到, 即 f 在 (x_1, x_2) 内有极值点 $x = \xi$, 因此, 由 Fermat 引理即知 $f'(\xi) = 0$. □

由此定理容易得到下面关于导函数更一般的介值性结论 (证明留作练习).

推论 5.1.1 设函数 f 在 (a, b) 内可导, $x_1, x_2 \in (a, b)$, μ 介于 $f'(x_1)$ 和 $f'(x_2)$ 之间, 则在 x_1, x_2 之间必存在一点 ξ, 使得 $f'(\xi) = \mu$.

注 5.1.3 Darboux 定理反映了导函数的有别于一般函数的介值性, 因为这个推论中并不要求 f' 的连续性.

§5.1.2 Rolle 定理

微分中值定理在微积分中起着极其重要的作用, 利用它们可以由导函数的性质得到函数的性质. 先来看微分中值定理的特殊情形——Rolle (罗尔) 定理, 它是 Rolle 于 1691 年得到的.

定理 5.1.3 (Rolle 定理 (Rolle theorem)) 设函数 f 在闭区间 $[a, b]$ 上连续, 在开区间 (a, b) 内可导, 且 $f(a) = f(b)$, 则 f 在 (a, b) 内至少存在一临界点, 即存在点 $\xi \in (a, b)$, 使得 $f'(\xi) = 0$.

证明 由最值定理, 即定理 3.3.4, $f(x)$ 在闭区间 $[a,b]$ 上的最小值 m 和最大值 M 均存在, 即存在 $\xi,\eta\in[a,b]$, 满足

$$m=f(\xi)\leqslant f(x)\leqslant f(\eta)=M,\forall x\in[a,b].$$

若 $M=m$, 则 $f(x)$ 在 $[a,b]$ 上恒为常数, 结论显然成立; 若 $M>m$. 而 $f(a)=f(b)$, 则这时 M 和 m 中至少有一个与 $f(a)$ (也即 $f(b)$) 不相同, 即 M 和 m 中至少有一个不在区间 $[a,b]$ 的端点处取得. 不妨设

$$m=f(\xi)<f(a)=f(b),$$

因此 $\xi\in(a,b)$ 是极小值点, 由 Fermat 引理知, $f'(\xi)=0$. 参见图 5.1.3. □

Rolle 定理的几何意义: 满足定理条件的函数的曲线一定在某一点存在一条与 x 轴平行的切线 (参见图 5.1.3).

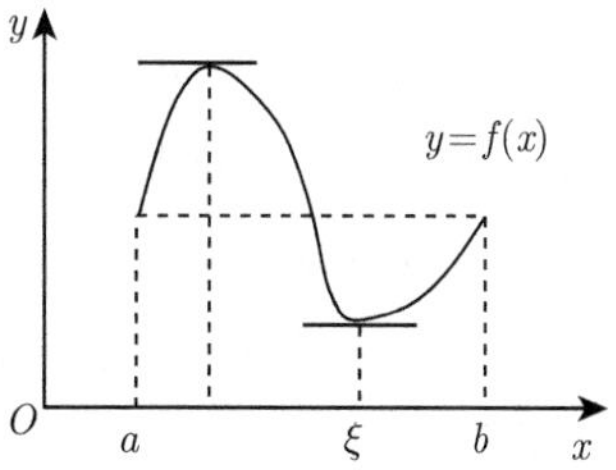

图 5.1.3

注 5.1.4 (1) 定理的三个条件中任一不成立, 都会导致定理结论不成立. 如以下三个函数:

$$f_1(x)=\begin{cases}x, & x\in[0,1),\\ 0, & x=1,\end{cases}$$

$$f_2(x)=|1-2x|,$$

$$f_3(x)=x,\quad x\in[0,1].$$

容易验证, $f_1(x)$ 不满足在闭区间 $[0,1]$ 上连续的条件, $f_2(x)$ 不满足在开区间 $(0,1)$ 上可导的条件, 而 $f_3(x)$ 不满足在端点的函数值相等的条件. 尽管它们都分别满足其他两个条件, 但对应的曲线都不存在水平切线.

(2) 定理的条件是充分的, 但每一条都不是必要的, 甚至三条都不满足, 定理的结论仍可成立, 即存在水平切线. 请读者自行举例.

(3) Rolle 定理可用于讨论函数 f 在某个区间上零点的唯一性, 见下面的例 5.1.1; 并且有时也能讨论函数 f 零点的存在性, 前提是存在满足 Rolle 定理条件的函数 F, 使 $F'(x)=f(x)$, 见例 5.1.2.

例 5.1.1 证明: 方程 $x^5-5x+1=0$ 有且仅有一个小于 1 的正根.

证明 令 $f(x)=x^5-5x+1$, 则 $f(x)$ 在 $\mathbb{R}$ 上连续且可导. $f(0)=1,f(1)=-3$, 由介值定理, 可知方程 $f(x)=0$ 在 $(0,1)$ 中至少有一个根. 假设根的个数大于 1, 那么根据 Rolle 中值定理, 存在 $\xi\in(0,1)$, 使得 $f'(\xi)=0$, 而 $f'(x)=5(x^4-1)$, 只有当 $\xi=\pm1$ 时, 才有 $f'(\xi)=0$, 显然在 $(0,1)$ 中不可能成立. 因此方程根存在且唯一. □

例 5.1.2 证明: 方程 $4ax^3+3bx^2+2cx=a+b+c$ 在区间 $(0,1)$ 内至少有一个根.

证明 设 $F(x)=ax^4+bx^3+cx^2-(a+b+c)x$, 则 $F'(x)=4ax^3+3bx^2+2cx-(a+b+c)$, 而 $F(x)$ 为多项式, 显然在区间 $[0,1]$ 上连续, 在 $(0,1)$ 内可导. 容易验证, $F(0)=F(1)=0$, 由 Rolle 中值定理可知, 存在 $\xi\in(0,1)$, 使得 $F'(\xi)=0$, 即 ξ 是方程 $4ax^3+3bx^2+2cx=a+b+c$ 在区间 $(0,1)$ 内的一个根. □

§5.1.3　Lagrange 中值定理

如果一条连续曲线, 除端点外每一点的切线都存在, 则我们可选择合适的坐标系, 使曲线在此坐标系下所对应的函数满足 Rolle 定理的条件, 即端点的连线平行于横坐标轴. 于是由 Rolle 定理的几何意义知必有一点 C 处的切线平行于横坐标轴, 即平行于曲线端点的连线. 见图 5.1.4.

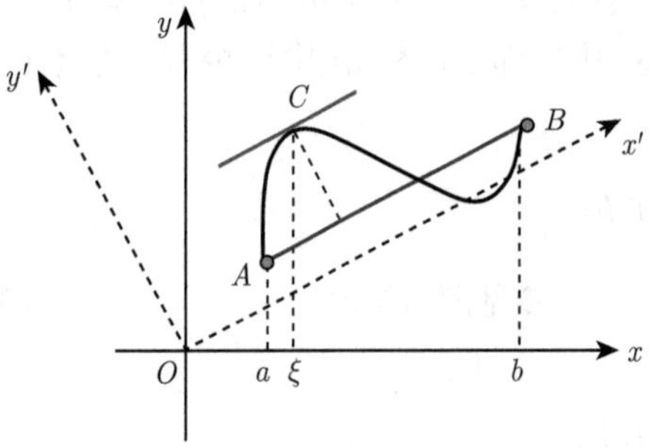

图 5.1.4

事实上, 这个几何上的结论是不依赖于坐标系的. 按此思路, 我们可以得到 Rolle 定理的一般情形——Lagrange 中值定理.

定理 5.1.4 (Lagrange 中值定理 (Lagrange mean value theorem))　设 $f(x)$ 在闭区间 $[a,b]$ 上连续, 开区间 (a,b) 内可导, 则 $\exists\xi\in(a,b)$, 使

$$f'(\xi)=\frac{f(b)-f(a)}{b-a}. \tag{5.1.4}$$

设 $y=f(x)$ 对应的曲线为 $\widehat{AB}$, 其弦 AB 的方程为 $y=y(x)=f(a)+\dfrac{f(b)-f(a)}{b-a}(x-a)$. 若点 $C(\xi,f(\xi))$ 点的切线平行于弦 AB, 则 ξ 点是曲线上点 $(x,f(x))$ 到弦 AB 上相应点 $(x,y(x))$ 的距离函数 $\left|f(x)-f(a)-\dfrac{f(b)-f(a)}{b-a}(x-a)\right|$ 的极大值点. 参见图 5.1.4. 用此思路, 我们可以构造辅助函数将 Lagrange 中值定理转化为 Rolle 定理.

证明　作辅助函数

$$g(x)=f(x)-f(a)-\frac{f(b)-f(a)}{b-a}(x-a),x\in[a,b],$$

则函数 $g(x)$ 在闭区间 $[a,b]$ 上连续, 在开区间 (a,b) 内可导, 并且有

$$g(a)=g(b)=0,$$

由 Rolle 定理, 至少存在一点 $\xi\in(a,b)$, 使得 $g'(\xi)=0$. 对 $g(x)$ 的表达式求导并令 $g'(\xi)=0$, 整理后便得到式 (5.1.4). □

注 5.1.5　(1) Lagrange 中值定理中的公式 (5.1.4) 通常称为 Lagrange 中值公式, 可有几种变形:

① $\exists\,\xi\in(a,b)$, 使 $f(b)-f(a)=f'(\xi)(b-a)$;

② $\exists\,\theta\in(0,1)$, 使 $f(b)-f(a)=f'(a+\theta(b-a))(b-a)$;

③ $\forall x_1,x_2\in[a,b],\exists\theta\in(0,1)$, 使 $f(x_2)-f(x_1)=f'(x_1+\theta(x_2-x_1))(x_2-x_1)$;

④ $\forall x,x_0\in[a,b],\exists\theta\in(0,1)$, 使 $f(x)=f(x_0)+f'(x_0+\theta(x-x_0))(x-x_0)$;

⑤ $\forall x,x+\Delta x\in[a,b]$, $\exists\theta\in(0,1)$, 使 $\Delta y=f(x+\Delta x)-f(x)=f'(x+\theta\Delta x)\Delta x$.

应用时, 它们有各自的方便之处.

(2) Lagrange 中值定理的条件是充分而非必要的; 条件不满足时定理结论可能成立, 也可能不成立. 请读者自行举例.

(3) 在微分的定义 $\Delta y=f(x+\Delta x)-f(x)=f'(x)\Delta x+o(\Delta x)$ 中, $o(\Delta x)$ 只知道是 Δx 的一个高阶无穷小. 而相较于微分的定义, 尽管 Lagrange 中值公式的 $\xi\in(a,b)$, 或 $\theta\in(0,1)$ 的具体值也未完全确定, 但是 Lagrange 中值定理还是给出了导数与函数的相对精确的关系, 它将是我们应用导数研究函数的桥梁.

Lagrange 是试图将微积分严谨化的最早的一流数学家, 虽然他的很多工作还算不上非常严谨, 但他作了种种尝试. Napoleon(拿破仑) 称 Lagrange 是"数学科学方面的高耸的金字塔", 数学中不少成果都归功于他, 并以他的名字命名.

下面我们来讨论 Lagrange 中值定理的应用.

§5.1.4 Lagrange 中值定理的应用

1. 区间上函数为常函数的充要条件

定理5.1.5 (a,b) 内可导的函数 $f(x)$ 在 (a,b) 内恒为常数的充分必要条件是 $f'(x)\equiv 0$.

证明 必要性由导数定义可知. 下面证明充分性. 设 $x_1, x_2 \in (a,b)$, 且 $x_1 < x_2$. 在区间 $[x_1, x_2]$ 上应用 Lagrange 中值定理, 则存在 $\xi \in (x_1, x_2) \subset (a,b)$, 使得

$$f(x_2) - f(x_1) = f'(\xi)(x_2 - x_1),$$

由条件 $f'(\xi) = 0$ 便有

$$f(x_1) = f(x_2),$$

再由 x_1 和 x_2 的任意性即得

$$f(x) = C, \quad x \in (a,\ b).$$

□

由定理 5.1.5 和函数连续性可得下面推论.

推论 5.1.2 若 f 在 $[a,b]$ 上连续, 在 (a,b) 内可导, 则 $f(x)$ 在闭区间 $[a,b]$ 上恒为常数的充分必要条件是在开区间 (a,b) 内 $f'(x)\equiv 0$.

例 5.1.3 证明恒等式:

(1) $\arcsin x + \arccos x = \dfrac{\pi}{2}, x \in [0,1]$;

(2) $\arctan \dfrac{1+x}{1-x} - \arctan x = \begin{cases} \dfrac{\pi}{4}, & x < 1, \\ -\dfrac{3\pi}{4}, & x > 1. \end{cases}$

证明 (1) 令 $f(x) = \arcsin x + \arccos x$, 则

$$f'(x) = \frac{1}{\sqrt{1-x^2}} - \frac{1}{\sqrt{1-x^2}} \equiv 0, \forall x \in (0,1).$$

由于 $f(x)$ 在 $[0,1]$ 连续, 所以 $f(x) \equiv f(0) = \dfrac{\pi}{2}$.

(2) 令 $f(x) = \arctan \dfrac{1+x}{1-x} - \arctan x$, 则当 $x \neq 1$ 时, 有

$$\begin{aligned} f'(x) &= \frac{1}{1+\left(\frac{1+x}{1-x}\right)^2}\left(\frac{1+x}{1-x}\right)' - \frac{1}{1+x^2} \\ &= \frac{1}{1+\left(\frac{1+x}{1-x}\right)^2} \cdot \frac{2}{(1-x)^2} - \frac{1}{1+x^2} = 0, \end{aligned}$$

由定理 5.1.5, 在任何不含 $x=1$ 的区间, $\arctan \dfrac{1+x}{1-x} - \arctan x \equiv C$.

当 $x<1$ 时, 令 $x=0$, 即得到常数 $C=\dfrac{\pi}{4}$; 当 $x>1$ 时, 令 $x\to+\infty$, 即得到常数 $C=-\dfrac{3\pi}{4}$, 因此

$$\arctan\frac{1+x}{1-x}-\arctan x=\begin{cases}\dfrac{\pi}{4}, & x<1,\\ -\dfrac{3\pi}{4}, & x>1.\end{cases}$$ □

2. 函数的一阶导数与单调性

函数单调性是函数的重要特性之一, 但对函数单调性的判断, 包括讨论函数的单调区间, 目前我们一般只能借助定义, 这对较为复杂的函数将比较困难. 下面我们利用 Lagrange 中值定理给出函数单调性的判别方法.

定理 5.1.6　*若函数 $f(x)$ 在 $[a,b]$ 上连续, 在 (a,b) 内可导, 则 $f(x)$ 在 $[a,b]$ 上单调增加的充分必要条件是 $f'(x)\geqslant 0,\forall x\in(a,b)$.*

证明　**充分性**　设 x_1 和 $x_2(x_1<x_2)$ 是区间 I 中任意两点, 在 $[x_1,x_2]$ 上应用 Lagrange 中值定理, 即知存在 $\xi\in(x_1,x_2)$, 使得

$$f(x_2)-f(x_1)=f'(\xi)(x_2-x_1)\geqslant 0,$$

由 x_1 和 x_2 在 $[a,b]$ 中的任意性, 即知 $f(x)$ 在 $[a,b]$ 上单调递增.

必要性　设 x 是区间 (a,b) 中任意一点, 由于 $f(x)$ 在 $[a,b]$ 上单调递增, 所以对于任意 $x'\in[a,b]$, $x'\neq x$, 成立

$$\frac{f(x')-f(x)}{x'-x}\geqslant 0,$$

令 $x'\to x$, 即得到 $f'(x)\geqslant 0(x\in I)$. □

类似地可以得到在 I 上 $f'(x)\leqslant 0$ 与 $f(x)$ 在 I 上单调递减是等价的.

注 5.1.6　*在上面的定理5.1.6 中, 若将 $f'(x)\geqslant 0$ 换为 $f'(x)>0$, 则 $f(x)$ 在 $[a,b]$ 上严格单调递增. 但需要注意的是, “$f'(x)>0,\ \forall x\in[a,b]$” 是 $f(x)$ 在 $[a,b]$ 上严格单调递增的充分而非必要的条件 (请读者举例).*

3. 函数的二阶导数与凸凹性、拐点

若 k 是正数 (负数), 则函数 $y=kx^2$ 的图像是开口向上 (下) 的抛物线, 在其上任意取两个不同的点 (x_1,y_1) 和 (x_2,y_2), 不妨设 $x_1<x_2$, 则抛物线在区间 (x_1,x_2) 上的图像在点 (x_1,y_1) 和 (x_2,y_2) 所连线段的下 (上) 方 (参见图 5.1.5). 下面把这种几何的现象用分析的语言表达出来, 并由此定义函数的凸 (凹) 性.

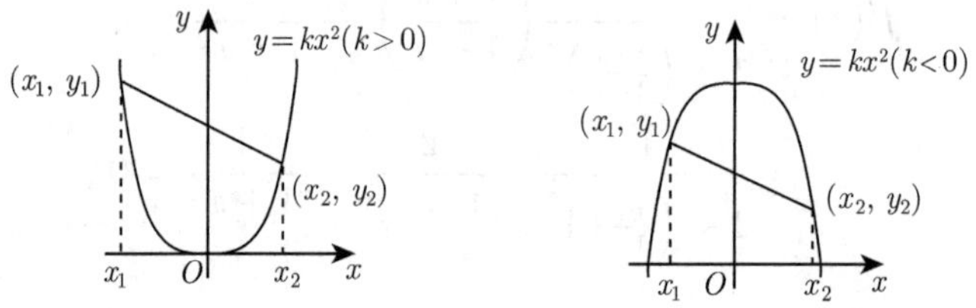

图 5.1.5

定义 5.1.2 设函数 f 在区间 I 上有定义, 若对任意两点 $x_1, x_2 \in I$ 和任意 $\lambda \in (0,1)$, 都有

$$f(\lambda x_1 + (1-\lambda)x_2) \leqslant \lambda f(x_1) + (1-\lambda)f(x_2), \tag{5.1.5}$$

则称 f 在 I 上是**凸的** (convex). 若 $x_1 \neq x_2$ 时, 严格不等式成立, 则称 f 在 I 上是**严格凸的** (strictly convex).

如果函数 $-f$ 在 I 上是 (严格) 凸的, 则称函数 f 在 I 上是 (严格) **凹的** ((strictly) concave).

根据**凸函数** (convex function) 和**凹函数** (concave function) 的曲线的几何特性, 我们也将凸函数称为**下凸函数**, 将凹函数称为**上凸函数**. 下面我们将只讨论凸函数的情形, 凹函数的性质及判别法可由凸函数的相应性质和判别法得到.

设可微函数 f 在某区间上是凸的, $x_1 < x_2$ 是在区间中任意两点. 由凸函数的图形 (见图 5.1.6) , 在点 $(x_1, f(x_1))$ 处的切线斜率小于等于点 $(x_1, f(x_1))$ 和 $(x_2, f(x_2))$ 连线的斜率; 同时, 在点 $(x_2, f(x_2))$ 处的切线斜率大于等于点 $(x_1, f(x_1))$ 和 $(x_2, f(x_2))$ 连线的斜率, 因此点 $(x_1, f(x_1))$ 处的切线斜率不超过点 $(x_2, f(x_2))$ 点的切线斜率, 即曲线上点的斜率关于横坐标 x 是单调递增的. 那么从几何直观的角度, 我们得到了可导函数是凸的必要条件是其导函数是单调递增的. 下面我们用分析方法证明它是正确的, 而且事实上它还是充分条件.

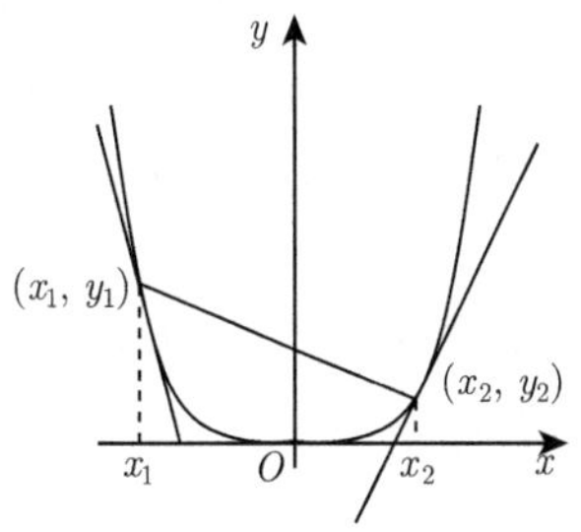

图 5.1.6

引理 5.1.1 设函数 f 在 $[a,b]$ 上连续, 在 (a,b) 内可导, 则函数 f 在 $[a,b]$ 上是凸的充分必要条件是导函数 f' 在 (a,b) 内单调递增.

证明 **必要性** $\forall\, x_1, x_2 \in (a,b)$, 且 $x_1 < x_2$, $\forall\, \lambda \in (0,1)$, 设 $x = \lambda x_1 + (1-\lambda)x_2$, 因为 f 在 (a,b) 上是凸的, 所以式 (5.1.5) 成立, 于是可得

$$f(x) - f(x_1) \leqslant (1-\lambda)(f(x_2) - f(x_1)), \quad f(x) - f(x_2) \leqslant -\lambda(f(x_2) - f(x_1)).$$

再由

$$x - x_1 = (1-\lambda)(x_2 - x_1) > 0,\ x - x_2 = -\lambda(x_2 - x_1) < 0,$$

可得

$$\frac{f(x) - f(x_1)}{x - x_1} \leqslant \frac{f(x_2) - f(x_1)}{x_2 - x_1} \leqslant \frac{f(x) - f(x_2)}{x - x_2}. \tag{5.1.6}$$

在式 (5.1.6) 的第一个不等式与第二个不等式的两边分别令 $x \to x_1$ 和 $x \to x_2$, 由函数 $f(x)$ 在点 x_1, x_2 的可导性得

$$f'(x_1) \leqslant \frac{f(x_2) - f(x_1)}{x_2 - x_1} \leqslant f'(x_2), \tag{5.1.7}$$

这表明 $f'(x)$ 单调递增.

充分性 对 $[a,b]$ 内任意两点 $x_1 < x_2$, 以及 $\lambda \in (0,1)$, 取 $x = \lambda x_1 + (1-\lambda)x_2$. 在 $[x_1,\ x]$ 和 $[x, x_2]$ 上分别应用 Lagrange 中值定理知, 存在 $\eta_1 \in (x_1, x)$ 和 $\eta_2 \in (x, x_2)$, 使得

$$f(x_1) = f(x) + f'(\eta_1)(x_1 - x), \quad f(x_2) = f(x) + f'(\eta_2)(x_2 - x).$$

于是,

$$\begin{aligned}&f(x) - [\lambda f(x_1) + (1-\lambda) f(x_2)]\\ =&\lambda[f(x) - f(x_1)] + (1-\lambda)[f(x) - f(x_2)]\\ =&\lambda f'(\eta_1)(x - x_1) + (1-\lambda) f'(\eta_2)(x - x_2).\end{aligned}$$

由 $x - x_1 = (1-\lambda)(x_2 - x_1)$, $x - x_2 = \lambda(x_1 - x_2)$ 以及 $f'(x)$ 在 (a,b) 上单调性可得

$$f(x) - [\lambda f(x_1) + (1-\lambda) f(x_2)] = \lambda(1-\lambda)(x_2 - x_1)[f'(\eta_1) - f'(\eta_2)] \leqslant 0.$$

即式 (5.1.5) 成立, 因此, f 在 $[a,b]$ 上是凸函数. □

注意, 从充分性的证明中可知, 若 f' 在 (a,b) 内严格单调递增, 则 f 在 (a,b) 内严格凸.

又若 f 二阶可导, 则由引理 5.1.1和定理 5.1.6可得到下面的定理.

定理 5.1.7 (二阶导数与凸性的关系) 若 f 在 $[a,b]$ 上连续, 在 (a,b) 内二阶可导, 则 f 在 $[a,b]$ 上是凸的充分必要条件是 $f''(x) \geqslant 0, \forall x \in (a,b)$. 特别地, 若在 (a,b) 内 $f''(x) > 0$, 则 f 在 $[a,b]$ 上严格凸.

需要注意的是, 若将定理 5.1.7后半部分的条件减弱为"在 (a,b) 内除了有限个点外, 都有 $f''(x) > 0$", 结论"$f(x)$ 在 $[a,b]$ 上是严格凸函数"依然成立. 因此"$f''(x) > 0$"只是 $f(x)$ 严格凸的充分条件而非必要条件.

注 5.1.7 应用式 (5.1.7) 可以证明, 若 f 在 $[a,b]$ 上连续, 在 (a,b) 内可导, 则 f 在 $[a,b]$ 上是凸的充分必要条件是对任何 $x_1, x_2 \in (a,b)$, 有

$$f(x_2) \geqslant f(x_1) + f'(x_1)(x_2 - x_1). \tag{5.1.8}$$

由此得: 函数 $f(x)$ 在 $[a,b]$ 上是凸的当且仅当曲线 $y = f(x)$ 在 $[a,b]$ 上任一点的切线总在曲线的下方.

根据凸函数的定义和数学归纳法, 容易得到下面更一般形式的表达式, 称为 Jensen 不等式 (证明留作练习).

定理 5.1.8 (Jensen 不等式 (Jensen inequality)) 若 $f(x)$ 为区间 I 上的凸函数, 则对于任意 $x_i \in I$, 及满足和为 1 的正数 $\lambda_i, i = 1,2,\cdots,n$, 成立

$$f\left(\sum_{i=1}^{n} \lambda_i x_i\right) \leqslant \sum_{i=1}^{n} \lambda_i f(x_i). \tag{5.1.9}$$

特别地, 取 $\lambda_i = \dfrac{1}{n}(i = 1,2,\cdots,n)$, 就有

$$f\left(\frac{1}{n}\sum_{i=1}^{n} x_i\right) \leqslant \frac{1}{n}\sum_{i=1}^{n} f(x_i). \tag{5.1.10}$$

此外, 如果 f 是严格凸的, 则对任何不全相等的 $x_i \in I$, 及满足和为 1 的正数 $\lambda_i, i = 1,2,\cdots,n$, 式 (5.1.9) 和式 (5.1.10) 中严格不等式成立.

例 5.1.4 利用函数 $y = \ln x$ 在 $(0,+\infty)$ 上的严格凹性, 由 Jessen 不等式还可得到, 对于任意不全相等的正数 x_1, $x_2, \cdots, x_n$, 成立

$$\frac{\ln x_1 + \ln x_2 + \cdots + \ln x_n}{n} < \ln\left(\frac{x_1 + x_2 + \cdots + x_n}{n}\right),$$

由此得到

$$\sqrt[n]{x_1 x_2 \cdots x_n} < \frac{x_1 + x_2 + \cdots + x_n}{n}.$$

易知 $y = x^2$ 是 $\mathbb{R}$ 上的凸函数, 但 $y = x^3$ 在 $\mathbb{R}$ 上既非凸函数又非凹函数. 事实上, $y = x^3$ 在 $(-\infty, 0)$ 上是凹的, 在 $(0,+\infty)$ 上是凸的, 点 $(0,0)$ 是曲线凸凹的分界点.

一般地, 如果函数 $y = f(x)$ 的曲线上在点 $(x_0, f(x_0))$ 两侧凹凸性发生改变, 即存在 x_0 的一个邻域 $(x_0-\delta, x_0+\delta)$, 使得函数 $y = f(x)$ 在左邻域 $(x_0-\delta, x_0)$ 与右邻域 $(x_0, x_0+\delta)$ 内的凹凸性相反, 则称 $(x_0, f(x_0))$ 为曲线 $y = f(x)$ 的**拐点** (inflection point).

定理 5.1.9 设 $f(x)$ 在区间 I 内连续, $(x_0-\delta, x_0+\delta) \subset I$:

(1) 设函数 $f(x)$ 在 $(x_0-\delta, x_0)$ 与 $(x_0, x_0+\delta)$ 内一阶可导.

若 $f'(x)$ 在 $(x_0-\delta, x_0)$ 与 $(x_0, x_0+\delta)$ 内的单调性相反, 则点 $(x_0, f(x_0))$ 是曲线 $y = f(x)$ 的拐点;

若 $f'(x)$ 在 $(x_0-\delta, x_0)$ 与 $(x_0, x_0+\delta)$ 内的单调性相同, 则点 $(x_0, f(x_0))$ 不是曲线 $y = f(x)$ 的拐点.

(2) 设函数 $f(x)$ 在 $(x_0-\delta, x_0)$ 与 $(x_0, x_0+\delta)$ 内二阶可导.

若 $f''(x)$ 在 $(x_0-\delta, x_0)$ 与 $(x_0, x_0+\delta)$ 内的符号相反, 则点 $(x_0, f(x_0))$ 是曲线 $y = f(x)$ 的拐点;

若 $f''(x)$ 在 $(x_0-\delta, x_0)$ 与 $(x_0, x_0+\delta)$ 内的符号相同, 则点 $(x_0, f(x_0))$ 不是曲线 $y = f(x)$ 的拐点.

(3) 若 f 在 x_0 点的某邻域内二阶可导, 则 $(x_0, f(x_0)$ 是拐点的必要条件是 $f''(x_0) = 0$.

证明 结论 (1) 和 (2) 是显然的. 现证结论 (3).

由于点 $(x_0, f(x_0))$ 是曲线 $y = f(x)$ 的拐点, 不妨设曲线 $y = f(x)$ 在 $(x_0-\delta, x_0)$ 内是凸的, 在 $(x_0, x_0+\delta)$ 内是凹的. 由 $f(x)$ 二阶可导的假设与定理 5.1.7 可知, 在 $(x_0-\delta, x_0)$ 内 $f''(x) \geqslant 0$, 在 $(x_0, x_0+\delta)$ 内 $f''(x) \leqslant 0$, 即 $f'(x)$ 在 $(x_0-\delta, x_0)$ 内单调递增, 而在 $(x_0, x_0+\delta)$ 内单调递减, 即 x_0 点是 $f'(x)$ 的极大值点. 再由 $f''(x_0)$ 的存在性与 Fermat 引理, 得到 $f''(x_0) = 0$. □

需要注意的是, 定理 5.1.9(3) 给出的是二阶可导函数曲线的拐点所满足的必要条件, 而非充分条件, 例如曲线 $y = x^4$ 上的 $(0,0)$ 点就满足条件 $f''(0) = 0$, 但它不是拐点. 另外, 由曲线 $y = x^{\frac{1}{3}}$ 可知, $f''(x)$ 在 $x = 0$ 点不存在, 点 $(0, f(0))$ 是曲线 $y = x^{\frac{1}{3}}$ 的拐点. 参见图 5.1.7. 因此, 当我们通过对 $f(x)$ 求二阶导数来确定拐点的话, 既要考虑满足 $f''(x) = 0$ 的点, 又要考虑 $f''(x)$ 不存在的点.

图 5.1.7

4. 不等式的证明

下面继续讨论 Lagrange 中值定理的应用, 主要是直接应用 Lagrange 中值定理以及它在单调性和凹凸性方面的应用来证明不等式. 后面我们还将学习证明不等式的其他方法.

例 5.1.5　证明不等式

$$|\arctan a - \arctan b| \leqslant |a-b|, \forall a, b \in \mathbb{R}.$$

证明　不妨设 $a<b$. 令 $f(x)=\arctan x$, 则 f 在任意区间 $[a,b]$ 上满足 Lagrange 中值定理条件, 所以, 存在 $\xi \in (a,b)$, 满足

$$|\arctan a - \arctan b| = |f'(\xi)| \cdot |a-b| = \left|\frac{1}{1+\xi^2}\right| \cdot |a-b| \leqslant |a-b|.$$ □

同法可证我们熟知的不等式

$$|\sin a - \sin b| \leqslant |a-b|, \forall a, b \in \mathbb{R}.$$

例 5.1.6　证明

$$\frac{x}{1+x} < \ln(1+x) < x, \ \forall x > -1, \ x \neq 0.$$

证明　$f(x)=\ln(1+x)$ 在区间 $(-1,+\infty)$ 的任一有界的闭子区间上满足 Lagrange 中值定理条件, 故存在 $\theta \in (0,1)$, 满足

$$\ln(1+x) - \ln 1 = \frac{x}{1+\theta x}.$$

又 $x>-1, x \neq 0$ 时恰有

$$\frac{x}{1+x} < \frac{x}{1+\theta x} < x.$$ □

例 5.1.7　证明不等式

$$x - \frac{x^3}{6} < \sin x, \ \forall x > 0.$$

证明　令 $f(x) = \sin x - x + \dfrac{x^3}{6}$, 则

$$f'(x) = \cos x - 1 + \frac{x^2}{2}, \ f''(x) = x - \sin x > 0, \forall x > 0,$$

因此 $f'(x)$ 严格单调递增, 从而 $f'(x) > f'(0) = 0, \forall x > 0$. 或者

$$f'(x) = \cos x - 1 + \frac{x^2}{2} = \frac{x^2}{2} - 2\sin^2\frac{x}{2} > \frac{x^2}{2} - 2\left(\frac{x}{2}\right)^2 = 0, \ \forall x > 0.$$

因此 $f(x)$ 在 $[0,+\infty)$ 也是严格单调递增的, 这样, 当 $x>0$ 时, 便成立

$$f(x)=\sin x-x+\frac{x^3}{6}>f(0)=0. \qquad \square$$

注意: 证明不等式, 往往可以通过判别函数符号来实现. 有时需要通过多次求导来判别函数符号.

例 5.1.8 比较 e^{π} 与 π^{e} 的大小关系.

分析: 先考虑一般的情况, 设 a 和 b 是两个不同的正实数, 问在什么条件下成立 $a^b>b^a$? 两边取对数后再整理, 即知上式等价于

$$\frac{\ln a}{a}>\frac{\ln b}{b}.$$

解 记 $f(x)=\dfrac{\ln x}{x}$, 则

$$f'(x)=\frac{1-\ln x}{x^2}\quad\begin{cases}<0, & x>e,\\ >0, & 0<x<e.\end{cases}$$

由定理 5.1.6, $f(x)$ 在 $[e,+\infty)$ 严格单调递减. 因此

$$\frac{\ln e}{e}>\frac{\ln\pi}{\pi},$$

由此可得

$$e^{\pi}>\pi^{e}.$$

例 5.1.9 证明不等式

$$a\ln a+b\ln b\geqslant(a+b)[\ln(a+b)-\ln 2], a,b>0.$$

证明 令 $f(x)=x\ln x$, 则

$$f'(x)=\ln x+1,\quad f''(x)=\frac{1}{x}>0,\qquad x>0,$$

由定理 5.1.7, $f(x)$ 在 $(0,+\infty)$ 上是严格凸的, 因而对任意 $a,b>0$, 都成立

$$\frac{f(a)+f(b)}{2}\geqslant f\left(\frac{a+b}{2}\right),$$

即

$$\frac{a\ln a+b\ln b}{2}\geqslant\frac{a+b}{2}\ln\frac{a+b}{2},$$

这就是要证明的不等式. $\square$

一般地, 对任意 n 个正数 $x_i, i=1,2,\cdots,n$, 有

$$x_1\ln x_1+x_2\ln x_2+\cdots+x_n\ln x_n\geqslant(x_1+x_2+\cdots+x_n)[\ln(x_1+x_2+\cdots+x_n)-\ln n].$$

下面证明一个重要的不等式, 它可以看作是平均值不等式的推广.

例 5.1.10 (Young 不等式) 设 $a,b\geqslant 0, p,q$ 为满足 $\dfrac{1}{p}+\dfrac{1}{q}=1$ 的正数, 证明

$$ab\leqslant\frac{a^p}{p}+\frac{b^q}{q}.$$

证明 当 $ab=0$ 时, 上式显然成立.

当 $a,b>0$ 时, 考虑函数 $f(x)=\ln x$ ($x>0$). 由于在 $(0,+\infty)$ 上 $f''(x)=-\dfrac{1}{x^2}<0$, 所以 $f(x)$ 在 $(0,+\infty)$ 上是严格凹 (上凸) 函数. 于是由定义得

$$\frac{1}{p}f(a^p)+\frac{1}{q}f(b^q)\leqslant f\left(\frac{1}{p}a^p+\frac{1}{q}b^q\right),$$

即

$$\ln(ab)=\frac{1}{p}\ln a^p+\frac{1}{q}\ln b^q\leqslant \ln\left(\frac{1}{p}a^p+\frac{1}{q}b^q\right).$$

利用 $f(x)=\ln x$ 在 $(0,+\infty)$ 上的单调递增性即得

$$ab\leqslant \frac{1}{p}a^p+\frac{1}{q}b^q.$$

□

习题 5.1

A1. 设 $f(x)=\sin\dfrac{1}{x}, x\in(0,1)$, 求 $f(x)$ 的极值与最值、极值点与最值点.

A2. 求出 Riemann 函数的所有极值点.

A3. 试讨论下列函数在指定区间内是否存在驻点:

(1) $f(x)=\begin{cases} x\sin\dfrac{1}{x}, & 0<x\leqslant\dfrac{1}{\pi}, \\ 0, & x=0; \end{cases}$ (2) $f(x)=|x|, -1\leqslant x\leqslant 1$.

A4. 设 $f'_+(x_0)<0,\ f'_-(x_0)>0$, 证明: $f(x)$ 在 x_0 点取得极大值.

A5. 设 f 在 $[a,b]$ 上满足 Rolle 定理的条件, 且 $f'_+(a)f'_-(b)>0$, 证明: f 在 (a,b) 内至少有两个不同的驻点.

A6. 证明: 若 $f(x)$ 在有限开区间 (a,b) 内可导, 且 $\lim\limits_{x\to a^+}f(x)=\lim\limits_{x\to b^-}f(x)$, 则至少存在一点 $\xi\in(a,b)$, 使 $f'(\xi)=0$.

A7. 证明: (1) 方程 $x^3+3x+c=0$(这里 c 为常数) 不可能有两个不同的实根.

(2) 方程 $e^x=ax^2+bx+c$ 至多有 3 个不同的实根.

(3) 方程 $x^n+px+q=0$(n 为正整数, p,q 为实数) 当 n 为偶数时至多有两个不同的实根; 当 n 为奇数时至多有 3 个实根.

A8. 设常数 $a_0,a_1,\cdots,a_n$ 满足

$$\frac{a_0}{n+1}+\frac{a_1}{n}+\cdots+\frac{a_{n-1}}{2}+a_n=0,$$

证明: 多项式 $a_0x^n+a_1x^{n-1}+\cdots+a_{n-1}x+a_n$ 至少有一个小于 1 的正的零点.

A9. 证明: 若 f,g 在 $[a,b]$ 上连续, 在 (a,b) 内可导, 且 $\forall x\in(a,b)$, 都有 $f'(x)=g'(x)$, 证明: $f(x)$ 和 $g(x)$ 在 $[a,b]$ 上只相差一个常数, 即存在常数 C, 使 $f(x)=g(x)+C, \forall x\in[a,b]$.

A10. 证明: 设 $f(x)$ 在 $[0,\pi]$ 上连续, 在 $(0,\pi)$ 内可导, 证明: 存在 $\xi\in(0,\pi)$, 使

$$f'(\xi)=-f(\xi)\cot\xi.$$

A11. 证明: 设 f 在 $\mathbb{R}$ 上可微, 且满足 $f'(x)=f(x)$, 证明: 存在常数 C, 使得 $f(x)=Ce^x, \forall x\in\mathbb{R}$.

A12. 设 $f(x)$ 在区间 I 上可导, k 为实数, 试证 $f(x)$ 的任意两个零点之间必有 $kf(x)+f'(x)$ 的零点.

A13. 确定下列函数的单调区间:

(1) $f(x)=3x-x^2$; (2) $f(x)=2x^2-\ln x$;

(3) $f(x)=\sqrt{2x-x^2}$; (4) $f(x)=\dfrac{x^2-1}{x}$.

A14. 证明下列不等式:

(1) $\dfrac{x}{1+x^2} < \arctan x < x$, 其中 $x > 0$;

(2) $\tan x > x + \dfrac{x^3}{3}, \forall x \in \left(0, \dfrac{\pi}{2}\right)$;

(3) $\dfrac{2x}{\pi} < \sin x < x, \forall x \in \left(0, \dfrac{\pi}{2}\right)$;

(4) $x - \dfrac{x^2}{2} < \ln(1+x) < x - \dfrac{x^2}{2(1+x)}, \forall x > 0$.

A15. 设 f 在区间 $(0,a)$ 内可导, 且 $f(0+) = +\infty$, 证明: 对任何 $\delta \in (0,a)$, f' 在 $(0,\delta)$ 内无下界.

A16. 设 f 为 $[a,b]$ 上二阶可导函数, $f(a) = f(b) = 0$, 并存在一点 $c \in (a,b)$, 使得 $f(c) > 0$, 证明: 至少存在一点 $\xi \in (a,b)$, 使得 $f''(\xi) < 0$.

A17. 确定下列曲线的凹、凸区间与拐点:

(1) $y = 2x^3 - 3x^2 - 36x + 25$; (2) $y = \sqrt[3]{6x^2 - x^3}$;

(3) $y = x^2 + \dfrac{1}{x}$; (4) $y = \ln(x^2+1)$.

A18. 问 a 和 b 为何值时, 点 $(1,3)$ 为曲线 $y = ax^3 + bx^2$ 的拐点?

A19. 应用凸函数性质证明如下不等式:

(1) 对任意实数 a,b, 有 $\mathrm{e}^{\frac{a+b}{2}} \leqslant \dfrac{1}{2}(\mathrm{e}^a + \mathrm{e}^b)$;

(2) 对任何非负实数 a,b, 有 $2\arctan\left(\dfrac{a+b}{2}\right) \geqslant \arctan a + \arctan b$.

B20. 设函数 $f(x)$ 在区间 $[0,1]$ 上连续, 在 $(0,1)$ 内可导, 且 $f(0) = f(1) = 0, f\left(\dfrac{1}{2}\right) = 1$. 试证:

(1) 存在 $\eta \in \left(\dfrac{1}{2}, 1\right)$, 使 $f(\eta) = \eta$;

(2) 对任意实数 λ, 必存在 $\xi \in (0,\eta)$, 使得

$$f'(\xi) - \lambda[f(\xi) - \xi] = 1.$$

B21. 已知函数 $f(x)$ 在 $[0,1]$ 上连续, 在 $(0,1)$ 内可导, 且 $f(0) = 0, f(1) = 1$. 证明:

(1) 存在 $\xi \in (0,1)$, 使得 $f(\xi) = 1 - \xi$;

(2) 存在两个不同点 $\eta, \zeta \in (0,1)$, 使得

$$f'(\eta)f'(\zeta) = 1.$$

B22. 设 f,g 在区间 I 上可导. 记 $F(x) = f(x)g'(x) - f'(x)g(x)$. 证明:

(1) 若 $\forall x \in I, F(x) = 0, g(x) \neq 0$, 则存在 C, 使 $f(x) = Cg(x), \forall x \in I$.

(2) 若 $\forall x \in I, F(x) > 0$, 则在方程 $f(x) = 0$ 的两个不同根之间必有 $g(x) = 0$ 的根.

§5.2 Cauchy 中值定理与 L'Hospital 法则

§5.2.1 Cauchy 中值定理

上一节, 我们已经说明过 Lagrange 中值定理的几何意义: 连续曲线如其上除端点外任一点处切线存在, 则必有与端点连线平行的切线. 现在如果我们将曲线用参数方程来表示: $x = g(t), y = f(t), t \in [a,b]$, 且假设 $g'(t) \neq 0, \forall t \in (a,b)$, 则由参数方程所确定的函数的导数公式知道: $\dfrac{\mathrm{d}y}{\mathrm{d}x} = \dfrac{f'(t)}{g'(t)}, \forall t \in (a,b)$, 而曲线端点连线的斜率是 $\dfrac{f(b)-f(a)}{g(b)-g(a)}$, 于是由 Lagrange 中值定理的几何解释得 $\dfrac{f'(\xi)}{g'(\xi)} = \dfrac{f(b)-f(a)}{g(b)-g(a)}$, 我们称之为 Cauchy 中值定理.

定理 5.2.1 (Cauchy 中值定理 (Cauchy mean value theorem))　设 f 和 g 都在 $[a,b]$ 上连续, 在 (a,b) 内可导, 且任给 $t\in(a,b)$, $g'(t)\neq 0$. 则至少存在一点 $\xi\in(a,b)$, 使

$$\frac{f'(\xi)}{g'(\xi)}=\frac{f(b)-f(a)}{g(b)-g(a)}. \tag{5.2.1}$$

显然, 当 $g(t)=t$ 时, 上式即为 Lagrange 公式, 所以 Lagrange 中值定理是 Cauchy 中值定理的特殊情况. 下面我们用构造辅助函数的方法给出 Cauchy 中值定理的证明.

证明　易见, 式 (5.2.1) 等价于 $f'(\xi)(g(b)-g(a))-g'(\xi)(f(b)-f(a))=0$. 作辅助函数

$$h(t)=f(t)(g(b)-g(a))-g(t)(f(b)-f(a)),$$

则容易验证 $h(b)-h(a)=0$, 所以由 Rolle 中值定理知, 存在 $\xi\in(a,b)$, 使得 $h'(\xi)=0$. 再由 $g'(t)\neq 0$ 即证得结论. □

例 5.2.1　设函数 f 在 $[a,b]$ 上连续, 在 (a,b) 内可导, 其中 a,b 同号. 则存在 $\xi\in(a,b)$, 使

$$f(b)-f(a)=\xi f'(\xi)\ln\frac{b}{a}.$$

证明　设 $g(x)=\ln|x|$, 则 $g(x)$ 在 $[a,b]$ 上连续, 在 (a,b) 内可导, $g'(x)=\dfrac{1}{x}$, 由 Cauchy 中值定理, 存在 $\xi\in(a,b)$, 满足

$$\frac{f(a)-f(b)}{g(a)-g(b)}=\frac{f'(\xi)}{g'(\xi)},$$

即

$$f(b)-f(a)=\xi f'(\xi)\ln\frac{b}{a}.$$ □

§5.2.2　L'Hospital 法则

前面在讨论极限问题时经常遇到不定式的极限, 特别是 $\dfrac{0}{0}$ 型不定式和 $\dfrac{\infty}{\infty}$ 型不定式是最常见的、有时也是比较难求的极限. 下面我们将用导数的方法来讨论不定式的极限.

设函数 $f(x),g(x)$ 在 $x=a$ 处可导, $f(a)=g(a)=0$, 且 $g'(a)\neq 0$, 则有

$$\lim_{x\to a}\frac{f(x)}{g(x)}=\lim_{x\to a}\frac{\frac{f(x)-f(a)}{x-a}}{\frac{g(x)-g(a)}{x-a}}=\frac{f'(a)}{g'(a)}.$$

我们看到, 在一定的条件下, 其极限计算就转化为导数的计算, 但对很多分式函数以上条件不满足, 特别是 g 在 a 点不可微. 那么如何来解决呢? 本节中我们将利用微分中值定理在更弱的条件下给出非常有效的求不定式极限的方法. 它是由 Johann Bernoulli 首先得到的, 但因首次公开发表在 L'Hospital(洛必达) 于 1696 年出版的微积分教材中, 因此后来一直被称为 L'Hospital 法则.

1. $\dfrac{0}{0}$ 型不定式和 $\dfrac{\infty}{\infty}$ 型不定式

我们将分子分母都是无穷小量的分式函数称为 $\dfrac{0}{0}$ 型不定式, 简称 $\dfrac{0}{0}$ 型. 不定式极限除了 $\dfrac{0}{0}$ 型以外, 还有 $\dfrac{\infty}{\infty}$ 型、$0\cdot\infty$ 型、$\infty\pm\infty$ 型、∞^0 型、1^∞ 型、0^0 型等几种. 我们先讨论如何求 $\dfrac{0}{0}$ 型和 $\dfrac{\infty}{\infty}$ 型的极限, 其余几种不定式的极限都可以化成这两种不定式的极限进行计算.

定理 5.2.2 (L'Hospital 法则 (L'Hospital rule)) 设函数 f 和 g 在 $(a,a+d]$ 可导, 且 $g'(x)\neq 0$. 若

$$\lim_{x\to a+} f(x)=\lim_{x\to a+} g(x)=0,$$

或

$$\lim_{x\to a+} g(x)=\infty,$$

且 $\lim\limits_{x\to a+}\dfrac{f'(x)}{g'(x)}$ 存在 (可以是有限数或 ∞), 则成立

$$\lim_{x\to a+}\frac{f(x)}{g(x)}=\lim_{x\to a+}\frac{f'(x)}{g'(x)}. \tag{5.2.2}$$

证明 先证明 $\lim\limits_{x\to a+} f(x)=\lim\limits_{x\to a+} g(x)=0$ 的情况.

补充定义 $f(a)=g(a)=0$, 则 $f(x)$ 和 $g(x)$ 在 $[a,a+d]$ 上连续, 进而在 $[a,a+d]$ 上满足 Cauchy 中值定理的条件, 故 $\forall\, x\in(a,a+d)$, $\exists\,\xi\in(a,x)$, 满足

$$\frac{f(x)}{g(x)}=\frac{f(x)-f(a)}{g(x)-g(a)}=\frac{f'(\xi)}{g'(\xi)}.$$

当 $x\to a+$ 时显然有 $\xi\to a+$. 于是两端令 $x\to a+$ 即有

$$\lim_{x\to a+}\frac{f(x)}{g(x)}=\lim_{\xi\to a+}\frac{f'(\xi)}{g'(\xi)}=\lim_{x\to a+}\frac{f'(x)}{g'(x)}.$$

再考虑 $\lim\limits_{x\to a+} g(x)=\infty$ 时的情况. 下面仅对 $\lim\limits_{x\to a+}\dfrac{f'(x)}{g'(x)}=A$ 为有限数的情况来证明.

对任意 $x>a, x_0>a, x\neq x_0$, 有

$$\begin{aligned}\frac{f(x)}{g(x)}&=\frac{f(x)-f(x_0)}{g(x)}+\frac{f(x_0)}{g(x)}\\&=\frac{g(x)-g(x_0)}{g(x)}\cdot\frac{f(x)-f(x_0)}{g(x)-g(x_0)}+\frac{f(x_0)}{g(x)}\\&=\left[1-\frac{g(x_0)}{g(x)}\right]\frac{f(x)-f(x_0)}{g(x)-g(x_0)}+\frac{f(x_0)}{g(x)}.\end{aligned}$$

于是,

$$\begin{aligned}\left|\frac{f(x)}{g(x)}-A\right|&=\left|\left[1-\frac{g(x_0)}{g(x)}\right]\frac{f(x)-f(x_0)}{g(x)-g(x_0)}+\frac{f(x_0)}{g(x)}-A\right|\\&\leqslant\left|1-\frac{g(x_0)}{g(x)}\right|\cdot\left|\frac{f(x)-f(x_0)}{g(x)-g(x_0)}-A\right|+\left|\frac{f(x_0)-Ag(x_0)}{g(x)}\right|.\end{aligned}$$

因为 $\lim\limits_{x\to a+}\dfrac{f'(x)}{g'(x)}=A$, 所以对于任意 $\varepsilon>0$, 存在 $\rho>0$ ($\rho<d$), 当 $0<x-a<\rho$ 时,

$$\left|\frac{f'(x)}{g'(x)}-A\right|<\varepsilon.$$

取 $x_0=a+\rho$, 由 Cauchy 中值定理, $\forall x\in(a,x_0)$, $\exists\,\xi\in(x,x_0)\subset(a,a+\rho)$ 满足

$$\frac{f(x)-f(x_0)}{g(x)-g(x_0)}=\frac{f'(\xi)}{g'(\xi)},$$

于是得到

$$\left|\frac{f(x)-f(x_0)}{g(x)-g(x_0)}-A\right|=\left|\frac{f'(\xi)}{g'(\xi)}-A\right|<\varepsilon.$$

又因为 $\lim\limits_{x\to a+}g(x)=\infty$, 所以可以找到正数 $\delta<\rho$, 当 $0<x-a<\delta$ 时, 成立

$$\left|1-\frac{g(x_0)}{g(x)}\right|<\ 2,\qquad \left|\frac{f(x_0)-Ag(x_0)}{g(x)}\right|<\varepsilon.$$

综上所述, 即知对于任意 $\varepsilon>0$, 存在 $\delta>0$, 当 $0<x-a<\delta$ 时,

$$\begin{aligned}\left|\frac{f(x)}{g(x)}-A\right|&\leqslant\left|1-\frac{g(x_0)}{g(x)}\right|\cdot\left|\frac{f(x)-f(x_0)}{g(x)-g(x_0)}-A\right|+\left|\frac{f(x_0)-Ag(x_0)}{g(x)}\right|\\&<2\varepsilon+\varepsilon=3\varepsilon,\end{aligned}$$

所以结论获证. □

注 5.2.1 (1) 以上结论在 $x\to a-$ 、$x\to a$ 或 $x\to\infty$ (包括 $+\infty$ 和 $-\infty$) 时都是成立的.

(2) 若使用了 L'Hospital 法则之后, 所得到的 $\lim\limits_{x\to a+}\dfrac{f'(x)}{g'(x)}$ 仍是 $\dfrac{0}{0}$ 型或 $\dfrac{\infty}{\infty}$ 型, 并且函数 $f'(x)$ 和 $g'(x)$ 依然满足定理 5.2.2 的条件, 那么可以再次使用 L'Hospital 法则. 依次类推, 直到求出极限为止.

(3) 值得注意的是: 只有极限 $\lim\limits_{x\to a+}\dfrac{f'(x)}{g'(x)}$ 存在时, 方可使用 L'Hospital 法则计算 $\lim\limits_{x\to a+}\dfrac{f(x)}{g(x)}$; 但若极限 $\lim\limits_{x\to a+}\dfrac{f'(x)}{g'(x)}$ 不存在, 则不能由此断言极限 $\lim\limits_{x\to a+}\dfrac{f(x)}{g(x)}$ 一定不存在. 对其他极限过程也是如此.

例如: 在 $x\to\infty$ 时 $\dfrac{x+\cos x}{x}$ 的极限显然等于 1. 它是 $\dfrac{\infty}{\infty}$ 型, 但 $x\to\infty$ 时 $\dfrac{(x+\cos x)'}{x'}=1-\sin x$ 的极限不存在.

例 5.2.2 求极限 $\lim\limits_{x\to0}\dfrac{x-\sin x}{x^3}$.

解 这是 $\dfrac{0}{0}$ 型, 因为

$$\frac{(x-\sin x)'}{(x^3)'}=\frac{1-\cos x}{3x^2}\to\frac{1}{6},\text{当}x\to0,$$

所以由 L'Hospital 法则有

$$\lim_{x\to0}\frac{x-\sin x}{x^3}=\lim_{x\to0}\frac{1-\cos x}{3x^2}=\frac{1}{6}.$$

例 5.2.3 求极限 $\lim\limits_{x\to0}\dfrac{\mathrm{e}^x-(1+2x)^{1/2}}{\ln(1+x^2)}$.

解 这是 $\dfrac{0}{0}$ 型, 因为当 $x\to0$ 时 $\ln(1+x^2)\sim x^2$, 先由等价无穷小代换, 再由 L'Hospital 法则, 有

$$\lim_{x\to0}\frac{\mathrm{e}^x-(1+2x)^{\frac12}}{\ln(1+x^2)}=\lim_{x\to0}\frac{\mathrm{e}^x-(1+2x)^{\frac12}}{x^2}$$

$$
\begin{aligned}
&=\lim_{x\to0}\frac{\mathrm{e}^x-(1+2x)^{-\frac{1}{2}}}{2x}\\
&=\lim_{x\to0}\frac{\mathrm{e}^x+(1+2x)^{-\frac{3}{2}}}{2}\\
&=1.
\end{aligned}
$$

例 5.2.4 (1) 设 n 为自然数, 证明 $\lim\limits_{x\to+\infty}\dfrac{x^n}{\mathrm{e}^x}=0$; (2) 设 $a>1,\alpha>0$, 证明 $\lim\limits_{x\to+\infty}\dfrac{x^\alpha}{a^x}=0$.

证明 (1) 这是 $\dfrac{\infty}{\infty}$ 型, 反复使用 L'Hospital 法则 n 次有

$$
\lim_{x\to+\infty}\frac{x^n}{\mathrm{e}^x}=\lim_{x\to+\infty}\frac{nx^{n-1}}{\mathrm{e}^x}=\lim_{x\to+\infty}\frac{n(n-1)x^{n-2}}{\mathrm{e}^x}=\cdots=\lim_{x\to+\infty}\frac{n!}{\mathrm{e}^x}=0.
$$

(2) 这也是 $\dfrac{\infty}{\infty}$ 型, 是 (1) 的一般情况. 不妨设 $[\alpha]=n<\alpha$, 反复使用 L'Hospital 法则 $n+1$ 次, 即有

$$
\begin{aligned}
\lim_{x\to+\infty}\frac{x^\alpha}{a^x}&=\lim_{x\to+\infty}\frac{\alpha\cdot x^{\alpha-1}}{a^x\cdot\ln a}=\lim_{x\to+\infty}\frac{\alpha(\alpha-1)\cdot x^{\alpha-2}}{a^x\cdot\ln^2 a}\\
&=\cdots=\lim_{x\to+\infty}\frac{\alpha(\alpha-1)(\alpha-2)\cdots(\alpha-n)}{x^{n+1-\alpha}\cdot a^x\cdot\ln^n a}=0.
\end{aligned}
$$
□

由此可知, 对 $a>1,\alpha>0$, 当 $x\to+\infty$ 时, 指数函数 $y=a^x$ 是比幂函数 $y=x^\alpha$ 高阶的无穷大 (也可参见例 3.2.2).

例 5.2.5 求 $\lim\limits_{x\to0+}\dfrac{\ln\sin mx}{\ln\sin nx},m,n>0$.

解 这是 $\dfrac{\infty}{\infty}$ 型, 由 L'Hospital 法则, 有

$$
\lim_{x\to0+}\frac{\ln\sin mx}{\ln\sin nx}=\lim_{x\to0+}\frac{m\cos mx\sin nx}{n\cos nx\sin mx},
$$

由于

$$
\lim_{x\to0+}\frac{\sin nx}{\sin mx}=\frac{n}{m},
$$

所以

$$
\lim_{x\to0+}\frac{\ln\sin mx}{\ln\sin nx}=1.
$$

由此可见, 该极限与正数 m,n 的值无关.

例 5.2.6 证明: (1) $\lim\limits_{x\to+\infty}\dfrac{\ln x}{x^\alpha}=0(\alpha>0)$; (2) $\lim\limits_{x\to+\infty}\dfrac{a^x}{x^x}=0\ (0<a\neq1)$.

证明 (1) 这是 $\dfrac{\infty}{\infty}$ 型, 由 L'Hospital 法则, 有

$$
\lim_{x\to+\infty}\frac{\ln x}{x^\alpha}=\lim_{x\to+\infty}\frac{1}{\alpha x^\alpha}=0.
$$

(2) $\lim\limits_{x\to+\infty}\dfrac{a^x}{x^x}=\mathrm{e}^{\lim\limits_{x\to+\infty}x\ln\frac{a}{x}}$, 而

$$
\lim_{x\to+\infty}x\ln\frac{a}{x}=-\lim_{x\to+\infty}x\ln\frac{x}{a}=-\infty,
$$

故有 $\lim\limits_{x\to+\infty}\dfrac{a^x}{x^x}=0$. □

2. 可化为 $\dfrac{0}{0}$ 型或 $\dfrac{\infty}{\infty}$ 型的极限

除 $\dfrac{0}{0}$ 型或 $\dfrac{\infty}{\infty}$ 型的极限外, 不定式的类型还包括: $0\cdot\infty$ 型, $\infty-\infty$ 型, ∞^0 型, 1^∞ 型, 0^0 型等. 通常将它们化为 $\dfrac{0}{0}$ 型或 $\dfrac{\infty}{\infty}$ 型来计算.

A. $0\cdot\infty$ 型转化为 $0\cdot\dfrac{1}{0}$ 型即 $\dfrac{0}{0}$ 型, 或 $\dfrac{1}{\infty}\cdot\infty$ 即 $\dfrac{\infty}{\infty}$ 型

例 5.2.7　设 $\alpha>0$, 求极限 $\lim\limits_{x\to0+}x^\alpha\ln x$.

解　$\lim\limits_{x\to0+}x^\alpha\ln x=\lim\limits_{x\to0+}\dfrac{\ln x}{x^{-\alpha}}=\lim\limits_{x\to0+}\dfrac{1}{-\alpha x^{-\alpha}}=0.$

这说明 $x\to0+$ 时 x^α 是 $\dfrac{1}{\ln x}$ 的高阶无穷小.

例 5.2.8　求 $\lim\limits_{x\to\infty}\left(x\ln\dfrac{x+a}{x-a}\right)$.

解

$$\begin{aligned}\lim_{x\to\infty}\left(x\ln\frac{x+a}{x-a}\right)&=\lim_{x\to\infty}\frac{\ln\frac{x+a}{x-a}}{\frac{1}{x}}=\lim_{x\to\infty}\frac{\frac{2a}{(x-a)(x+a)}}{-\frac{1}{x^2}}\\&=\lim_{x\to\infty}\left(-\frac{2ax^2}{(x+a)(x-a)}\right)=-2a.\end{aligned}$$

B. $\infty-\infty$ 型, 通分后再转化为 $\dfrac{0}{0}$ 型

例 5.2.9　计算 $\lim\limits_{x\to1}\left(\dfrac{1}{\ln x}-\dfrac{1}{x-1}\right)$.

解

$$\lim_{x\to1}\left(\frac{1}{\ln x}-\frac{1}{x-1}\right)=\lim_{x\to1}\frac{(x-1)-\ln x}{(x-1)\ln x}=\lim_{x\to1}\frac{(x-1)-\ln x}{(x-1)^2}=\lim_{x\to1}\frac{1-\frac{1}{x}}{2(x-1)}=\frac{1}{2}.$$

C. ∞^0 型, 1^∞ 型, 0^0 型等, 由对数恒等式 $f(x)^{g(x)}=\mathrm{e}^{g(x)\ln f(x)}$, 可转化为 $0\cdot\infty$ 型

例 5.2.10　证明: $\lim\limits_{x\to0+}\left(1+\mathrm{e}^{\frac{1}{x}}\right)^{2x}=\mathrm{e}^2$.

证明　这是 ∞^0 型. 由于 $\left(1+\mathrm{e}^{\frac{1}{x}}\right)^{2x}=\mathrm{e}^{2x\ln(1+\mathrm{e}^{\frac{1}{x}})}$, 而

$$\lim_{x\to0+}x\ln\left(1+\mathrm{e}^{\frac{1}{x}}\right)=\lim_{x\to+\infty}\frac{\ln(1+\mathrm{e}^x)}{x}=\lim_{x\to+\infty}\frac{\mathrm{e}^x}{1+\mathrm{e}^x}=1,$$

故 $\lim\limits_{x\to0+}(1+\mathrm{e}^{\frac{1}{x}})^{2x}=\mathrm{e}^2$. □

例 5.2.11　证明: $\lim\limits_{x\to0+}(\sin x)^x=1$.

证明　这是 0^0 型. 因为 $(\sin x)^x=\mathrm{e}^{x\ln(\sin x)}$, 而

$$\lim_{x\to0+}(x\ln(\sin x))=\lim_{x\to0+}\frac{\ln(\sin x)}{\frac{1}{x}}=\lim_{x\to0+}\frac{\frac{1}{\sin x}\cdot\cos x}{-\frac{1}{x^2}}=\lim_{x\to0+}(-x\cos x)=0,$$

故 $\lim\limits_{x\to0+}(\sin x)^x=1$. □

例 5.2.12 计算 $\lim\limits_{x\to 0}\left(\dfrac{\sin x}{x}\right)^{\frac{1}{x^2}}$.

解 这是 1^∞ 型. 因为 $\left(\dfrac{\sin x}{x}\right)^{\frac{1}{x^2}}=\mathrm{e}^{\frac{1}{x^2}\ln\frac{\sin x}{x}}$, 而

$$\begin{aligned}\lim_{x\to 0}\left(\frac{1}{x^2}\ln\frac{\sin x}{x}\right)&=\lim_{x\to 0}\frac{\frac{\cos x}{\sin x}-\frac{1}{x}}{2x}\\&=\lim_{x\to 0}\frac{x\cos x-\sin x}{2x^2\sin x}=\lim_{x\to 0}\frac{x\cos x-\sin x}{2x^3}\\&=\lim_{x\to 0}\frac{-x\sin x}{6x^2}=-\frac{1}{6}.\end{aligned}$$

故有 $\lim\limits_{x\to 0}\left(\dfrac{\sin x}{x}\right)^{\frac{1}{x^2}}=\mathrm{e}^{-\frac{1}{6}}$.

注 5.2.2 应用 L'Hospital 法则要注意:

(1) 不是 $\dfrac{0}{0}$ 型或 $\dfrac{\infty}{\infty}$ 型不定式, 不能直接用 L'Hospital 法则. 例如, 考虑极限

$$\lim_{x\to\frac{\pi}{2}}\frac{1+\sin x}{1-\cos x},$$

若贸然使用 L'Hospital 法则, 则得到

$$\lim_{x\to\frac{\pi}{2}}\frac{1+\sin x}{1-\cos x}=\lim_{x\to\frac{\pi}{2}}\frac{\cos x}{\sin x}=0,$$

但由初等函数的连续性易得

$$\lim_{x\to\frac{\pi}{2}}\frac{1+\sin x}{1-\cos x}=\frac{1+\sin\frac{\pi}{2}}{1-\cos\frac{\pi}{2}}=2.$$

这说明在本例中不能使用 L'Hospital 法则, 因为所求极限既不是 $\dfrac{0}{0}$ 型, 也不是 $\dfrac{\infty}{\infty}$ 型.

(2) 对某些数列极限, 可以先转化为函数极限, 再用 L'Hospital 法则.

例 5.2.13 证明: $\lim\limits_{n\to\infty}n^3\mathrm{e}^{-n^2}=0$.

证明 因为

$$\lim_{x\to\infty}\frac{x^3}{\mathrm{e}^{x^2}}=\lim_{x\to+\infty}\frac{3x^2}{2x\mathrm{e}^{x^2}}=\lim_{x\to+\infty}\frac{3}{4x\mathrm{e}^{x^2}}=0,$$

所以

$$\lim_{n\to\infty}n^3\mathrm{e}^{-n^2}=\lim_{x\to\infty}x^3\mathrm{e}^{-x^2}=0.$$ □

习题 5.2

A1. 试问函数 $f(x)=x^2, g(x)=x^3$ 在区间 $[-1,1]$ 上能否应用 Cauchy 中值定理得到相应的结论, 为什么?

A2. 设 $0<\alpha<\beta<\dfrac{\pi}{2}$. 证明: 存在 $\theta\in(\alpha,\beta)$, 使得

$$\frac{\sin\alpha-\sin\beta}{\cos\beta-\cos\alpha}=\cot\theta.$$

A3. 设 $b>a>0$, 函数 f 在 $[a,b]$ 上可导. 证明: 存在 $\xi\in(a,b)$, 使得

$$2\xi[f(b)-f(a)]=(b^2-a^2)f'(\xi).$$

若 $0\in[a,b]$, 问上述结论是否成立?

A4. 设 $a,b>0$, 证明: 存在 $\xi\in(a,b)$, 使得

$$a\mathrm{e}^b-b\mathrm{e}^a=(1-\xi)\mathrm{e}^\xi(a-b).$$

A5. 求下列不定式极限:

(1) $\lim\limits_{x\to0}\dfrac{\mathrm{e}^x-1}{\arcsin x}$; (2) $\lim\limits_{x\to0}\dfrac{x^2\sin\frac{1}{x}}{\sin x}$;

(3) $\lim\limits_{x\to0}\dfrac{\ln(1+x)-x}{\cos x-1}$; (4) $\lim\limits_{x\to0+}\dfrac{\ln\cot x}{\ln x}$;

(5) $\lim\limits_{x\to1}\dfrac{\ln\cos(x-1)}{1-x}$; (6) $\lim\limits_{x\to\frac{\pi}{2}}\dfrac{\tan x}{\tan 3x+5}$;

(7) $\lim\limits_{x\to0}\dfrac{(1+x)^{\frac{1}{x}}-\mathrm{e}}{x}$; (8) $\lim\limits_{x\to0}\dfrac{x\mathrm{e}^x-\ln(1+x)}{x^2}$.

A6. 求下列不定式极限:

(1) $\lim\limits_{x\to0}\left(\dfrac{1}{x^2}-\dfrac{1}{\sin^2x}\right)$; (2) $\lim\limits_{x\to+\infty}(\pi-2\arctan x)\ln x$;

(3) $\lim\limits_{x\to0+}x^{\sin x}$; (4) $\lim\limits_{x\to\frac{\pi}{4}}(\tan x)^{\tan 2x}$;

(5) $\lim\limits_{x\to0}\left(\dfrac{\ln(1+x)^{(1+x)}}{x^2}-\dfrac{1}{x}\right)$; (6) $\lim\limits_{x\to0}\left(\cot x-\dfrac{1}{x}\right)$;

(7) $\lim\limits_{x\to0}\left(\dfrac{\tan x}{x}\right)^{\frac{1}{x^2}}$; (8) $\lim\limits_{x\to1-}(1-x^2)^{\frac{1}{\ln(1-x)}}$.

A7. 设函数 f 在点 a 处有二阶导数. 证明:

$$\lim_{h\to0}\frac{f(a+h)+f(a-h)-2f(a)}{h^2}=f''(a).$$

A8. 设函数 f 在点 a 的某个邻域二阶可导. 证明: 对充分小的 h, 存在 $\theta,0<\theta<1$, 使得

$$\frac{f(a+h)+f(a-h)-2f(a)}{h^2}=\frac{f''(a+\theta h)+f''(a-\theta h)}{2}.$$

B9. 设 $f(0)=0$, 且 $f'(0)$ 存在. 求极限 $\lim\limits_{x\to0+}x^{f(x)}$.

B10. 设 $b>a>0$, 函数 $f(x)$ 在 $[a,b]$ 上可微. 证明: 存在 $\xi\in(a,b)$, 使得

$$\frac{1}{a-b}\begin{vmatrix}a & b\\ f(a) & f(b)\end{vmatrix}=f(\xi)-\xi f'(\xi).$$

B11. 证明定理 5.2.2 中 $\lim\limits_{x\to a+}\dfrac{f'(x)}{g'(x)}=\infty$ 情形时的 L'Hospital 法则.

B12. 证明: $f(x)=x^3\mathrm{e}^{-x^2}$ 为 $\mathbb{R}$ 上的有界函数.

§5.3 Taylor 公式

根据微分学的基本思想, 可微函数局部地可以用线性函数来近似, 从几何的角度, 即用直线 (切线) 去近似曲线, 但直线与曲线的误差还是较大的. 是否能用其他相对简单的函数更好地近似可微函数呢? 线性函数是一次函数, 作为其推广, 多项式也具有形式简单、易于计算的特点. 本节中, 我们将学习函数的多项式逼近问题, 主要结果是 Taylor 定理, 它是 Taylor (泰勒, 1685~1731) 早在 1712 年以前得到的, 但其重要价值一直未得到重视, 直到

1755 年 Euler 将其应用于微分学的研究, 稍后 Lagrange 用带余项的 Taylor 公式作为其函数理论的基础, Taylor 公式的重要性才得到承认. 后来有人甚至称 "Taylor 定理是一元微分学的顶峰", 因为凡是能用一元微分学中其他理论解决的问题几乎都能用 Taylor 定理来解决. 希望大家在学习中注意体会.

§5.3.1 带 Peano 型余项的 Taylor 公式

如果函数 $f(x)$ 在 x_0 点可微, 则

$$f(x)=f(x_0)+f'(x_0)(x-x_0)+o(x-x_0),$$

即 $f(x)$ 局部地可以用线性函数 $f(x_0)+f'(x_0)(x-x_0)$ 近似表示, 其误差 $o(x-x_0)$ 是 $x-x_0$ 的高阶无穷小, 如果我们期望误差更小, 即希望误差的阶数更高, 例如是 $(x-x_0)^2$ 的高阶无穷小, 能否做到? 注意到

$$o(x-x_0)=f(x)-f(x_0)-f'(x_0)(x-x_0),$$

如果进一步假设 $f(x)$ 在 x_0 点二阶可微, 则由 L'Hospital 法则和二阶导数的定义, 有

$$\lim_{x\to x_0}\frac{f(x)-f(x_0)-f'(x_0)(x-x_0)}{(x-x_0)^2}=\frac{1}{2}f''(x_0),$$

因此, 此时的 $o(x-x_0)$ 起码是 $(x-x_0)$ 的二阶无穷小, 且还有

$$f(x)=f(x_0)+f'(x_0)(x-x_0)+\frac{1}{2}f''(x_0)(x-x_0)^2+o((x-x_0)^2),$$

即将 $f(x)$ 用一个二次多项式来近似, 它比线性形式的一阶近似要更精确, 因为现在的误差是二阶无穷小. 依次类推, 记

$$P_n(x)=f(x_0)+f'(x_0)(x-x_0)+\frac{f''(x_0)}{2}(x-x_0)^2+\cdots+\frac{f^{(n)}(x_0)}{n!}(x-x_0)^n, \tag{5.3.1}$$

则有下面的 n 次 Taylor 公式.

定理 5.3.1 (带 Peano 型余项的 Taylor 公式) 设 $f(x)$ 在 $x=x_0$ 点 n 阶可导, 则

$$f(x)=P_n(x)+o((x-x_0)^n)\ (x\to x_0), \tag{5.3.2}$$

并且, 满足式 (5.3.2) 的多项式 $P_n(x)$ 是唯一的, 称为 $f(x)$ 在 x_0 处的n 次 **Taylor 多项式**, $r_n(x)=o((x-x_0)^n)\ (x\to x_0)$ 称为 $f(x)$ 在 x_0 处的 n 次 **Peano 型余项**, 而公式 (5.3.2) 称为 $f(x)$ 在 x_0 处带有 **Peano 型余项** (Peano type remainder) 的n 次 **Taylor 公式** (Taylor formula).

证明 设 $r_n(x)=f(x)-P_n(x)=f(x)-\left(f(x_0)+f'(x_0)(x-x_0)+\frac{f''(x_0)}{2}(x-x_0)^2+\cdots+\frac{f^{(n)}(x_0)}{n!}(x-x_0)^n\right)$, 下面证明 $r_n(x)=o((x-x_0)^n)$. 事实上,

$$r_n(x_0)=r_n'(x_0)=r_n''(x_0)=\cdots=r_n^{(n-1)}(x_0)=0.$$

$$r_n^{(n-1)}(x) = f^{(n-1)}(x) - f^{(n-1)}(x_0) - f^{(n)}(x_0)(x-x_0).$$

反复应用 L'Hospital 法则 ($n-1$ 次) 以及 n 阶导数的定义, 可得

$$\begin{aligned}
&\lim_{x\to x_0}\frac{r_n(x)}{(x-x_0)^n} = \lim_{x\to x_0}\frac{r'_n(x)}{n(x-x_0)^{n-1}}\\
=&\lim_{x\to x_0}\frac{r''_n(x)}{n(n-1)(x-x_0)^{n-2}} = \cdots\\
=&\lim_{x\to x_0}\frac{r_n^{(n-1)}(x)}{n(n-1)\cdot\cdots\cdot 2\cdot(x-x_0)}\\
=&\frac{1}{n!}\lim_{x\to x_0}\left[\frac{f^{(n-1)}(x)-f^{(n-1)}(x_0)-f^{(n)}(x_0)(x-x_0)}{x-x_0}\right]\\
=&\frac{1}{n!}\lim_{x\to x_0}\left[\frac{f^{(n-1)}(x)-f^{(n-1)}(x_0)}{x-x_0}-f^{(n)}(x_0)\right]\\
=&\frac{1}{n!}\left[f^{(n)}(x_0)-f^{(n)}(x_0)\right]=0,
\end{aligned}$$

因此 $r_n(x) = o((x-x_0)^n)\ (x\to x_0)$.

再证满足式 (5.3.2) 的多项式的唯一性. 设

$$f(x) = Q_n(x) + R_n(x), \tag{5.3.3}$$

其中 $Q_n(x) = a_0 + a_1(x-x_0) + a_2(x-x_0)^2 + \cdots + a_n(x-x_0)^n,\quad R_n(x) = o((x-x_0)^n)$.

下面证明 $a_k = \dfrac{f^{(k)}(x_0)}{k!}, k=0,1,\cdots,n$.

首先, 在式 (5.3.3) 中令 $x\to x_0$ 得 $a_0 = f(x_0)$.

其次, 由式 (5.3.3) 得

$$\frac{f(x)-f(x_0)}{x-x_0} = a_1 + a_2(x-x_0) + \cdots + a_n(x-x_0)^{n-1} + \frac{R_n(x)}{x-x_0},$$

再令 $x\to x_0$ 得 $f'(x_0) = a_1$.

此时再次由式 (5.3.3) 得

$$\frac{f(x)-f(x_0)-f'(x_0)(x-x_0)}{(x-x_0)^2} = a_2 + a_3(x-x_0) + \cdots + a_n(x-x_0)^{n-2} + \frac{R_n(x)}{(x-x_0)^2},$$

再令 $x\to x_0$, 并应用 L'Hospital 法则可得 $a_2 = \dfrac{f''(x_0)}{2}$.

依次类推即可得 $a_k = \dfrac{f^{(k)}(x_0)}{k!}, k=0,1,\cdots,n$. □

注 5.3.1　如果 $f(x)$ 在 x_0 点 n 阶可导的条件不满足, 则满足式 (5.3.3) 的多项式 $Q_n(x)$ 可以存在但不必是 $f(x)$ 的 Taylor 多项式. 参见《数学分析》(华东师范大学数学系, 2001).

§5.3.2 带 Lagrange 型余项的 Taylor 公式

显然, 带 Peano 型余项的 Taylor 公式是可微概念的推广, 但它只是定性地告诉我们, 当 $x \to x_0$ 时, $f(x)$ 与其 n 次 Taylor 多项式 $P_n(x)$ 的误差 $r_n(x)$ 是 $(x-x_0)^n$ 的高阶无穷小, 因此这个公式只是对余项无穷小阶数的一个刻画, 这种刻画只在 x 充分靠近 x_0 时才有效, 对其他的 x 则没有提供任何信息. 下面给出所谓带 Lagrange 型余项的 Taylor 公式. 作为 Lagrange 中值定理的推广, 它将弥补上述缺陷.

我们先重新再来看 $n=2$ 时的 Peano 型余项

$$r_2(x) = f(x) - f(x_0) - f'(x_0)(x-x_0) - \frac{1}{2}f''(x_0)(x-x_0)^2 = o((x-x_0)^2)\ (x \to x_0),$$

它是高于二阶的无穷小, 如果假设 f 具有三阶的可微性, 并注意到 $r_2(x_0)=0$, 则由 Cauchy 中值定理知, 存在介于 x 和 x_0 之间的 η, 使得

$$\frac{r_2(x)}{(x-x_0)^3} = \frac{f'(\eta) - f'(x_0) - f''(x_0)(\eta - x_0)}{3(\eta - x_0)^2},$$

对等式右边再次应用 Cauchy 中值定理知, 存在介于 η 和 x_0 之间的 ζ, 使得

$$\frac{r_2(x)}{(x-x_0)^3} = \frac{f''(\zeta) - f''(x_0)}{6(\zeta - x_0)},$$

对上式右边第三次应用 Cauchy 中值定理知, 存在介于 ζ 和 x_0 之间的 ξ, 使得

$$\frac{r_2(x)}{(x-x_0)^3} = \frac{f'''(\xi)}{6},$$

即 $r_2(x) = \dfrac{1}{3!}f'''(\xi)(x-x_0)^3$, 亦即

$$f(x) = f(x_0) + f'(x_0)(x-x_0) + \frac{1}{2}f''(x_0)(x-x_0)^2 + \frac{1}{3!}f'''(\xi)(x-x_0)^3.$$

一般地, 我们可得到一种带定量余项的 Taylor 公式.

定理 5.3.2 (带 Lagrange 型余项的 Taylor 公式) 设 $f(x)$ 在 $[x_0, x_0+\delta]$ 上具有 n 阶连续导数, 在 $(x_0, x_0+\delta)$ 内有 $n+1$ 阶导数, 其中 $\delta > 0$. 则 $\forall x \in [x_0, x_0+\delta]$, 成立

$$f(x) = P_n(x) + r_n(x), \tag{5.3.4}$$

其中 $P_n(x)$ 是 $f(x)$ 的 n 次 Taylor 多项式, 而 $r_n(x)$ 有如下表达式

$$r_n(x) = \frac{f^{(n+1)}(\xi)}{(n+1)!}(x-x_0)^{n+1},\ \xi \in (x_0, x). \tag{5.3.5}$$

对 x_0 的左邻域 $[x_0-\delta, x_0]$ 有类似结果.

形如式 (5.3.5) 的余项称为 **Lagrange 型余项** (Lagrange type remainder), 此时称 Taylor 公式 (5.3.4) 为 $f(x)$ 在 $x=x_0$ 处的**带 Lagrange 型余项的 (n 次)Taylor 公式**.

证明 引进新变量 t 代替 x_0, 作辅助函数

$$G(t) = f(x) - \sum_{k=0}^{n} \frac{1}{k!}f^{(k)}(t)(x-t)^k \quad \text{和} \quad H(t) = (x-t)^{n+1},$$

那么只需要证明, 存在 $\xi \in (x_0, x_0+\delta)$, 使得

$$\frac{G(x_0)}{H(x_0)} = \frac{f^{(n+1)}(\xi)}{(n+1)!}.$$

显然, $G(t)$ 和 $H(t)$ 在 $[x_0, x]$ 上连续, 在 (x_0, x) 上可导,

$$G'(t) = -\frac{f^{(n+1)}(t)}{n!}(x-t)^n, \quad H'(t) = -(n+1)(x-t)^n.$$

$H'(t)$ 在 (x_0, x) 上不等于零, 且 $G(x) = H(x) = 0$. 由 Cauchy 中值定理可得

$$\frac{G(x_0)}{H(x_0)} = \frac{G(x)-G(x_0)}{H(x)-H(x_0)} = \frac{G'(\xi)}{H'(\xi)} = \frac{f^{(n+1)}(\xi)}{(n+1)!}, \quad \xi \in (x_0, x). \qquad \square$$

特别当 $n=0$ 时, 带 Lagrange 型余项的 Taylor 公式为

$$f(x) = f(x_0) + f'(\xi)(x-x_0),$$

即得 Lagrange 中值定理. 所以带 Lagrange 型余项的 Taylor 公式可以看作是 Lagrange 中值定理的推广.

注 5.3.2　若 $f^{(n+1)}(x)$ 在 x_0 点局部有界, 则 Lagrange 型余项 $r_n(x)$ 必是 $o((x-x_0)^n)$ 的高阶无穷小, 此时带 Lagrange 型余项的 Taylor 公式蕴含带 Peano 型余项的 Taylor 公式, 即定理 5.3.2 的结论强于定理 5.3.1, 但定理 5.3.1 的条件弱于定理 5.3.2.

特别地, $x_0 = 0$ 时的 Taylor 公式又称为 **Maclaurin 公式** (Maclaurin formula)(尽管它并非由 Maclaurin(麦克劳林) 首先得到的, Taylor 和 Stirling (斯特林) 都曾先得到过该公式), 其一般形式是

$$f(x) = f(0) + f'(0)x + \frac{f''(0)}{2}x^2 + \cdots + \frac{f^{(n)}(0)}{n!}x^n + r_n(x), \tag{5.3.6}$$

其中 $r_n(x)$ 余项, 它的 Peano 和 Lagrange 形式分别为

$$r_n(x) = o(x^n), \quad r_n(x) = \frac{f^{(n+1)}(\xi)}{(n+1)!}x^{n+1}(\xi\text{在 } x \text{ 和 } 0 \text{ 之间}).$$

记 $\xi = \theta x$, $\theta \in (0,1)$, 因此, 带 Lagrange 型余项的 Maclaurin 公式为

$$f(x) = f(0) + f'(0)x + \frac{f''(0)}{2}x^2 + \cdots + \frac{f^{(n)}(0)}{n!}x^n + \frac{f^{(n+1)}(\theta x)}{(n+1)!}x^{n+1}, \theta \in (0,1). \tag{5.3.7}$$

§5.3.3　几个常见函数的 Maclaurin 公式

本小节, 我们将具体求出一些最常见的初等函数的 Maclaurin 公式, 这些公式今后将经常用到.

例 5.3.1　求 $f(x) = \mathrm{e}^x$ 的带 Lagrange 余项的 Maclaurin 公式.

解　对函数 $f(x) = \mathrm{e}^x$ 有

$$f(x) = f'(x) = f''(x) = \cdots = f^{(n)}(x) = \mathrm{e}^x,$$

于是

$$f(0)=f'(0)=f''(0)=\cdots=f^{(n)}(0)=1,$$

因此, e^x 在 $x=0$ 处的 Taylor 公式

$$\mathrm{e}^x=1+x+\frac{x^2}{2!}+\frac{x^3}{3!}+\cdots+\frac{x^n}{n!}+\frac{e^{\theta x}}{(n+1)!}x^{n+1},\theta\in(0,1),\ x\in\mathbb{R}. \tag{5.3.8}$$

例 5.3.2 求 $f(x)=\ln(1+x)$ 带 Lagrange 余项的 Maclaurin 公式.

解

$$\forall x>-1,\ f^{(n)}(x)=[\ln(1+x)]^{(n)}=\frac{(-1)^{n-1}(n-1)!}{(1+x)^n}.$$

特别地,

$$f^{(n)}(0)=(-1)^{n-1}(n-1)!,$$

因此可得 $\ln(1+x)$ 在 $x=0$ 处的带 Lagrange 余项的 Taylor 公式为

$$\ln(1+x)=x-\frac{x^2}{2}+\cdots+(-1)^{n-1}\frac{x^n}{n}+\frac{(-1)^n}{(n+1)(1+\theta x)^{n+1}}x^{n+1},\ x>-1,\ \theta\in(0,1). \tag{5.3.9}$$

例 5.3.3 求 $f(x)=\sin x$ 和 $\cos x$ 的 Maclaurin 公式.

解 先考虑 $f(x)=\sin x$. 由于对 $k=0,1,2,\cdots$, 有

$$f^{(k)}(x)=\sin\left(x+\frac{k}{2}\pi\right),$$

于是

$$f^{(k)}(0)=\begin{cases}0, & k=2n,\\ (-1)^n, & k=2n+1,\end{cases}$$

因此 $\sin x$ 的 Maclaurin 公式为

$$\sin x=x-\frac{x^3}{3!}+\frac{x^5}{5!}-\cdots+(-1)^n\frac{x^{2n+1}}{(2n+1)!}+r_{2n+2}(x),\ x\in\mathbb{R}. \tag{5.3.10}$$

其中,

$$r_{2n+2}(x)=o(x^{2n+2}),\quad \text{或}\ r_{2n+2}(x)=\frac{x^{2n+3}}{(2n+3)!}(-1)^{n+1}\cos\theta x,\ \theta\in(0,1). \tag{5.3.11}$$

同样有

$$\cos x=1-\frac{x^2}{2!}+\frac{x^4}{4!}-\cdots+(-1)^n\frac{x^{2n}}{(2n)!}+r_{2n+1}(x),\ x\in\mathbb{R}, \tag{5.3.12}$$

其中,

$$\begin{aligned}r_{2n+1}(x)=o(x^{2n+1}),\quad \text{或}\quad r_{2n+1}(x)&=\frac{x^{2n+2}}{(2n+2)!}\cos(\theta x+(n+1)\pi)\\&=(-1)^{n+1}\frac{x^{2n+2}}{(2n+2)!}\cos\theta x,\ \theta\in(0,1).\end{aligned} \tag{5.3.13}$$

例 5.3.4　求 $f(x)=(1+x)^{\alpha}$ ($x>-1$, α 为任意实数) 的 Maclaurin 公式.

解　(1) $\alpha=n$ 为自然数. 由二项式定理

$$(1+x)^n=\sum_{k=0}^{n}\begin{pmatrix} n \\ k \end{pmatrix}x^k=\sum_{k=0}^{n}C_n^k x^k,$$

此时余项为 0.

(2) α 不是自然数. 因为

$$f(0)=\left.(1+x)^{\alpha}\right|_{x=0}=1$$

$$f'(0)=\left.\alpha(1+x)^{\alpha-1}\right|_{x=0}=\alpha$$

$$f''(0)=\left.\alpha(\alpha-1)(1+x)^{\alpha-2}\right|_{x=0}=\alpha(\alpha-1),$$

$$\cdots$$

一般地, 对任意正整数 k, 有

$$f^{(k)}(0)=\alpha(\alpha-1)\cdots(\alpha-k+1).$$

记

$$\begin{pmatrix} \alpha \\ k \end{pmatrix}=\frac{\alpha(\alpha-1)\cdots(\alpha-k+1)}{k!},$$

并规定

$$\begin{pmatrix} \alpha \\ 0 \end{pmatrix}=1.$$

(当 α 为正整数 n 时, $\begin{pmatrix} n \\ j \end{pmatrix}=C_n^j$, $1\leqslant j\leqslant n$, 因而它是组合数的推广) 由此得到

$$\begin{aligned}(1+x)^{\alpha}&=\begin{pmatrix} \alpha \\ 0 \end{pmatrix}+\begin{pmatrix} \alpha \\ 1 \end{pmatrix}x+\begin{pmatrix} \alpha \\ 2 \end{pmatrix}x^2+\begin{pmatrix} \alpha \\ 3 \end{pmatrix}x^3+\cdots+\begin{pmatrix} \alpha \\ n \end{pmatrix}x^n+r_n(x)\\ &=1+\alpha x+\frac{\alpha(\alpha-1)}{2!}x^2+\cdots+\frac{\alpha(\alpha-1)\cdots(\alpha-n+1)}{n!}x^n+r_n(x),\end{aligned}\tag{5.3.14}$$

$$r_n(x)=o(x^n)\quad 或\quad r_n(x)=\begin{pmatrix} \alpha \\ n+1 \end{pmatrix}(1+\theta x)^{\alpha-(n+1)}\cdot x^{n+1},\ \theta\in(0,1).\tag{5.3.15}$$

下面几种特殊情况特别重要.

(i) $\alpha=-1$ 时, $\begin{pmatrix} -1 \\ k \end{pmatrix}=(-1)^k$, 因此

$$\frac{1}{1+x}=1-x+x^2-x^3+\cdots+(-1)^n x^n+r_n(x),\tag{5.3.16}$$

Lagrange 型余项为

$$r_n(x)=(-1)^{n+1}\frac{x^{n+1}}{(1+\theta x)^{n+2}},\theta\in(0,1).$$

同样,

$$\frac{1}{1-x}=1+x+x^2+x^3+\cdots+x^n+r_n(x), \tag{5.3.17}$$

Lagrange 型余项为

$$r_n(x)=\frac{x^{n+1}}{(1-\theta x)^{n+2}},\theta\in(0,1).$$

(ii) $\alpha=\dfrac{1}{2}$ 时,

$$\begin{pmatrix}\frac{1}{2}\\k\end{pmatrix}=\frac{\frac{1}{2}\left(\frac{1}{2}-1\right)\cdots\left(\frac{1}{2}-k+1\right)}{k!}=\begin{cases}\dfrac{1}{2}, & k=1,\\ (-1)^{k-1}\dfrac{(2k-3)!!}{(2k)!!}, & k>1,\end{cases}$$

因此得

$$\sqrt{1+x}=1+\frac{1}{2}x-\frac{1}{2\cdot 4}x^2+\frac{1\cdot 3}{2\cdot 4\cdot 6}x^3-\cdots+(-1)^{n-1}\frac{(2n-3)!!}{(2n)!!}x^n+r_n(x), \tag{5.3.18}$$

其中,

$$r_n(x)=(-1)^n\frac{(2n-1)!!}{(2n+2)!!}\frac{x^{n+1}}{(1+\theta x)^{n+\frac{1}{2}}},\ \theta\in(0,1).$$

(iii) 对 $\alpha=-\dfrac{1}{2}$, 有类似结果:

$$\frac{1}{\sqrt{1+x}}=1-\frac{1}{2}x+\frac{1\cdot 3}{2\cdot 4}x^2-\frac{1\cdot 3\cdot 5}{2\cdot 4\cdot 6}x^3+\cdots+(-1)^n\frac{(2n-1)!!}{(2n)!!}x^n+r_n(x), \tag{5.3.19}$$

其中,

$$r_n(x)=(-1)^{n+1}\frac{(2n+1)!!}{(2n+2)!!}\frac{x^{n+1}}{(1+\theta x)^{n+\frac{3}{2}}},\ \theta\in(0,1).$$

§5.3.4 带 Peano 型余项 Taylor 公式的间接求法

我们已经得到了 $\mathrm{e}^x,\ln(1+x),\sin x,\cos x,(1+x)^\alpha$ 的 Maclaurin 公式. 这几个公式本身非常重要, 同时它们可用于求其他函数 Taylor 公式, 即从这几个公式出发, 利用换元、四则运算、待定系数、求导等方法, 可以较方便得到其他一些常用的初等函数的带 Peano 型余项的 Taylor 公式, 而不必很烦琐地按定义去求. 这种做法的理论依据便是定理 5.3.1 的带 Peano 型余项 Taylor 公式的唯一性, 亦即 Taylor 多项式的唯一性.

因此只要 n 阶可微函数 $f(x)$ 可以表示成关于 $x-x_0$ 的 n 次多项式和 $(x-x_0)^n$ 的高阶无穷小的和, 则它就是 $f(x)$ 在 x_0 点的带 Peano 余项的 Taylor 公式. 据此我们可以得到下面的带 Peano 型余项的 Taylor 公式的一些间接求法.

1. 利用初等变形 (变量代换)

例 5.3.5 求 $f(x)=3^x$ 带 Peano 余项的 Maclaurin 公式.

解 将 3^x 写成 $\mathrm{e}^{(\ln 3)x}$, 令 $u=(\ln 3)x$, 并对 e^u 使用例 5.3.1 的公式 (5.3.8), 即有

$$3^x=1+(\ln 3)x+\frac{(\ln 3)^2x^2}{2!}+\frac{(\ln 3)^3x^3}{3!}+\cdots+\frac{(\ln 3)^nx^n}{n!}+o(x^n).$$

例 5.3.6 求 $f(x)=\ln x$ 在 $x=1$ 处的带 Peano 余项的 Taylor 公式.

解 $\ln x=\ln[1+(x-1)]$, 应用 $\ln(1+u)$ 在 $u=0$ 处的 Taylor 公式 (见例 5.3.2 公式 (5.3.9)), 可得到 $f(x)=\ln x$ 在 $x=1$ 处的 Taylor 公式

$$\ln x=(x-1)-\frac{(x-1)^2}{2}+\frac{(x-1)^3}{3}-\frac{(x-1)^4}{4}+\cdots+(-1)^{n-1}\frac{(x-1)^n}{n}+o((x-1)^n).$$

例 5.3.7 求 $f(x)=\dfrac{1}{2+x}$ 的带 Peano 余项的 Maclaurin 公式.

解 $\dfrac{1}{2+x}=\dfrac{1}{2\left(1+\frac{x}{2}\right)}$, 根据例 5.3.4 公式 (5.3.16), 我们有

$$\frac{1}{2+x}=\frac{1}{2}-\frac{x}{4}+\frac{x^2}{8}+\cdots+(-1)^n\frac{x^n}{2^{n+1}}+o(x^n).$$

例 5.3.8 求 $f(x)=\sqrt[3]{2-\cos x}$ 的带 Peano 余项的 4 阶 Maclaurin 公式.

解 令 $u=1-\cos x$, 则当 $x\to 0$ 时 $u\to 0$, 于是根据例 5.3.4 的结果,

$$\begin{aligned}\sqrt[3]{2-\cos x}&=\sqrt[3]{1+(1-\cos x)}=\sqrt[3]{1+u}=1+\frac{u}{3}-\frac{u^2}{9}+o(u^2)\\&=1+\frac{1-\cos x}{3}-\frac{(1-\cos x)^2}{9}+o((1-\cos x)^2).\end{aligned}$$

由于 $1-\cos x=\dfrac{x^2}{2}-\dfrac{x^4}{24}+o(x^4)$ 及 $o((1-\cos x)^2)=o(x^4)$, 则得展式

$$\sqrt[3]{2-\cos x}=1+\frac{x^2}{6}-\frac{x^4}{24}+o(x^4).$$

2. 利用 $f(x)$ 的 Taylor 公式求 $f'(x)$ 的 Taylor 公式

观察 $\ln(1+x)$ 和 $\dfrac{1}{1+x}$ 的 Taylor 公式, 我们可以发现 $\dfrac{1}{1+x}$ 的 n 次 Taylor 多项式刚好是 $\ln(1+x)$ 的 $n+1$ 次 Taylor 多项式的导数. 事实上, 根据定理 5.3.2 可得下面的一般结论.

定理 5.3.3 设 $f(x)$ 在点 x_0 处存在 $n+1$ 阶导数, 则 $f(x)$ 在点 x_0 处的 $n+1$ 次 Taylor 多项式的导数恰为 $f'(x)$ 在点 x_0 处的 n 次 Taylor 多项式.

证明 设 $f(x)$ 的 $n+1$ 次 Taylor 公式与 $f'(x)$ 的 n 次 Taylor 公式分别为

$$f(x)=P_{n+1}(x)+o((x-x_0)^{n+1}),$$

$$f'(x)=Q_n(x)+o((x-x_0)^n),$$

则

$$P_{n+1}(x)=f(x_0)+f'(x_0)(x-x_0)+\frac{f''(x_0)}{2!}(x-x_0)^2+\cdots+\frac{f^{(n+1)}(x_0)}{(n+1)!}(x-x_0)^{n+1},$$

$$Q_n(x)=f'(x_0)+\frac{f''(x_0)}{1!}(x-x_0)+\cdots+\frac{f^{(n+1)}(x_0)}{n!}(x-x_0)^n,$$

由此可见, $P'_{n+1}(x)=Q_n(x)$. □

因此欲求 $f'(x)$ 的带有 Peano 型余项的 n 次 Taylor 公式, 可以先求出 $f(x)$ 的 $n+1$ 次 Taylor 多项式 $P_{n+1}(x)$, 则 $f'(x)$ 的带有 Peano 型余项的 n 次 Taylor 公式为

$$f'(x) = P'_{n+1}(x) + o((x-x_0)^n).$$

反之, 若已知 $f'(x)$ 的 $n-1$ 次 Taylor 多项式 $q_{n-1}(x)$, 则根据关系 $p'_n(x) = q_{n-1}(x)$, $p_n(x_0) = f(x_0)$ 所得的 $p_n(x)$ 即是 $f(x)$ 的 n 次 Taylor 多项式.

例 5.3.9 求 $f(x) = \dfrac{1}{(1+x)^2}$ 的带有 Peano 型余项的 Maclaurin 公式.

解 $\dfrac{1}{(x+1)^2} = \left(-\dfrac{1}{x+1}\right)'$, 而由式 (5.3.16) 我们有

$$f(x) = \frac{1}{(1+x)^2} = 1 - 2x + 3x^2 + \cdots + (-1)^{n-1}nx^{n-1} + o(x^{n-1}).$$

例 5.3.10 用 $\dfrac{1}{1+x^2}$ 的 Maclaurin 公式求 $f(x) = \arctan x$ 的 Maclaurin 公式.

解 由于 $(\arctan x)' = \dfrac{1}{1+x^2}$, 而由式 (5.3.16), $\dfrac{1}{1+x^2}$ 的 $2n$ 次 Taylor 多项式为

$$q_{2n}(x) = 1 - x^2 + x^4 - x^6 + x^8 - \cdots + (-1)^n x^{2n},$$

设 $\arctan x$ 的 $2n+1$ 次 Taylor 多项式为

$$p_{2n+1}(x) = a_0 + a_1 x + a_2 x^2 + \cdots + a_{2n+1}x^{2n+1},$$

则

$$(p_{2n+1}(x))' = a_1 + 2a_2 x + 3a_3 x^2 + \cdots + 2na_{2n}x^{2n-1} + (2n+1)a_{2n+1}x^{2n},$$

而根据等式 $(p_{2n+1}(x))' = q_{2n}(x)$ 比较系数得到

$$a_{2j} = 0; \quad a_{2j+1} = \frac{(-1)^j}{2j+1}, \qquad j = 1, 2, \cdots, n,$$

同时 $a_0 = \arctan 0 = 0$, 因此可得

$$\arctan x = x - \frac{x^3}{3} + \frac{x^5}{5} - \frac{x^7}{7} + \cdots + (-1)^n \frac{x^{2n+1}}{2n+1} + o(x^{2n+1}).$$

3. 利用四则运算法则

例 5.3.11 求 $\dfrac{1}{(1+x)(2+x)}$ 在 $x=0$ 处的 Taylor 公式.

解 由于

$$\frac{1}{(1+x)(2+x)} = \frac{1}{1+x} - \frac{1}{2+x},$$

而

$$\frac{1}{1+x} = \sum_{k=0}^{n} (-1)^k x^k + o(x^n),$$

$$\frac{1}{2+x} = \sum_{k=0}^{n} (-1)^k \frac{x^k}{2^{k+1}} + o(x^n).$$

则

$$\frac{1}{(1+x)(2+x)}=\sum_{k=0}^{n}(-1)^k\left(1-\frac{1}{2^{k+1}}\right)x^k+o(x^n). \tag{5.3.20}$$

例 5.3.12 求 $\tan x$ 在 $x=0$ 处的带 Peano 余项的 4 次 Taylor 公式.

解 由于 $\tan x=\dfrac{\sin x}{\cos x}$, 而

$$\sin x=x-\frac{x^3}{3!}+o(x^4),\quad \cos x=1-\frac{x^2}{2!}+\frac{x^4}{4!}+o(x^5),$$

直接将两个 Taylor 公式相除不易计算, 但可利用待定系数法将除法转化为乘法: 设

$$\tan x=a_0+a_1x+a_2x^2+a_3x^3+a_4x^4+o(x^4).$$

则将上述三个 Taylor 公式分别代入等式 $\sin x=\tan x\cos x$ 可得

$$\begin{aligned}x-\frac{x^3}{3!}+o(x^4)&=\left[1-\frac{x^2}{2!}+\frac{x^4}{4!}+o(x^5)\right]\cdot[a_0+a_1x+a_2x^2+a_3x^3+a_4x^4+o(x^4)]\\&=a_0+a_1x+\left(a_2-\frac{a_0}{2}\right)x^2+\left(a_3-\frac{a_1}{2}\right)x^3+\left(a_4-\frac{a_2}{2}+\frac{a_0}{4!}\right)x^4+o(x^4),\end{aligned}$$

因此 $a_0=0,a_1=1,a_2=0,a_3=\dfrac{1}{3},a_4=0$, 从而

$$\tan x=x+\frac{x^3}{3}+o(x^4).$$

习题 5.3

A1. 求下列函数在 x_0 点的分别带 Peano 型和 Lagrange 余项的 Taylor 公式 (展开到指定的 n 次):

(1) $f(x)=\cos x, x_0=1$, 对任意正整数 n;

(2) $f(x)=\sin\sin x, x_0=0$, 对 Peano 型余项, $n=3$, 对 Lagrange 型余项, $n=2$;

(3) $f(x)=\ln\cos x, x_0=0, n=4$.

A2. 求多项式 $P(x)=2x^5+x^4+3x^3+2$ 在 $x=2$ 处的 Taylor 多项式.

A3. 求下列函数的带 Peano 余项的 Maclaurin 公式:

(1) $f(x)=\dfrac{1}{\sqrt[3]{1+x}}$; (2) $f(x)=\dfrac{1}{\sqrt{1+x^2}}$;

(3) $f(x)=\mathrm{e}^{1+2x}$; (4) $f(x)=\dfrac{x^2+2x+4}{(1+x)(2+x^2)}$;

(5) $f(x)=\dfrac{1}{(1+x^2)^2}$; (6) $f(x)=\ln\dfrac{1-x}{1+x}$.

A4. 求下列函数带 Peano 余项的指定次数的 Maclaurin 公式:

(1) $f(x)=\sec x$ (6 次); (2) $f(x)=\arcsin x$ (7 次); (3) $f(x)=\mathrm{e}^{\sin x}$ (4 次).

B5. 设 f 为 $(-\infty,+\infty)$ 上的二阶可导函数. 证明: 若 f 在 $(-\infty,+\infty)$ 上有界, 则存在 $\xi\in(-\infty,+\infty)$, 使 $f''(\xi)=0$.

B6. 设函数 f 在点 a 的邻域 U 内具有 $n+1$ 阶连续导数, $a+h\in U$, 且 $f^{(n+1)}(a)\neq 0$, f 在 U 内的 Taylor 公式为

$$f(a+h)=f(a)+f'(a)h+\cdots+\frac{f^{(n-1)}(a)}{(n-1)!}h^{n-1}+\frac{f^{(n)}(a+\theta h)}{n!}h^n, 0<\theta<1.$$

证明: $\lim\limits_{h\to 0}\theta=\dfrac{1}{n+1}$.

B7. 函数 f 在 $x=0$ 的某邻域 $U(0,\delta)$ 内二阶可导, 且有

$$\lim_{x\to 0}\left(1+x+\frac{f(x)}{x}\right)^{\frac{1}{x}}=\mathrm{e}^3.$$

(1) 求 $f(0),f'(0),f''(0)$;

(2) 求 $\lim\limits_{x\to 0}\left(1+\dfrac{f(x)}{x}\right)^{\frac{1}{x}}$.

§5.4 微分学应用举例

导数、微分、中值定理和 Taylor 公式具有广泛的应用, 本节我们给出它们在极值与最值、渐近线、函数作图、近似计算、求极限、不等式的证明等几个方面的应用.

§5.4.1 极值的判别

由 Fermat 引理知, 函数 $y=f(x)$ 极值点必是 f 的不可导点或驻点, 这两类点是 f 的可能的极值点. 那么如何判断可能的极值点是否是极值点? 是极大值点还是极小值点?

定理 5.4.1 (极值判定定理)

1. 极值的第一充分条件 (first sufficient condition of extremum): 设 $f(x)$ 在 x_0 的某邻域 $U(x_0)$ 内连续, 在其去心邻域 $U^0(x_0)$ 内可导.

(1) 若在去心邻域 $U^0(x_0)$ 中, $f'(x)(x-x_0)\leqslant 0$, 则 x_0 为 $f(x)$ 的极大值点;

(2) 若在去心邻域 $U^0(x_0)$ 中, $f'(x)(x-x_0)\geqslant 0$, 则 x_0 为 $f(x)$ 的极小值点;

(3) 若在去心邻域 $U^0(x_0)$ 中, $f'(x)$ 处处为正, 或处处为负, 则 x_0 不是 $f(x)$ 的极值点.

2. 极值的第二充分条件 (second sufficient condition of extremum): 设 $f(x)$ 在 x_0 点二阶可导, 且 $f'(x_0)=0$.

(1) 若 $f''(x_0)<0$, 则 x_0 为 $f(x)$ 的极大值点;

(2) 若 $f''(x_0)>0$, 则 x_0 为 $f(x)$ 的极小值点;

(3) 若 $f''(x_0)=0$, x_0 是否为 $f(x)$ 的极值点不能由此判别法作出判断.

证明 第一充分条件是显然的, 下面证明第二充分条件. 因为 $f'(x_0)=0$, 由 Taylor 公式

$$\begin{aligned}f(x)&=f(x_0)+f'(x_0)(x-x_0)+\frac{f''(x_0)}{2!}(x-x_0)^2+o((x-x_0)^2)\\&=f(x_0)+\frac{f''(x_0)}{2!}(x-x_0)^2+o((x-x_0)^2)\end{aligned}$$

得到

$$\frac{f(x)-f(x_0)}{(x-x_0)^2}=\frac{1}{2!}f''(x_0)+\frac{o((x-x_0)^2)}{(x-x_0)^2}.$$

因为当 $x\to x_0$ 时上式右侧第二项趋于 0, 所以当 $f''(x_0)<0$ 时, 由极限的性质可知在 x_0 点附近成立

$$\frac{f(x)-f(x_0)}{(x-x_0)^2}<0,$$

所以 $f(x)<f(x_0)$, 从而 $f(x)$ 在 x_0 处取得极大值. 同样可讨论 $f''(x_0)>0$ 的情况. □

当 $f''(x_0)=0$ 时, x_0 可能是极值点, 也可能不是极值点.

例如, 分别考察函数 $y=x^4$, $y=-x^4$ 和 $y=x^3$. $x=0$ 是 $y=x^4$ 的极小值点, 是 $y=-x^4$ 的极大值点, 而不是 $y=x^3$ 的极值点. 但它们都满足 $y'(0)=0$ 和 $y''(0)=0$ 的条件. 因此当 $f''(x_0)=0$ 时, 需要寻找其他方法来判断驻点 x_0 是否为极值点.

事实上, 利用上面定理的证明方法和更高阶导数, 我们还可以得到下面的定理 (证明留作练习).

定理 5.4.2 设 $f(x)$ 在 x_0 处存在 n 阶导数, 且 $f^{(k)}(x_0)=0, k=1,2,\cdots,n-1, f^{(n)}(x_0)\neq 0$.

(1) 若 n 为偶数, 则 x_0 点必为 f 的极值点, 且 $f^{(n)}(x_0)>0$ 时 x_0 为极小值点, $f^{(n)}(x_0)<0$ 时 x_0 为极大值点;

(2) 若 n 为奇数, 则 x_0 点不是 f 的极值点.

例 5.4.1 求 $f(x)=(2x-5)\sqrt[3]{x^2}$ 的极值.

解 $f(x)$ 的定义域为 $\mathbb{R}$, 但 $f(x)$ 在 $x=0$ 处不可导, 而当 $x\neq 0$ 时 $f'(x)=\dfrac{10}{3}x^{-\frac{1}{3}}(x-1)$, 并且 $x<0$ 时, $f'(x)>0$; $0<x<1$ 时, $f'(x)<0$; $f'(1)=0, x=1$ 是 f 的驻点; $x>1$ 时, $f'(x)>0$. 因此 $f(0)=0$ 是极大值, $f(1)=-3$ 是极小值.

例 5.4.2 求 $f(x)=x^4(x-1)^3$ 的极值.

解 $f(x)$ 的定义域为 $\mathbb{R}$, 且在 $\mathbb{R}$ 上可导, 且 $f'(x)=x^3(x-1)^2(7x-4)$. 因此 $f(x)$ 的驻点为 $x=0, x=\dfrac{4}{7}$ 和 $x=1$, 并且 $x<0$ 时, $f'(x)>0$; $0<x<\dfrac{4}{7}$ 时, $f'(x)<0$; $\dfrac{4}{7}<x<1$ 时, $f'(x)>0$; $x>1$ 时, $f'(x)>0$. 由此可得 $f(0)=0$ 是极大值, $f\left(\dfrac{4}{7}\right)=-\dfrac{6912}{7^7}$ 是极小值, $x=1$ 不是极值点.

§5.4.2 最大值与最小值

1. 有限闭区间上连续函数的最值问题

我们知道, 有限闭区间上连续函数的最大值和最小值肯定存在, 现在的问题是如何求. 若最值点是区间的内点, 则必是极值点, 而若极值点是可导点, 则由 Fermat 引理知其必为驻点. 因此, 有限闭区间上连续函数的可能的最值点有三种: 区间端点、不可导点和驻点. 为求出最值, 只要比较区间端点、不可导点和驻点处的函数值的大小, 其中最大者即为函数的最大值, 最小者即为函数的最小值. 此时, 对驻点我们并不需要讨论它是否为极值点.

下面我们来看两个例子.

例 5.4.3 求函数 $f(x)=x-2\sin x$ 在区间 $[0,2\pi]$ 上的最大值和最小值.

解 因函数 $f(x)=x-2\sin x$ 在区间 $[0,2\pi]$ 上连续, 所以其最大值和最小值必存在. 又 $f'(x)=1-2\cos x$, 则 f 的驻点为 $x=\dfrac{\pi}{3},\dfrac{5\pi}{3}$.

而 $f(0)=0$, $f\left(\dfrac{\pi}{3}\right)=\dfrac{\pi}{3}-\sqrt{3}$, $f\left(\dfrac{5\pi}{3}\right)=\dfrac{5\pi}{3}+\sqrt{3}$, $f(2\pi)=2\pi$, 则 f 在区间 $[0,2\pi]$ 上的最大值和最小值分别为 $f\left(\dfrac{5\pi}{3}\right)=\dfrac{5\pi}{3}+\sqrt{3}$ 和 $f\left(\dfrac{\pi}{3}\right)=\dfrac{\pi}{3}-\sqrt{3}$.

例 5.4.4 求 $f(x)=|2x^3-9x^2+12x|$ 在区间 $\left[-\dfrac{1}{4},\dfrac{5}{2}\right]$ 上的最大值和最小值.

解　因 $2x^2-9x+12>0$ 恒成立, 所以

$$f(x)=\begin{cases}-x(2x^2-9x+12), & x<0,\\ x(2x^2-9x+12), & x\geqslant 0,\end{cases}$$

$x=0$ 为 f 唯一的不可导点, 并且

$$f'(x)=\pm 6(x-1)(x-2), x\neq 0,$$

f 的驻点为 $x_1=1, x_2=2$. 而 $f\left(-\dfrac{1}{4}\right)=\dfrac{115}{32}, f(0)=0, f(2)=4, f(1)=f\left(\dfrac{5}{2}\right)=5$, 因此可知 $f(x)$ 在区间 $\left[-\dfrac{1}{4},\dfrac{5}{2}\right]$ 上的最大值为 $f(1)=f\left(\dfrac{5}{2}\right)=5$, 最小值为 $f(0)=0$.

2. 一般区间 I 上连续函数的最值问题

若 I 不是有限闭区间 $[a,b]$, 例如, $I=(a,b]$, (a,b), 或 I 为无穷区间时, 一般来说, 其最值不一定存在. 那么如何判断最值是否存在以及存在时如何求最值? 我们可以应用单调性和极值来研究最值.

例 5.4.5　求 $f(x)=x\mathrm{e}^{-x^2}$ 在 $\mathbb{R}$ 上的最大值和最小值.

解　$f(x)$ 在 $\mathbb{R}$ 上连续且处处可导, 且 $f'(x)=(1-2x^2)\mathrm{e}^{-x^2}$. 令 $f'(x)=0$ 解得

$$x_1=\frac{\sqrt{2}}{2},\quad x_2=-\frac{\sqrt{2}}{2}.$$

易知 $f(x)$ 在 $\left(-\infty,-\dfrac{\sqrt{2}}{2}\right)$ 上单调递减, 在 $\left(-\dfrac{\sqrt{2}}{2},\dfrac{\sqrt{2}}{2}\right)$ 上单调递增, 在 $\left(\dfrac{\sqrt{2}}{2},+\infty\right)$ 上单调递减, 且是奇函数, 在负半轴为负, 在正半轴为正, 因此

$$f\left(\frac{\sqrt{2}}{2}\right)=\frac{1}{\sqrt{2\mathrm{e}}},\quad f\left(\frac{-\sqrt{2}}{2}\right)=-\frac{1}{\sqrt{2\mathrm{e}}}$$

分别为最大值和最小值.

本例也可以根据 $x\to\pm\infty$ 时 $f(x)\to 0$ 获知 $f(x)$ 在 $\mathbb{R}$ 上必有最大值和最小值, 并且它们也必是极大值和极小值, 因此可断定 $f(x)$ 在 $\mathbb{R}$ 上的最大值和最小值分别是 $\dfrac{1}{\sqrt{2\mathrm{e}}}$ 和 $-\dfrac{1}{\sqrt{2\mathrm{e}}}$.

一般来说, 极值点未必是最值点, 但当极值点唯一时极值必是最值.

命题 5.4.1　设函数 f 在区间 I 上连续, 并且在 I 上有唯一的极值点 x_0, 则 x_0 是 f 在 I 上的最值点, 且若是极大值点则必是最大值点, 极小值点必是最小值点.

命题的证明留作练习. 但要注意: 如果将命题中条件 “极值点唯一” 换成 “极大值点唯一” 或 “极小值点唯一”, 结论不成立. 如 $f(x)=x(x^2-3)$, 则 $x_1=-1$ 是唯一的极大值点, $x_2=1$ 是唯一的极小值点, 但 f 在 $\mathbb{R}$ 上无最值. 参见图 5.4.1.

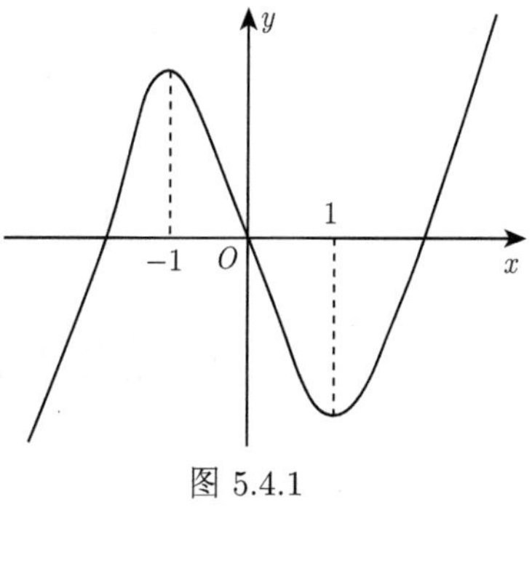

图 5.4.1

注意, 例 5.4.5中奇函数的性质对讨论最值也是有帮助的. 也请读者考虑应用上述命题 5.4.1 来证明 $x_1=\dfrac{\sqrt{2}}{2}$, $x_2=-\dfrac{\sqrt{2}}{2}$ 分别是最大值点和最小值点.

§5.4.3　曲线的渐近线

在中学我们学习过圆锥曲线的渐近线, 下面我们给出一般平面曲线的渐近线的定义和刻画.

区间上连续曲线的渐近线的定义: 设 $S: y=f(x), x\in(\alpha,\beta)$ 是平面上的一条连续曲线, 其中 α,β 是有限数或 (负、正) 无穷大, L 是平面上的一条直线, 如果曲线 S 上的点 $(x,f(x))$ 趋于无穷远点时, 即 $\lim\limits_{x\to\alpha+}(x^2+f^2(x))=+\infty$ 或 $\lim\limits_{x\to\beta-}(x^2+f^2(x))=+\infty$, 点 $(x,f(x))$ 到直线 L 的距离趋于 0, 则称直线 L 是曲线 S 的一条渐近线 (asymptotes).

如果 S 是分段连续曲线, 直线 L 是 S 限制在某开区间上的渐近线, 则也称 L 是 S 的渐近线. 利用渐近线的定义可以给出渐近线的刻画.

如果 α 是有限数, 则由 $\lim\limits_{x\to\alpha+}(x^2+f^2(x))=+\infty$ 可得 $\lim\limits_{x\to\alpha+}f(x)=\infty$, 这时称直线 $L: x=\alpha$ 是曲线 S 的一条**垂直渐近线** (vertical asymptote).

同样, 若 β 是有限数, 则 $\lim\limits_{x\to\beta-}f(x)=\infty$, 直线 $L: x=\beta$ 也是曲线的一条垂直渐近线.

如果 $\alpha=-\infty$ 或 $\beta=+\infty$, 直线 L 记为 $L: y=ax+b$, 则点 $(x,f(x))$ 到直线 L 的距离趋于 0 等价于 $\lim\limits_{x\to\pm\infty}[f(x)-(ax+b)]=0$, 从而

$$a=\lim_{x\to\pm\infty}\frac{f(x)}{x},\quad b=\lim_{x\to\pm\infty}(f(x)-ax).$$

设 a,b 是满足上式的两个有限的数. 如果 $a=0$, 则称直线 $L: y=b$ 为曲线 $S: y=f(x)$ 的**水平渐近线** (horizontal asymptote); 如果 $a\neq 0$, 则称直线 $L: y=ax+b$ 为曲线 $S: y=f(x)$ 的**斜渐近线** (inclined asymptotes).

例 5.4.6　求 $y=\dfrac{(x-1)^2}{3(x+1)}$ 的渐近线.

解　由于 -1 是间断点, 且

$$\lim_{x\to-1+}\frac{(x-1)^2}{3(x+1)}=+\infty,\qquad \lim_{x\to-1-}\frac{(x-1)^2}{3(x+1)}=-\infty,$$

可知 $x=-1$ 是曲线 $y=\dfrac{(x-1)^2}{3(x+1)}$ 的垂直渐近线.

又由于

$$a=\lim_{x\to\infty}\frac{y}{x}=\lim_{x\to\infty}\frac{(x-1)^2}{3x(x+1)}=\frac{1}{3},$$

$$b=\lim_{x\to\infty}\left[\frac{(x-1)^2}{3(x+1)}-ax\right]$$

$$=\lim_{x\to\infty}\left[\frac{(x-1)^2}{3(x+1)}-\frac{1}{3}x\right]=\frac{1}{3}\lim_{x\to\infty}\frac{-3x+1}{x+1}=-1,$$

因此 $y=\frac{x}{3}-1$ 为曲线 $y=\frac{(x-1)^2}{3(x+1)}$ 的斜渐近线.

例 5.4.7 求曲线 $y=x+\frac{1}{x}+\ln(1+\mathrm{e}^x)$ 的渐近线.

解 垂直渐近线为 $x=0$;

$$a=\lim_{x\to+\infty}\frac{y}{x}=2, b=0,$$

$$a=\lim_{x\to-\infty}\frac{y}{x}=1, b=0.$$

因此, 共有 2 条斜渐近线: $y=2x, y=x$.

§5.4.4 函数作图

前面, 我们已经分别讨论过函数的单调性、凹凸性、极值点与拐点以及渐近线等. 作为这些微分学应用的综合体现, 我们来讨论函数作图. 这要比中学里仅靠简单的描点法更能精准地把握函数图形.

我们归纳函数作图步骤如下:

(1) 求出定义域 (值域), 考察其常见特性, 如对称性、周期性等;

(2) 求一阶导数与二阶导数;

(3) 找出某些特殊点, 如与坐标轴交点、不连续点、不可导点、驻点、极值点和拐点等;

(4) 求出渐近线, 包括水平渐近线、垂直渐近线和斜渐近线;

(5) 按照上述特殊点列表, 确定单调区间和凸凹区间;

(6) 根据所列表格作出草图.

例 5.4.8 作函数 $y=\frac{x^2}{1+x}$ 的图形.

解 (1) 定义域由 $x\neq-1$ 的一切实数构成, 且在定义域内函数任意次可导;

(2) $y'=\frac{x(x+2)}{(1+x)^2}, y''=\frac{2}{(1+x)^3}$, 稳定点为 $x=0,-2$, 不可导点为 $x=-1$, 且曲线通过原点;

(3) 渐近线为 $x=-1$ 和 $y=x-1$;

(4) 列表:

	$(-\infty,-2)$	-2	$(-2,-1)$	-1	$(-1,0)$	0	$(0,+\infty)$
$f'(x)$	$+$	0	$-$	不存在	$-$	0	$+$
$f''(x)$	$-$	$-$	$-$	不存在	$+$	$+$	$+$
$f(x)$	递增, 凹	极大	递减, 凹	无定义	递减, 凸	极小	递增, 凸

(5) 绘出草图 (图 5.4.2).

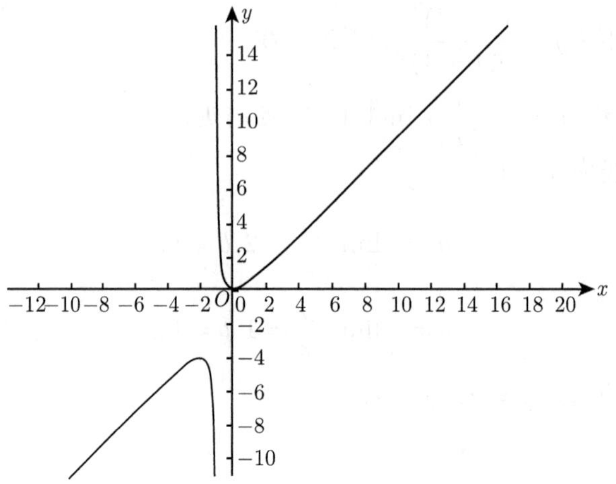

图 5.4.2

§5.4.5 近似计算

在前面例 5.3.1 和例 5.3.2 中我们讨论了函数 e^x 和 $\ln(1+x)$ 的 Taylor 公式, 根据其余项我们可得到用 Taylor 多项式逼近函数的误差估计.

对于函数 e^x, 因

$$|r_n(x)| = \frac{\mathrm{e}^{\theta x}}{(n+1)!}|x|^{n+1},$$

其在区间 $[-T,T]$ 上的最大误差估计为 $\dfrac{\mathrm{e}^T}{(n+1)!}T^{n+1}$. 因为

$$\lim_{n\to\infty}\frac{\mathrm{e}^T}{(n+1)!}T^{n+1} = 0,$$

所以不论在多大的区间上, 对事先任意给定的误差范围, 都存在正整数 N, 当 $n \geqslant N$ 时, 用其 n 次 Taylor 多项式近似表达函数值时误差都在允许范围之内.

对于函数 $\ln(1+x)$, 因

$$|r_n(x)| \leqslant \frac{x^{n+1}}{n+1}, x>0$$

其在 $[0,T]$ 上的最大误差估计为 $\dfrac{T^{n+1}}{n+1}$.

当 $T \leqslant 1$ 时,

$$\lim_{n\to\infty}\frac{T^{n+1}}{n+1} = 0,$$

则在给定的允许误差范围内, 存在正整数 n, 使得其 n 次 Taylor 多项式可以近似于函数值; 但当 $T>1$ 时,

$$\lim_{n\to\infty}\frac{T^{n+1}}{n+1} = \infty,$$

则无法用其 n 次 Taylor 多项式逼近 $\ln(1+x)$ 的函数值.

例 5.4.9 用 $f(x)=\sqrt{x}$ 在 $x=1$ 处的二次 Taylor 多项式计算 $\sqrt{1.15}$ 的近似值.

解 根据公式 (5.3.18),

$$\sqrt{x}=\sqrt{1+x-1}\approx p_2(x)=1+\frac{1}{2}(x-1)-\frac{1}{8}(x-1)^2=-\frac{1}{8}x^2+\frac{3}{4}x+\frac{3}{8},$$

所以可算出

$$\sqrt{1.15}\approx p_2(1.15)=1.072\,187\,5,$$

与其准确值 $\sqrt{1.15}=1.072\,380\,53\cdots$ 相比, 绝对误差为 1.9×10^{-4}, 而此时的余项估计为

$$r_n(1.15)=|\frac{1}{16}\times\frac{0.15^3}{\xi^2\sqrt{\xi}}|\leqslant 2.1\times10^{-4}.$$

对于近似计算来说, 我们追求两点: 计算速度和准确性. 一般来说很难两者同时都最优. 如对多项式逼近, 次数低计算速度就快, 但误差可能就大; 次数高误差就小, 但可能计算速度会慢. 同时, 对不同的函数, 有的其整体上都是误差可控的 (如 e^x); 有的只是局部误差可控的 (如 $\ln(1+x)$).

例 5.4.10 用 $\sin x$ 的 5 次 Taylor 多项式求 $\sin 1$ 的近似值, 并估计误差.

解 因为 $\sin 0=0$, $\sin x$ 的 5 次 Maclaurin 公式为

$$\sin x=x-\frac{x^3}{6}+\frac{x^5}{120}+r_6(x),$$

取 $x=1$, 则得 $\sin 1\approx\dfrac{101}{120}$, 其理论上的最大误差为

$$|r_6(1)|\leqslant\frac{1}{7!}\leqslant 2\times10^{-4}.$$

可见, 误差很小, 且计算简单.

但必须注意, Taylor 公式只是局部性质, 当 x 远离 x_0 时可能会产生较大误差.

例如, 我们前面在理论上分析过用 0 点的 $\ln(1+x)$ 的 Taylor 多项式计算误差, 在 $|x|\leqslant 1$ 时, 其误差是可控的, 即只要 Taylor 多项式的次数取得足够大, 其误差都能控制在给定允许误差内, 但如次数较低, 可能误差较大. 如计算 $\ln 2$. 令 $x=1$ 得

$$\ln 2\approx 1-\frac{1}{2}+\frac{1}{3}-\frac{1}{4}+\cdots-\frac{1}{10}=0.645\,634\,92\cdots$$

而实际 $\ln 2=0.693\,147\,28\cdots$.

误差很大. 这时可增加 Taylor 多项式的次数, 也可以改用其他方法计算 $\ln 2$, 如用下面的方法. 注意到

$$\begin{aligned}\ln\frac{1+x}{1-x}&=\ln(1+x)-\ln(1-x)\\&\approx\left[x-\frac{x^2}{2}+\frac{x^3}{3}-\cdots+(-1)^{n-1}\frac{x^n}{n}\right]-\left[-x-\frac{x^2}{2}-\frac{x^3}{3}-\cdots-\frac{x^n}{n}\right]\\&=2\left[x+\frac{x^3}{3}+\frac{x^5}{5}+\cdots+\frac{x^{2n-1}}{2n-1}\right],\end{aligned}$$

令 $x=\dfrac{1}{3}$, 只取前两项即有

$$\ln 2 \approx 2\left[\frac{1}{3}+\frac{1}{3}\left(\frac{1}{3}\right)^3\right]=0.691\,35.$$

而取前四项得 $\ln 2 \approx 0.693\,134\,75$. 其误差远低于直接用 $\ln(1+x)$ 的 10 次 Taylor 公式的误差.

习题 5.4

A1. 设

$$f(x)=\begin{cases} x^4\sin^2\dfrac{1}{x}, & x\neq 0,\\ 0, & x=0.\end{cases}$$

(1) 证明: $x=0$ 是极小值点;

(2) 说明 f 的极小值点 $x=0$ 处是否满足极值的第一充分条件或第二充分条件.

A2. 求下列函数的极值:

(1) $y=x^5-5x^4+5x^3+1$; (2) $f(x)=(x-1)^2(x+1)^3$;

(3) $y=x\mathrm{e}^{-x}$; (4) $f(x)=x\sqrt[3]{x-1}$.

A3. 求下列函数的最值:

(1) $f(x)=|3x-x^3|,\ x\in\left[-\dfrac{1}{2},\ 2\right]$; (2) $f(x)=\sqrt[3]{(2x-x^2)^2}, x\in[-1,4]$;

(3) $f(x)=\mathrm{e}^{-x}\sin x, x\in[0,\ \pi]$; (4) $f(x)=\mathrm{e}^{-x}\sin x, x\in[0,+\infty)$.

A4. 设过曲线 $\gamma: y=x^2-1(x>0)$ 上一点 P 作 γ 的切线分别交 x 轴和 y 轴于点 M 和 N. 问 P 在 γ 上何处方能使 $\triangle OMN$ 的面积最小? 其中 O 为坐标原点.

A5. 问下列函数所表示的曲线是否存在渐近线? 若存在, 请求出渐近线方程.

(1) $y=\sqrt{x^2-2x}$; (2) $y=\dfrac{1+x}{1+x^2}$; (3) $y=\ln\dfrac{1-x}{1+x}$; (4) $y=(1+x^2)\mathrm{e}^{\frac{1}{x}}$.

A6. 按函数作图步骤, 作下列函数图像:

(1) $y=x^3+6x^2-15x-20$; (2) $y=\dfrac{x^2}{2(1+x)^2}$;

(3) $y=x-2\arctan x$; (4) $y=x\mathrm{e}^{-x}$;

(5) $y=3x^5-5x^3$; (6) $y=\mathrm{e}^{-x^2}$;

(7) $y=(x-1)x^{\frac{2}{3}}$; (8) $y=|x|^{\frac{2}{3}}(x-2)^2$.

A7. 求下列函数的极限:

(1) $\lim\limits_{x\to 0^+}\dfrac{a^x+a^{-x}-2}{x^2}(a>0)$; (2) $\lim\limits_{x\to 0}\left(\dfrac{1}{x}-\dfrac{1}{\sin x}\right)$;

(3) $\lim\limits_{x\to+\infty}\left[x-x^2\ln\left(1+\dfrac{1}{x}\right)\right]$; (4) $\lim\limits_{x\to 0}\dfrac{1}{x}\left(\dfrac{1}{x}-\cot x\right)$;

(5) $\lim\limits_{x\to 0}\dfrac{\mathrm{e}^x\sin x-x(1+x)}{x^3}$; (6) $\lim\limits_{n\to\infty}n\left[\mathrm{e}-(1+\dfrac{1}{n})^n\right]$.

A8. 利用 Taylor 公式证明不等式:

(1) $(1+x)^\alpha\leqslant 1+\alpha x+\dfrac{\alpha(\alpha-1)}{2}x^2+\dfrac{\alpha(\alpha-1)(\alpha-2)}{6}x^3$, 其中 $2<\alpha<3, x\geqslant -1$, 且等号仅在 $x=0$ 时成立;

(2) $x-\dfrac{x^2}{2}+\dfrac{x^3}{3}-\cdots-\dfrac{x^{2n}}{2n}<\ln(1+x)<x-\dfrac{x^2}{2}+\dfrac{x^3}{3}-\cdots+\dfrac{x^{2n-1}}{2n-1},\ \forall\, x>0,\ n\in\mathbb{N}^+$.

A9. 利用 Taylor 公式求下列函数在 $x=0$ 处的 n 阶导数:

(1) $f(x)=\sin x^3$; (2) $f(x)=\dfrac{x^2}{1+x^2}$.

B10. 设 $k>0$, 试问 k 为何值时, 方程 $\arctan x-kx=0$ 存在正实根?

B11. 设函数 f 在 $[a,b]$ 上二阶可导, $f'(a)=f'(b)=0$. 证明: 存在一点 $\xi\in(a,b)$, 使得

$$|f''(\xi)|\geqslant\frac{4}{(b-a)^2}|f(b)-f(a)|.$$

B12. 设函数 f 在 $[0,a]$ 上具有二阶导数, 且 $|f''(x)| \leqslant M$, f 在 $(0,a)$ 内取得最大值. 试证:

$$|f'(0)| + |f'(a)| \leqslant Ma.$$

B13. 设 f 在 $[0,2]$ 上二阶可导, 且 $|f(x)| \leqslant 1, |f''(x)| \leqslant 1$. 证明: 在 $[0,2]$ 上 $|f'(x)| \leqslant 2$.

B14. 估计下列近似的绝对误差: $\sqrt{1+x} \approx 1 + \dfrac{x}{2} - \dfrac{x^2}{8}, x \in [0,1]$.

B15. (1) $\sin x \approx x - \dfrac{x^3}{6}$, 求 x 的范围使得绝对误差不超过 10^{-3}.

(2) 若用 Taylor 公式求近似值, 对 $|x| \leqslant \dfrac{1}{2}$, 若使绝对误差不超过 10^{-3}, 问应该取几项来作近似?

B16. 求 e 的近似值使得精确到 10^{-9}.

第 5 章总练习题

1. 设 $p(x)$ 为多项式, α 为 $p(x)=0$ 的 r 重实根. 证明: α 必定是 $p'(x)$ 的 $r-1$ 重实根, 其中 $r>1$.

2. 设 $f(x)=a_0+a_1x+\cdots+a_nx^n$ 是实系数多项式, 且其根均为实数, 证明: 对任意 $k=1,2,\cdots,n-1$, 多项式 $f^{(k)}(x)$ 的根均为实数.

3. 证明: n 次 Legendre 多项式

$$p_n(x) = \frac{1}{2^n n!}\frac{\mathrm{d}^n}{\mathrm{d}x^n}(x^2-1)^n$$

在 $(-1,1)$ 上恰有 n 个不同的根.

4. 若 f 在 (a,b) 内可导, 是否意味着 $f'(a+) = \lim\limits_{x\to a+} f'(x)$ 存在? 如果它存在, 是否意味着 f 在 a 点右可导? 如果 f 在 a 点右可导, 或右连续, 是否意味着 $f'_+(a) = f'(a+)$?

5. 设函数 f 在 (a,b) 内可导, 且 f' 在 (a,b) 内单调. 证明: f' 在 (a,b) 内连续.

6. 设 f 在 $[a,b]$ 上连续, 除有限个点外可导, 且在可导点 $f'(x)>0$.

(1) 证明: f 严格单调递增; (2) 请给出 f 在 $[a,b]$ 上严格单调的充分必要条件.

7. 设 f 在 $[a,b]$ 上连续, 在 (a,b) 内二阶可导, 且 $f''(x) \geqslant 0$, 请给出 f 在 $[a,b]$ 上严格凸的充分必要条件.

8. 证明: 若 f,g 均为区间 I 上的凸函数, 则 $F(x)=\max\{f(x),g(x)\}$ 也是 I 上的凸函数.

9. 设 f 为区间 I 上严格凸函数. 证明: 若 $x_0 \in I$ 为 f 的极小值点, 则 x_0 为 f 在 I 上唯一的极小值点.

10. 证明: (1) f 为区间 I 上凸函数的充要条件是对 I 上任意三点 $x_1<x_2<x_3$, 恒有

$$\Delta = \begin{vmatrix} 1 & x_1 & f(x_1) \\ 1 & x_2 & f(x_2) \\ 1 & x_3 & f(x_3) \end{vmatrix} \geqslant 0;$$

(2) f 为严格凸函数的充要条件是 $\Delta > 0$.

11. (1) 设 f 在 $[a,b]$ 上连续, 在 (a,b) 内可导, 且 $f(a)f(b)>0$, $f(a)f\left(\dfrac{a+b}{2}\right)<0$. 证明: 对任何实数 λ, 存在 $\xi\in(a,b)$, 使得 $f'(\xi)=\lambda f(\xi)$.

(2) 设 f 在 $[a,b]$ 上连续、恒正, 在 (a,b) 内可导. 证明: 存在 $\xi\in(a,b)$, 使得 $f(b)=f(a)\mathrm{e}^{\frac{(b-a)f'(\xi)}{f(\xi)}}$.

(3) 设 f 在 $[a,b]$ 上连续, 在 (a,b) 内可导, 且在 (a,b) 内处处不等于零. 证明: 存在 $\xi\in(a,b)$, 使得 $\dfrac{f'(\xi)}{f(\xi)} = \dfrac{1}{a-\xi} + \dfrac{1}{b-\xi}$.

12. (1) 设 f,g 在 (a,b) 内可微, 且 $f(x_1)=f(x_2)=0, x_1,x_2\in(a,b)$. 证明: 在 (x_1,x_2) 内至少存在一点 ξ, 使得 $f'(\xi)+f(\xi)g'(\xi)=0$.

(2) 设 f,g 在 $[a,b]$ 上连续, (a,b) 内可微, 且 $g'(x)\neq 0,\forall x\in(a,b)$. 证明: 存在 $\xi\in(a,b)$, 使得

$$\frac{f(a)-f(\xi)}{g(\xi)-g(b)}=\frac{f'(\xi)}{g'(\xi)}.$$

13. (1) 设 f 在 $[a,b]$ 上连续, 在 (a,b) 内二阶可导, 且曲线 $y=f(x)$ 与弦 AB 有交点 $(c,f(c))$, 其中 $A(a,f(a))$, $B(b,f(b))$, $c\in(a,b)$. 证明: 存在 $\xi\in(a,b)$, 使得 $f''(\xi)=0$.

(2) 设 f 在 $[0,1]$ 上连续, 在 $(0,1)$ 内二阶可导, 且 $f'(0)=0$. 证明: 存在 $\xi\in(0,1)$, 使得 $f'(\xi)-(\xi-1)^2f''(\xi)=0$.

(3) 设 f 在 $[a,b]$ 上连续、恒正, 在 (a,b) 内二次可导, 且有 $f'(a)=f'(b)=0$, $f(x)>0$. 证明: 存在 $\xi\in(a,b)$, 使得 $f(\xi)f''(\xi)-2f'(\xi)^2=0$.

14. 证明: (1) 设 f 在 $(a,+\infty)$ 上可导, 若 $\lim\limits_{x\to+\infty}f(x)$, $\lim\limits_{x\to+\infty}f'(x)$ 都存在, 则

$$\lim_{x\to+\infty}f'(x)=0.$$

(2) 设 f 在 $(a,+\infty)$ 上 n 阶可导. 若 $\lim\limits_{x\to+\infty}f(x)$, $\lim\limits_{x\to+\infty}f^{(n)}(x)$ 都存在, 则

$$\lim_{x\to+\infty}f^{(k)}(x)=0\quad(k=1,2,\cdots,n).$$

15. 求极限:

(1) $\lim\limits_{x\to0}\dfrac{\cos x-\mathrm{e}^{-\frac{x^2}{2}}}{x^4}$;　　(2) $\lim\limits_{x\to0}\dfrac{1+\frac12x^2-\sqrt{1+x^2}}{(\cos x-\mathrm{e}^{x^2})\sin x^2}$;

(3) $\lim\limits_{n\to\infty}\tan^n\left(\dfrac{\pi}{4}+\dfrac{1}{n}\right)$;　　(4) $\lim\limits_{n\to\infty}\dfrac{(\sqrt[n]{a}+\sqrt[n]{b})^n}{2^n}\ (a,b>0)$.

16. 设 $f(x)$ 在 $[0,1]$ 上具有二阶导数, 且满足条件 $|f(x)|\leqslant a,|f''(x)|\leqslant b$, 其中 a,b 都是非负常数, c 是 $(0,1)$ 内任意一点, 证明: $|f'(c)|\leqslant 2a+\dfrac{b}{2}$.

17. 证明不等式:

(1) $\sin x+\tan x>2x,\ 0<x<\dfrac{\pi}{2}$;　　(2) $\dfrac{\tan x}{x}>\dfrac{x}{\sin x},\ 0<x<\dfrac{\pi}{2}$;

(3) $\sin(\tan x)\geqslant x, 0\leqslant x\leqslant\dfrac{\pi}{4}$;　　(4) $\tan(\sin x)\geqslant x,\ 0\leqslant x\leqslant\dfrac{\pi}{3}$.

18. 求函数 $f(x)=\arctan x$ 在 $x=0$ 点的 n 阶导数 $f^{(n)}(0)$.

19. (1) 求由方程 $x^3+y^3+xy=1$ 确定的函数 $y=y(x)$ 的带 Peano 型余项的 3 次 Maclaurin 公式.

(2) 设 f 在 0 点存在二阶导数, 证明:

$$f(x)=f(0)+f'(0)\sin x+\frac12f''(0)\sin^2x+o(x^2).$$

20. 设 f 在 a 的某邻域内三阶连续可微, 且 $f''(a)=0$, $f'''(a)\neq0$. 令

$$f(a+h)=f(a)+hf'(a+\theta h),\ \theta\in(0,1),$$

证明: $\lim\limits_{h\to0}\theta=\sqrt{\dfrac13}$.

21. 应用 Jensen 不等式证明:

(1) 设 $a_i>0(i=1,2,\cdots,n)$, 有

$$\frac{n}{\frac{1}{a_1}+\frac{1}{a_2}+\cdots+\frac{1}{a_n}}\leqslant\sqrt[n]{a_1a_2\cdots a_n}\leqslant\frac{a_1+a_2+\cdots+a_n}{n};$$

(2) (Hölder 不等式) 设 $a_i,b_i>0(i=1,2,\cdots,n)$, $p,q>1$, 且 $\dfrac1p+\dfrac1q=1$, 则有

$$\sum_{i=1}^n a_ib_i\leqslant\left(\sum_{i=1}^n a_i^p\right)^{\frac1p}\left(\sum_{i=1}^n b_i^q\right)^{\frac1q}.$$

第 6 章　不 定 积 分

我们知道, 乘方与开方, 是一对互逆的一元运算. 所谓 "一元", 是指运算作用在一个数上, 例如, 平方运算, 可以作用在任一实数上: $2 \to 2^2, 3 \to 3^2$ 等, 其逆运算为开平方: $2 \to \sqrt{2}, 3 \to \sqrt{3}$ 等. 求导也是一元运算, 它作用在可微函数上. 那么求导运算是否有逆运算? 给定函数 $F(x)$, 求 $F'(x)$, 这是求导 (微分) 运算; 反过来, 若已知 $F(x)$ 的导函数 $F'(x) = f(x)$, 要求原来的函数 $F(x)$, 这就是求导运算的逆运算. 这样的问题称为求函数 $f(x)$ 的原函数或不定积分. 除少数简单的函数可以直接观察或找出其原函数外, 我们还需要一些专门的方法来找原函数.

§6.1　不定积分的概念与运算法则

§6.1.1　不定积分概念的提出

1. 原函数与不定积分

我们首先把上面从逆运算的角度引入的概念严格化如下.

定义 6.1.1 (原函数)　若在某个区间 I 上, 函数 F 和 f 满足关系 $F'(x) = f(x), x \in I$, 或等价地, $\mathrm{d}(F(x)) = f(x)\mathrm{d}x$, 则称 F 为 f 在区间 I 上的一个**原函数** (primitive function 或 antiderivative).

注 6.1.1　首先, f 在区间 I 上的原函数是不唯一的. 事实上, 若 F 是 f 在区间 I 上的一个原函数, 则对任何常数 C, 函数 $F + C$ 也是 f 在区间 I 上的原函数.

其次, 若已知 F 是 f 在区间 I 上的一个原函数, 则对 f 在区间 I 上的任意一个原函数 G, 必满足 $G'(x) = F'(x) = f(x), \forall x \in I$. 于是由 Lagrange 中值定理的推论 5.1.2 易知, 存在常数 C, 使得 $G(x) \equiv F(x) + C$. 因此 f 的任一原函数都形如 $F + C$, 即 f 的任意两个原函数之间只相差一个常数.

由于原函数的这种结构特性, 我们给出下面不定积分的概念.

定义 6.1.2 (不定积分)　函数 f 在区间 I 上的原函数全体称为这个函数 (在区间 I 上) 的**不定积分** (indefinite integral), 记作 $\int f(x)\mathrm{d}x$, 其中, $\int$ 称为积分号, $f(x)$ 称为被积函数, x 称为积分变量.

根据定义可知, 若 F 是 f 的一个原函数, 则 $\int f(x)\mathrm{d}x = \{F + C : C \in \mathbb{R}\}$, 但为方便起见, 通常记为

$$\int f(x)\mathrm{d}x = F(x) + C,$$

常数 C 也称为积分常数. 因此, 求不定积分 $\int f(x)\mathrm{d}x$, 就等价于求原函数 $F(x)$.

由定义可知, $\mathrm{d}F(x) = f(x)\mathrm{d}x$, 即

$$\mathrm{d}\int f(x)\mathrm{d}x = f(x)\mathrm{d}x, \tag{6.1.1}$$

或等价地有

$$\left(\int f(x)\mathrm{d}x\right)' = f(x), \tag{6.1.2}$$

因此, 微分运算 “d” 可看成不定积分运算 “$\int$” 的逆运算. 反过来,

$$\int \mathrm{d}F(x) = F(x) + C \tag{6.1.3}$$

或

$$\int F'(x)\mathrm{d}x = F(x) + C. \tag{6.1.4}$$

这种 “逆” 要差一个常数.

2. 原函数与不定积分的实际背景

上面从微分运算的逆运算的角度引出了原函数与不定积分的概念. 实际上, 求原函数与不定积分也有深刻的实际背景. 例如, 已知速度函数 $v(t)$, 求位移函数 $s(t)$, 即已知 $s'(t)$, 求 $s(t)$.

例 6.1.1　分别求匀速运动和匀加速运动的运动方程.

解　设运动方程为 $s = s(t)$, 不妨设初始时刻位移 $s(0) = 0$.

(1) 若物体做匀速运动, 则 $v = v_0$ 是常数, 即 $s'(t) = v_0$, 亦即已知位移 $s(t)$ 的导数欲求 $s(t)$. 所以, $s(t) = v_0 t + c$, 由于 $s(0) = 0$, 所以 $c = 0$, $s(t) = v_0 t$.

(2) 当物体做匀加速运动时, 加速度 $a(t) = a$ 为常数, 由于 $v'(t) = a(t)$, 所以类似求得 $v(t) = at + v_0$, 进而 $s(t) = \dfrac{1}{2}at^2 + v_0 t$.

不定积分也有几何的背景.

例 6.1.2　求一条通过 $(2, 5)$ 的曲线, 使其在任意一点处的切线的斜率是其横坐标的 2 倍.

解　设曲线方程为 $y = y(x)$, 则 $y'(x) = 2x$, 因此, $y = x^2 + c$. 由于 $y(2) = 5$, 所以 $c = 1$, 即 $y = x^2 + 1$. 如图 6.1.1 所示.

注 6.1.2　从几何上看, 一个函数 f 的两个原函数所代表的曲线是相互” 平行” 的, 即在横坐标相同的点处的切线是相互平行的. 如图 6.1.2 所示. 我们称这样的曲线为 f 的积分曲线 (integral curve).

§6.1.2　基本积分表一

定义了原函数与不定积分的概念后, 我们面临三个问题: 原函数的存在性、唯一性以及求原函数的办法. 唯一性问题已经解决: 任意两个原函数之间差且只差一个常数; 存在性问题, 需要用到定积分知识, 留到下一章. 本章主要讨论如何求原函数的问题.

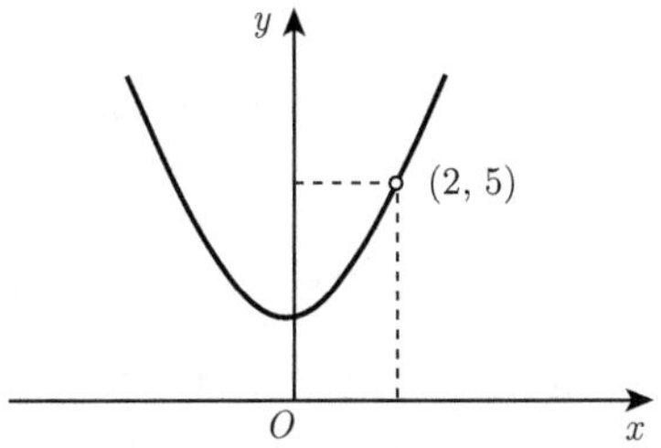

图 6.1.1

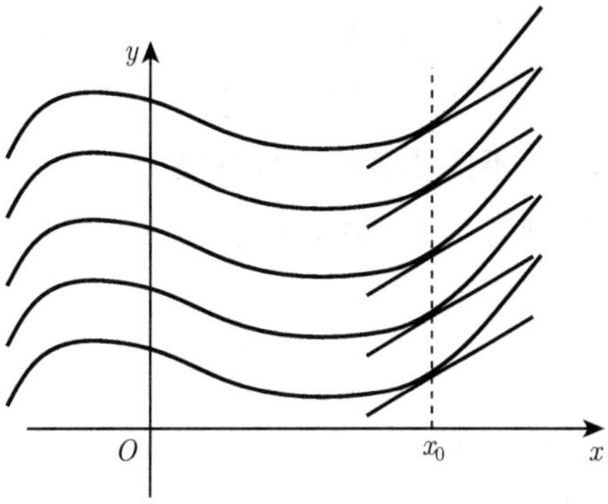

图 6.1.2

从定义可知, 求一个函数的不定积分可以凭求导数的经验反过去寻找原函数. 例如: 因为 $\left(\dfrac{1}{3}x^3\right)' = x^2$, 所以 $\displaystyle\int x^2\mathrm{d}x = \frac{1}{3}x^3 + C$. 同样, 欲求 $\displaystyle\int \sin 2x\mathrm{d}x$, 若你记得或发现了 $\left(-\dfrac{1}{2}\cos 2x\right)' = \sin 2x$, 则有 $\displaystyle\int \sin 2x\mathrm{d}x = -\frac{1}{2}\cos 2x + C$.

因此, 对照 §4.3 的基本微分公式可以获得一批基本积分公式, 这些结果可以直接用.

基本积分表一

1. $\displaystyle\int x^\alpha \mathrm{d}x = \begin{cases} \dfrac{1}{\alpha+1}x^{\alpha+1} + C, & \alpha \neq -1, \\ \ln|x| + C, & \alpha = -1; \end{cases}$

2. $\displaystyle\int a^x \mathrm{d}x = \frac{a^x}{\ln a} + C, a \neq 1,$ 特别地, $\displaystyle\int \mathrm{e}^x \mathrm{d}x = \mathrm{e}^x + C$;

3. $\displaystyle\int \sin x\mathrm{d}x = -\cos x + C$;

4. $\displaystyle\int \cos x\mathrm{d}x = \sin x + C$;

5. $\displaystyle\int \sec^2 x\mathrm{d}x = \tan x + C$;

6. $\displaystyle\int \csc^2 x\mathrm{d}x = -\cot x + C$;

7. $\displaystyle\int \mathrm{sh}x\mathrm{d}x = \mathrm{ch}x + C$;

8. $\displaystyle\int \mathrm{ch}x\mathrm{d}x = \mathrm{sh}x + C$;

9. $\displaystyle\int \frac{\mathrm{d}x}{x^2+1} = \arctan x + C$;

10. $\displaystyle\int \frac{\mathrm{d}x}{\sqrt{1-x^2}} = \arcsin x + C$.

但不是任何函数的原函数都能这样简单地求出来, 甚至在很多情况下是 "求不出来" 的 (§6.3 会解释 "求不出来" 的含义). 即使能求出来, 但只依靠经验或记忆, 有时是比较困难的. 例如, 欲求不定积分 $\displaystyle\int \frac{\mathrm{d}x}{\sqrt{1+x^2}}$, 因为

$$\frac{\mathrm{d}}{\mathrm{d}x}\ln(x+\sqrt{1+x^2}) = \frac{1}{\sqrt{1+x^2}}, \tag{6.1.5}$$

所以我们有

$$\int \frac{\mathrm{d}x}{\sqrt{1+x^2}} = \ln(x+\sqrt{1+x^2}) + C. \tag{6.1.6}$$

式 (6.1.5) 求导很容易求得, 但如果你不记住它, 就不易求得不定积分 (6.1.6). 类似的现象很普遍, 所以我们有必要系统地探讨求不定积分的方法.

接下来, 我们将依次介绍不定积分的线性性质、换元法、分部积分法等常用方法, 以及针对某些特殊类型的函数介绍专门方法来求得其不定积分.

§6.1.3 不定积分的线性性质

定理 6.1.1 若函数 f 和 g 的原函数都存在, 则它们的线性组合 $af(x)+bg(x)$ 的原函数也存在, 且

$$\int[af(x)+bg(x)]\mathrm{d}x=a\int f(x)\mathrm{d}x+b\int g(x)\mathrm{d}x. \tag{6.1.7}$$

注意不定积分中任意常数的意义. 当 $a=b=0$ 时, 等式右端应理解为常数 C.

证明 设 $F(x)$ 和 $G(x)$ 分别为 $f(x)$ 和 $g(x)$ 在区间 I 上的一个原函数, 即 $F'(x)=f(x), G'(x)=g(x), x\in I$, 则对任意常数 a 和 b, $(aF(x)+bG(x))'=af(x)+bg(x)$, 即 $aF(x)+bG(x)$ 是 $af(x)+bg(x)$ 在区间 I 上的一个原函数, 因此有

$$\int[af(x)+bg(x)]\mathrm{d}x=aF(x)+bG(x)+C.$$

又

$$a\int f(x)\mathrm{d}x+b\int g(x)\mathrm{d}x=a(F(x)+C_1)+b(G(x)+C_2)=aF(x)+bG(x)+(aC_1+bC_2).$$

由于上面两式中的 C,C_1,C_2 都代表任意常数, 所以上面两等式的右端所表示的函数族相同, 于是不定积分的线性性质 (6.1.7) 成立. □

例 6.1.3 设 $p(x)=a_nx^n+a_{n-1}x^{n-1}+\cdots+a_1x+a_0$, 求 $\int p(x)\mathrm{d}x$.

解 根据不定积分的线性性质以及幂函数的不定积分公式, 我们立得

$$\int p(x)\mathrm{d}x=\frac{a_n}{n+1}x^{n+1}+\frac{a_{n-1}}{n}x^n+\cdots+a_0x+C.$$

例 6.1.4 求 $\int \sin^2\frac{x}{2}\mathrm{d}x$.

解 利用三角函数公式与不定积分的线性性质可得

$$\int\sin^2\frac{x}{2}\mathrm{d}x=\int\frac{1-\cos x}{2}\mathrm{d}x=\frac{1}{2}(x-\sin x)+C.$$

例 6.1.5 求 $\int\frac{\mathrm{d}x}{\cos^2x\sin^2x}$.

解 利用三角函数公式与基本积分表可得

$$\int\frac{\mathrm{d}x}{\cos^2x\sin^2x}=\int\frac{\cos^2x+\sin^2x}{\cos^2x\sin^2x}\mathrm{d}x=\int\sec^2x\mathrm{d}x+\int\csc^2x\mathrm{d}x=\tan x-\cot x+C.$$

例 6.1.6 求 $\int\left(\sqrt{x}+\frac{1}{\sqrt[3]{x^2}}+1\right)\left(\frac{1}{\sqrt{x}}+1\right)\mathrm{d}x$.

解 将被积函数化成几个幂函数之和:

$$\begin{aligned}\int\left(\sqrt{x}+\frac{1}{\sqrt[3]{x^2}}+1\right)\left(\frac{1}{\sqrt{x}}+1\right)\mathrm{d}x&=\int(2+x^{\frac{1}{2}}+x^{-\frac{7}{6}}+x^{-\frac{2}{3}}+x^{-\frac{1}{2}})\mathrm{d}x\\&=2x+\frac{2}{3}x^{\frac{3}{2}}-6x^{-\frac{1}{6}}+3x^{\frac{1}{3}}+2x^{\frac{1}{2}}+C.\end{aligned}$$

例 6.1.7 求 $\int \frac{x^4}{1+x^2}\mathrm{d}x$.

解

$$\int \frac{x^4}{1+x^2}\mathrm{d}x = \int \frac{(x^4-1)+1}{1+x^2}\mathrm{d}x = \int \left(x^2-1+\frac{1}{1+x^2}\right)\mathrm{d}x = \frac{x^3}{3} - x + \arctan x + C.$$

习题 6.1

A1. 求一曲线 $y = f(x)$, 使得在曲线上每一点 (x, y) 处的斜率为 $3x$, 且通过点 $(2, 3)$.

A2. 一物体由静止开始运动, t s 时刻的速度为 $4t^3$ m/s, 问:

(1) 4 s 后走了多远?

(2) 到达 256 m 处时用了多少时间?

A3. 验证 $y = \frac{x^2}{2}\mathrm{sgn}x$ 是 $|x|$ 在 $(-\infty, +\infty)$ 上的一个原函数.

A4. 求下列不定积分:

(1) $\int \left(x^3 - 2x^2 + \frac{1}{\sqrt[3]{x^2}}\right)\mathrm{d}x$; (2) $\int \left(x - \frac{1}{\sqrt{x}}\right)\left(\frac{1}{\sqrt{x}} + 1\right)\mathrm{d}x$;

(3) $\int 2^x \cdot 3^{2x}\mathrm{d}x$; (4) $\int (x^a + a^x)\mathrm{d}x$;

(5) $\int \frac{3}{\sqrt{4-4x^2}}\mathrm{d}x$; (6) $\int (\mathrm{e}^x - \mathrm{e}^{-x})^2\mathrm{d}x$;

(7) $\int \sqrt{x\sqrt{x\sqrt{x}}}\mathrm{d}x$; (8) $\int (\tan^2 x - 1)\mathrm{d}x$;

(9) $\int \frac{\cos 2x}{\cos x - \sin x}\mathrm{d}x$; (10) $\int \frac{\cos 2x}{\cos^2 x \cdot \sin^2 x}\mathrm{d}x$;

(11) $\int \cos x \cdot \cos 2x\mathrm{d}x$; (12) $\int (\sin x + \cos x)^2\mathrm{d}x$.

B5. 求不定积分

(1) $\int \max\{1, x^2\}\mathrm{d}x$; (2) $\int \min\{1, x^2\}\mathrm{d}x$.

§6.2 换元积分法和分部积分法

这一节分别介绍不定积分的换元积分法和分部积分法.

§6.2.1 换元积分法

换元积分法也称变量代换法 (integration by substitution). 变量代换法是数学中基本的但又很重要的方法之一. 例如, 我们在求极限的时候有时用变量代换: 令 $x = \frac{1}{t}$, 把 $x \to \infty$ 转化为 $t \to 0$. 而在微分学中, 最重要的变量代换法就是复合函数求导的链式法则. 不定积分的换元法正是微分学中链式法则的应用, 是不定积分计算的基本方法之一.

换元积分法有两种形式, 分别称为第一换元法和第二换元法.

(1) 第一换元法 (first integration by substitution), 又称凑微分法 (gather together differential).

设

$$f(x) = g(\varphi(x))\varphi'(x), \text{或} f(x)\mathrm{d}x = g(\varphi(x))\mathrm{d}\varphi(x),$$

记 $u = \varphi(x)$, 则

$$\int f(x)\mathrm{d}x = \int g(\varphi(x))\mathrm{d}\varphi(x) = \int g(u)\mathrm{d}u = G(\varphi(x)) + C, \tag{6.2.1}$$

其中, $G(u)$ 是 $g(u)$ 的一个原函数.

要证明这一结果, 只要证明右边的导数正好是 $f(x)$ 即可, 而由复合函数求导的链式法则, 这是显然的.

这一换元法的基本思想是, 如果 $f(x)$ 的不定积分不容易求出, 但能将 $f(x)$ "凑成" 形如 $g(\varphi(x))\varphi'(x)$ 的形式, 而 $g(u)$ 的不定积分容易求出, 则我们使用凑微分法.

(2) 第二换元法 (second integration by substitution).

欲计算积分 $\int g(u)\mathrm{d}u$, 而它的原函数不易直接找出. 任意给定一个变换 $u=\varphi(x)$, 其中, $\varphi(x)$ 严格单调, 且 $\varphi'(x)\neq 0$. 记 $f(x)=g(\varphi(x))\varphi'(x)$, 则

$$\int g(u)\mathrm{d}u=\int g(\varphi(x))\mathrm{d}\varphi(x)=\int f(x)\mathrm{d}x,$$

如果变换 $u=\varphi(x)$ 选取恰当, 使得 f 的原函数 F 容易求得, 则即得所谓的第二换元公式

$$\int g(u)\mathrm{d}u=\int g(\varphi(x))\varphi'(x)\mathrm{d}x=\int f(x)\mathrm{d}x=F(x)+C=F(\varphi^{-1}(u))+C. \tag{6.2.2}$$

下面举例说明换元法的应用. 先看凑微分法.

例 6.2.1　求 $\int\frac{\mathrm{d}x}{x-1}$.

解　$\int\frac{\mathrm{d}x}{x-1}=\int\frac{\mathrm{d}(x-1)}{x-1}=\int\frac{\mathrm{d}u}{u}=\ln|u|+C=\ln|x-1|+C$. 这里, 我们用了一个简单的换元 $u=x-1$, 而 $g(u)=\frac{1}{u}$ 的原函数易求.

类似地我们有

$$\int\frac{\mathrm{d}x}{(x-a)^n}=\int\frac{\mathrm{d}(x-a)}{(x-a)^n}=\begin{cases}-\frac{1}{n-1}\cdot\frac{1}{(x-a)^{n-1}}+C, & n\neq 1,\\ \ln|x-a|+C, & n=1.\end{cases} \tag{6.2.3}$$

$$\int\frac{\mathrm{d}x}{x^2-a^2}=\frac{1}{2a}\int\left(\frac{1}{x-a}-\frac{1}{x+a}\right)\mathrm{d}x=\frac{1}{2a}\ln\left|\frac{x-a}{x+a}\right|+C(a\neq 0). \tag{6.2.4}$$

例 6.2.2　对任何 $a\neq 0$, 有

$$\int\frac{\mathrm{d}x}{x^2+a^2}=\frac{1}{a}\int\frac{\mathrm{d}\left(\frac{x}{a}\right)}{\left(\frac{x}{a}\right)^2+1}=\frac{1}{a}\arctan\frac{x}{a}+C. \tag{6.2.5}$$

类似可得

$$\int\frac{\mathrm{d}x}{\sqrt{a^2-x^2}}=\arcsin\frac{x}{a}+C. \tag{6.2.6}$$

例 6.2.3　求积分 $\int\tan x\mathrm{d}x$.

解

$$\int\tan x\mathrm{d}x=\int\frac{\sin x}{\cos x}\mathrm{d}x=-\int\frac{\mathrm{d}(\cos x)}{\cos x}=-\ln|\cos x|+C.$$

同理可得

$$\int \cot x\mathrm{d}x = \ln|\sin x| + C.$$

例 6.2.4 求积分 $\int \sec x\mathrm{d}x$.

解

$$\int \sec x\mathrm{d}x = \int \frac{\mathrm{d}x}{\cos x} = \int \frac{\cos x\mathrm{d}x}{\cos^2 x} = \int \frac{\mathrm{d}\sin x}{1-\sin^2 x}.$$

令 $u=\sin x$, 并根据式 (6.2.4) 得到

$$\int \sec x\mathrm{d}x = \frac{1}{2}\ln\frac{1+\sin x}{1-\sin x} + C. \tag{6.2.7}$$

或者

$$\int \sec x\mathrm{d}x = \int \frac{\sec x(\sec x+\tan x)\mathrm{d}x}{\sec x+\tan x} = \int \frac{\mathrm{d}(\sec x+\tan x)}{\sec x+\tan x} = \ln|\sec x+\tan x| + C. \tag{6.2.8}$$

两种方法所得结果 (6.2.7) 和 (6.2.8) 只是形式不同, 可以验证, 它们只差一个常数. 同法可得

$$\int \csc x\mathrm{d}x = -\frac{1}{2}\ln\frac{1+\cos x}{1-\cos x} + C = \ln|\csc x-\cot x| + C'.$$

例 6.2.5 求 $\int \mathrm{e}^{3x^2+\ln x}\mathrm{d}x$.

解

$$\int \mathrm{e}^{3x^2+\ln x}\mathrm{d}x = \int \mathrm{e}^{3x^2}x\mathrm{d}x = \frac{1}{6}\int \mathrm{e}^{3x^2}\mathrm{d}(3x^2) = \frac{1}{6}\mathrm{e}^{3x^2} + C.$$

例 6.2.6 求 $\int \sin mx\cos nx\mathrm{d}x \ (|m|\neq|n|)$.

解 利用三角函数的积化和差公式, 有

$$\begin{aligned}\int \sin mx\cos nx\mathrm{d}x &= \frac{1}{2}\int[\sin(m+n)x+\sin(m-n)x]\mathrm{d}x\\ &= -\frac{1}{2}\left[\frac{\cos(m+n)x}{m+n}+\frac{\cos(m-n)x}{m-n}\right]+C.\end{aligned}$$

例 6.2.7 求 $\int \frac{\arctan x}{1+x^2}\mathrm{d}x$.

解

$$\int \frac{\arctan x}{1+x^2}\mathrm{d}x = \int \arctan x\mathrm{d}(\arctan x) = \frac{1}{2}(\arctan x)^2 + C.$$

下面是第二换元法应用的例子.

例 6.2.8 求 $\int x(1-x)^\alpha\mathrm{d}x$.

解 当 $\alpha=n$ 为自然数时, 本题可以先将 $(1-x)^n$ 展开, 再求积分, 但比较麻烦. 为此, 我们作变量代换. 令 $1-x=t$, 于是 $\mathrm{d}x=-\mathrm{d}t$, 因此只要 $\alpha\neq -1,-2$, 就有

$$\int x(1-x)^\alpha \mathrm{d}x=\int (t^{\alpha+1}-t^\alpha)\mathrm{d}t=\frac{t^{\alpha+2}}{\alpha+2}-\frac{t^{\alpha+1}}{\alpha+1}+C=\frac{(1-x)^{\alpha+2}}{\alpha+2}-\frac{(1-x)^{\alpha+1}}{\alpha+1}+C.$$

当 $\alpha=-1$ 时, $\int x(1-x)^{-1}\mathrm{d}x=\int \frac{x}{1-x}\mathrm{d}x=-x-\ln|1-x|+C.$

当 $\alpha=-2$ 时, $\int x(1-x)^{-2}\mathrm{d}x=\int\left(\frac{1}{x-1}+\frac{1}{(x-1)^2}\right)\mathrm{d}x=\ln|1-x|+\frac{1}{1-x}+C.$

例 6.2.9 求 $\int\sqrt{a^2-x^2}\mathrm{d}x(a>0)$.

解 由于 $\sqrt{a^2-x^2}$ 的原函数不易直接得出, 我们先作变换去根号, 令

$$x=a\sin t,\ t\in\left(-\frac{\pi}{2},\frac{\pi}{2}\right),$$

则

$$t=\arcsin\frac{x}{a},\ \sqrt{a^2-x^2}=a\cos t,\ \mathrm{d}x=a\cos t\mathrm{d}t,$$

于是原式化为

$$\int\sqrt{a^2-x^2}\mathrm{d}x=a^2\int\cos^2 t\mathrm{d}t=\frac{a^2}{2}\int(1+\cos 2t)\mathrm{d}t=\frac{a^2}{2}\left(t+\frac{\sin 2t}{2}\right)+C.$$

最后需将 t 用 x 代回, 由此可得

$$\int\sqrt{a^2-x^2}\mathrm{d}x=\frac{1}{2}\left(a^2\arcsin\frac{x}{a}+x\sqrt{a^2-x^2}\right)+C. \tag{6.2.9}$$

例 6.2.10 求 $\int\frac{\mathrm{d}x}{\sqrt{x^2-a^2}}(a>0)$.

解 令 $x=a\sec t$, 由于 $x>a$ 或 $x<-a$, 于是 $t\in\left(0,\frac{\pi}{2}\right)$ 或 $t\in\left(\frac{\pi}{2},\pi\right)$.

当 $x>a$ 时, $\sqrt{x^2-a^2}=a\tan t, \mathrm{d}x=a\tan t\sec t\mathrm{d}t$, 则

$$\int\frac{\mathrm{d}x}{\sqrt{x^2-a^2}}=\int\sec t\mathrm{d}t=\ln|\sec t+\tan t|+C=\ln|x+\sqrt{x^2-a^2}|+C. \tag{6.2.10}$$

同理, $x<-a$ 时, 式 (6.2.10) 仍然成立.

同样, 令 $x=a\tan t$, 可得

$$\int\frac{\mathrm{d}x}{\sqrt{x^2+a^2}}=\ln|x+\sqrt{x^2+a^2}|+C. \tag{6.2.11}$$

由上面几个例子可见, 第二换元法往往是主动选择适当的变量代换. 究竟选择什么样的代换, 需要根据实际情况确定. 除去上面提到的代换外, 还有一些常见的代换. 例如, **倒代换、根式代换**等. 举例如下.

例 6.2.11 求 $\int\frac{\mathrm{d}x}{x^2\sqrt{1+x^2}}$.

解 被积函数 $\dfrac{1}{x^2\sqrt{1+x^2}}$ 的定义域为 $x \neq 0$. 先在区间 $(0,+\infty)$ 上考虑. 作倒代换, 即令 $x=\dfrac{1}{t}$, 则 $\mathrm{d}x=-\dfrac{1}{t^2}\mathrm{d}t$, 于是

$$\begin{aligned}原式&=-\int\frac{t\mathrm{d}t}{\sqrt{1+t^2}}=-\frac{1}{2}\int\frac{\mathrm{d}(1+t^2)}{\sqrt{1+t^2}}=-\sqrt{1+t^2}+C\\&=-\sqrt{1+\frac{1}{x^2}}+C=-\frac{\sqrt{1+x^2}}{x}+C.\end{aligned}$$

也可以作三角函数代换: 令 $x=\tan t, t\in\left(0,\dfrac{\pi}{2}\right)$, 则 $\mathrm{d}x=\sec^2 t\mathrm{d}t$, 代入得

$$原式=\int\frac{\sec^2 t\mathrm{d}t}{\tan^2\sec t}=\int\frac{\cos t\mathrm{d}t}{\sin^2 t}.$$

再用凑微分法可得, $\displaystyle\int\frac{\cos t\mathrm{d}t}{\sin^2 t}=\int\frac{\mathrm{d}\sin t}{\sin^2 t}=-\frac{1}{\sin t}+C=-\frac{\sqrt{1+x^2}}{x}+C.$
对区间 $(-\infty,0)$, 不定积分有相同的结果. 请读者自证.

例 6.2.12 求 $\displaystyle\int\frac{\mathrm{d}u}{\sqrt{u}+\sqrt[3]{u}}$.

解 作根式代换, 即令 $\sqrt[6]{u}=x$, 则有

$$\int\frac{\mathrm{d}u}{\sqrt{u}+\sqrt[3]{u}}=6\int\frac{x^3}{x+1}\mathrm{d}x.$$

再令 $x+1=t$, 可解得

$$\begin{aligned}原式&=6\int\left(t^2-3t+3-\frac{1}{t}\right)\mathrm{d}t\\&=2t^3-9t^2+18t-6\ln t+C\\&=2x^3-3x^2+6x-6\ln|x+1|+C\\&=2\sqrt{u}-3\sqrt[3]{u}+6\sqrt[6]{u}-6\ln|\sqrt[6]{u}+1|+C.\end{aligned}$$

请注意, 应用换元法时, 最后要将变量代回.

§6.2.2 分部积分法

对有些类型函数的积分, 我们要使用所谓的分部积分法 (integration by parts).

根据乘积求导公式 $(u\cdot v)'=u'\cdot v+u\cdot v'$, 我们有

$$\int u\cdot v'\mathrm{d}x=u\cdot v-\int u'\cdot v\mathrm{d}x \tag{6.2.12}$$

或简写为

$$\int u\mathrm{d}v=uv-\int v\mathrm{d}u. \tag{6.2.13}$$

这个公式就是所谓的分部积分公式. 分部积分公式的想法是, 如果式 (6.2.12) 或式 (6.2.13) 的右端容易计算, 则可将计算左端积分的问题化为计算右端积分.

例如,

$$\int x\cos x\mathrm{d}x=\int x\mathrm{d}(\sin x),$$

现在分部积分, 令 $u(x)=x, v(x)=\sin x$, 则

$$\int x\mathrm{d}(\sin x)=x\sin x-\int \sin x\mathrm{d}x,$$

显然, 上式右端的积分很容易求出. 因此,

$$\int x\cos x\mathrm{d}x=x\sin x+\cos x+C.$$

再看

$$\int \ln x\mathrm{d}x=x\ln x-\int x\cdot\frac{1}{x}\mathrm{d}x=x\ln x-x+C.$$

试想把上面的 u, v 反过来取, 将使积分更加复杂. 因此使用分部积分法需要适当地选取 u, v. 当然, 分部积分法也不是总有效的, 下面简单介绍一下分部积分法适用的几种情形.

首先, 要容易确定 v, 如果连 v 都不好确定, 就无法用分部积分公式 (6.2.12) 或公式 (6.2.13). 其次, 可以按照把 u 或 v 升幂、降幂以及循环三种类型分别考虑分部积分法. 具体来说以下是三类适用的情况.

(1) $\int p_n(x)\sin mx\mathrm{d}x, \int p_n(x)\cos mx\mathrm{d}x, \int p_n(x)\mathrm{e}^{\lambda x}\mathrm{d}x$, 这里 $p_n(x)$ 是多项式, 可选取 $u(x)=p_n(x)$, 分部后对多项式 $p_n(x)$ 求导, 从而使 $p_n(x)$ 幂次被降低, 被积函数变简单, 这是所谓的"降幂".

(2) $\int p_n(x)\arcsin x\mathrm{d}x, \int p_n(x)\arccos x\mathrm{d}x, \int p_n(x)\arctan x\mathrm{d}x, \int p_n(x)\ln x\mathrm{d}x$, 在这种情形, 可选取 $p_n(x)=v'(x)$, 尽管分部后对应的 v 的次数升高, 但对 u 而言, $\mathrm{d}u$ 简化了. 这是所谓的"升幂".

(3) $\int \mathrm{e}^{\lambda x}\sin\alpha x\mathrm{d}x, \int \mathrm{e}^{\lambda x}\cos\alpha x\mathrm{d}x, \int \sin(\ln x)\mathrm{d}x$, 这里无论怎么选 u, v, 都不能直接简化以达到求解的目的, 而是采用所谓"循环法", 其含义我们通过例子来说明.

例 6.2.13　求 $\int x\arctan x\mathrm{d}x$.

解　这属于第二种类型.

$$\begin{aligned}\int x\arctan x\mathrm{d}x&=\int \arctan x\mathrm{d}\left(\frac{x^2}{2}\right)=\frac{x^2}{2}\arctan x-\frac{1}{2}\int\frac{x^2}{1+x^2}\mathrm{d}x\\&=\frac{x^2}{2}\arctan x-\frac{1}{2}\int\left(1-\frac{1}{1+x^2}\right)\mathrm{d}x\\&=\frac{1+x^2}{2}\arctan x-\frac{x}{2}+C.\end{aligned}$$

在上面的解法中, 尽管将 $x\mathrm{d}x$ 写成 $\mathrm{d}\left(\frac{x^2}{2}\right)$, 多项式由 1 次变 2 次, 但 $\arctan x$ 求导后, 由反三角函数变成了有理函数, 变简单了.

例 6.2.14　求 $\int x^2\mathrm{e}^x\mathrm{d}x$.

解　这属于第一种类型.

$$\int x^2\mathrm{e}^x\mathrm{d}x=\int x^2\mathrm{d}(\mathrm{e}^x)=x^2\mathrm{e}^x-\int \mathrm{e}^x\mathrm{d}(x^2)=x^2\mathrm{e}^x-2\int x\mathrm{e}^x\mathrm{d}x.$$

对最后一项还需要再用一次分部积分:

$$\int x\mathrm{e}^x\mathrm{d}x=\int x\mathrm{d}(\mathrm{e}^x)=x\mathrm{e}^x-\int \mathrm{e}^x\mathrm{d}x=x\mathrm{e}^x-\mathrm{e}^x+C.$$

于是

$$\int x^2\mathrm{e}^x\mathrm{d}x=\mathrm{e}^x(x^2-2x+2)+C.$$

例 6.2.15 求 $\displaystyle\int \frac{\arctan \mathrm{e}^x}{\mathrm{e}^{2x}}\mathrm{d}x$.

解

$$\begin{aligned}\int \frac{\arctan \mathrm{e}^x}{\mathrm{e}^{2x}}\mathrm{d}x&=-\frac{1}{2}\int \arctan \mathrm{e}^x\mathrm{d}(\mathrm{e}^{-2x})\\&=-\frac{1}{2}\left[\mathrm{e}^{-2x}\arctan \mathrm{e}^x-\int \frac{\mathrm{e}^x\mathrm{d}x}{\mathrm{e}^{2x}(1+\mathrm{e}^{2x})}\right]\\&=-\frac{1}{2}\left[\mathrm{e}^{-2x}\arctan \mathrm{e}^x-\int \left(\frac{1}{\mathrm{e}^{2x}}-\frac{1}{1+\mathrm{e}^{2x}}\right)\mathrm{d}(\mathrm{e}^x)\right]\\&=-\frac{1}{2}(\mathrm{e}^{-2x}\arctan \mathrm{e}^x+\mathrm{e}^{-x}+\arctan \mathrm{e}^x)+C.\end{aligned}$$

这里, 首先是用分部积分法, 然后再用换元法.

例 6.2.16 求 $\displaystyle\int \frac{x\mathrm{e}^x}{\sqrt{\mathrm{e}^x-1}}\mathrm{d}x$.

解

$$\begin{aligned}\int \frac{x\mathrm{e}^x}{\sqrt{\mathrm{e}^x-1}}\mathrm{d}x&=\int \frac{x\mathrm{d}(\mathrm{e}^x-1)}{\sqrt{\mathrm{e}^x-1}}\\&=2\int x\mathrm{d}\sqrt{\mathrm{e}^x-1}\\&=2\left(x\sqrt{\mathrm{e}^x-1}-\int \sqrt{\mathrm{e}^x-1}\mathrm{d}x\right).\end{aligned}$$

再令 $u=\sqrt{\mathrm{e}^x-1}$, 则 $\mathrm{d}x=\dfrac{2u}{u^2+1}\mathrm{d}u$, 于是

$$\int \sqrt{\mathrm{e}^x-1}\mathrm{d}x=2\int \frac{u^2\mathrm{d}u}{u^2+1}=2(u-\arctan u)+C,$$

$$\int \frac{x\mathrm{e}^x}{\sqrt{\mathrm{e}^x-1}}\mathrm{d}x=2x\sqrt{\mathrm{e}^x-1}-4\sqrt{\mathrm{e}^x-1}+4\arctan\sqrt{\mathrm{e}^x-1}+C.$$

这里, 也是先分部积分, 再用第二换元法.

例 6.2.17 求 $\displaystyle\int \mathrm{e}^x\sin x\mathrm{d}x$.

解 这是我们所说的第三种情况.

$$\int \mathrm{e}^x\sin x\mathrm{d}x=\mathrm{e}^x\sin x-\int \mathrm{e}^x\cos x\mathrm{d}x=\mathrm{e}^x\sin x-\mathrm{e}^x\cos x-\int \mathrm{e}^x\sin x\mathrm{d}x.$$

注意, 分部积分一次后积分没有变简单, 还是同类型的, 再分部积分一次后, 出现了循环, 即又出现了所要求的积分 $\displaystyle\int \mathrm{e}^x\sin x\mathrm{d}x$. 为此, 可以移项并解得

$$\int e^x \sin x dx = \frac{e^x(\sin x - \cos x)}{2} + C. \tag{6.2.14}$$

类似地可以得到

$$\int e^x \cos x dx = \frac{e^x(\sin x + \cos x)}{2} + C. \tag{6.2.15}$$

注 6.2.1 对分部积分法, 有人总结出五字诀: "反对幂三指", 分别指反三角函数、对数函数、幂函数、三角函数和指数函数, 积分时应将排列次序在后面的函数优先与 dx 结合为 dv.

例 6.2.18 求 $\int \sec^3 x dx$.

解

$$\begin{aligned}\int \sec^3 x dx &= \int \sec x d \tan x = \sec x \tan x - \int \tan^2 x \sec x dx\\ &= \sec x \tan x - \int (\sec^3 x - \sec x) dx.\end{aligned}$$

这里也出现了循环. 因此可解得

$$\int \sec^3 x dx = \frac{1}{2}\left(\sec x \tan x + \int \sec x dx\right).$$

再根据例 6.2.4可得

$$\int \sec^3 x dx = \frac{1}{2}(\sec x \tan x + \ln|\sec x + \tan x|) + C.$$

下面的例题涉及自然数 n. 可以采用递推公式的办法.

例 6.2.19 (递推公式) 求 $I_n = \int \sin^n x dx$.

解 易知当 $n = 0, 1$ 时, 有 $I_0 = x + C, I_1 = -\cos x + C$.

当 $n \geqslant 2$ 时, 应用分部积分法, 有

$$\begin{aligned}I_n &= \int \sin^{n-1} x d(-\cos x)\\ &= -\cos x \sin^{n-1} x + (n-1)\int (1 - \sin^2 x)\sin^{n-2} x dx\\ &= -\cos x \sin^{n-1} x + (n-1)(I_{n-2} - I_n).\end{aligned}$$

由此可得

$$I_n = \frac{1}{n}[(n-1)I_{n-2} - \sin^{n-1} x \cos x].$$

综上可知

$$I_n = \begin{cases} \frac{1}{n}[(n-1)I_{n-2} - \sin^{n-1} x \cos x], & n \geqslant 2,\\ -\cos x + C, & n = 1,\\ x + C, & n = 0.\end{cases} \tag{6.2.16}$$

例 6.2.20 (递推公式) 求 $I_n = \int \frac{dx}{(x^2 + a^2)^n}$.

解 $n=1$ 时, $I_1=\int\frac{\mathrm{d}x}{x^2+a^2}=\frac{1}{a}\arctan\frac{x}{a}+C.$

而当 $n\geqslant 2$ 时, 应用分部积分法

$$\begin{aligned}I_n&=\int\frac{\mathrm{d}x}{(x^2+a^2)^n}=\frac{x}{(x^2+a^2)^n}+\int\frac{x\cdot n\cdot 2x}{(x^2+a^2)^{n+1}}\mathrm{d}x\\&=\frac{x}{(x^2+a^2)^n}+2n\int\frac{x^2+a^2-a^2}{(x^2+a^2)^{n+1}}\mathrm{d}x\\&=\frac{x}{(x^2+a^2)^n}+2nI_n-2na^2I_{n+1}.\end{aligned}$$

由此得到

$$I_{n+1}=\frac{2n-1}{2na^2}I_n+\frac{1}{2na^2}\frac{x}{(x^2+a^2)^n}.$$

合知得到

$$I_n=\begin{cases}\dfrac{1}{a}\arctan\dfrac{x}{a}+C, & n=1,\\ \dfrac{2n-3}{2a^2(n-1)}I_{n-1}+\dfrac{1}{2(n-1)a^2}\dfrac{x}{(x^2+a^2)^{n-1}} & n\geqslant 2.\end{cases}\tag{6.2.17}$$

注 6.2.2 推导递推公式时, 通常用分部积分法. 可以降幂次, 也可以升幂次.

§6.2.3 基本积分表二

在本节的最后, 我们根据上述讨论, 把第一节的基本积分表一扩充为基本积分表二, 这也是需要熟记的.

基本积分表二

1. $\int\tan x\mathrm{d}x=-\ln|\cos x|+C,\quad \int\cot x\mathrm{d}x=\ln|\sin x|+C;$
2. $\int\sec x\mathrm{d}x=\ln|\sec x+\tan x|+C,\quad \int\csc x\mathrm{d}x=\ln|\csc x-\cot x|+C;$
3. $\int\frac{\mathrm{d}x}{x^2-a^2}=\frac{1}{2a}\ln\left|\frac{x-a}{x+a}\right|+C;$
4. $\int\frac{\mathrm{d}x}{x^2+a^2}=\frac{1}{a}\arctan\frac{x}{a}+C;$
5. $\int\frac{\mathrm{d}x}{\sqrt{a^2-x^2}}=\arcsin\frac{x}{a}+C;$
6. $\int\frac{\mathrm{d}x}{\sqrt{x^2\pm a^2}}=\ln|x+\sqrt{x^2\pm a^2}|+C;$
7. $\int\sqrt{a^2-x^2}\mathrm{d}x=\frac{1}{2}x\sqrt{a^2-x^2}+\frac{a^2}{2}\arcsin\frac{x}{a}+C;$
8. $\int\sqrt{x^2\pm a^2}\mathrm{d}x=\frac{1}{2}\left(x\sqrt{x^2\pm a^2}\pm a^2\ln|x+\sqrt{x^2\pm a^2}|\right)+C;$
9. $\int\mathrm{e}^x\sin x\mathrm{d}x=\frac{\mathrm{e}^x(\sin x-\cos x)}{2}+C,\quad \int\mathrm{e}^x\cos x\mathrm{d}x=\frac{\mathrm{e}^x(\sin x+\cos x)}{2}+C.$

习题 6.2

A1. 应用换元积分法求下列不定积分 (其中 $a>0$ 为实数, n 为自然数):

(1) $\displaystyle\int\frac{\mathrm{d}x}{3-2x}$;　(2) $\displaystyle\int\frac{\mathrm{d}x}{4x^2+1}$;

(3) $\displaystyle\int\frac{\mathrm{d}x}{\sqrt{2x+1}}$;　(4) $\displaystyle\int x(2+x)^n\mathrm{d}x$;

(5) $\displaystyle\int\frac{\mathrm{d}x}{x(2+x)}$;　(6) $\displaystyle\int 3^{2x+3}\mathrm{d}x$;

(7) $\displaystyle\int\frac{\sin\sqrt{x}}{\sqrt{x}}\mathrm{d}x$;　(8) $\displaystyle\int\tan^5 x\sec^2 x\mathrm{d}x$;

(9) $\displaystyle\int x\sin x^2\mathrm{d}x$;　(10) $\displaystyle\int\frac{\mathrm{d}x}{\cos^2(2x+\frac{\pi}{3})}$;

(11) $\displaystyle\int\frac{\mathrm{d}x}{1+\cos x}$;　(12) $\displaystyle\int\frac{\mathrm{d}x}{1+\sin x}$;

(13) $\displaystyle\int\cos^5 x\mathrm{d}x$;　(14) $\displaystyle\int\frac{\mathrm{d}x}{\sin x\cos x}$;

(15) $\displaystyle\int\frac{\mathrm{d}x}{(1-x^2)^{\frac{3}{2}}}$;　(16) $\displaystyle\int\frac{\mathrm{d}x}{(x^2+a^2)^{\frac{3}{2}}}$;

(17) $\displaystyle\int\frac{\mathrm{d}x}{\mathrm{e}^x+\mathrm{e}^{-x}}$;　(18) $\displaystyle\int\frac{2x-3}{x^2-3x+8}\mathrm{d}x$;

(19) $\displaystyle\int\sqrt{\frac{x-a}{x+a}}\mathrm{d}x$;　(20) $\displaystyle\int\frac{\sqrt{x+1}-1}{\sqrt{x+1}+1}\mathrm{d}x$;

(21) $\displaystyle\int\frac{\sqrt{x}}{1-\sqrt[3]{x}}\mathrm{d}x$;　(22) $\displaystyle\int\frac{x^5}{\sqrt{1-x^2}}\mathrm{d}x$.

A2. 应用分部积分法求下列不定积分:

(1) $\displaystyle\int\arcsin x\mathrm{d}x$;　(2) $\displaystyle\int(x-1)\ln x\mathrm{d}x$;

(3) $\displaystyle\int x^2\sin 2x\mathrm{d}x$;　(4) $\displaystyle\int\frac{\ln x}{x^3}\mathrm{d}x$;

(5) $\displaystyle\int(\ln x)^2\mathrm{d}x$;　(6) $\displaystyle\int x^2\arctan x\mathrm{d}x$;

(7) $\displaystyle\int\left[\ln(\ln x)+\frac{1}{\ln x}\right]\mathrm{d}x$;　(8) $\displaystyle\int(\arcsin x)^2\mathrm{d}x$;

(9) $\displaystyle\int\frac{\arcsin x}{\sqrt{1-x}}\mathrm{d}x$;　(10) $\displaystyle\int\sqrt{x^2\pm a^2}\mathrm{d}x$;

(11) $\displaystyle\int\mathrm{e}^x\sin^2 x\mathrm{d}x$;　(12) $\displaystyle\int\cos(\ln x)\mathrm{d}x$.

A3. 求下列不定积分:

(1) $\displaystyle\int\frac{\ln(1+x)}{\sqrt{x}}\mathrm{d}x$;　(2) $\displaystyle\int\frac{\arccos x}{x^2}\mathrm{d}x$;

(3) $\displaystyle\int\frac{x\mathrm{e}^x\mathrm{d}x}{(1+\mathrm{e}^x)^2}$;　(4) $\displaystyle\int\frac{\arctan x\mathrm{d}x}{x^2(1+x^2)}$;

(5) $\displaystyle\int\frac{x\mathrm{e}^{\arctan x}\mathrm{d}x}{(1+x^2)^{\frac{3}{2}}}$;　(6) $\displaystyle\int\frac{\cos x-x\sin x}{(x\cos x)^2}\mathrm{d}x$.

A4. 已知 $f(x)$ 的一个原函数为 $\ln\cos x$, 求下列不定积分:

(1) $\displaystyle\int[f(x)]^2f'(x)\mathrm{d}x$;　(2) $\displaystyle\int\frac{f'(x)}{1+[f(x)]^2}\mathrm{d}x$.

A5. 设 $f(\sin^2 x)=\dfrac{x}{\sin x}$, 求 $\displaystyle\int\frac{\sqrt{x}}{\sqrt{1-x}}f(x)\mathrm{d}x$.

A6. 已知 $f(\arccos x)=\dfrac{\ln x}{x^2}$, 计算 $\displaystyle\int f(x)\mathrm{d}x$.

B7. 证明: (1) 若 $I_n=\displaystyle\int\tan^n x\mathrm{d}x, n=2,3,\cdots$, 则

$$I_n=\frac{1}{n-1}\tan^{n-1}x-I_{n-2}.$$

(2) 若 $I(m,n)=\int\cos^m x\sin^n x\mathrm{d}x, n,m\in\mathbb{N}$, 则当 $m+n\neq 0$ 时,

$$\begin{aligned}I(m,n)&=\frac{\cos^{m-1}x\sin^{n+1}x}{m+n}+\frac{m-1}{m+n}I(m-2,n)\\&=-\frac{\cos^{m+1}x\sin^{n-1}x}{m+n}+\frac{n-1}{m+n}I(m,n-2), n,m=2,3,\cdots.\end{aligned}$$

(3) 若 $I_n=\int e^x\sin^n x\mathrm{d}x, n=2,3,\cdots$, 则

$$I_n=\frac{1}{1+n^2}e^x(\sin^n x-n\sin^{n-1}x\cos x)+\frac{n(n-1)}{1+n^2}I_{n-2}; n=2,3,\cdots,$$

其中, $I_0=e^x+C, I_1=\frac{e^x}{2}(\sin x-\cos x)+C$.

B8. 利用上题的递推公式计算:

(1) $\int\sin^3 x\mathrm{d}x$;　　(2) $\int\tan^4 x\mathrm{d}x$;

(3) $\int\cos^2 x\sin^4 x\mathrm{d}x$;　　(4) $\int e^x\sin^3 x\mathrm{d}x$.

§6.3　有理函数的不定积分及应用

我们已经看到, 作为求导运算的逆运算, 求不定积分要困难得多. 在求导数时, 只要知道外函数与内函数的导数, 就很容易根据链式法则求出复合函数的导数, 然而, 求复合函数的不定积分遇到的困难完全超出想象, 我们不再有类似的链式法则. 因此, 尽管初等函数的导数仍然是初等函数, 但是, 初等函数的原函数却未必仍然是初等函数, 这个问题的一般讨论超出本教材的范围, 有兴趣的读者可参见《普通数学分析教程补篇》第六章 (盖 · 伊 · 德林费尔特, 1960). 通常, 若一个函数的不定积分不是初等函数, 我们称这个不定积分为“积不出来”. 例如: $\int\frac{\sin x}{x}\mathrm{d}x, \int e^{x^2}\mathrm{d}x$ 都积不出来. 但是有理函数的不定积分一定是初等函数, 即可以积出来. 这正是本节主要讨论的函数类的不定积分.

本节分两个部分: 有理函数的不定积分 (indefinite integral of rational function) 和可化为有理函数的不定积分.

§6.3.1　有理函数的不定积分

1. *有理函数* (rational function)

形如 $R(x)=\frac{p_m(x)}{q_n(x)}$ 的函数称为有理函数, 其中, $p_m(x), q_n(x)$ 分别是 m 次和 n 次多项式. 若 $m<n$, 则称 $R(x)$ 为真分式.

根据多项式理论知道, 一个有理函数总可以化为一个多项式与真分式的和. 因此, 有理函数的不定积分归结为真分式的不定积分. 下面首先考虑真分式的分解.

2. *有理函数部分分式分解定理* (decomposition theorem of partial fraction of rational function)

根据代数学基本定理, 我们不加证明地引用以下的有理函数部分分式分解定理 (简称部分分式定理, 可参见常见的数学分析教材, 例如《数学分析》(陈纪修等, 2004)).

定理 6.3.1　设 $R(x)=\dfrac{p_m(x)}{q_n(x)}$ 为真分式, 其分母 $q_n(x)$ 有如下分解

$$q_n(x)=(x-a)^{\alpha}\cdots(x-b)^{\beta}(x^2+px+q)^{\mu}\cdots(x^2+rx+s)^{\nu},$$

其中, $a,\cdots,b,p,q,\cdots,r,s$ 为实数, 且 $p^2-4q<0,\cdots,r^2-4s<0,\alpha,\cdots,\beta,\mu,\cdots,\nu$ 是正整数, 则 $R(x)$ 可分解为下列的部分分式之和, 即

$$\begin{aligned}R(x)=&\frac{A_{\alpha}}{(x-a)^{\alpha}}+\frac{A_{\alpha-1}}{(x-a)^{\alpha-1}}+\cdots+\frac{A_1}{x-a}+\cdots\\&+\frac{B_{\beta}}{(x-b)^{\beta}}+\frac{B_{\beta-1}}{(x-b)^{\beta-1}}+\cdots+\frac{B_1}{x-b}\\&+\frac{K_{\mu}x+L_{\mu}}{(x^2+px+q)^{\mu}}+\cdots+\frac{K_1x+L_1}{x^2+px+q}+\cdots\\&+\frac{M_{\nu}x+N_{\nu}}{(x^2+rx+s)^{\nu}}+\cdots+\frac{M_1x+N_1}{x^2+rx+s},\end{aligned}\tag{6.3.1}$$

其中, $A_i,\cdots,B_i,K_i,L_i,\cdots,M_i,N_i$ 都是实数, 并且这分解式的所有系数是唯一确定的.

我们来解释一下这个结果.

首先, 对分母这个多项式, 将其分解为若干个一次因式及其幂以及不可约的二次因式及其幂的乘积:

$$q(x)=(x-a)^{\alpha}\cdots(x-b)^{\beta}(x^2+px+q)^{\mu}\cdots(x^2+rx+s)^{\nu},$$

其中, $a,\cdots,b$, 为其零点, 其重数分别为 $\alpha,\cdots,\beta$. 所谓不可约的二次因式, 是指这个二次三项式没有实零点, 其判别式小于 0.

其次, 在式 (6.3.1) 中, 一次因式及一次因式的幂所对应的分式的分子是常数, 而二次因式及二次因式的幂所对应的分式的分子至多是一次多项式.

最后, 我们要用待定系数法来确定所有系数 $A_i,\cdots,B_i,K_i,L_i,\cdots,M_i,N_i$.

根据这个定理, 真分式的不定积分总可以化为下列两类分式之一或其组合的形式的不定积分:

$$\frac{A}{(x-a)^k},\ \frac{Ax+B}{(x^2+px+q)^k},\ p^2-4q<0.$$

第一类分式的分母是一次因式幂的形式.

$k=1$ 时, $\displaystyle\int\frac{\mathrm{d}x}{x-a}=\ln|x-a|+C$,

$k\geqslant 2$ 时, $\displaystyle\int\frac{\mathrm{d}x}{(x-a)^k}=\frac{(x-a)^{1-k}}{1-k}+C$.

第二类分式分母为不可约二次因式幂的形式.

因为 $p^2-4q<0$, 所以经配方,

$$x^2+px+q=\left(x+\frac{p}{2}\right)^2+q-\frac{p^2}{4}.$$

令 $a^2=q-\dfrac{p^2}{4}$, 再换元 $u=x+\dfrac{p}{2}$, 得

$$\int\frac{(Ax+B)\mathrm{d}x}{(x^2+px+q)^k}=A\int\frac{u\mathrm{d}u}{(a^2+u^2)^k}+\left(B-\frac{Ap}{2}\right)\int\frac{\mathrm{d}u}{(a^2+u^2)^k}.$$

上式右面第一项积分很容易求; 对第二项, $k=1$ 时可直接求出, $k>1$ 时可用递推方法来求. 至此, 有理函数的不定积分问题都解决了.

下面主要看具体如何分解部分分式. 基本方法是待定系数法. 首先是作为分母的多项式的因式分解, 其次, 部分分式定理的应用. 通常来说计算量大. 但有时若能找到合适的办法就可以简化计算, 而不必拘泥于这个分解定理. 下面举一些简单的例子.

3. 例题

例 6.3.1 化 $\dfrac{x+1}{x^2-4x+3}$ 为部分分式.

解 $x^2-4x+3=(x-1)(x-3)$, 可设

$$\frac{x+1}{x^2-4x+3}=\frac{A}{x-1}+\frac{B}{x-3},$$

先将右边通分, 再比较等式两边的分子得 $x+1=A(x-3)+B(x-1)$.

为确定 A 与 B, 可有两种方法. 第一种是赋值法, 分别令 $x=1$ 和 $x=3$; 第二种是比较系数法. 两种方法同样可得 $A=-1, B=2$. 因此,

$$\frac{x+1}{x^2-4x+3}=\frac{-1}{x-1}+\frac{2}{x-3}. \tag{6.3.2}$$

例 6.3.2 化 $\dfrac{x^4+x^3+3x^2-1}{(x^2+1)^2(x-1)}$ 为部分分式.

解 设

$$\frac{x^4+x^3+3x^2-1}{(x^2+1)^2(x-1)}=\frac{A}{x-1}+\frac{Bx+C}{x^2+1}+\frac{Dx+E}{(x^2+1)^2},$$

下面要确定系数 A,B,C,D,E. 通分去分母得

$$x^4+x^3+3x^2-1=A(x^2+1)^2+(Bx+C)(x-1)(x^2+1)+(Dx+E)(x-1).$$

首先, 令 $x=1$ 得 $A=1$. 令 $x=\mathrm{i}$ 得 $-3-\mathrm{i}=(-D-E)+(E-D)\mathrm{i}$, 比较实部与虚部得 $D=2, E=1$. 再比较 x^3 与 x^4 的系数, 得到 $C=1$, $B=1-A=0$. 即有

$$\frac{x^4+x^3+3x^2-1}{(x^2+1)^2(x-1)}=\frac{1}{x-1}+\frac{1}{x^2+1}+\frac{2x+1}{(x^2+1)^2}. \tag{6.3.3}$$

例 6.3.3 计算积分 $\displaystyle\int\frac{x+1}{x^2-4x+3}\mathrm{d}x$.

解 根据例 6.3.1, 我们有分解式 (6.3.2), 因此

$$\int\frac{x+1}{x^2-4x+3}\mathrm{d}x=\int\left(\frac{-1}{x-1}+\frac{2}{x-3}\right)\mathrm{d}x=\ln\frac{(x-3)^2}{|x-1|}+C.$$

例 6.3.4 计算积分 $\displaystyle\int\frac{x^4+x^3+3x^2-1}{(x^2+1)^2(x-1)}\mathrm{d}x$.

解 根据例 6.3.2, 我们有分解式 (6.3.3), 因此再根据例 6.2.20 可得

$$\int\frac{x^4+x^3+3x^2-1}{(x^2+1)^2(x-1)}\mathrm{d}x=\int\left(\frac{1}{x-1}+\frac{1}{x^2+1}+\frac{2x+1}{(x^2+1)^2}\right)\mathrm{d}x.$$

$$= \ln|x-1| + \arctan x + \int \frac{\mathrm{d}(x^2+1)}{(x^2+1)^2} + \int \frac{\mathrm{d}x}{(x^2+1)^2}$$
$$= \ln|x-1| + \frac{3}{2}\arctan x - \frac{1}{x^2+1} + \frac{x}{2(x^2+1)} + C.$$

例 6.3.5 计算积分 $\int \frac{\mathrm{d}x}{1+x^3}$.

解 除去直接应用上面的方法分解 x^3+1 外, 还可以应用下面的"配对积分法". 令

$$I = \int \frac{1}{1+x^3}\mathrm{d}x,\ J = \int \frac{x}{1+x^3}\mathrm{d}x,$$

则

$$I+J = \int \frac{1+x}{1+x^3}\mathrm{d}x = \int \frac{1}{x^2-x+1}\mathrm{d}x = \frac{2}{\sqrt{3}}\arctan\frac{2x-1}{\sqrt{3}} + C,$$
$$I-J = \int \frac{1-x}{1+x^3}\mathrm{d}x = \int \frac{1-x+x^2-x^2}{(1+x)(x^2-x+1)}\mathrm{d}x$$
$$= \int \frac{1}{1+x}\mathrm{d}x - \int \frac{x^2}{1+x^3}\mathrm{d}x = \ln|1+x| - \frac{1}{3}\ln|1+x^3| + C.$$

于是,

$$I = \frac{1}{\sqrt{3}}\arctan\frac{2x-1}{\sqrt{3}} + \frac{1}{2}\ln|1+x| - \frac{1}{6}\ln|1+x^3| + C.$$

§6.3.2 三角函数有理式的不定积分与简单无理函数的不定积分

1. 三角函数有理式 $\int R(\sin x, \cos x)\mathrm{d}x$ 的不定积分

这里 $R(u,v)$ 表示分别关于 u, v 是有理函数. 求解三角函数有理式的不定积分有一个一般方法是三角万能代换, 即令

$$\tan\frac{x}{2} = t, \tag{6.3.4}$$

则

$$\sin x = \frac{2t}{1+t^2},\ \cos x = \frac{1-t^2}{1+t^2},\ \mathrm{d}x = \frac{2}{1+t^2}\mathrm{d}t, \tag{6.3.5}$$

于是三角函数有理式的积分转化为下面的有理函数的不定积分:

$$\int R(\sin x, \cos x)\mathrm{d}x = \int R\left(\frac{2t}{1+t^2}, \frac{1-t^2}{1+t^2}\right)\frac{2}{1+t^2}\mathrm{d}t. \tag{6.3.6}$$

例 6.3.6 求 $\int \frac{\mathrm{d}x}{\sin x(1+\cos x)}$.

解 作万能变换 $\tan\frac{x}{2} = t$, 原不定积分为

$$\frac{1}{2}\int\left(t+\frac{1}{t}\right)\mathrm{d}t = \frac{1}{4}t^2 + \frac{1}{2}\ln|t| + C$$
$$= \frac{1}{4}\tan^2\left(\frac{x}{2}\right) + \frac{1}{2}\ln|\tan\frac{x}{2}| + C.$$

对本问题, 还可以用其他方法. 例如,

$$\int \frac{\mathrm{d}x}{\sin x(1+\cos x)}=\int \frac{\sin x\mathrm{d}x}{\sin^2 x(1+\cos x)}=-\int \frac{\mathrm{d}\cos x}{(1-\cos^2 x)(1+\cos x)}$$
$$=\frac{1}{2(1+\cos x)}+\frac{1}{4}\ln\left(\frac{1-\cos x}{1+\cos x}\right)+C.$$

当被积函数是 $\sin^2 x$, $\cos^2 x$ 及 $\sin x\cos x$ 的有理式时, 通常采用变换 $t=\tan x$.

例 6.3.7 求积分 $\int \frac{\mathrm{d}x}{\cos^2 x\sin^2 x}$.

解 在例 6.1.5 中我们已经算过此不定积分. 现在用换元法再算一次. 令 $t=\tan x$, 得

$$\int \frac{\mathrm{d}x}{\cos^2 x\sin^2 x}=\int \frac{\mathrm{d}\tan x}{\tan^2 x\cos^2 x}=\int \frac{1+t^2}{t^2}\mathrm{d}t=-\frac{1}{t}+t+C=\tan x-\cot x+C.$$

2. 简单无理函数的不定积分 (indefinite integral of simple irrational function)

(1) 形如 $\int R\left(x,\sqrt[n]{\frac{ax+b}{cx+d}}\right)\mathrm{d}x$ 的不定积分, 这里, $R(u,v)$ 表示关于 u 和 v 都是有理函数的函数. 对这类不定积分的解法是: 用换元法, 即令 $t=\sqrt[n]{\frac{ax+b}{cx+d}}$, 即可化为关于 t 的有理函数的积分.

例 6.3.8 计算积分 $\int \frac{1}{x}\sqrt{\frac{x+1}{x-1}}\mathrm{d}x$.

解 令 $\sqrt{\frac{x+1}{x-1}}=t$, 则 $x=\frac{t^2+1}{t^2-1}, \mathrm{d}x=-\frac{4t\mathrm{d}t}{(t^2-1)^2}$, 代入得

$$\int \frac{1}{x}\sqrt{\frac{x+1}{x-1}}\mathrm{d}x=-\int \frac{4t^2\mathrm{d}t}{(t^2+1)(t^2-1)}.$$

把 t^2 看成整体, 并直接观察即可得如下分解:

$$\frac{4t^2}{(t^2+1)(t^2-1)}=2\left(\frac{1}{t^2+1}+\frac{1}{t^2-1}\right).$$

因此,

$$-\int \frac{4t^2\mathrm{d}t}{(t^2+1)(t^2-1)}=\ln\left|\frac{1+t}{1-t}\right|-2\arctan t+C$$
$$=\ln\left|\frac{1+\sqrt{(x+1)/(x-1)}}{1-\sqrt{(x+1)/(x-1)}}\right|-2\arctan\sqrt{\frac{x+1}{x-1}}+C.$$

(2) 形如 $\int R(x,\sqrt{ax^2+bx+c})\mathrm{d}x$ 的不定积分, 其中, $a\neq 0$, $R(u,v)$ 是 u 和 v 的有理函数, $a>0$ 时, $b^2-4ac\neq 0$, 而 $a<0$ 时, $b^2-4ac>0$. 此时, 我们总可以配方:

$$ax^2+bx+c=a\left[\left(x+\frac{b}{2a}\right)^2+\frac{4ac-b^2}{4a^2}\right],$$

令 $u=x+\frac{b}{2a}$, 则 $a>0$ 时 $ax^2+bx+c=a(u^2\pm k^2)$, 其中, $k=\frac{\sqrt{|b^2-4ac|}}{2a}$.

而 $a<0$ 时, $ax^2+bx+c=(-a)(k^2-u^2)$, 其中, $k=\dfrac{\sqrt{b^2-4ac}}{-2a}$. 应用上一节的第二换元法, 我们都可以把他们化为三角函数有理式的不定积分问题.

例 6.3.9　计算积分 $\displaystyle\int\frac{x^2\mathrm{d}x}{\sqrt{x^2+2x+5}}$.

解　令 $x+1=2\tan t$, 则 $\mathrm{d}x=2\sec^2 t\mathrm{d}t$,

$$\int\frac{x^2\mathrm{d}x}{\sqrt{x^2+2x+5}}=\int\frac{(2\tan t-1)^2\cdot 2\sec^2 t\mathrm{d}t}{2\sec t}=4\int\sec^3 t\mathrm{d}t-3\int\sec t\mathrm{d}t-4\sec t,$$

应用例 6.2.4 和例 6.2.18可得, 上式右端的不定积分为

$$\begin{aligned}&2[\sec t\tan t+\ln|\sec t+\tan t|]-3\ln|\sec t+\tan t|-4\sec t+C\\ =&\,2\sec t\tan t-\ln|\sec t+\tan t|-4\sec t+C.\end{aligned}$$

再用 x 代回即可.

(3) 其他一些无理式的代换, 例如例 6.2.12.

注 6.3.1　最后我们再列举几个积不出来的不定积分, 即不定积分不是初等函数:

$$\int\sin(x^2)\mathrm{d}x,\ \int\frac{\cos x}{x}\mathrm{d}x\ \int\frac{\mathrm{d}x}{\ln x},\ \int\frac{\mathrm{e}^x}{x}\mathrm{d}x,\ \int\ln\sin x\mathrm{d}x,\ 等.$$

要证明它们不是初等函数, 并不容易. 历史上, 曾经有不少数学家致力于计算各种不定积分, 即寻找各种能积出来的函数或寻找可积的法则, 参见 *Integration in Finite Terms: Liouville's Theory of Elementary Methods*(Ritt, 1948). 但是, 后来证明这样的努力也是徒劳的. Richardson (1969) 在 *Some undecidable problems involving elementary functions of a real variable* 一文中已经明确指出, 不存在统一的能判断一个函数的原函数是否为初等函数的方法. 而从另一个角度来说, 尽管初等函数的性质比较清楚, 但是一个函数是不是初等函数并不特别重要. 初等函数只是函数中比较常见、性质比较清楚、并被赋予特定记号的一类函数. 像符号函数 $\operatorname{sgn}x$ 以及不定积分 $\int\mathrm{e}^{-x^2}\mathrm{d}x$ 等都是非初等函数, 它们也是十分重要的函数, 并且得到了广泛的研究. 例如, 函数 $\operatorname{Si}x$ 是指 $\dfrac{\sin x}{x}$ 的一个原函数, 且满足当 $x\to 0$ 时 $\operatorname{Si}x\to 0$. 今后我们还会碰到大量的新的类型的非初等的函数, 这正是数学分析的任务——研究各种函数的性质.

习题 6.3

A1. 求下列不定积分:

(1) $\displaystyle\int\frac{x^3\mathrm{d}x}{x-1}$;　(2) $\displaystyle\int\frac{x-2}{x^2-7x+12}\mathrm{d}x$;

(3) $\displaystyle\int\frac{(x^4+5x+4)\mathrm{d}x}{x^2+5x+4}$;　(4) $\displaystyle\int\frac{x-5}{x^3-3x^2+4}\mathrm{d}x$;

(5) $\displaystyle\int\frac{\mathrm{d}x}{1+x^4}$;　(6) $\displaystyle\int\frac{\mathrm{d}x}{1+x^2+x^4}$;

(7) $\displaystyle\int\frac{\mathrm{d}x}{(x^2+4x+4)(x^2+4x+5)}$;　(8) $\displaystyle\int\frac{(x^2+1)\mathrm{d}x}{(x^2-2x+2)^2}$.

A2. 求下列不定积分:

(1) $\int \frac{x+2}{\sqrt{1+4x}}\mathrm{d}x$; (2) $\int \frac{\mathrm{d}x}{\sqrt{(x-3)(5-x)}}$;

(3) $\int \frac{\sqrt{x+1}-\sqrt{x-1}}{\sqrt{x+1}+\sqrt{x-1}}\mathrm{d}x$; (4) $\int \frac{x^2}{\sqrt{1+x-x^2}}\mathrm{d}x$;

(5) $\int \frac{\mathrm{d}x}{\sqrt{x^2+x}}$; (6) $\int \frac{1}{x^2}\sqrt{\frac{1-x}{1+x}}\mathrm{d}x$.

A3. 求下列不定积分:

(1) $\int \frac{\mathrm{d}x}{5-4\cos x}$; (2) $\int \frac{\mathrm{d}x}{\tan x+\sin x}$;

(3) $\int \frac{\mathrm{d}x}{1+\tan x}$; (4) $\int \frac{\sin^2 x}{3+\sin^2 x}\mathrm{d}x$;

(5) $\int \frac{1-\tan x}{1+\tan x}\mathrm{d}x$; (6) $\int \frac{\mathrm{d}x}{\sin x\cos^3 x}$;

(7) $\int \frac{\mathrm{d}x}{\cos^4 x}$; (8) $\int \frac{\tan x}{1+\tan x+\tan^2 x}\mathrm{d}x$;

(9) $\int \sqrt{1-x^2}\arcsin x\mathrm{d}x$; (10) $\int \frac{\mathrm{d}x}{\sqrt{\sin x\cos^7 x}}$.

B4. 求 $I_n = \int \frac{(ax+b)^n}{\sqrt{cx+b}}\mathrm{d}x$ 的递推公式.

第 6 章总练习题

1. 设 $F_1(x)=\arctan x$, $F_2(x)=-\arctan\frac{1}{x}$, 容易验证: $F_1'(x)=F_2'(x)=\frac{1}{1+x^2}, \forall x\neq 0$. 那么, $F_1(x), F_2(x)$ 只相差一个常数吗?

2. 求下列函数的不定积分:

(1) $f(x)=|x|$; (2) $f(x)=|1+x|-|1-x|$; (3) $f(x)=\mathrm{e}^{|x|}$;

(4) $f(x)=\max\{1,x\}$; (5) $f(x)=\sin x\ln(\sin x)$; (6) $f(x)=x\arctan x\ln(1+x^2)$.

3. 设 $G(x)$ 是 $g(x)$ 的一个原函数, f 是正值连续函数, 满足 $\int f(x)g(x)\mathrm{d}x=2x+C$, 求 $\int \frac{\mathrm{d}x}{f(x)}$.

4. 设 $f'(\sin^2 x)=\cos 4x+\tan^2 x$, $x\in(0,1)$, 求 $f(x)$.

5. 当常数 a,b 满足什么条件时, 不定积分

$$\int \frac{x^2+ax+b}{(x+1)^2(x^2+1)}\mathrm{d}x$$

中 (1) 不含有反正切函数? (2) 不含有对数函数?

6. 设 $n\in\mathbb{N}$, 求下列递推公式

(1) $I_n=\int \frac{\mathrm{d}x}{\sin^n x}\mathrm{d}x$; (2) $I_n=\int \frac{\mathrm{d}x}{x^n\sqrt{x^2+1}}$; (3) $I_n=\int \frac{\sin 2nx}{\sin x}\mathrm{d}x$.

第 7 章 定 积 分

我们知道, 导数概念的背景是有关运动的速度与曲线的切线等问题, 历史悠久. 而定积分思想的产生实则更早, 可追溯到古希腊时代. 古希腊人在丈量形状不规则土地的面积时, 先尽可能地把要丈量的土地分割成若干规则小块图形, 如矩形和三角形, 忽略那些零碎的小块, 计算出每一小块规则图形的面积, 然后相加, 就得到土地面积的近似值. 这就是分割、逼近思想的萌芽. 我国古代著名数学家祖冲之的儿子祖暅在公元 6 世纪前后提出的祖暅原理是用定积分思想计算体积的典范. 到了文艺复兴时期之后, 在确立日心说和探索宇宙的过程中, 积分学的产生成为必然. Kepler 三大定律中有关行星扫过的面积的计算、Newton 有关天体之间的引力的计算直至万有引力定律的诞生, 直接推动了积分学核心思想的发展. 到 Newton 那个年代, 定积分的概念已经产生, 定积分的计算与应用也很成功. 但是直到 Newton、Leibniz 之后的两百多年, 严格的积分理论才逐步建立起来.

建立严格的积分定义的努力始于 Cauchy. 但是 Cauchy 对于积分的定义仅限于连续函数. 1854 年, Riemann(1826~1866) 指出可积分的函数不一定是连续的或者分段连续的, 从而把 Cauchy 建立的积分进行了推广. 所以人们现在经常把本章所讨论的定积分称为 Riemann 积分. 之后, Lebesgue(1875~1941) 等人更是进一步建立了现代积分的理论, 这部分内容需要在后继课程中学习.

§7.1 定积分的基本概念

§7.1.1 定积分概念的导出背景

我们先来看几何与物理学中的两个实例.

1. *求曲边梯形的面积*

由非负连续曲线 $y = f(x), x$ 轴以及直线 $x = a, x = b$ 所围成的图形通常称为曲边梯形 (curved edge trapezoid). 如图 7.1.1 所示.

现在要计算它的面积 A. 我们知道矩形或多边形面积的求法, 但是此曲边梯形有一条边是曲线, 曲边梯形在底边上各点 x 处的"高" $f(x)$ 在区间 $[a,b]$ 上随 x 变动. 为了解决这种变动的问题, 我们仍然需要以"不变"处理"变"的问题. 这正是辩证法的思想. 注意到, "高"尽管是变的, 但若它是"连续变"的, 即当 x 在很小的一段区间上变化时, 高 $f(x)$ 的变化也很小, 因此可以视作近似不变, 并且当子区间的长度无限缩小时, 这个区间上的"高"的变化也无限小. 因此, 如果把区间 $[a,b]$ 分成许多小区间, 在每个小区间上, 用其中某一点的高来近似代替同一个小区间上的窄曲边梯形的变化的高, 再根据矩形的面积公式, 即可求出相应窄曲边梯形面积的近似值, 从而求出整个曲边梯形面积的近似值. 如图 7.1.2.

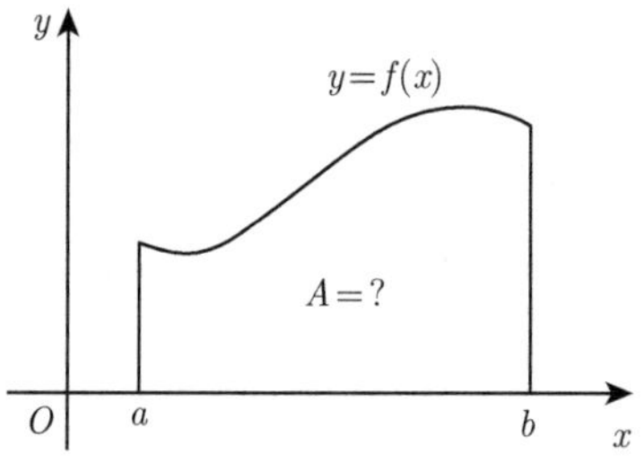

图 7.1.1

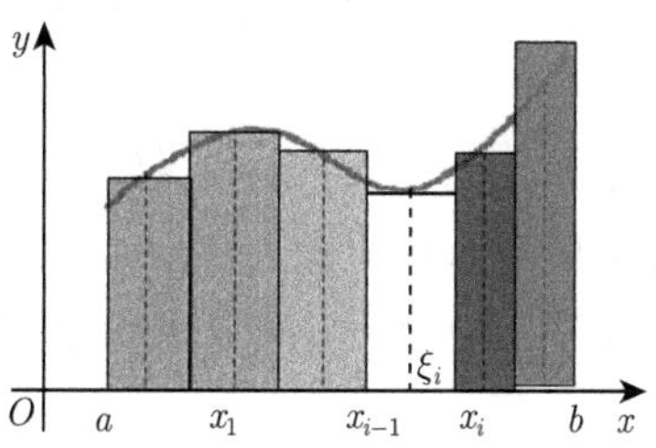

图 7.1.2

具体来说, 在 $[a,b]$ 中插入若干个分点, 记为

$$T: a = x_0 < x_1 < x_2 < \cdots < x_n = b,$$

记 $\Delta x_i = x_i - x_{i-1}$, 任取一点 $\xi_i \in [x_{i-1}, x_i]$, 以 $[x_{i-1}, x_i]$ 为底, $f(\xi_i)$ 为高的小矩形可以近似替代小"曲边梯形", 从而曲边梯形的面积 A 近似等于这些小矩形的面积之和, 即

$$A \approx s_n = \sum_{i=1}^{n} f(\xi_i)\Delta x_i. \tag{7.1.1}$$

从几何直观上来看, 把区间 $[a,b]$ 分得越细, s_n 越接近于 A. 为此我们只要取极限即可得到面积 A 的精确值.

2. 求变力做功

设一质量为 m 的物体在外力 f 的作用下沿直线运动. 假定外力是变力, 但方向始终与运动方向一致. 于是可假设物体沿 x 轴运动, 外力为 $f = f(x)$, 且 $f(x)$ 在 $[a,b]$ 上连续, 现欲求物体从 $x = a$ 运动到 $x = b$ 时 f 所做的功.

如果 f 为常力, 则它对质点所做的功为 $W = f \cdot (b-a)$. 现在外力是变力, 随 x 连续变化, 但在很小的区间上可以近似地看作一常量. 类似于求曲边梯形面积那样, 我们先把区间 $[a,b]$ 进行分割, 从 x_{i-1} 到 x_i 这一段上可以近似看作常力做功, 即功为 $f(\xi_i)\Delta x_i$, $\xi_i \in [x_{i-1}, x_i]$, 再把每一小段上的功累加起来, 得到从 a 点到 b 点做的功的近似值, 即有

$$W \approx W_n = \sum_{i=1}^{n} f(\xi_i)\Delta x_i. \tag{7.1.2}$$

同样地, 当把 $[a,b]$ 分得越细密, 即所有小区间 $[x_{i-1}, x_i]$ 的长度趋于 0 时, 近似值 W_n 就任意接近 W, 于是我们只要取极限即可求得功 W.

由于解决两个问题都分为"分割、近似、求和、取极限"四步, 并且与这两种问题类似的问题还很多, 因此人们从中进行抽象, 统一处理, 就形成了定积分的概念.

§7.1.2 定积分的定义

定义 7.1.1 设函数 $f(x)$ 在闭区间 $[a,b]$ 上有定义, 在 $[a,b]$ 中任意插入 n 个分点, 记为

$$T: a = x_0 < x_1 < x_2 < \cdots < x_n = b, \tag{7.1.3}$$

称 T 为 $[a,b]$ 的一个**分割** (partition), 或**分划**. 记小区间 $[x_{i-1},x_i]$ 的长度为 $\Delta x_i = x_i - x_{i-1}$. 令

$$\|T\| = \max\{\Delta x_i, i=1,2,\cdots,n\}, \tag{7.1.4}$$

即所有小区间长度的最大值, 称为分割 T 的模. 在每个小区间 $[x_{i-1},x_i]$ 上任取一点 ξ_i, 称为 $[x_{i-1},x_i]$ 上的介点, 作函数值 $f(\xi_i)$ 与小区间长度 Δx_i 的乘积 $f(\xi_i)\Delta x_i$, 并作和

$$s_n = \sum_{i=1}^{n} f(\xi_i)\Delta x_i, \tag{7.1.5}$$

这个和称为函数 f 在 $[a,b]$ 上的**积分和** (integral sum) 或 **Riemann 和** (Riemann sum).

设 I 是一给定常数, 如果对任意给定的 $\varepsilon>0$, 总存在 $\delta>0$, 使对 $[a,b]$ 的任意分割 T, 和任意的介点 $\xi_i \in [x_{i-1},x_i]$, 只要分割的模 $\|T\|<\delta$, 就有

$$\left|\sum_{i=1}^{n} f(\xi_i)\Delta x_i - I\right| < \varepsilon, \tag{7.1.6}$$

则称函数 f 在区间 $[a,b]$ 上 Riemann 可积 (Riemann integrable), 简称为**可积**, 称 I 为函数 $f(x)$ 在区间 $[a,b]$ 上的 Riemann 积分 (Riemann integral) 或**定积分** (definite integral), 简称**积分**, 记作 $I=\int_a^b f(x)\mathrm{d}x$, 即

$$I = \lim_{\|T\|\to 0} \sum_{i=1}^{n} f(\xi_i)\Delta x_i = \int_a^b f(x)\mathrm{d}x. \tag{7.1.7}$$

这里, 称 f 为被积函数 (integrand), x 为积分变量 (variable of integration), $[a,b]$ 为积分区间 (interval of integration), 而 a,b 分别称为积分下限 (lower limit of integration) 和积分上限 (upper limit of integration).

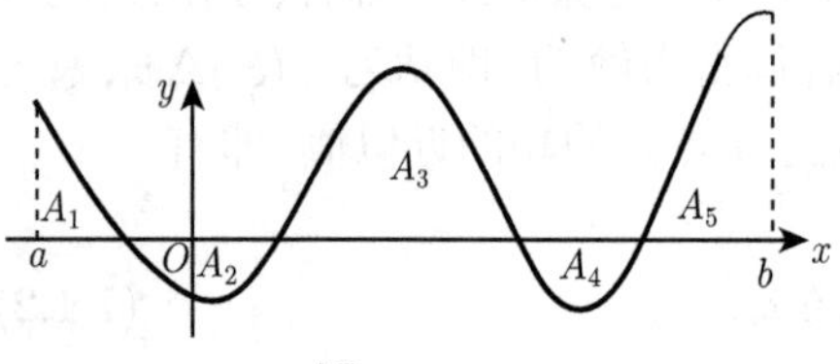

图 7.1.3

注 7.1.1 定积分的几何意义 (geometric meaning of the definite integral): 我们已经知道, 当 $y=f(x)$ 在区间 $[a,b]$ 上非负连续时, 定积分 (7.1.7) 恰好表示曲边梯形的面积. 若 $f(x)\leqslant 0$, 则这个定积分表示曲边梯形的面积的相反数. 而对于一般的变号的函数 $f(x)$, 如图 7.1.3 所示, 这个定积分表示曲线 $y=f(x)$ 在 x 轴上方部分所有曲边梯形的面积与下方部分所有曲边梯形的差, 即面积的代数和.

$$S = \int_a^b f(x)\mathrm{d}x = A_1 - A_2 + A_3 - A_4 + A_5.$$

而曲线 $y=f(x)$ 与 x 轴所围成的曲边梯形的面积为

$$S = \int_a^b |f(x)|\mathrm{d}x = A_1 + A_2 + A_3 + A_4 + A_5.$$

注 7.1.2 (1) 根据定积分的定义, 定积分的值与积分变量所用的符号无关, 即有

$$\int_a^b f(x)\mathrm{d}x = \int_a^b f(t)\mathrm{d}t = \int_a^b f(\theta)\mathrm{d}\theta.$$

(2) 为方便起见, 规定

$$\int_b^a f(x)\mathrm{d}x = -\int_a^b f(x)\mathrm{d}x, \quad \int_a^a f(x)\mathrm{d}x = 0. \tag{7.1.8}$$

例 7.1.1 按照定义证明: (1) $\int_0^1 c\mathrm{d}x = c$; (2) $\int_0^1 x\mathrm{d}x = \frac{1}{2}$.

解 (1) 按定义自证.

(2) 将 $[0,1]$ 任意进行分割

$$T: 0 = x_0 < x_1 < \cdots < x_{i-1} < x_i < \cdots < x_n = 1,$$

任意取介点 $\xi \in [x_{i-1}, x_i]$, 作 Riemann 和

$$s_n = \sum_{i=1}^n f(\xi_i)\Delta x_i = \sum_{i=1}^n \xi_i \Delta x_i.$$

但是这个和很难直接求出其极限. 下面先考虑一种特殊的介点取法. 取介点 $\eta_i = \dfrac{x_{i-1}+x_i}{2}$, $i = 1, 2, \cdots, n$, 此时对应的 Riemann 和为

$$s_n' = \sum_{i=1}^n \eta_i \Delta x_i = \sum_{i=1}^n \frac{x_{i-1}+x_i}{2}(x_i - x_{i-1}) = \frac{1}{2}\sum_{i=1}^n (x_i^2 - x_{i-1}^2) = \frac{1}{2}.$$

下面再证明 s_n 与 s_n' 有相同的极限. 注意到

$$|s_n - s_n'| \leqslant \sum_{i=1}^n |\xi_i - \eta_i|\Delta x_i \leqslant \|T\| \sum_{i=1}^n \Delta x_i = \|T\|,$$

则有

$$\lim_{\|T\|\to 0} s_n = \lim_{\|T\|\to 0} s_n' = \frac{1}{2}.$$

从几何上看, 结果是显然的.

例 7.1.2 证明: Dirichlet 函数 $D(x)$ 在 $[0,1]$ 上不可积.

证明 由有理数和无理数在实数域上的稠密性知, 不管对 $[0,1]$ 作什么样的分割 T, 在每个小区间 $[x_i, x_{i+1}]$ 中一定是既有有理数又有无理数. 于是, 当将 ξ_i 全部取为有理数时,

$$\sum_{i=1}^n D(\xi_i)\Delta x_i = \sum_{i=1}^n 1 \cdot \Delta x_i = 1,$$

当将 ξ_i 全部取为无理数时, 则有

$$\sum_{i=1}^n D(\xi_i)\Delta x_i = \sum_{i=1}^n 0 \cdot \Delta x_i = 0.$$

尽管这两个和式的极限都存在, 但极限值不相同, 所以 Dirichlet 函数是不可积的. □

那么, 一般地, 如何判断函数是否可积? 下面先给出可积的必要条件.

§7.1.3 可积的必要条件

定理 7.1.1 若函数 f 在 $[a,b]$ 上可积, 则 f 在 $[a,b]$ 上有界.

证明 记 f 在 $[a,b]$ 上的积分为 I. 由可积的定义, 对 $\varepsilon=1$, $\exists\delta>0$, 使对任意的分割 T 与任意的介点 $\xi_i\in[x_{i-1},x_i]$, 只要 $\|T\|<\delta$, 就有 $\left|\sum\limits_{i=1}^{n} f(\xi_i)\Delta x_i - I\right|<1$, 因此

$$\left|\sum_{i=1}^{n} f(\xi_i)\Delta x_i\right|<|I|+1. \tag{7.1.9}$$

取定任一满足上述要求的分割 T 后, n 与 $\Delta x_i(i=1,2,\cdots,n)$ 也就确定. 如果 $f(x)$ 在 $[a,b]$ 上无界, 则必定存在某小区间 $[x_{j-1},x_j]$, $1\leqslant j\leqslant n$, 使得 $f(x)$ 在 $[x_{j-1},x_j]$ 上无界. 于是对任意的 $i\neq j$, 和任意取定的 $\xi_i\in[x_{i-1},x_i]$, 必可取到 $\xi_j\in[x_{j-1},x_j]$, 使

$$|f(\xi_j)|>\frac{\left|\sum\limits_{i\neq j} f(\xi_i)\Delta x_i\right|+|I|+1}{\Delta x_j}.$$

此与式 (7.1.9) 矛盾, 所以 $f(x)$ 必是 $[a,b]$ 上的有界函数. □

例 7.1.2 表明, 有界是可积的必要而非充分的条件. 而可积的充分条件与充要条件的讨论是比较复杂的. 这是因为定积分的定义本身就是比较复杂的. 定积分是用极限来定义的, 但这里的极限比通常的函数极限要复杂得多. 事实上, 对任意给定的 $\varepsilon>0$, 当 $\delta>0$ 确定后, 对任何 $\alpha<\delta$, 满足 $\|T\|=\alpha$ 的分割 T 有无穷多, 进一步, 即使 T 给定, 介点的选取方式同样有无穷多. 这样就给判断函数的可积性带来了很大的困难. 为此, 法国数学家 Darboux 引入了 Darboux 和的概念, 进而得到了可积的充要条件.

§7.1.4 可积的充要条件

以下总设 $f(x)$ 在 $[a,b]$ 上有界. 记 $f(x)$ 在 $[a,b]$ 上的上、下确界分别为 M 和 m . 取定分割 T, 记 $f(x)$ 在小区间 $[x_{i-1},x_i]$ 上的上、下确界分别为 M_i 和 m_i, 即

$$M_i=\sup\{f(x)|x\in[x_{i-1},x_i]\},\quad m_i=\inf\{f(x)|x\in[x_{i-1},x_i]\}, i=1,2,\cdots,n.$$

定义 **Darboux 上和** (upper Darboux sum)

$$\overline{S}(T)=\sum_{i=1}^{n} M_i\Delta x_i, \tag{7.1.10}$$

与 **Darboux 下和** (lower Darboux sum)

$$\underline{S}(T)=\sum_{i=1}^{n} m_i\Delta x_i. \tag{7.1.11}$$

分别简称为上和与下和, 统称为 Darboux 和 (Darboux sum). 由于可积性理论的讨论的细节较多, 我们留到第三册 §21.1, 下面只列出可积的第一充要条件和第二充要条件. 也可参见《数学分析讲义 (第二册)》§8.5(张福保等, 2019).

定理 7.1.2 (可积的第一充要条件 (first necessary and sufficient condition of integrability)) 设函数 f 有界, 则 f 在 $[a,b]$ 上可积的充分必要条件是

$$\lim_{\|T\|\to 0}\overline{S}(T)=\lim_{\|T\|\to 0}\underline{S}(T). \tag{7.1.12}$$

记 $\omega_i=M_i-m_i$, 称为 f 在区间 $[x_{i-1},x_i]$ 上的振幅, 则式 (7.1.12) 等价于

$$\lim_{\|T\|\to 0}\sum_{i=1}^{n}\omega_i\Delta x_i=0. \tag{7.1.13}$$

因此, 定理 7.1.2可以等价地表述为

定理 7.1.3 (可积的第二充要条件 (second necessary and sufficient condition of integrability)) 设函数 f 有界, 则 f 在 $[a,b]$ 上可积的充分必要条件是式 (7.1.13) 成立, 即

$$\forall\varepsilon>0,\exists\delta>0, \text{使对任何分割}T, \text{只要}\|T\|<\delta, \text{即有}\sum_{i=1}^{n}\omega_i\Delta x_i<\varepsilon. \tag{7.1.14}$$

应用上述的充分必要条件可以判断某些函数类的可积性.

§7.1.5 可积的函数类

定理 7.1.4 闭区间 $[a,b]$ 上的连续函数必可积.

证明 由 $f(x)$ 在 $[a,b]$ 上连续可知: 对于任意分割 T, 在每个小区间 $[x_{i-1},x_i]$ 上, 存在 $x_i',x_i''\in[x_{i-1},x_i]$, 使 $\omega_i=M_i-m_1=f(x_i')-f(x_i'')$. 又因为 $f(x)$ 在 $[a,b]$ 上一致连续, 则 $\forall\varepsilon>0$, $\exists\delta>0,\forall x',x''\in[a,b]$, 只要 $|x'-x''|<\delta$, 就有

$$|f(x')-f(x'')|<\frac{\varepsilon}{b-a}.$$

因此, 对于任意分割 T, 只要 $\|T\|=\max\limits_{1\leqslant i\leqslant n}(\Delta x_i)<\delta$, 便有

$$\omega_i<\frac{\varepsilon}{b-a}\quad(i=1,2,\cdots,n).$$

于是

$$\sum_{i=1}^{n}\omega_i\Delta x_i<\frac{\varepsilon}{b-a}\sum_{i=1}^{n}\Delta x_i=\varepsilon.$$

由定理 7.1.3可知: $f(x)$ 在区间 $[a,b]$ 上可积. □

进一步还可以证明下面的定理, 参见第三册 §21.1, 或《数学分析讲义 (第二册)》§8.5(张福保等, 2019).

定理 7.1.5 闭区间 $[a,b]$ 上只有有限个间断点的有界函数必可积.

定理 7.1.6 闭区间 $[a,b]$ 上单调有界函数必可积.

接下来, 我们将研究定积分的性质与计算. 前面已经看到, 定积分具有很强的实际背景, 但如何计算定积分是我们必须解决的问题. 若按照定积分定义求积分则要计算和式的极限, 一般来说是非常复杂的. 例如, 即使像例 7.1.1 那样的定积分的计算都是比较困难的. 幸好著名的 Newton–Leibnitz 公式很好地解决了定积分的计算问题. 这就为定积分的广泛应用, 因而也为定积分的地位奠定了基础. 这是下一节的主要内容.

习题 7.1

A1. 通过对积分区间作分割, 并取适当的介点集 $\{\xi_i\}$, 把定积分看作是和式的极限, 计算下列定积分:

(1) $\int_0^1 (ax+b)\mathrm{d}x$; (2) $\int_0^1 x^2\mathrm{d}x$ (提示: 取介点 $\eta_i=\sqrt{\dfrac{x_{i-1}^2+x_{i-1}x_i+x_i^2}{3}}$);

(3) $\int_a^b \mathrm{e}^x\mathrm{d}x$; (4) $\int_a^b \dfrac{\mathrm{d}x}{x^2}(0<a<b)$ (提示: 取 $\xi_i=\sqrt{x_{i-1}x_i}$).

A2. 根据定积分的几何意义, 求出下列积分的值:

(1) $\int_0^1 \sqrt{1-x^2}\mathrm{d}x$; (2) $\int_0^2 x\mathrm{d}x$.

A3. 设 f 在 $[a,b]$ 上可积, 且存在正常数 m, 使 $|f(x)|\geqslant m>0,\forall x\in[a,b]$. 证明: f 的倒数 $\dfrac{1}{f}$ 在 $[a,b]$ 上也可积.

A4. 设 f 在 $[a,b]$ 上可积, 证明: 函数 $F(x)=\mathrm{e}^{f(x)}$ 也在 $[a,b]$ 上可积.

B5. 设 $f(x)$ 在 $[a,b]$ 上可积, 且非负, 证明: $\sqrt{f(x)}$ 在 $[a,b]$ 上也可积.

§7.2 定积分的基本性质与微积分基本定理

§7.2.1 定积分的基本性质

性质 7.2.1 (线性性质 (linear property)) 若函数 f,g 在 $[a,b]$ 上都可积, 则对任何常数 α,β, 函数 $\alpha f+\beta g$ 在 $[a,b]$ 上也可积, 且

$$\int_a^b(\alpha f(x)+\beta g(x))\mathrm{d}x=\alpha\int_a^b f(x)\mathrm{d}x+\beta\int_a^b g(x)\mathrm{d}x. \tag{7.2.1}$$

证明 对 $[a,b]$ 的任意一个分割 T (7.1.3), 和任意点 $\xi_i\in[x_{i-1},x_i]$, 成立等式

$$\sum_{i=1}^n[\alpha f(\xi_i)+\beta g(\xi_i)]\Delta x_i=\alpha\sum_{i=1}^n f(\xi_i)\Delta x_i+\beta\sum_{i=1}^n g(\xi_i)\Delta x_i.$$

令 $\|T\|=\max\limits_{1\leqslant i\leqslant n}(\Delta x_i)$, 则按照定积分的定义 7.1.1, 令 $\|T\|\to 0$ 即得

$$\begin{aligned}\lim_{\|T\|\to 0}\sum_{i=1}^n[\alpha f(\xi_i)+\beta g(\xi_i)]\Delta x_i &= \alpha\lim_{\|T\|\to 0}\sum_{i=1}^n f(\xi_i)\Delta x_i+\beta\lim_{\|T\|\to 0}\sum_{i=1}^n g(\xi_i)\Delta x_i\\ &= \alpha\int_a^b f(x)\mathrm{d}x+\beta\int_a^b g(x)\mathrm{d}x,\end{aligned}$$

由定义知, $\alpha f(x)+\beta g(x)$ 在 $[a,b]$ 上可积, 且式 (7.2.1) 成立. □

性质 7.2.2 (乘积可积性) 若 $f(x)$ 和 $g(x)$ 在 $[a,b]$ 上都可积, 则 $f(x)\cdot g(x)$ 在 $[a,b]$ 也可积.

证明 由于 $f(x)$ 和 $g(x)$ 在 $[a,b]$ 上可积, 所以它们在 $[a,b]$ 上有界. 因此存在常数 M, 满足

$$|f(x)|\leqslant M,\ |g(x)|\leqslant M,\forall x\in[a,b].$$

对 $[a,b]$ 的任意分割

$$T:a=x_0<x_1<x_2<\cdots<x_n=b,$$

设 x' 和 x'' 是 $[x_{i-1},x_i]$ 中的任意两点, 则有

$$\begin{aligned}&|f(x')g(x')-f(x'')g(x'')|\\&\leqslant|f(x')-f(x'')|\cdot|g(x')|+|f(x'')|\cdot|g(x')-g(x'')|\\&\leqslant M\,[\,|f(x')-f(x'')|+|g(x')-g(x'')|\,].\end{aligned}$$

记 $f(x)\cdot g(x)$ 在小区间 $[x_{i-1},x_i]$ 上的振幅为 ω_i , $f(x)$ 和 $g(x)$ 在小区间 $[x_{i-1},x_i]$ 上的振幅分别为 ω_i' 和 ω_i'' , 则上式意味着

$$\omega_i\leqslant M(\omega_i'+\omega_i''),$$

因此

$$0\leqslant\sum_{i=1}^n\omega_i\Delta x_i\leqslant M(\sum_{i=1}^n\omega'_i\Delta x_i+\sum_{i=1}^n\omega''_i\Delta x_i).$$

由于 $f(x)$ 和 $g(x)$ 在 $[a,b]$ 上都可积, 因而当 $\|T\|=\max\limits_{1\leqslant i\leqslant n}\{\Delta x_i\}\to0$ 时, 不等式的右端趋于零, 即式 (7.1.13) 成立, 因此, 根据定理 7.1.3 即知 $f\cdot g$ 在 $[a,b]$ 上可积. □

注意, 一般来说,

$$\int_a^b f(x)g(x)\mathrm{d}x\neq\left(\int_a^b f(x)\mathrm{d}x\right)\left(\int_a^b g(x)\mathrm{d}x\right).$$

请读者自行举出例子.

性质 7.2.3 (保序性) 若 f,g 在 $[a,b]$ 上都可积, 且 $\forall x\in[a,b]$, 有 $f(x)\leqslant g(x)$, 则

$$\int_a^b f(x)\mathrm{d}x\leqslant\int_a^b g(x)\mathrm{d}x. \tag{7.2.2}$$

证明 由定积分的线性性质, 只要证对非负可积函数 $f(x)$, 成立 $\int_a^b f(x)\mathrm{d}x\geqslant0$.

由于在 $[a,b]$ 上 $f(x)\geqslant0$, 因此对 $[a,b]$ 的任意一个分割 T 和任意介点 $\xi_i\in[x_{i-1},x_i]$, 有 $\sum\limits_{i=1}^n f(\xi_i)\Delta x_i\geqslant0$. 令 $\|T\|\to0$ 即得到

$$\int_a^b f(x)\mathrm{d}x=\lim_{\|T\|\to0}\sum_{i=1}^n f(\xi_i)\Delta x_i\geqslant0.$$

□

注 7.2.1 在性质 7.2.3 中, 如果 f,g 连续, 且 $f(x)\not\equiv g(x)$, 则严格不等式成立, 即

$$\int_a^b f(x)\mathrm{d}x<\int_a^b g(x)\mathrm{d}x.$$

参见本节习题 A1.

由保序性及连续函数的介值定理易得下面重要的积分中值定理.

性质 7.2.4 (积分 (第一) 中值定理 (first mean value theorem for integrals)) 设函数 $f(x)$ 在区间 $[a,b]$ 上可积, M, m 分别是 $f(x)$ 在区间 $[a,b]$ 上的一个上界与下界, 则

$$m(b-a) \leqslant \int_a^b f(x)\mathrm{d}x \leqslant M(b-a). \tag{7.2.3}$$

特别地, 若 f 在 $[a,b]$ 上连续, 则存在 $\xi \in [a,b]$, 使得

$$\int_a^b f(x)\mathrm{d}x = f(\xi)(b-a). \tag{7.2.4}$$

证明 $\forall x \in [a,b]$, 有 $m \leqslant f(x) \leqslant M$, 所以由定积分的保序性, 即性质 7.2.3可得

$$\int_a^b m\mathrm{d}x \leqslant \int_a^b f(x)\mathrm{d}x \leqslant \int_a^b M\mathrm{d}x,$$

由定义易知, 对任何常数 c,

$$\int_a^b c\mathrm{d}x = c(b-a),$$

由此即得不等式 (7.2.3) 成立. 于是必有某常数 $\mu \in [m, M]$, 使

$$\int_a^b f(x)\mathrm{d}x = \mu(b-a). \tag{7.2.5}$$

特别地, 当 f 在 $[a,b]$ 上连续时, 记 m, M 分别为其最小值与最大值, 此时式 (7.2.5) 成立. 再由连续函数的介值定理即知存在 $\xi \in [a,b]$, 使得 $f(\xi) = \mu$, 即式 (7.2.4) 成立. □

类似可证下面的性质.

性质 7.2.5 (广义积分第一中值定理 (first mean value theorem of generalized integral)) 设函数 f 和 g 在 $[a,b]$ 上可积, g 在 $[a,b]$ 上不变号, 则存在 $\eta \in [m, M]$, 使

$$\int_a^b f(x)g(x)\mathrm{d}x = \eta \int_a^b g(x)\mathrm{d}x. \tag{7.2.6}$$

这里, M 和 m 分别表示 $f(x)$ 在 $[a,b]$ 上的上确界和下确界.

显然在性质 7.2.5 中取 $g(x) \equiv 1$ 即得性质 7.2.4.

性质 7.2.6 (绝对可积性 (absolute integrability)) 设 $f(x)$ 在 $[a,b]$ 上可积, 则 $|f(x)|$ 在 $[a,b]$ 上可积, 且

$$\left|\int_a^b f(x)\mathrm{d}x\right| \leqslant \int_a^b |f(x)|\mathrm{d}x. \tag{7.2.7}$$

证明 对于任意两点 x' 和 x'', 都有

$$||f(x')| - |f((x'')|| \leqslant |f(x') - f(x'')|$$

因此, 在任意小区间上, $|f|$ 的振幅 $\omega_{|f|}$ 不超过 f 的振幅 ω_f, 从而类似于积分的乘积性质 7.2.2 的证明可知, $|f|$ 在 $[a,b]$ 上可积.

又因为对任意 $x \in [a,b]$, $-|f(x)| \leqslant f(x) \leqslant |f(x)|$, 由性质 7.2.3得到

$$-\int_a^b |f(x)|\mathrm{d}x \leqslant \int_a^b f(x)\mathrm{d}x \leqslant \int_a^b |f(x)|\mathrm{d}x,$$

这就是

$$\left|\int_a^b f(x)\mathrm{d}x\right| \leqslant \int_a^b |f(x)|\mathrm{d}x. \qquad \square$$

注 7.2.2 本性质的逆命题不成立, 即 $|f|$ 的可积性并不蕴含 f 的可积性. 例如, 函数

$$f(x) = \begin{cases} 1, & x \in [0,1] \text{ 为有理数}, \\ -1, & x \in [0,1] \text{ 为无理数} \end{cases}$$

在 $[0,1]$ 上不可积, 但 $|f| \equiv 1$, 显然可积.

最后, 再由定理 7.1.4 和定积分的定义可得定积分的另一重要性质, 即区间可加性.

性质 7.2.7 (积分区间可加性 (additivity with respect to integral intervals)) $f(x)$ 在 $[a,b]$ 上可积当且仅当对任意 $c \in [a,b]$, $f(x)$ 在 $[a,c]$ 和 $[c,b]$ 上都可积. 并且此时有公式

$$\int_a^b f(x)\mathrm{d}x = \int_a^c f(x)\mathrm{d}x + \int_c^b f(x)\mathrm{d}x. \tag{7.2.8}$$

证明 关于可积性的证明参见第三册 §21.1, 或《数学分析讲义 (第二册)》§8.5(张福保等, 2019). 下面只证明上述等式 (7.2.8) 成立. 设 T_1, T_2 分别是 $[a,c]$ 和 $[c,b]$ 的分割, 即

$$T_1: a = x_0 < x_1 < \cdots < x_n = c, T_2: c = x_n = y_0 < y_1 < \cdots < y_m = b,$$

则 T_1 和 T_2 的并, 即

$$T: a = x_0 < x_1 < \cdots < x_n = c = y_0 < y_1 < \cdots < y_m = b$$

构成 $[a,b]$ 的一个分割. 因此

$$\int_a^c f(x)\mathrm{d}x + \int_c^b f(x)\mathrm{d}x = \lim_{\|T_1\|\to 0}\sum_{i=1}^n f(\xi_i)\Delta x_i + \lim_{\|T_2\|\to 0}\sum_{i=1}^m f(\eta_i)\Delta y_i,$$

而右端的极限正好是积分 $\displaystyle\int_a^b f(x)\mathrm{d}x$. □

§7.2.2 微积分基本定理

设函数 f 在 $[a,b]$ 上连续, 则任给 $x \in [a,b]$, f 在子区间 $[a,x]$ 上可积, 而当 x 在 $[a,b]$ 中变化时, 定积分 $\displaystyle\int_a^x f(t)\mathrm{d}t$ 定义了 $[a,b]$ 上的一个函数, 记为 $F(x)$, 即

$$F(x) = \int_a^x f(t)\mathrm{d}t, \ x \in [a,b]. \tag{7.2.9}$$

这个函数称为变上限积分 (integral with changing upper limit) 定义的函数. 下面的结论是整个微积分学的一个基本定理.

定理 7.2.1 (微积分基本定理 (fundametal theorem of calculus)) 设 $f(x)$ 在 $[a,b]$ 上连续, 则变上限积分 (7.2.9) 定义的函数 $F(x)$ 是 $f(x)$ 在 $[a,b]$ 上的一个原函数, 即 $F'(x)=f(x),\forall x\in[a,b]$.

证明 $\forall x\in(a,b)$, 则 $|\Delta x|$ 充分小时, $x+\Delta x\in[a,b]$. 由定积分的区间可加性得

$$F(x+\Delta x)-F(x)=\int_a^{x+\Delta x}f(t)\mathrm{d}t-\int_a^x f(t)\mathrm{d}t=\int_x^{x+\Delta x}f(t)\mathrm{d}t.$$

由积分中值定理知, 存在介于 x 和 $x+\Delta x$ 之间的 ξ, 使得

$$F(x+\Delta x)-F(x)=f(\xi)\Delta x,\ 即\ \frac{F(x+\Delta x)-F(x)}{\Delta x}=f(\xi),$$

再由 f 的连续性知, 当 $\Delta x\to 0$ 时, $f(\xi)\to f(x)$, 因此 $F'(x)=f(x)$.

对 $x=a$, 或 $x=b$, 定理中的导数 $F'(x)$ 自然理解为相应的单侧导数, 此时的证明也是类似的, 请读者自己补上. □

注 7.2.3 (1) 定理 7.2.1 表明, 连续函数的原函数是一定存在的, 且导数与积分是互为逆运算的关系:

$$\left(\int_a^x f(t)\mathrm{d}t\right)'=f(x), \tag{7.2.10}$$

或

$$\mathrm{d}\left(\int_a^x f(t)\mathrm{d}t\right)=f(x)\mathrm{d}x. \tag{7.2.11}$$

(2) 变上限积分是表达函数的一种新形式. 特别要指出的是, 即使 $f(x)$ 是初等函数, $F(x)$ 也未必是初等函数. 例如, $F(x)=\displaystyle\int_0^x \mathrm{e}^{-t^2}\mathrm{d}t$ 就不是一个初等函数. 参见第 6 章不定积分的最后一个注, 以及 *Integration in Finite Terms: Liouville's Theory of Elementary Methods* (Ritt, 1948).

公式 (7.2.10) 是一个重要的变上限积分求导公式, 下面是更一般的**变限积分求导**公式.

定理 7.2.2 设 f 在 $[a,b]$ 上连续, α,β 在 $[c,d]$ 上可导, 且 $\alpha([c,d]),\beta([c,d])\subset[a,b]$, 则

$$\frac{\mathrm{d}}{\mathrm{d}x}\int_{\alpha(x)}^{\beta(x)}f(t)\mathrm{d}t=f(\beta(x))\beta'(x)-f(\alpha(x))\alpha'(x). \tag{7.2.12}$$

证明 任意给定 $\xi\in[a,b]$, 则有

$$\int_{\alpha(x)}^{\beta(x)}f(t)\mathrm{d}t=-\int_\xi^{\alpha(x)}f(t)\mathrm{d}t+\int_\xi^{\beta(x)}f(t)\mathrm{d}t.$$

令

$$F(u)=\int_\xi^u f(t)\mathrm{d}t,$$

则

$$\int_\xi^{\alpha(x)}f(t)\mathrm{d}t=F(\alpha(x)),$$

由复合函数链式求导法则可知,

$$\frac{\mathrm{d}}{\mathrm{d}x}\int_{\xi}^{\alpha(x)} = \frac{\mathrm{d}}{\mathrm{d}x}F(\alpha(x)) = F'(u)\alpha'(x) = f(\alpha(x))\alpha'(x).$$

同理可得

$$\frac{\mathrm{d}}{\mathrm{d}x}\int_{\xi}^{\beta(x)} = \frac{\mathrm{d}}{\mathrm{d}x}F(\beta(x)) = f(\beta(x))\beta'(x).$$

因此定理获证. □

例 7.2.1 求极限 $\lim\limits_{x\to 0+}\dfrac{\int_0^{x^2}\sin\sqrt{t}\mathrm{d}t}{x^3}$.

解 由于 $\displaystyle\int_a^a f(x)\mathrm{d}\,x = 0$, 因此这个极限是 $\dfrac{0}{0}$ 待定型. 由 L'Hospital 法则易得

$$\lim_{x\to 0+}\frac{\int_0^{x^2}\sin\sqrt{t}\mathrm{d}\,t}{x^3} = \lim_{x\to 0+}\frac{\left(\int_0^{x^2}\sin\sqrt{t}\,\mathrm{d}\,t\right)'}{(x^3)'} = \lim_{x\to 0+}\frac{2x\sin x}{3x^2} = \frac{2}{3}.$$

§7.2.3 Newton-Leibnitz 公式

应用微积分基本定理, 我们将很容易导出定积分的计算公式, 即 Newton-Leibnitz 公式, 也称为微积分第二基本定理 (second fundamental theorem of calculus).

定理 7.2.3 (Newton-Leibnitz 公式 (Newton-Leibnitz's formula)) 如果函数 $f(x)$ 在 $[a, b]$ 上连续, $F(x)$ 是 $f(x)$ 在区间 $[a,b]$ 上的一个原函数, 则

$$\int_a^b f(x)\mathrm{d}x = F(x)\Big|_a^b = F(b) - F(a). \tag{7.2.13}$$

证明 设 $F(x)$ 是 $f(x)$ 在 $[a,b]$ 上的任一个原函数, 而由定理 7.2.1 中式 (7.2.9) , $\displaystyle\int_a^x f(t)\mathrm{d}t$ 也是 $f(x)$ 在 $[a,b]$ 上的任一个原函数, 因而两者至多相差一个常数. 记

$$\int_a^x f(t)\mathrm{d}\,t = F(x) + C.$$

令 $x = a$, 即得到 $C = -F(a)$, 所以

$$\int_a^x f(t)\mathrm{d}\,t = F(x) - F(a).$$

再令 $x = b$, 由于定积分中的自变量用什么记号与积分值无关, 便可得到

$$\int_a^b f(x)\mathrm{d}\,x = \int_a^b f(t)\mathrm{d}\,t = F(b) - F(a).$$

□

注 7.2.4 (1) Newton-Leibnitz 公式表明, 只要知道被积（连续）函数 $f(x)$ 的原函数 $F(x)$, 则定积分 $\int_a^b f(x)\mathrm{d}x$ 就好算了, 它等于 $F(x)$ 在积分区间端点的函数值之差, 即 $F(a)-F(b)$. 因此, Newton-Leibnitz 公式很好地解决了定积分的计算问题. 同时还应该注意到, Newton-Leibnitz 公式也将导数的逆运算——不定积分（原函数）与定积分联系起来了.

(2) 由定积分的规定 (7.1.8) 知, Newton-Leibnitz 公式对 $a \geqslant b$ 的情形同样成立.

(3) Newton-Leibnitz 公式的物理解释: $S(T_2)-S(T_1)=\int_{T_1}^{T_2} S'(t)\mathrm{d}t=\int_{T_1}^{T_2} v(t)\mathrm{d}t$, 即物体的位移等于速度的积分.

例 7.2.2 求 $\int_0^1 x^n \mathrm{d}x$ (请对照例 7.1.1).

解 由 $\int x^n \mathrm{d}x=\frac{1}{n+1}x^{n+1}+C$ 知可取 $F(x)$ 为 $\frac{1}{n+1}x^{n+1}$, 由 Newton-Leibniz 公式得

$$\int_0^1 x^n \mathrm{d}x=\frac{1}{n+1}x^{n+1}\bigg|_0^1=\frac{1}{n+1}-0=\frac{1}{n+1}.$$

注 7.2.5 由于有了 Newton-Leibnitz 公式我们能方便地计算定积分, 所以我们有时把一些和式极限问题先转化为定积分.

例 7.2.3 计算 $\lim\limits_{n\to\infty}(\frac{1}{n+1}+\frac{1}{n+2}+\cdots+\frac{1}{2n})$.

解 将和式改写成

$$\frac{1}{n+1}+\frac{1}{n+2}+\cdots+\frac{1}{2n}=\frac{1}{n}\left(\frac{1}{1+\frac{1}{n}}+\frac{1}{1+\frac{2}{n}}+\cdots+\frac{1}{1+\frac{n}{n}}\right).$$

可以看出, 这相当于在 $[0,1]$ 中对函数 $f(x)=\frac{1}{1+x}$ 作 $\Delta x_i=\frac{1}{n}$ 的等距分割, 并在小区间 $[x_{i-1},x_i]$ 上将 ξ_i 取为 $x_i=\frac{i}{n}(i=1,2,\cdots,n)$ 的 Riemann 和: $\sum\limits_{i=1}^{n} f(\xi_i)\cdot\Delta x_i$. 于是

$$\begin{aligned}&\lim_{n\to\infty}\left(\frac{1}{n+1}+\frac{1}{n+2}+\cdots+\frac{1}{2n}\right)\\=&\lim_{\|T\|\to 0}\sum_{i=1}^{n}\frac{1}{1+\xi_i}\cdot\Delta x_i\\=&\int_0^1\frac{\mathrm{d}x}{1+x}=\ln(1+x)\bigg|_0^1=\ln 2.\end{aligned}$$

这与我们在第 2 章例 2.3.6 中所得到的结果相同.

习题 7.2

A1. 设 $f(x)$ 在 $[a,b]$ 上非负连续, 且不恒等于 0, 证明: $\int_a^b f(x)\mathrm{d}x>0$.

A2. 比较下列各对定积分的大小:

(1) $\int_0^1 \frac{\mathrm{e}^{x^2}}{1+x}\mathrm{d}x$ 与 $\int_0^1 \frac{\mathrm{e}^{x}}{1+x^2}\mathrm{d}x$; (2) $\int_0^1 \tan(x^2)\mathrm{d}x$ 与 $\int_0^1 \sin(x^2)\mathrm{d}x$.

A3. 证明下列不等式:

(1) $\dfrac{\pi}{2}<\displaystyle\int_0^{\frac{\pi}{2}}\frac{\mathrm{d}x}{\sqrt{1-\frac{1}{2}\sin^2 x}}<\frac{\pi}{\sqrt{2}}$;　　(2) $1<\displaystyle\int_0^{\frac{\pi}{2}}\frac{\sin x}{x}\mathrm{d}x<\frac{\pi}{2}$.

A4. 求下列导数:

(1) $\dfrac{\mathrm{d}}{\mathrm{d}x}\left(\displaystyle\int_0^x x^2\sqrt{1+t^3}\mathrm{d}t\right)$;　　(2) $\dfrac{\mathrm{d}}{\mathrm{d}x}\left(\displaystyle\int_1^x \cos(x+t^2)\mathrm{d}t\right)$.

A5. 求下列极限:

(1) $\displaystyle\lim_{x\to 0}\frac{1}{x^3}\int_0^x \sin t^2\mathrm{d}t$;　　(2) $\displaystyle\lim_{x\to\infty}\frac{\left(\int_0^x \mathrm{e}^{t^2}\mathrm{d}t\right)^2}{\int_0^x \mathrm{e}^{2t^2}\mathrm{d}t}$.

A6. (1) 设 f 在 $[0,\frac{\pi}{2}]$ 上连续, 且 $\displaystyle\int_0^{\frac{\pi}{2}} f(x)\mathrm{d}x=1$, $\cos x\displaystyle\int_0^x f(t)\mathrm{d}t=\sin x\int_x^{\frac{\pi}{2}} f(t)\mathrm{d}t$, 求 $f(x)$;

(2) 设 f 在 $\mathbb{R}$ 上连续, 且 $f(x)=\displaystyle\int_0^x f(t)\mathrm{d}t$, 求 $f(x)$.

A7. 计算下列定积分:

(1) $\displaystyle\int_0^1 (ax+b)\mathrm{d}x(a\neq 0)$;　　(2) $\displaystyle\int_0^2 \frac{1}{1+x^2}\mathrm{d}x$;

(3) $\displaystyle\int_{\mathrm{e}}^{\mathrm{e}^2}\frac{\mathrm{d}x}{x\ln x}$;　　(4) $\displaystyle\int_0^1 \frac{\mathrm{e}^x+\mathrm{e}^{-x}}{2}\mathrm{d}x$;

(5) $\displaystyle\int_0^{\frac{\pi}{3}}\sec^2 x\mathrm{d}x$;　　(6) $\displaystyle\int_0^{\pi}\sin^2 x\mathrm{d}x$;

(7) $\displaystyle\int_0^{\pi}|\cos x|\mathrm{d}x$;　　(8) $\displaystyle\int_{-1}^1 f(x)\mathrm{d}x$, 其中 $f(x)=\begin{cases}1+2x, & -1\leqslant x\leqslant 0,\\ \mathrm{e}^{-x}, & 0<x\leqslant 1.\end{cases}$

A8. 利用定积分求极限:

(1) $\displaystyle\lim_{n\to\infty}\frac{1}{n^4}(1+2^3+\cdots+n^3)$;　　(2) $\displaystyle\lim_{n\to\infty}\frac{1}{n^{p+1}}(1+2^p+\cdots+n^p)(p>0)$;

(3) $\displaystyle\lim_{n\to\infty}n\left(\frac{1}{n^2+1}+\frac{1}{n^2+2^2}+\cdots+\frac{1}{2n^2}\right)$;　　(4) $\displaystyle\lim_{n\to\infty}\frac{1}{n}\left(\sin\frac{\pi}{n}+\sin\frac{2\pi}{n}+\cdots+\sin\frac{n-1}{n}\pi\right)$.

A9. 设函数 $f(x)$ 在区间 $[a,b]$ 上连续, 在 (a,b) 内可导, 且满足

$$\frac{2}{b-a}\int_a^{\frac{a+b}{2}} f(x)\mathrm{d}x=f(b),$$

证明: 存在 $\xi\in(a,b)$, 使 $f'(\xi)=0$.

B10. 若 f 在 $[a,b]$ 上连续, 且 $\displaystyle\int_a^b f(x)\mathrm{d}x=\int_a^b xf(x)\mathrm{d}x=0$, 证明: 在 (a,b) 内至少存在不同的两点 x_1,x_2, 使 $f(x_1)=f(x_2)=0$.

又若 $\displaystyle\int_a^b x^2 f(x)\mathrm{d}x=0$, 这时 f 在 (a,b) 内是否至少有三个零点?

B11. 利用定积分证明:

(1) $\ln(1+n)<1+\dfrac{1}{2}+\cdots+\dfrac{1}{n}<1+\ln n$;　　(2) $\displaystyle\lim_{n\to\infty}\frac{1+\frac{1}{2}+\frac{1}{3}+\cdots+\frac{1}{n}}{\ln n}=1$.

§7.3 定积分的分部积分法和换元积分法

根据 Newton–Leibniz 公式, 只要找到原函数, 就解决了定积分的计算问题. 而找原函数是求导的逆运算, 等价于求不定积分, 在第 6 章中我们已经进行过专门的讨论. 主要方法是分部积分法和换元法. 然而, 我们不必总是先用这些方法去找出原函数, 然后再用 Newton–Leibniz 公式. 本节的内容就是把不定积分的分部积分法与换元积分法平移过来, 得到定积分的分部积分法和换元法.

§7.3.1　分部积分法

定理 7.3.1 (分部积分法)　设 u, v 在区间 $[a,b]$ 上连续可微, 则

$$\int_a^b u(x)v'(x)\mathrm{d}x = u(x)v(x)\Big|_a^b - \int_a^b u'(x)v(x)\mathrm{d}x. \tag{7.3.1}$$

证明　显然, uv 是函数 $u'v + uv'$ 的一个原函数, 所以由 Newton-Leibniz 公式得

$$\int_a^b (u(x)v'(x) + u'(x)v(x))\mathrm{d}x = u(x)v(x)\Big|_a^b,$$

移项即证得公式 (7.3.1). □

公式 (7.3.1) 称为定积分的分部积分公式.

例 7.3.1　计算 $\displaystyle\int_1^{\mathrm{e}} x^2 \ln x\mathrm{d}x$.

解　和不定积分的分部积分法一样, 将 $\ln x$ 看成 $u(x)$, 则由分部积分公式可得,

$$\begin{aligned}\int_1^{\mathrm{e}} x^2\ln x\mathrm{d}x &= \frac{1}{3}x^3\ln x\Big|_1^{\mathrm{e}} - \frac{1}{3}\int_1^{\mathrm{e}} x^2\mathrm{d}x \\ &= \frac{1}{3}\mathrm{e}^3 - \frac{1}{9}x^3\Big|_1^{\mathrm{e}} = \frac{1}{9}(2\mathrm{e}^3+1).\end{aligned}$$

例 7.3.2　求积分 $I_n = \displaystyle\int_0^{\frac{\pi}{2}} \cos^n x\mathrm{d}x$.

解　显然

$$I_0 = \int_0^{\frac{\pi}{2}} \cos^0 x\mathrm{d}x = \frac{\pi}{2},\quad I_1 = \int_0^{\frac{\pi}{2}} \cos^1 x\mathrm{d}x = 1,$$

而对于 $n \geqslant 2$, 则有

$$\begin{aligned}I_n &= \int_0^{\frac{\pi}{2}} \cos^n x\mathrm{d}x = \int_0^{\frac{\pi}{2}} \cos^{n-1} x\cdot\cos x\mathrm{d}x \\ &= \cos^{n-1}x\sin x\Big|_0^{\frac{\pi}{2}} + (n-1)\int_0^{\frac{\pi}{2}} \sin^2 x\cos^{n-2}x\mathrm{d}x \\ &= (n-1)\int_0^{\frac{\pi}{2}} (1-\cos^2 x)\cos^{n-2}x\mathrm{d}x \\ &= (n-1)(I_{n-2} - I_n),\end{aligned}$$

于是得到递推关系 $I_n = \dfrac{n-1}{n}I_{n-2}$. 因此,

$$I_n = \int_0^{\frac{\pi}{2}} \cos^n x\mathrm{d}x = \begin{cases} \dfrac{(2m-1)!!}{(2m)!!}\cdot\dfrac{\pi}{2}, & n = 2m, \\ \dfrac{(2m)!!}{(2m+1)!!}, & n = 2m+1. \end{cases} \tag{7.3.2}$$

§7.3.2 换元积分法

类似于不定积分的换元法, 我们也有定积分的换元积分法 (integration by substitution), 且成立的条件要弱.

定理 7.3.2 设 $y=f(x)$ 在区间 I 上连续, $x=g(t)$ 在区间 $[\alpha,\beta]$ 上连续可微, 且 $g([\alpha,\beta])\subset I$, 记 $a=g(\alpha), b=g(\beta)$, 则有

$$\int_a^b f(x)\mathrm{d}x=\int_\alpha^\beta f(g(t))g'(t)\mathrm{d}t. \tag{7.3.3}$$

证明 因为 f 在 I 上连续, 所以必有原函数. 设 $F(x)$ 为 $f(x)$ 在 I 上的一个原函数, 则

$$\int_a^b f(x)\mathrm{d}x=F(b)-F(a).$$

又由复合函数求导法则可知, $F(g(t))$ 是 $f(g(t))g'(t)$ 在 $[\alpha,\beta]$ 上的一个原函数, 按 Newton-Leibniz 公式, 则有

$$\begin{aligned}\int_\alpha^\beta f(g(t))g'(t)\mathrm{d}t &= F(g(\beta))-F(g(\alpha))\\ &= F(b)-F(a)=\int_a^b f(x)\mathrm{d}x.\end{aligned}$$

□

注 7.3.1 在定积分的换元法中, 上、下限必须做相应的改变, 即 $\int_\alpha^\beta f(g(t))g'(t)\mathrm{d}t$ 的上 (下) 限必须与原来的上 (下) 限相对应. 但不要求函数 $g(t)$ 是单调的, 也不要求它有反函数, 只要满足条件 $g([\alpha,\beta])\subset I$, 这比不定积分的换元法的条件要弱. 参见图 7.3.1.

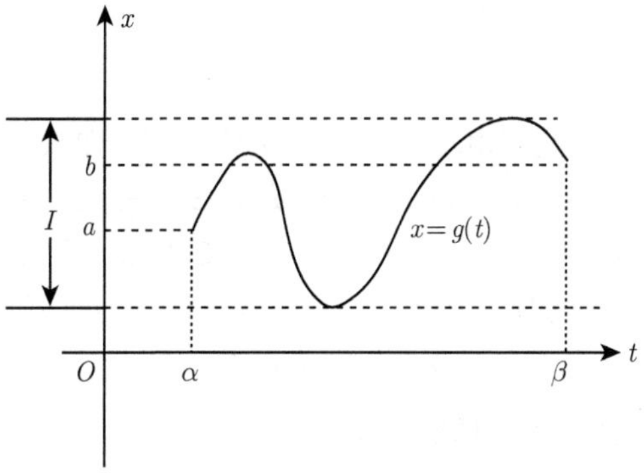

图 7.3.1

例 7.3.3 求积分 $I_n=\int_0^{\frac{\pi}{2}}\sin^n x\mathrm{d}x$.

解 令 $x=\frac{\pi}{2}-t$, 则 $\mathrm{d}x=-\mathrm{d}t$, 并且, $x=0$ 时, $t=\frac{\pi}{2}$; $x=\frac{\pi}{2}$ 时, $t=0$. 于是

$$\int_0^{\frac{\pi}{2}}\sin^n x\mathrm{d}x=-\int_{\frac{\pi}{2}}^0\cos^n t\mathrm{d}t=\int_0^{\frac{\pi}{2}}\cos^n x\mathrm{d}x.$$

因此由式 (7.3.2) 得

$$I_n=\int_0^{\frac{\pi}{2}}\sin^n x\mathrm{d}x=\begin{cases}\dfrac{(2m-1)!!}{(2m)!!}\cdot\dfrac{\pi}{2}, & n=2m,\\ \dfrac{(2m)!!}{(2m+1)!!}, & n=2m+1.\end{cases} \tag{7.3.4}$$

例 7.3.4 设 $R>0$, 求 $I=\int_0^R\sqrt{R^2-x^2}\mathrm{d}x$.

解 由定积分的几何意义易知, I 表示半径为 R 的圆的四分之一的面积, 故 $I=\dfrac{\pi R^2}{4}$. 下面再用换元法来求解. 为去掉被积函数的根号, 令 $x=R\sin t, t\in[0,\dfrac{\pi}{2}]$, 则 $\mathrm{d}x=R\cos t\mathrm{d}t$, 于是,

$$\int_0^R\sqrt{R^2-x^2}\mathrm{d}x=\int_0^{\frac{\pi}{2}}R^2\cos^2 t\mathrm{d}t=\frac{R^2}{2}\int_0^{\frac{\pi}{2}}(1+\cos 2t)\mathrm{d}t=\frac{R^2}{2}(t+\frac{\sin 2t}{2})\Big|_0^{\frac{\pi}{2}}=\frac{\pi R^2}{4}.$$

例 7.3.5 计算 $I=\displaystyle\int_0^1\frac{\ln(1+x)}{1+x^2}\mathrm{d}x$.

解 作变换 $x=\tan t$, 则 $\mathrm{d}x=\sec^2 t\mathrm{d}t$. 于是

$$\begin{aligned}I&=\int_0^{\frac{\pi}{4}}\ln(1+\tan t)\mathrm{d}t=\int_0^{\frac{\pi}{4}}\ln\frac{\sin t+\cos t}{\cos t}\mathrm{d}t=\int_0^{\frac{\pi}{4}}\ln\frac{\sqrt{2}\cos\left(\frac{\pi}{4}-t\right)}{\cos t}\mathrm{d}t\\&=\int_0^{\frac{\pi}{4}}\ln\sqrt{2}\mathrm{d}t+\int_0^{\frac{\pi}{4}}\ln\cos\left(\frac{\pi}{4}-t\right)\mathrm{d}t-\int_0^{\frac{\pi}{4}}\ln\cos t\mathrm{d}t.\end{aligned}$$

对上式第二个积分作变量代换 $u=\dfrac{\pi}{4}-t$ 得

$$\int_0^{\frac{\pi}{4}}\ln\cos\left(\frac{\pi}{4}-t\right)\mathrm{d}t=\int_{\frac{\pi}{4}}^0\ln\cos u(-\mathrm{d}u)=\int_0^{\frac{\pi}{4}}\ln\cos u\mathrm{d}u.$$

因此

$$I=\int_0^{\frac{\pi}{4}}\ln\sqrt{2}\mathrm{d}t+\int_0^{\frac{\pi}{4}}\ln\cos u\mathrm{d}u-\int_0^{\frac{\pi}{4}}\ln\cos t\mathrm{d}t=\int_0^{\frac{\pi}{4}}\ln\sqrt{2}\mathrm{d}t=\frac{\pi}{8}\ln 2.$$

注 7.3.2 (1) 上面的例题中, 即使用不定积分的换元法等方法, 原函数也"求不出来", 因此 Newton-Leibniz 公式也就失效. 但使用定积分的换元法, 可以避开"求不出来"的部分, 从而算出定积分的值. 这就说明了定积分换元法的独特作用.

(2) 在换元法定理 7.3.2 中, 如果只要求 f 可积, 再增加要求 g 严格单调, 则换元法也成立. 但证明要从定义出发.

§7.3.3 其他方法

本小节再介绍对称性、周期性以及递推关系等方法在定积分计算中的使用. 巧妙地使用这些方法, 往往起到事半功倍的效果.

1. 对称性

定理 7.3.3 设 $f(x)$ 在对称区间 $[-a,a]$ 上可积.

(1) 若 $f(x)$ 是偶函数, 则成立

$$\int_{-a}^a f(x)\mathrm{d}x=2\int_0^a f(x)\mathrm{d}x.$$

(2) 若 $f(x)$ 是奇函数, 则成立

$$\int_{-a}^a f(x)\mathrm{d}x=0.$$

证明 由

$$\int_{-a}^{a} f(x)\mathrm{d}x = \int_{-a}^{0} f(x)\mathrm{d}x + \int_{0}^{a} f(x)\mathrm{d}x$$

对积分 $\int_{-a}^{0} f(x)\mathrm{d}x$ 作变量代换 $x=-t$, 得

$$\int_{-a}^{0} f(x)\mathrm{d}x = -\int_{a}^{0} f(-t)\mathrm{d}t = \begin{cases} \int_0^a f(x)\mathrm{d}x, & f(x) \text{ 为偶函数}, \\ -\int_0^a f(x)\mathrm{d}x, & f(x) \text{ 为奇函数}. \end{cases}$$

从而得到所需结论. □

例 7.3.6 求积分 $\int_{-1}^{1}\left(\frac{\sin^3 x}{1+x^2}+\sqrt{1-x^2}\right)\mathrm{d}x$.

解 记 $f(x)=\frac{\sin^3 x}{1+x^2}$, $g(x)=\sqrt{1-x^2}$, 易知 $f(x)$ 为奇函数, $g(x)$ 为偶函数, 则由定积分线性性质及定理 7.3.3可知

$$\int_{-1}^{1}\left(\frac{\sin^3 x}{1+x^2}+\sqrt{1-x^2}\right)\mathrm{d}x = \int_{-1}^{1} f(x)\mathrm{d}x + \int_{-1}^{1} g(x)\mathrm{d}x = 2\int_{0}^{1}\sqrt{1-x^2}\mathrm{d}x = \frac{\pi}{2}.$$

2. 周期性

定理 7.3.4 设 $f(x)$ 是以 T 为周期的可积函数, 则对任意 $a \in \mathbb{R}$, 成立

$$\int_{a}^{a+T} f(x)\mathrm{d}x = \int_{0}^{T} f(x)\mathrm{d}x.$$

证明 由定积分区间可加性,

$$\int_{a}^{a+T} f(x)\mathrm{d}x = \int_{a}^{T} f(x)\mathrm{d}x + \int_{T}^{a+T} f(x)\mathrm{d}x.$$

对等式右边第二项利用换元法, 令 $x=u+T$, 则 $f(x)=f(u+T)=f(u)$, 于是

$$\int_{T}^{a+T} f(x)\mathrm{d}x = \int_{0}^{a} f(u+T)\mathrm{d}u = \int_{0}^{a} f(x)\mathrm{d}x.$$

则

$$\int_{a}^{a+T} f(x)\mathrm{d}x = \int_{a}^{T} f(x)\mathrm{d}x + \int_{0}^{a} f(x)\mathrm{d}x = \int_{0}^{T} f(x)\mathrm{d}x.$$

□

例 7.3.7 证明: $\int_{\pi}^{3\pi} \sin^{2n-1} x\mathrm{d}x = 0$, 这里, n 为正整数.

证明 根据周期性, $\int_{\pi}^{3\pi} \sin^{2n-1} x\mathrm{d}x = \int_{-\pi}^{\pi} \sin^{2n-1} x\mathrm{d}x$, 再由上面的对称性, 即定理 7.3.3 的 (2) 知, 积分为 0. □

习题 7.3

A1. 计算下列定积分:

(1) $\int_0^1 \arcsin x\mathrm{d}x$; (2) $\int_0^1 x\arctan x\mathrm{d}x$;

(3) $\int_0^{\frac{\pi}{2}} \sin^5 x\cos x\mathrm{d}x$; (4) $\int_0^a x^2\sqrt{a^2-x^2}\mathrm{d}x(a>0)$;

(5) $\int_0^1 (\frac{x-1}{x+1})^3\mathrm{d}x$; (6) $\int_0^{\frac{\pi}{4}} x\tan^2 x\mathrm{d}x$;

(7) $\int_0^1 \frac{\mathrm{d}x}{\sqrt{1+\mathrm{e}^{2x}}}$; (8) $\int_0^1 x^2\mathrm{e}^{-x}\mathrm{d}x$;

(9) $\int_0^{\frac{\pi}{2}} \mathrm{e}^x\cos x\mathrm{d}x$; (10) $\int_1^{\sqrt{2}} \frac{\mathrm{d}x}{x\sqrt{1+x^2}}$;

(11) $\int_0^1 \mathrm{e}^{\sqrt{x+1}}\mathrm{d}x$; (12) $\int_0^1 x\mathrm{e}^{\sqrt{x}}\mathrm{d}x$;

(13) $\int_0^a \sqrt{\frac{a-x}{a+x}}\mathrm{d}x(a>0)$; (14) $\int_0^{\frac{\pi}{2}} \frac{\sin\theta}{\sin\theta+\cos\theta}\mathrm{d}\theta$;

(15) $\int_0^1 \ln(x+\sqrt{1+x^2})\mathrm{d}x$; (16) $\int_0^2 |1-x^2|\mathrm{d}x$;

(17) $\int_{\frac{1}{\mathrm{e}}}^{\mathrm{e}} |\ln x|\mathrm{d}x$; (18) $\int_1^{n+1} \ln[x]\mathrm{d}x$.

A2. 设 f 为连续函数, 证明:

(1) $\int_0^{\frac{\pi}{2}} f(\sin x)\mathrm{d}x = \int_0^{\frac{\pi}{2}} f(\cos x)\mathrm{d}x$; (2) $\int_0^{\pi} xf(\sin x)\mathrm{d}x = \frac{\pi}{2}\int_0^{\pi} f(\sin x)\mathrm{d}x$.

A3. 利用上题结论求下列积分:

(1) $\int_0^{\pi} x\sin^3 x\mathrm{d}x$; (2) $\int_0^{\pi} \frac{x\sin x}{2+\cos^2 x}\mathrm{d}x$.

A4. 确定下列积分的符号:

(1) $\int_0^{2\pi} x(\sin x)^{2n+1}\mathrm{d}x(n\in\mathbb{N})$; (2) $\int_{-1}^1 \mathrm{e}^{-x^3}\sin x\mathrm{d}x$; (3) $\int_0^{2\pi} \frac{\sin x}{x}\mathrm{d}x$.

A5. 设 f 连续, 求函数 $F(x)=\int_a^b f(x+t)\sin t\mathrm{d}t$ 的导数.

A6. 已知 $f(x)$ 为连续函数, 且

$$\int_0^{2x} xf(t)\mathrm{d}t + 2\int_x^0 tf(2t)\mathrm{d}t = 2x^3(x-1),$$

求 $f(x)$ 在 $[0,2]$ 上的最值.

A7. 证明: (1) 若 f 在 $[a,b]$ 上连续增,

$$F(x)=\begin{cases} \dfrac{1}{x-a}\displaystyle\int_a^x f(t)\mathrm{d}t, & x\in(a,b], \\ f(a), & x=a, \end{cases}$$

则 F 为 $[a,b]$ 上的增函数.

(2) 若 f 在 $[0,+\infty)$ 上连续, 且 $f(x)>0$, 则

$$\varphi(x)=\frac{\displaystyle\int_0^x tf(t)\mathrm{d}t}{\displaystyle\int_0^x f(t)\mathrm{d}t}$$

为 $(0,+\infty)$ 上的严格增函数. 若要使 φ 在 $[0,+\infty)$ 上为严格增, 问如何补充定义 $\varphi(0)$?

B8. 设 $f(x)$ 在 $[a,b]$ 上可微, $|f'(x)|\leqslant M, \forall x\in(a,b)$,

(1) 若 $f(a)=0$, 证明:

$$\left|\int_a^b f(x)\mathrm{d}x\right| \leqslant \frac{M}{2}(b-a)^2.$$

(2) 若 $f(a)=f(b)=0$, 证明:

$$\left|\int_a^b f(x)\mathrm{d}x\right| \leqslant \frac{M}{4}(b-a)^2.$$

B9. 设 f 是定义在 $(-\infty,+\infty)$ 上的一个连续周期函数, 周期为 $T>0$, 证明:

$$\lim_{x\to+\infty}\frac{1}{x}\int_0^x f(t)\mathrm{d}t=\frac{1}{T}\int_0^T f(t)\mathrm{d}t.$$

§7.4 定积分的应用

定积分是从实际问题中抽象出来的数学概念, 在本章开头, 我们以求面积和功为例, 导出了一种特定结构的和式的极限. 而类似的实际问题还很多, 因此, 定积分的应用也就比较广泛, 主要包括一些常见的几何量 (如面积、弧长、体积等)、物理量 (如质量、引力、做功等) 以及在经济学等方面的应用. 用定积分思想计算一个量分为四步, 即分割、近似、求和, 求极限, 最后化为定积分. 在实际应用中, 常采取一种简化的手法, 称为微元法或元素法, 我们将在物理学应用中加以介绍.

§7.4.1 定积分在几何学中的应用

1. 求平面图形的面积

1) 求曲边梯形的面积

在引入定积分时我们正是以曲边梯形的面积为背景的, 现在要看更一般的情况. 我们分别考虑曲边用直角坐标和参数方程表示的情况, 并假定所涉及的曲线都是连续的.

A. 曲边用直角坐标方程 $y=f(x)$ 表示的情况

如图 7.4.1 所示, 由曲线 $y=f(x)$ 与 $x=a,x=b$ 及 x 轴所围成的平面图形面积为

$$A=\int_a^b |f(x)|\mathrm{d}x. \tag{7.4.1}$$

下面考虑由两条连续曲线 $y=f(x),y=g(x),x\in[a,b]$, 再加两直线 $x=a,x=b$ 所界定的平面图形的面积 A. 如果 $f(x)\geqslant g(x)$, 则

$$A=\int_a^b (f(x)-g(x))\mathrm{d}x. \tag{7.4.2}$$

如图 7.4.1(a) 所示.

去掉 $f(x)\geqslant g(x),x\in[a,b]$ 的要求, 一般地有

$$A=\int_a^b |f(x)-g(x)|\mathrm{d}x. \tag{7.4.3}$$

见图 7.4.1(b). 在具体求面积时可根据几何形状灵活应用上面的公式.

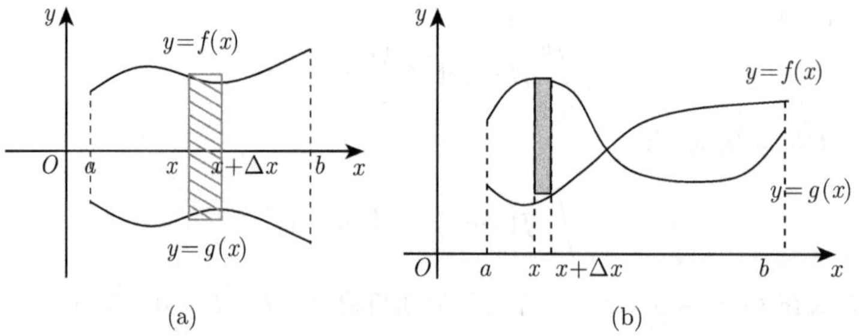

图 7.4.1

例 7.4.1　求由抛物线 $y^2 = 2x$ 与直线 $y = x - 4$ 所围成的平面图形的面积 A.

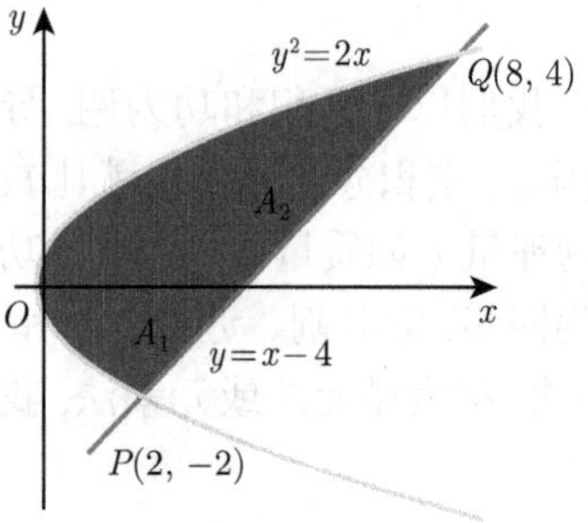

图 7.4.2

解　如图 7.4.2 所示. 先求出抛物线与直线交点 $P(2,-2)$ 和 $Q(8,4)$, 则所求面积 A 可分为 A_1, A_2 两个部分, 因此

$$A = \int_0^2 \left[\sqrt{2x} - (-\sqrt{2x})\right] \mathrm{d}x + \int_2^8 \left(\sqrt{2x} - x + 4\right) \mathrm{d}x = 18.$$

若选 y 为积分变量, 则有

$$A = \int_{-2}^4 (y + 4 - \frac{1}{2}y^2) \mathrm{d}y = 18.$$

这样的计算更简单.

B. 曲边用参数方程表示的情况

设曲线 C 由参数方程

$$x = x(t), y = y(t), t \in [\alpha, \beta]$$

给出, 在 $[\alpha, \beta]$ 上 $y(t)$ 连续, $x(t)$ 连续可微, 且 $x'(t) \neq 0$. 则由公式 (7.4.1) 和换元法可以求得由曲线 C 及直线 $x = a, x = b$ 和 x 轴所围成的图形的面积为

$$A = \int_\alpha^\beta |y(t)| x'(t) \mathrm{d}t. \tag{7.4.4}$$

其中, $a = x(\alpha)$, $b = x(\beta)$. (对于 $y(t)$ 连续可微且 $y'(t) \neq 0$ 的情况可类似地讨论.)

例 7.4.2　求由摆线, 即旋轮线 (cycloid)

$$\begin{cases} x = a(t - \sin t), \\ y = a(1 - \cos t) \end{cases}$$

从 0 到 2π 的一拱, 如图 7.4.3, 与 x 轴围成的图形的面积.

解

$$\begin{aligned} S &= \int_0^{2\pi} |y(t)| x'(t) \mathrm{d}t = a^2 \int_0^{2\pi} (1 - \cos t)^2 \mathrm{d}\,t \\ &= a^2 \int_0^{2\pi} \left(1 - 2\cos t + \frac{1 + \cos 2t}{2}\right) \mathrm{d}\,t = 3\pi a^2. \end{aligned}$$

例 7.4.3 求椭圆 $\dfrac{x^2}{a^2}+\dfrac{y^2}{b^2}=1$ 的面积.

解 如图 7.4.4, 利用对称性只求第一象限的那一块面积. 椭圆的参数式方程为

$$\begin{cases} x=a\cos t, \\ y=b\sin t, \end{cases}$$

则当 x 从 0 变到 a 时, t 从 $\dfrac{\pi}{2}$ 变到 0, 所以

$$\frac{S}{4}=ab\int_0^{\frac{\pi}{2}}\sin t(\cos t)'\mathrm{d}\,t=ab\int_0^{\frac{\pi}{2}}\sin^2 t\mathrm{d}\,t=\frac{\pi}{4}ab,$$

即 $S=\pi ab$.

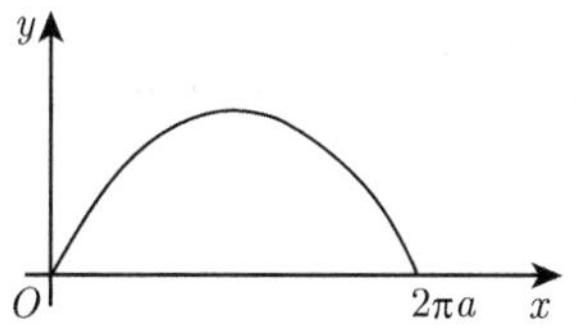

图 7.4.3

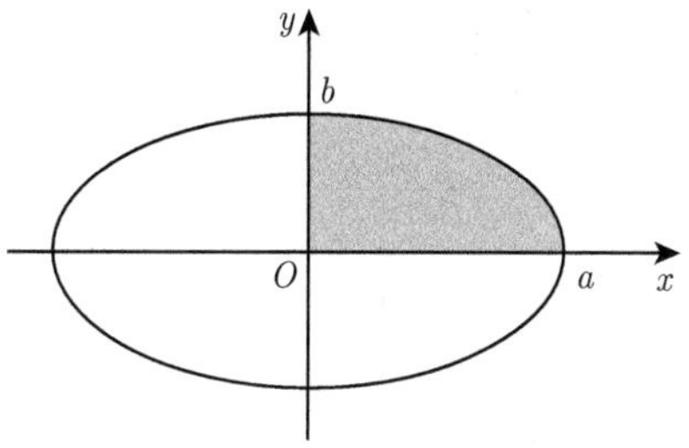

图 7.4.4

2) 求曲边扇形的面积

如图 7.4.5(a), 设 $r=r(\theta)$, $\theta\in[\alpha,\beta]$ $(\beta-\alpha\leqslant 2\pi)$ 为连续函数, 由两条极径 $\theta=\alpha,\theta=\beta$ 与极坐标方程表示的曲线 $r=r(\theta)$ 围成的图形称为曲边扇形.

为求此曲边扇形的面积, 我们仍然采用分割的思想. 将 $[\alpha,\beta]$ 进行分割:

$$T:\alpha=\theta_0<\theta_1<\theta_2<\cdots<\theta_n=\beta.$$

当 n 足够大时, 图形被分割成 n 个近似小扇形, 于是图形的面积近似为

$$S\approx\frac{1}{2}\sum_{i=1}^{n}r^2(\xi_i)\Delta\theta_i,$$

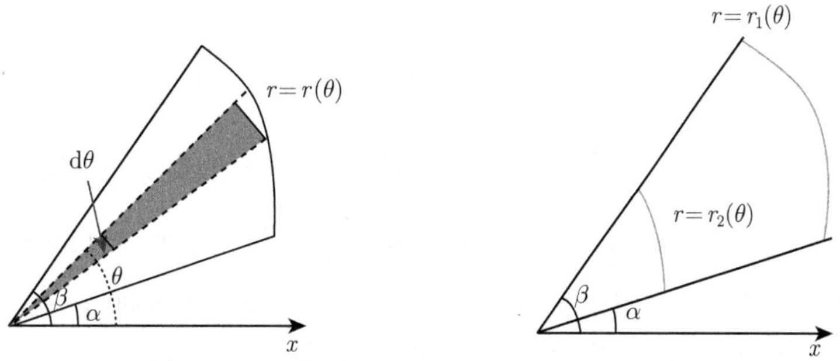

(a) (b)

图 7.4.5

其中, $\xi_i \in [\theta_{i-1}, \theta_i]$, $i = 1, 2, \cdots, n$. 由于 $r = r(\theta)$ 连续, 因此所求面积是

$$A = \frac{1}{2} \lim_{\|T\| \to 0} \sum_{i=1}^{n} r^2(\xi_i) \Delta\theta_i = \frac{1}{2} \int_{\alpha}^{\beta} r^2(\theta) \mathrm{d}\theta. \tag{7.4.5}$$

类似地, 由两射线 $\theta = \alpha, \theta = \beta$ 及两曲线 $r = r_1(\theta), r = r_2(\theta)$ 所围成的区域 (如图 7.4.5(b)) 的面积公式为

$$S = \frac{1}{2} \int_{\alpha}^{\beta} |r_1^2(\theta) - r_2^2(\theta)| \mathrm{d}\theta.$$

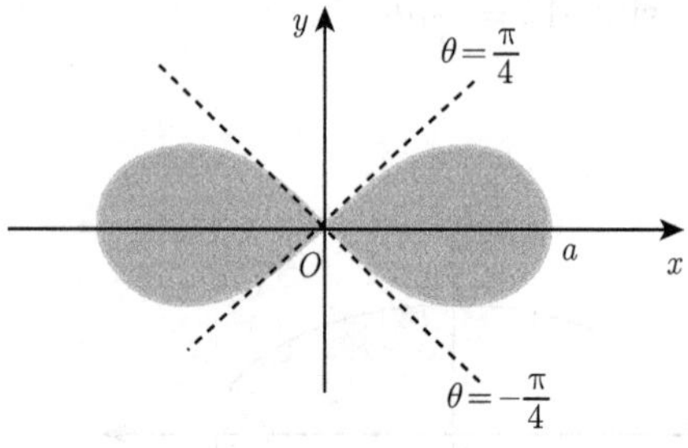

图 7.4.6

例 7.4.4　求由双纽线 $r^2 = a^2 \cos 2\theta$ 所围成的图形的面积.

解　由图 7.4.6 知可根据对称性先求出第一象限的面积, 再乘以 4, 即

$$S = 4 \cdot \frac{1}{2} \int_{0}^{\frac{\pi}{4}} a^2 \cos 2\theta \mathrm{d}\theta = a^2.$$

2. 求曲线的弧长

我们早已会求直线的长度, 对于曲线, 我们仅知道圆的周长或弧长公式. 即便对于圆, 你知道圆的周长公式怎么得来的? 本段要对一般的曲线, 定义弧长的概念, 然后再考虑它的求法. 在此, 积分的思想再次得到体现.

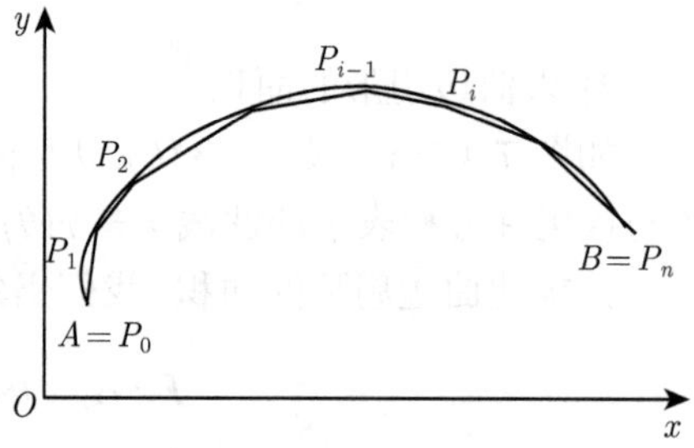

图 7.4.7

先考虑平面曲线. 如图 7.4.7, 设曲线的参数方程为

$$\begin{cases} x = x(t), \\ y = y(t), \end{cases} \quad t \in [T_1, T_2], \tag{7.4.6}$$

对区间 $[T_1, T_2]$ 作如下分割

$$T: T_1 = t_0 < t_1 < t_2 < \cdots < t_n = T_2, \tag{7.4.7}$$

于是便得到这条曲线上顺次排列的 $n+1$ 个点 $P_0, P_1, \cdots, P_n$, 其中, $P_i = (x(t_i), y(t_i)), i = 0, 1, \cdots, n$.

用 $\overline{P_{i-1}P_i}$ 表示连接点 P_{i-1} 和 P_i 的直线段的长度, 相应的折线的长度之和为 $\sum\limits_{i=1}^{n} \overline{P_{i-1}P_i}$. 若当 $\|T\| = \max\limits_{1 \leqslant i \leqslant n} (\Delta t_i) \to 0$ 时, 极限 $l = \lim\limits_{\|T\| \to 0} \sum\limits_{i=1}^{n} \overline{P_{i-1}P_i}$ 存在, 且极限值与区间 $[T_1, T_2]$ 的分割无关, 则称这条曲线是**可求长的**, 并将此极限值 l 称为该条曲线的**弧长**.

这又是和式的极限, 但如何用定积分来表示? 由于

$$\overline{P_{i-1}P_i} = \sqrt{[x(t_i) - x(t_{i-1})]^2 + [y(t_i) - y(t_{i-1})]^2}.$$

若 $x(t)$ 和 $y(t)$ 在 $[T_1,T_2]$ 上连续, 在 (T_1,T_2) 上可导, 则由 Lagrange 中值定理, 分别存在 η_i 和 σ_i 属于 (t_{i-1},t_i) , 成立

$$x(t_i)-x(t_{i-1})=x'(\eta_i)\Delta t_i,\quad y(t_i)-y(t_{i-1})=y'(\sigma_i)\Delta t_i.$$

于是

$$\sum_{i=1}^{n}\overline{P_{i-1}P_i}=\sum_{i=1}^{n}\sqrt{[x'(\eta_i)]^2+[y'(\sigma_i)]^2}\cdot\Delta t_i.$$

由于 η_i 和 σ_i 一般不会相同, 上式还不是一个标准的 Riemann 和的形式, 但两者已相当接近了. 这提示我们, 弧长 l 也可以用定积分来计算. 为此先要对曲线加一些限制条件.

定义 7.4.1 若 $x'(t)$ 和 $y'(t)$ 在 $[T_1,T_2]$ 上连续, 且 $\forall t\in[T_1,T_2]$, $[x'(t)]^2+[y'(t)]^2\neq 0$, 则由参数方程 (7.4.6) 确定的曲线称为**光滑曲线**. 由有限条光滑曲线依次连成的连续曲线称为**逐段光滑曲线**.

易见, 光滑曲线上每点的切线都存在, 且切线的斜率是连续变动的. 对于逐段光滑曲线, 我们有如下的弧长公式.

定理 7.4.1 (弧长公式) 若由参数方程 (7.4.6) 确定的曲线是逐段光滑的, 则它是可求长的, 其弧长为

$$l=\int_{T_1}^{T_2}\sqrt{x'^2(t)+y'^2(t)}\mathrm{d}t. \tag{7.4.8}$$

定理的严格证明此处略去, 可参见第三册 §21.1 或《数学分析讲义 (第二册)》§8.5(张福保等, 2019). 我们将

$$\mathrm{d}s=\sqrt{x'^2(t)+y'^2(t)}\mathrm{d}t=\sqrt{\mathrm{d}x^2+\mathrm{d}y^2} \tag{7.4.9}$$

称为**弧长的微分**, 或弧微分 (arc differential).

特别地, 若曲线由直角坐标方程 $y=f(x), x\in[a,b]$ 表示, 则 $\mathrm{d}s=\sqrt{1+f'^2(x)}\mathrm{d}x$, 且

$$l=\int_a^b\sqrt{1+f'^2(x)}\mathrm{d}x, \tag{7.4.10}$$

而对极坐标方程有

$$l=\int_\alpha^\beta\sqrt{[r(\theta)]^2+[r'(\theta)]^2}\mathrm{d}\theta. \tag{7.4.11}$$

例 7.4.5 求旋轮线从 0 到 $2\pi a$ 一拱的弧长, 参见例 7.4.2 以及图 7.4.3.

解 $x'(t)=a(1-\cos t)$, $y'(t)=a\sin t$, 于是弧长为

$$l=\int_0^{2\pi}a\sqrt{(1-\cos t)^2+\sin^2 t}\mathrm{d}t=\sqrt{2}a\int_0^{2\pi}\sqrt{1-\cos t}\mathrm{d}t=2a\int_0^{2\pi}\sin\frac{t}{2}\mathrm{d}t=8a.$$

一个半径为 a 的圆沿一直线滚动，则圆上一固定点的轨迹即为例 7.4.2 和例 7.4.5中的摆线. 例 7.4.5 表明, 摆线一拱的弧长是圆直径的 4 倍, 而例 7.4.2 表明, 摆线一拱与 x 轴所围面积是圆面积的 3 倍.

例 7.4.6 求曲线 $y=\int_{\frac{\pi}{2}}^{x}\sqrt{\cos t}\mathrm{d}t$ 的弧长.

解 由 $\cos t \geqslant 0$ 可得 $-\frac{\pi}{2}\leqslant t\leqslant\frac{\pi}{2}$，则 $x\in[-\frac{\pi}{2},\frac{\pi}{2}]$，于是

$$\begin{aligned} l &= \int_{-\frac{\pi}{2}}^{\frac{\pi}{2}}\sqrt{1+y'^2}\mathrm{d}x=\int_{-\frac{\pi}{2}}^{\frac{\pi}{2}}\sqrt{1+\cos x}\mathrm{d}x \\ &= \int_{-\frac{\pi}{2}}^{\frac{\pi}{2}}\sqrt{2\cos^2\frac{x}{2}}\mathrm{d}x=2\sqrt{2}\sin\frac{x}{2}\bigg|_{-\frac{\pi}{2}}^{\frac{\pi}{2}}=4. \end{aligned}$$

对空间曲线

$$\begin{cases} x=x(t), \\ y=y(t), \quad t\in[\alpha,\beta], \\ z=z(t), \end{cases}$$

我们可以类似地定义光滑与逐段光滑的概念, 并得到弧长公式为

$$l=\int_{\alpha}^{\beta}\sqrt{x'^2(t)+y'^2(t)+z'^2(t)}\mathrm{d}t, \tag{7.4.12}$$

也称

$$\mathrm{d}s=\sqrt{\mathrm{d}x^2+\mathrm{d}y^2+\mathrm{d}z^2}=\sqrt{x'^2(t)+y'^2(t)+z'^2(t)}\mathrm{d}t \tag{7.4.13}$$

为弧微分.

3. 曲线的曲率

对于平面曲线, 我们已经研究过其单调性与凹凸性. 除了这两个性质之外, 曲线的弯曲程度也是曲线的一个重要属性, 在许多实际问题中也是有重要意义的. 例如在铁路设计时, 拐弯处就不能让其弯曲程度太大, 否则火车在运行时就会出现危险. 曲线的弯曲程度, 我们用曲率来刻画, 它涉及曲线弧长的微分, 即弧微分 $\mathrm{d}s$, 所以就在此讨论它.

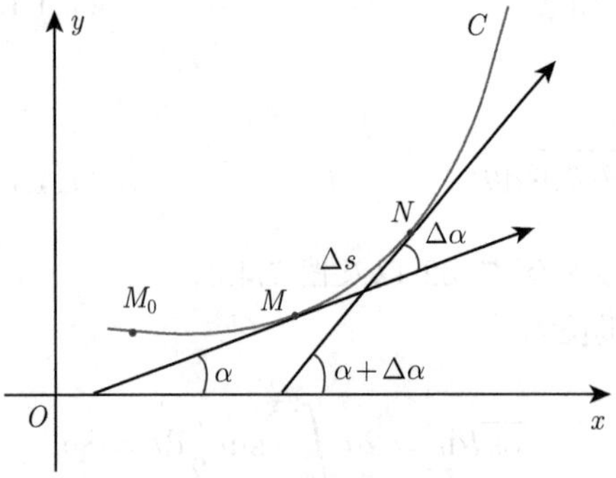

图 7.4.8

怎样刻画曲线的弯曲程度呢？如图 7.4.8, 对于光滑曲线 C, 考虑在两点 M,N 处的切线, 显然, 两切线间的夹角, 即切线的倾斜角的改变愈大, 曲线的弯曲程度就愈大; 而当切线间的夹角相同时, 则弧的长度愈短, 曲线的弯曲程度就越大, 这说明, 曲线的弯曲程度与切线倾斜角的改变成正比, 与弧长的改变量成反比. 因此, 我们定义 $\bar{K}=\left|\frac{\Delta\alpha}{\Delta s}\right|$ 为曲线段 $\widehat{MN}$ 的**平均曲率**, 它刻画了曲线段 $\widehat{MN}$ 的平均弯曲程度.

当 N 越靠近 M,$\widehat{MN}$ 的平均曲率就越能更好地刻画曲线 C 在 M 处的弯曲程度, 因此定义

$$K=\lim_{\Delta s\to 0}\left|\frac{\Delta\alpha}{\Delta s}\right|=\left|\frac{\mathrm{d}\alpha}{\mathrm{d}s}\right|. \tag{7.4.14}$$

为曲线 C 在 M 点的**曲率** (curvature)(如果该式中极限存在的话).

下面我们来推导曲率的计算公式.

设光滑曲线由参数方程 (7.4.6) 确定, 且 $x(t), y(t)$ 有二阶导数. 对于每个 $t \in [T_1, T_2]$, 曲线在对应点的切线斜率为

$$\frac{y'(t)}{x'(t)} = \tan\alpha,$$

其中 α 是该切线与 x 轴的夹角. 上式两边关于 t 求导即可得到

$$\frac{\mathrm{d}\alpha}{\mathrm{d}t} = \frac{x'(t)y''(t) - x''(t)y'(t)}{x'^2(t) + y'^2(t)}.$$

另外, 由弧长的微分形式知

$$\frac{\mathrm{d}s}{\mathrm{d}t} = \sqrt{x'^2(t) + y'^2(t)}.$$

于是

$$K = \left|\frac{\mathrm{d}\alpha}{\mathrm{d}s}\right| = \left|\frac{\frac{\mathrm{d}\alpha}{\mathrm{d}t}}{\frac{\mathrm{d}s}{\mathrm{d}t}}\right| = \frac{|x'(t)y''(t) - x''(t)y'(t)|}{(x'^2(t) + y'^2(t))^{\frac{3}{2}}}. \tag{7.4.15}$$

这就是曲率的计算公式.

特别地, 如果曲线由 $y = y(x)$ 表示, 且 $y(x)$ 有二阶导数, 那么相应的计算公式为

$$K = \frac{|y''|}{(1 + y'^2)^{\frac{3}{2}}}. \tag{7.4.16}$$

由此可见, 直线上曲率处处为 0.

例 7.4.7 求椭圆 C 上曲率最大与最小的点.

解 设椭圆方程为 $x = a\cos t, y = b\sin t (0 \leqslant t \leqslant 2\pi)$, 由于

$$x' = -a\sin t, x'' = -a\cos t, y' = b\cos t, y'' = -b\sin t,$$

所以,

$$K = \frac{|x'y'' - x''y'|}{\left(x'^2 + y'^2\right)^{\frac{3}{2}}} = \frac{|ab\sin^2 t + ab\cos^2 t|}{\left(a^2\sin^2 t + b^2\cos^2 t\right)^{3/2}} = \frac{ab}{\left[(a^2 - b^2)\sin^2 t + b^2\right]^{3/2}}.$$

当 $a > b > 0$ 时, 椭圆上在 $t = 0, \pi$ 对应的点, 即长轴的两个端点, 曲率最大; 在 $t = \dfrac{\pi}{2}, \dfrac{3\pi}{2}$ 对应的点, 即短轴的两个端点, 曲率最小.

从上例可以看到, 当 $a = b$, 即 C 为圆时, 其上每一点处的曲率都相同, 都等于半径的倒数. 鉴于圆的曲率的特殊性, 下面引入曲率圆、曲率半径、曲率中心等相关概念.

设曲线 C 在 A 点处的曲率 $K \neq 0$, 若过 A 点作一个半径为 $\dfrac{1}{K}$ 的圆, 使它在 A 点处与曲线 C 有相同的切线, 并在 A 点附近与该曲线位于切线的同侧. 我们把这个圆称为曲线 C 在 A 点处的**曲率圆** (circle of curvature) 或**密切圆**. 见图 7.4.9.

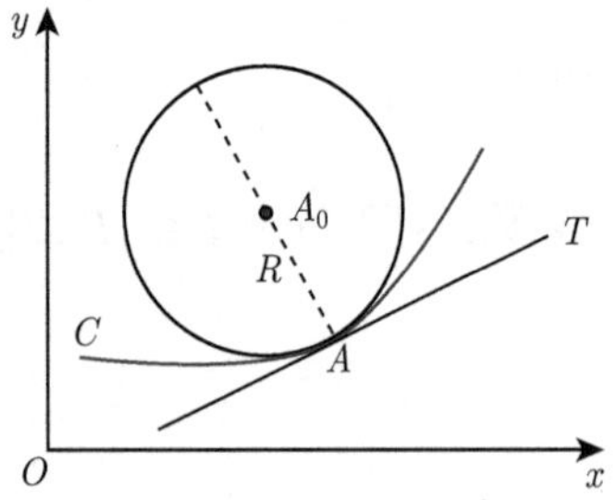

图 7.4.9

曲率圆的半径 $R=\dfrac{1}{K}$ 和圆心 A_0 分别称为曲线 C 在 A 点处的**曲率半径** (radius of curvature) 和 **曲率中心** (center of curvature). 曲线 C 的曲率中心的轨迹 C' 称为 C 的**渐屈线** (evolute), 而 C 称为 C' 的**渐开线** 或**渐伸线** (involute).

由曲率圆的定义可以知道, 曲线 C 在点 A 处与曲率圆既有相同的切线, 又有相同的曲率和凸性. 对于圆来说, 其上任意一点的曲率半径即为圆的半径, 曲率中心为圆的圆心. 由此也解释了曲率圆名称的来历.

4. 一类特殊形状的几何体的体积

本段考虑一类特殊形状的几何体, 即已知其平行截面的面积的几何体的体积问题. 关于比较一般形状的几何体的体积问题的讨论放在重积分部分, 即第二册第 12 章.

A. 已知平行截面面积的几何体的体积

设三维空间中的一个几何体 Ω 夹在平面 $x=a$ 和 $x=b$ 之间, 如图 7.4.10 所示.

对于任意 $x\in[a,b]$, 过 x 点且与 x 轴垂直的平面与该几何体相截, 设其截面的面积是 x 的函数, 记为 $A(x)$, 称之为 Ω 的截面面积函数. 假定 $A(x)$ 是已知的, 且是 $[a,b]$ 上的连续函数, 则我们可以用定积分计算出 Ω 的体积.

对区间 $[a,b]$ 作分割:

$$T: a=x_0<x_1<x_2<\cdots<x_n=b,$$

记小区间的长度为 $\Delta x_i=x_i-x_{i-1}$, 在每个小区间 $[x_{i-1},x_i]$ 上任取一点 ξ_i, 用底面积为 $A(\xi_i)$, 高为 Δx_i 的柱体体积近似代替夹在平面 $x=x_{i-1}$ 和 $x=x_i$ 之间的那块小几何体的体积, 那么这些柱体体积之和 $\sum\limits_{i=1}^{n}A(\xi_i)\Delta x_i$ 就是整个几何体体积的近似值. 则令 $\|T\|=\max\limits_{1\leqslant i\leqslant n}\{\Delta x_i\}\to 0$ 时, 得到

$$V=\lim_{\|T\|\to 0}\sum_{i=1}^{n}A(\xi_i)\Delta x_i=\int_a^b A(x)\,\mathrm{d}\,x, \tag{7.4.17}$$

这就是所要求的几何体的体积.

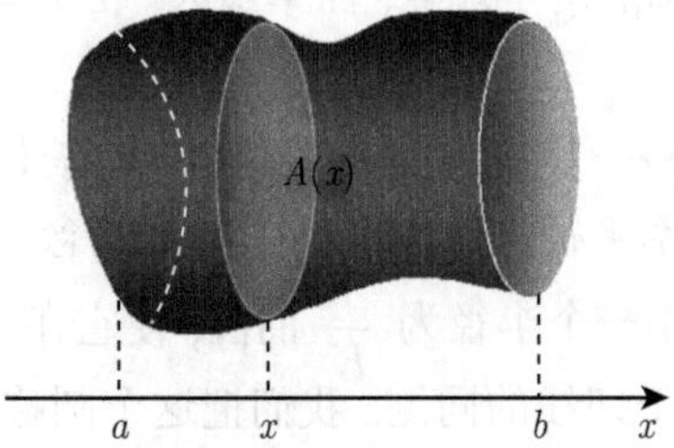

图 7.4.10

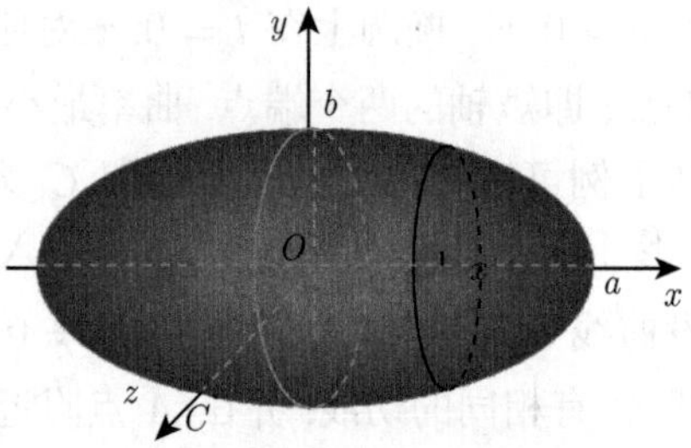

图 7.4.11

例 7.4.8 求由椭球面 $\dfrac{x^2}{a^2}+\dfrac{y^2}{b^2}+\dfrac{z^2}{c^2}=1$ 所围立体的体积.

解 如图 7.4.11. 易知与 x 轴垂直的平面与椭球面的交线是一个椭圆:

$$\frac{y^2}{b^2(1-\frac{x^2}{a^2})}+\frac{z^2}{c^2(1-\frac{x^2}{a^2})}=1,$$

由公式 (7.4.17) 和例 7.4.3可知,

$$V=\int_{-a}^{a}\pi bc(1-\frac{x^2}{a^2})\mathrm{d}x=\frac{4}{3}\pi abc.$$

B. 祖暅原理

祖暅原理, 即“等积原理”: “幂势既同, 则积不容异. ”这里的“幂”指水平截面的面积, “势”指高. 这句话的意思是夹在两个平行平面间的两个几何体, 如果被平行于这两个平行平面的任何平面所截得的两个截面的面积总相等, 则这两个几何体的体积相等.

图 7.4.12(a) 表明, 同样的硬币所垛成的体积相同. 而图 7.4.12(b) 则是祖暅原理的示意图. 显然, 该结果与公式 (7.4.17) 的思想是一致的.

祖暅原理是由我国南北朝杰出的数学家祖冲之 (429～500) 的儿子祖暅首先提出的, 但在西方文献中被称为“卡瓦列利原理”, 因为意大利数学家 B. Cavalieri（卡瓦列利, 1598～1647）于 1635 年也独立提出这一原理, 但卡瓦列利比祖暅晚了 1000 多年.

(a)

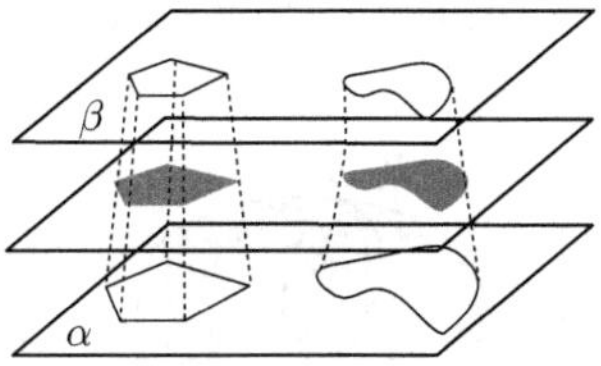

(b)

图 7.4.12

以长方体体积公式和祖暅原理为基础, 可以求出柱、锥、台、球等的体积, 而卡瓦列利原理对微积分的建立有重要影响.

C. 旋转体体积 (volume of a solid of revolution)

旋转体是已知截面面积的一种特殊几何体, 因此我们可以得到旋转体的体积公式.

设 f 是 $[a,b]$ 上的连续函数, 给定平面图形

$$D: 0\leqslant |y|\leqslant |f(x)|,\ a\leqslant x\leqslant b.$$

设 Ω 是由 D 绕 x 轴旋转一周所得到的旋转体, 如图 7.4.13.

用与 x 轴垂直的平面去截该旋转体, 显然所得截面是半径为 $|f(x)|$ 的圆, 故截面面积为

$$A(x)=\pi[f(x)]^2,\ x\in[a,b], \tag{7.4.18}$$

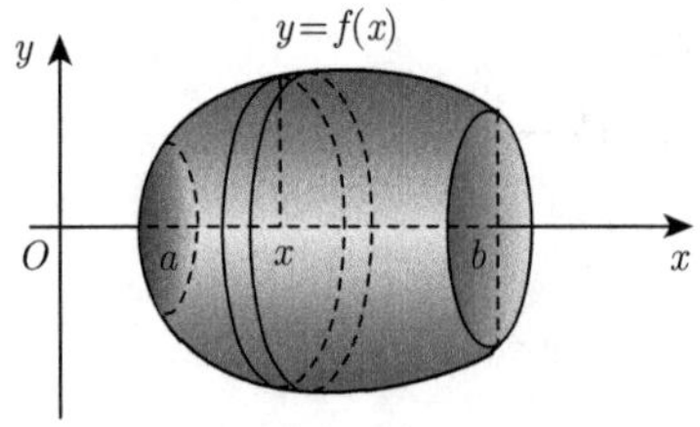

图 7.4.13

则由公式 (7.4.17) 知, 该旋转体体积为

$$V=\pi\int_a^b f^2(x)\mathrm{d}x.$$

例 7.4.9 求旋轮线

$$\begin{cases}x=a(t-\sin t),\\ y=a(1-\cos t)\end{cases}$$

一拱 $(0\leqslant t\leqslant 2\pi)$(如图 7.4.3) 与 x 轴所围成的图形绕 x 轴旋转一周所得的旋转体的体积.

解 将旋轮线的参数方程代入求旋转体体积的公式, 并换元可得

$$V=\pi\int_0^{2\pi a}y^2\mathrm{d}x=\pi\int_0^{2\pi}a^2(1-\cos t)^2a(1-\cos t)\mathrm{d}t=5\pi^2a^3.$$

例 7.4.10 设 $f(x),g(x)$ 在 $[a,b]$ 上连续, 且 $g(x)<f(x)<m$(常数), 求曲线 $y=g(x),y=f(x),x=a,x=b$ 所围图形绕直线 $y=m$ 旋转而成的旋转体体积.

解 由题意, 并根据式 (7.4.17) 可知, 所求体积为

$$V=\int_a^b\pi[(m-g(x))^2-(m-f(x))^2]\mathrm{d}x=\pi\int_a^b[2m-f(x)-g(x)][f(x)-g(x)]\mathrm{d}x.$$

5. 旋转曲面的面积 (area of a surface of revolution)

设由参数方程 (7.4.6) 确定平面上一段光滑曲线, 且 $y(t)\geqslant 0$, 它绕 x 轴旋转一周得到一旋转曲面, 如图 7.4.14(a). 对区间 $[T_1,T_2]$ 作分割:

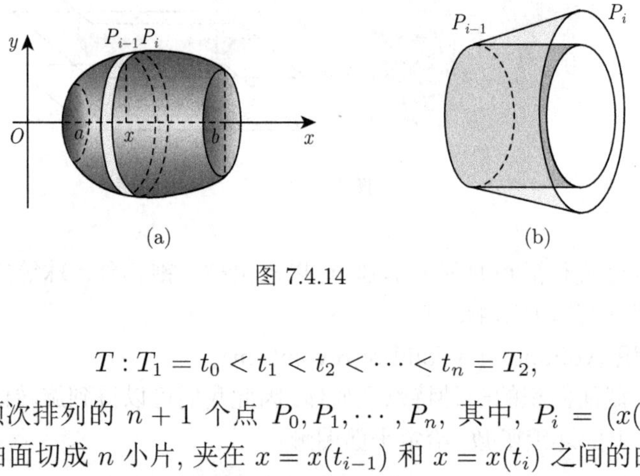

(a)　　(b)

图 7.4.14

$$T:T_1=t_0<t_1<t_2<\cdots<t_n=T_2,$$

由此得到曲线上顺次排列的 $n+1$ 个点 $P_0,P_1,\cdots,P_n$, 其中, $P_i=(x(t_i),y(t_i))$. 则平面 $x=x(t_i)$ 把旋转曲面切成 n 小片, 夹在 $x=x(t_{i-1})$ 和 $x=x(t_i)$ 之间的曲面面积可近似于圆台侧面积, 如图 7.4.14(b). 记圆台侧面积为 ΔS_i, 则

$$\Delta S_i=\pi[y(t_{i-1})+y(t_i)]\cdot\overline{P_{i-1}P_i}.$$

若当 $\|T\|=\max\limits_{1\leqslant i\leqslant n}\{\Delta t_i\}\to 0$ 时, 极限

$$\lim_{\|T\|\to 0}\sum_{i=1}^n\Delta S_i=\pi\lim_{\|T\|\to 0}\sum_{i=1}^n[y(t_{i-1})+y(t_i)]\cdot\overline{P_{i-1}P_i}$$

存在, 则称该极限为该段曲线绕 x 轴旋转一周所得到的**旋转曲面的面积**. 注意到

$$\overline{P_{i-1}P_i}=\sqrt{(x(t_i)-x(t_{i-1}))^2+(y(t_i)-y(t_{i-1}))^2}=\sqrt{[x'(\xi_i)]^2+[y'(\eta_i)]^2}\Delta t_i,$$

其中, $\xi_i,\eta_i\in(t_{i-1},t_i)$, 与求曲线长度时的讨论一样, 可以得到旋转曲面的面积为

$$S=2\pi\int_{T_1}^{T_2}y(t)\sqrt{[x'(t)]^2+[y'(t)]^2}\,\mathrm{d}\,t. \tag{7.4.19}$$

若曲线由直角坐标方程 $y=f(x),x\in[a,b]$ 表示, 则相应旋转曲面的面积为

$$S=2\pi\int_a^b f(x)\sqrt{1+[f'(x)]^2}\mathrm{d}x. \tag{7.4.20}$$

注 7.4.1 在推导旋转曲面面积公式时, 我们将分割后的每一小块曲面近似地看作圆台的侧面. 那能否像计算旋转体体积那样, 将每一小块曲面视为以 $x(t_i)-x(t_{i-1})$ 为高的圆柱的侧面? 答案是否定的, 请读者考虑其中的缘由.

读者还可以尝试导出在极坐标方程 $r=r(\theta)$ 下旋转曲面面积的相应公式. 参见习题 B14.

例 7.4.11 求旋轮线

$$\begin{cases} x=a(t-\sin t),\\ y=a(1-\cos t)\end{cases}$$

一拱 (如图 7.4.3) 绕 x 轴旋转一周所得的旋转曲面的面积.

解 将旋轮线的参数方程代入求旋转曲面面积的公式得

$$\begin{aligned}S&=2\pi a^2\int_0^{2\pi}(1-\cos t)\sqrt{(1-\cos t)^2+\sin^2 t}\mathrm{d}t\\&=2\sqrt{2}\pi a^2\int_0^{2\pi}(1-\cos t)\sqrt{1-\cos t}\mathrm{d}t\\&=16\pi a^2\int_0^{2\pi}\sin^3\frac{t}{2}\mathrm{d}\left(\frac{t}{2}\right)=\frac{64}{3}\pi a^2.\end{aligned}$$

§7.4.2 定积分在物理学中的应用

本小节主要介绍定积分在物理学方面的应用. 为应用方便, 下面首先介绍微元法.

1. 微元法

从前面应用定积分解决几何问题的讨论可以看到, 将要讨论的问题化为定积分通常要四个步骤, 即分割、近似、求和、取极限, 这四步中, 关键是第二步. 但如果每次都重复整个四个步骤就比较麻烦, 因此, 物理上常采用简化的手法来处理, 这就是微元法.

所谓**微元法**, 就是在分割时省去下标 i, 而以 $[x,x+\mathrm{d}x]$ 表示其中任意的一个小区间, 然后寻求适当的函数 $f(x)$, 使得所求量在该区间上相应的近似表达式表示为

$$\Delta F\approx f(x)\Delta x, 或\ \Delta F=f(x)\Delta x+o(\Delta x),$$

借用微分记号有 $\mathrm{d}F = f(x)\mathrm{d}x$, 从而有

$$F = \int_a^b f(x)\mathrm{d}x.$$

获得微元的表达式是微元法的关键. 我们以前面已经获得的求弧长的公式为例, 再用微元法推导一次.

例 7.4.12 用微元法推导曲线 $y = f(x)$ 在 $[a,b]$ 上的弧长.

解 曲线在区间 $[x, x+\mathrm{d}x]$ 上的一段可用连接 $(x, f(x))$ 和 $(x+\mathrm{d}x, f(x+\mathrm{d}x))$ 的直线来近似代替, 根据微元法思想, 在该区间上曲线长度 $\mathrm{d}l$ 则为

$$\mathrm{d}l = \sqrt{(\mathrm{d}x)^2 + (f'(x)\mathrm{d}x)^2} = \sqrt{1+(f'(x))^2}\mathrm{d}x,$$

对等式两端在 $[a,b]$ 上积分, 则得到曲线 $y = f(x)$ 在 $[a,b]$ 上的弧长为

$$l = \int_a^b \sqrt{1+(f'(x))^2}\mathrm{d}x.$$

下面即用微元法的思想举例说明定积分在求质量、压力、引力以及做功等物理上的应用.

2. 求质量

设有一细棒, 长度为 l, 求其质量. 若质量是均匀分布的, 则其密度 ρ 为常数, 从而细棒的质量等于 ρl. 如果质量是非均匀分布的, 现将其放在 Ox 正半轴的区间 $[a,b]$ 上, 假定密度函数 $\rho = \rho(x)$ 是区间 $[a,b]$ 上的连续函数, 我们利用微元法求其质量.

在区间 $[a,b]$ 上任取小区间 $[x, x+\mathrm{d}x]$, 其上细棒密度近似为 $\rho(x)$, 从而该段细棒的质量 $\mathrm{d}m = \rho(x)\mathrm{d}x$, 因此

$$m = \int_a^b \rho(x)\mathrm{d}x. \tag{7.4.21}$$

例 7.4.13 设有一细棒, 长度为 l, 放在 Ox 轴的 $[0,l]$ 上, 设密度函数 $\rho = x^2+3x+1$, 求这根细棒的质量.

解 根据式 (7.4.21) 知

$$m = \int_0^l \rho(x)\mathrm{d}x = \int_0^l (x^2+3x+1)\mathrm{d}x = \frac{l^3}{3} + \frac{l^2}{2} + l = \frac{l}{6}(2l^2+3l+6).$$

3. 液体静压力

例 7.4.14 一管道的圆形闸门, 半径为 R, 问水平面齐及直径 AB 时, 闸门所受的水的压力.

解 如图 7.4.15, 以 AB 的中点为原点, 垂直向下为 x 轴正向, 水平方向为 y 轴建立坐标系. 在水深 $[x, x+\mathrm{d}x]$ 处, 压强为 νx, 其中 ν 为液体比重, 近似矩形的宽为 $2\sqrt{R^2-x^2}$, 高为 $\mathrm{d}x$, 于是近似矩形的压力 $\mathrm{d}P = 2x\nu\sqrt{R^2-x^2}\mathrm{d}x$, 由此得闸门的压力为

$$P = \int_0^R 2x\nu\sqrt{R^2-x^2}\mathrm{d}x = \frac{2}{3}\nu R^3.$$

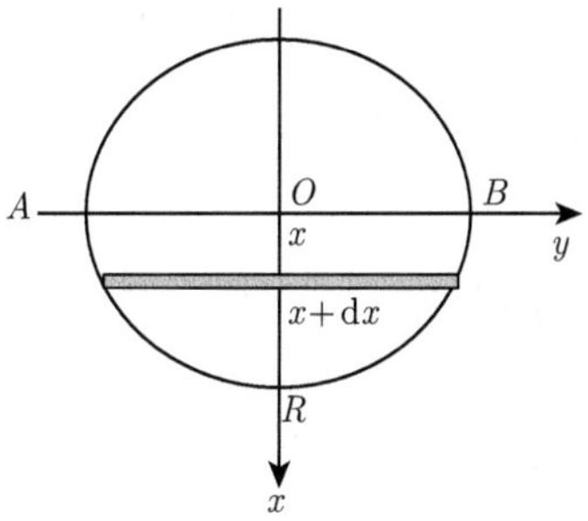

图 7.4.15

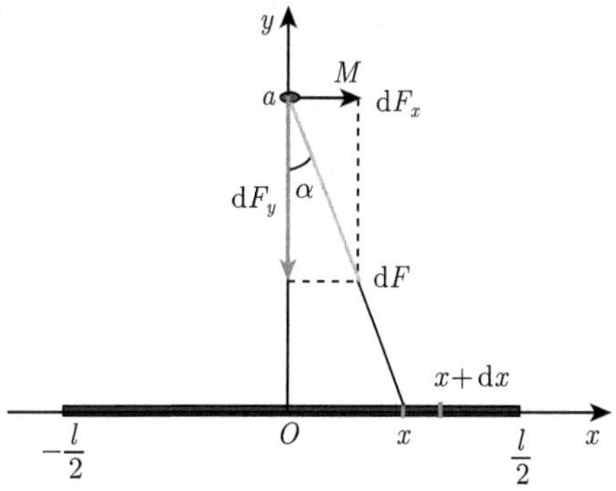

图 7.4.16

4. 引力

例 7.4.15 一根长为 l 的均匀细杆, 质量为 M, 在其中垂线上距细杆为 a 处有一质量为 m 的质点, 试求细杆对质点的万有引力.

解 如图 7.4.16 建立坐标系. 设细杆位于 x 轴上的 $[-\frac{l}{2},\frac{l}{2}]$, 质点位于 y 轴上 $(0,a)$ 处. 任取 $[x,x+\mathrm{d}x]$, 其质量为 $\mathrm{d}M=\frac{M}{l}\mathrm{d}x$, 它对质点 m 的引力大小近似为

$$|\mathrm{d}F|=\frac{km\mathrm{d}M}{r^2}=\frac{kmM}{l(a^2+x^2)}\mathrm{d}x.$$

由于引力为矢量, 所以不能对 $|\mathrm{d}F|$ 直接积分. 下面考虑引力 F 的分解 $F=(F_x,F_y)$, 则

$$\mathrm{d}F_x=|\mathrm{d}F|\sin\alpha=\frac{kmM}{l(a^2+x^2)}\frac{x}{\sqrt{a^2+x^2}}\mathrm{d}x,$$

$$\mathrm{d}F_y=-|\mathrm{d}F|\cos\alpha=\frac{kmM}{l(a^2+x^2)}\frac{a}{\sqrt{a^2+x^2}}\mathrm{d}x,$$

所以

$$F_x=\int_{-\frac{l}{2}}^{\frac{l}{2}}\frac{kmM}{l(a^2+x^2)}\frac{x\mathrm{d}x}{\sqrt{a^2+x^2}}=0,$$

$$F_y=-\int_{-\frac{l}{2}}^{\frac{l}{2}}\frac{kmM}{l(a^2+x^2)}\frac{a\mathrm{d}x}{\sqrt{a^2+x^2}}=-\frac{2kmM}{a\sqrt{l^2+a^2}}.$$

5. 做功问题

例 7.4.16 一圆锥形水池, 池口直径 30m, 池深 30m, 池中盛满了水, 试求将全部池水抽出池外所需做的功.

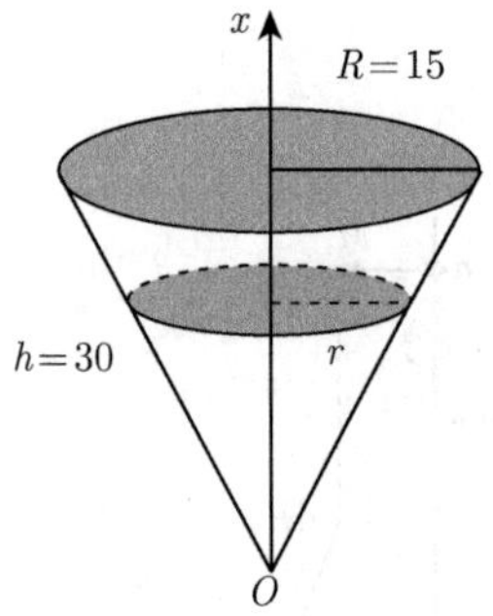

图 7.4.17

解 如图 7.4.17 所示建立坐标系. $\Delta W = \Delta F(x) \cdot (30-x)$, 其中 $\Delta F(x)$ 为小块的重力, $30-x$ 为位移. 而 $\Delta F(x) = \rho \Delta V = \pi r^2 \Delta x$, 据三角形相似可得

$$\Delta V = \pi \cdot \frac{x^2}{4} \cdot \Delta x,$$

$$W = \frac{\pi}{4} \int_0^{30} \rho x^2 (30-x) \mathrm{d}x = 2250\pi\rho.$$

定积分在物理学上的其他应用可参见《数学分析教程》(罗庆来等, 1991).

习题 7.4

A1. 求由下列曲线所围成的平面图形的面积:

(1) 抛物线 $y = 2x^2$ 与 $y = 3 - x^2$;

(2) 直线 $y = 2 - x$ 与抛物线 $y = 4 - x^2$;

(3) 曲线 $y = |\ln x|$ 与直线 $x = \dfrac{1}{\mathrm{e}}, x = \mathrm{e}$ 及 x 轴;

(4) 直线 $y = x, y = 1$ 及抛物线 $y = \dfrac{x^2}{4}$, $0 \leqslant x \leqslant 2$;

(5) 椭圆的渐屈线 $x = \dfrac{c^2}{a} \cos^3 t, y = \dfrac{c^2}{b} \sin^3 t (a > 0) (c^2 = a^2 - b^2 > 0)$;

(6) 三叶形曲线 $r = a \sin 3\theta (a > 0)$;

(7) 曲线 $\sqrt{\dfrac{x}{a}} + \sqrt{\dfrac{y}{b}} = 1 (a, b > 0)$ 与坐标轴;

(8) 曲线 $x = t - t^3, y = 1 - t^4$;

(9) 心形线 $r = a(1 + \cos\theta)(a > 0)$ 与 $r = 3a \cos\theta$, $\theta \in (-\dfrac{\pi}{3}, \dfrac{\pi}{3})$;

(10) 两曲线 $r = \sin\theta$ 与 $r = \sqrt{3} \cos\theta$ 所围公共部分;

(11) 两椭圆 $\dfrac{x^2}{a^2} + \dfrac{y^2}{b^2} = 1$ 与 $\dfrac{x^2}{b^2} + \dfrac{y^2}{a^2} = 1 (a, b > 0)$ 所围公共部分;

(12) 抛物线 $y^2 = 2x$ 把圆 $x^2 + y^2 \leqslant 8$ 分成两部分, 求这两部分面积之比.

A2. 求下列曲线的弧长:

(1) $y = \dfrac{x^2}{6} + \dfrac{1}{2}, (1 \leqslant x \leqslant 3)$;

(2) 悬链线 $y = a\mathrm{ch}\dfrac{x}{a}, x \in [0, a]$;

(3) $\sqrt{x} + \sqrt{y} = 1$;

(4) $x = \mathrm{e}^t \cos t$, $y = \mathrm{e}^t \sin t, 0 \leqslant t \leqslant 2\pi$;

(5) 圆的渐伸线 $x = a(\cos t + t \sin t), y = a(\sin t - t \cos t)(a > 0), 0 \leqslant t \leqslant 2\pi$;

(6) 心脏线 $r = a(1 - \cos\theta)$, $0 \leqslant \theta \leqslant 2\pi$;

(7) $r = a \sin^3 \dfrac{\theta}{3}, 0 \leqslant \theta \leqslant 3\pi$;

(8) Archimedes(阿基米德) 螺线 $r = a\theta (a > 0), 0 \leqslant \theta \leqslant 2\pi$.

A3. 求 a, b 的值, 使椭圆 $x = a \cos t, y = b \sin t$ 的周长等于正弦曲线 $y = \sin x$ 在 $0 \leqslant x \leqslant 2\pi$ 上一段的长.

A4. 求下列各曲线在指定点的曲率和曲率半径:

(1) $xy = 4$, 在点 $(1, 4)$ 处;

(2) $y = \mathrm{ch}x$, 在点 $(0, 1)$ 处;

(3) $x = a \cos^3 t, y = a \sin^3 t (a > 0)$, 在 $t = \dfrac{\pi}{4}$ 的点.

A5. 证明: 抛物线 $y = ax^2 + bx + c$ 在顶点处的曲率为最大.

A6. 求曲线 $y = \ln x$ 的最大曲率.

A7. 设 $y = y(x)$ 是一向上凸的连续曲线, 其上任意一点 (x, y) 处的曲率为 $\dfrac{1}{\sqrt{1+y'^2}}$, 且此曲线上点 $(0,1)$ 处的切线方程为 $y = x + 1$, 求该曲线的方程, 并求函数 $y = y(x)$ 的极值.

A8. 设曲线由极坐标方程 $r = r(\theta)$ 给出, 且二阶可导, 证明: 它在点 (r, θ) 处的曲率为

$$K = \frac{|r^2 + 2r'^2 - rr''|}{(r^2 + r'^2)^{3/2}},$$

并由此求心形线 $r = a(1 + \cos\theta)(a > 0)$ 在 $\theta = 0$ 处的曲率半径和曲率圆.

A9. 证明曲边梯形 $D: 0 \leqslant y \leqslant f(x), a \leqslant x \leqslant b$ 绕 y 轴旋转所得立体的体积公式为

$$V = 2\pi \int_a^b x f(x) \mathrm{d}x.$$

A10. 求下列平面曲线所围成的平面图形绕轴旋转一周所成的立体的体积:

(1) $y = \mathrm{e}^x - 1, x = \ln 3, y = 0$, 绕 x 轴;

(2) $x^{\frac{2}{3}} + y^{\frac{2}{3}} = 1$, 绕 x 轴;

(3) $y = \sin x, 0 \leqslant x \leqslant \pi$, 和 x 轴, 绕 x 轴, 绕 y 轴;

(4) 旋轮线 $x = a(t - \sin t), y = a(1 - \cos t)(a > 0), 0 \leqslant t \leqslant 2\pi$, 和 x 轴, 绕 x 轴, 绕 y 轴, 绕直线 $y = 2a$.

A11. 验证球半径为 r 、高为 h 的球缺体积为 $V = \pi h^2 (r - \dfrac{h}{3})$, 其中, $h \leqslant r$.

A12. 设直线 $y = ax(0 < a < 1)$ 与抛物线 $y = x^2$ 所围成的图形 A_1 的面积为 S_1, 且上述直线、抛物线与直线 $x = 1$ 所围成的图形 A_2 的面积为 S_2.

(1) 试确定 a 的值, 使得 $S_1 + S_2$ 达到最小, 并求出最小值;

(2) 求此时的平面图形 $A_1 \cup A_2$ 绕 x 轴旋转一周所得的旋转体的体积.

A13. 求下列平面曲线绕 x 轴旋转一周所成的旋转曲面的面积:

(1) $y^2 = 2px,\ 0 \leqslant x \leqslant a$;　　(2) $y = \sin x,\ 0 \leqslant x \leqslant \pi$;

(3) $\dfrac{x^2}{a^2} + \dfrac{y^2}{b^2} = 1(a > b > 0)$;　　(4) 星形线 $x = a\cos^3 t, y = a\sin^3 t, 0 \leqslant t \leqslant \pi$.

A14. 试证明在极坐标方程 $r = r(\theta)$, $\theta \in [\alpha, \beta] \subset [0, \pi]$, $r(\theta) \geqslant 0$, 绕极轴旋转所得旋转曲面的面积公式为

$$S = 2\pi \int_\alpha^\beta r(\theta) \sin\theta \sqrt{r^2(\theta) + r'^2(\theta)} \mathrm{d}\theta.$$

A15. 某闸门的形状与大小如图 7.4.18 所示. 其中直线 l 为对称轴, 闸门的上部为矩形 $ABCD$, 下部由二次抛物线与线段 AB 所围成. 当水面与闸门的上端相平时, 欲使闸门矩形部分承受的水压力与闸门下部承受的水压力之比为 5∶4, 闸门矩形部分的高 h 应为多少?

A16. 设半径为 R 的半球形水池充满水, 现将水从池中抽出, 当抽出水所做的功为将水全部抽完所做的功的一半时, 水面下降高度 h 是多少?

A17. 如图 7.4.19, 为清除井底的污泥, 用缆绳将抓斗放入井底, 抓起污泥后提出井口. 已知井深 30m, 抓斗自重 400N, 缆绳每米重 500N, 抓斗抓起的污泥 2000N. 提升速度为 3m/s. 在提升过程中, 污泥以 20N/s 的速度从抓斗缝隙中漏掉. 现将抓起污泥的抓斗提升至井口, 问克服重力需做多少焦耳的功?

A18. 半径为 1 的球体漂在水面上, 刚好一半浸入比重为 1 的水中, 试求将球体从水中捞出需做的功.

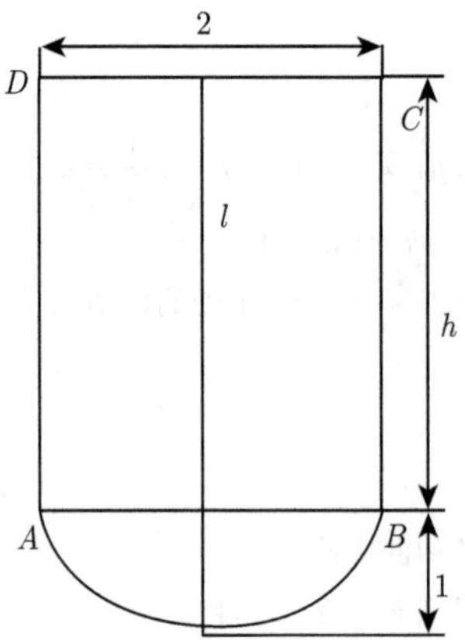

图 7.4.18

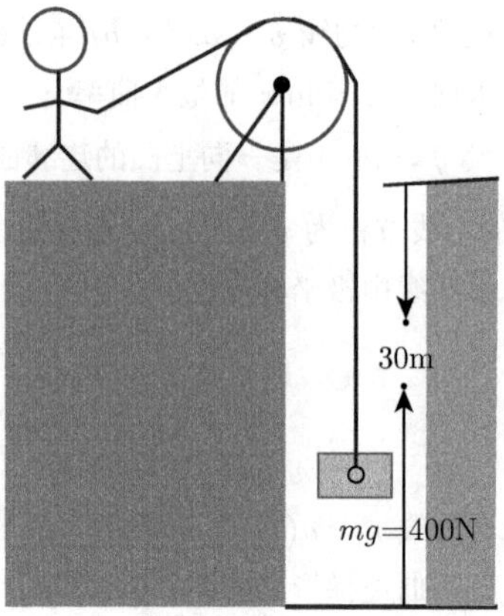

图 7.4.19

第 7 章总练习题

1. 设 f 在 $[a,b]$ 上可积, 且有 $\int_a^b f(x)\mathrm{d}x>0$, 则存在子区间 $[c,d]\subset[a,b]$, 使得 $f(x)>0, \forall x\in[c,d]$.

2. 证明下列函数在 $[0,1]$ 上可积:

(1) $f(x)=\begin{cases}\dfrac{1}{x}-\dfrac{1}{\sin x}, & x\in(0,1],\\ 0, & x=0;\end{cases}$　　(2) $f(x)=\begin{cases}\ln x\ln(1+x), & x\in(0,1],\\ 0, & x=0.\end{cases}$

3. 设 f 在 $[a,b]$ 上连续, 且有 $\int_a^b f(x)\mathrm{d}x=0$, 证明: $\int_a^b f^2(x)\mathrm{d}x\leqslant mM(b-a)$, 其中,

$$m=-\min_{x\in[a,b]}f(x),\ M=\max_{x\in[a,b]}f(x).$$

4. (1) (Cauchy-Schwarz 不等式) 设 $f(x)$, $g(x)$ 在 $[a,b]$ 上可积, 证明:

$$\int_a^b|f(x)g(x)|\mathrm{d}x\leqslant\left(\int_a^b f^2(x)\mathrm{d}x\right)^{\frac12}\left(\int_a^b g^2(x)\mathrm{d}x\right)^{\frac12}.$$

(2) (Hölder 不等式) 设 $f(x)$, $g(x)$ 在 $[a,b]$ 上连续, p , q 为满足 $\dfrac1p+\dfrac1q=1$ 的正数, 证明:

$$\int_a^b|f(x)g(x)|\mathrm{d}x\leqslant\left(\int_a^b|f(x)|^p\mathrm{d}x\right)^{\frac1p}\left(\int_a^b|g(x)|^q\mathrm{d}x\right)^{\frac1q}.$$

5. 证明: (1) 设函数 $f(x)$ 在 $[a,b]$ 上可积, 则对任何实数 k, 有不等式

$$(\int_a^b f(x)\cos kx\mathrm{d}x)^2+(\int_a^b f(x)\sin kx\mathrm{d}x)^2\leqslant(b-a)\int_a^b f^2(x)\mathrm{d}x.$$

(2) 若函数 $f(x)$ 在 $[a,b]$ 上非负可积, 则对任何实数 k, 有不等式

$$(\int_a^b f(x)\cos kx\mathrm{d}x)^2+(\int_a^b f(x)\sin kx\mathrm{d}x)^2\leqslant(\int_a^b f(x)\mathrm{d}x)^2.$$

6. 设 f,g 在 $[a,b]$ 上连续, $\int_a^x f(t)\mathrm{d}t\geqslant\int_a^x g(t)\mathrm{d}t$, 且 $\int_a^b f(t)\mathrm{d}t=\int_a^b g(t)\mathrm{d}t$. 证明: $\int_a^b xf(x)\mathrm{d}x\leqslant\int_a^b xg(x)\mathrm{d}x$.

7. 计算:

(1) $\lim\limits_{x\to 0}\dfrac{\int_0^x(\int_0^{y^2}\frac{\sin t}{t}\mathrm{d}t)\mathrm{d}y}{x^3}$;　　(2) $\lim\limits_{x\to 0}\dfrac{1}{x}\displaystyle\int_0^x(1+\sin 2t)^{\frac{1}{t}}\mathrm{d}t$.

8. 计算:

(1) $I=\displaystyle\int_0^1\mathrm{d}x\int_0^1\min\{x,y\}\mathrm{d}y$;　　(2) $I=\displaystyle\int_0^1\mathrm{d}x\int_0^1\max\{x,y\}\mathrm{d}y$;

(3) $I=\displaystyle\int_{-1}^1\frac{\mathrm{d}x}{(\mathrm{e}^x+1)(x^2+1)}$;　　(4) $I=\displaystyle\int_0^{\frac{\pi}{4}}\frac{\sin x\mathrm{d}x}{\sin x+\cos x}$.

9. 证明: 不等式 $\displaystyle\int_0^{\sqrt{2\pi}}\sin x^2\mathrm{d}x>0$.

10. 计算积分: (1) $\displaystyle\int_0^{2\pi}\frac{\mathrm{d}x}{2+\sin x}$;　(2) 设 $f(x)=\dfrac{(x+1)^2(x-1)}{x^3(x-2)}$, 求 $I=\displaystyle\int_{-1}^3\frac{f'(x)\mathrm{d}x}{1+f^2(x)}$.

11. 设 $t=t(x)$ 由方程 $x=\cos 2v$, $t=\sin v$ 确定, $y=\displaystyle\int_1^{1+\sin t}(1+\mathrm{e}^{\frac{1}{u}})\mathrm{d}u$, 求 $\dfrac{\mathrm{d}y}{\mathrm{d}x}$.

12. 证明: (1) 设 f 是 $[a,b]$ 上的正的可积函数, 则存在 $\xi\in(a,b)$, 使得

$$\int_a^\xi f(x)\mathrm{d}x=\int_\xi^b f(x)\mathrm{d}x=\frac{1}{2}\int_a^b f(x)\mathrm{d}x;$$

(2) 设 f 在 $[a,b]$ 上连续, 则存在 $\xi\in(a,b)$, 使得 $(\xi-a)f(\xi)=\displaystyle\int_\xi^b f(x)\mathrm{d}x$;

(3) 设 f 在 $[a,b]$ 上连续, $a>0$, 且 $\int_a^b f(x)\mathrm{d}x=0$, 则存在 $\xi\in(a,b)$, 使得 $\xi f(\xi)=\displaystyle\int_a^\xi f(x)\mathrm{d}x$;

(4) 设 f,g 在 $[a,b]$ 上连续, 则存在 $\xi\in(a,b)$, 使得 $f(\xi)\displaystyle\int_\xi^b g(x)\mathrm{d}x=g(\xi)\int_a^\xi f(x)\mathrm{d}x$.

13. 设 f 在 $[0,1]$ 上连续可导, 且 $f(1)=4\displaystyle\int_0^{\frac{1}{4}}\mathrm{e}^{1-x^3}f(x)\mathrm{d}x$, 证明: 存在 $\xi\in(0,1)$, 使得 $f'(\xi)=3\xi^2f(\xi)$.

14. 设 f 在 $[-1,1]$ 上二阶连续可导, $f(0)=0$, 则存在 $\xi\in[-1,1]$, 使得 $f''(\xi)=3\int_{-1}^1 f(x)\mathrm{d}x$.

15. 设 f 在 $[0,1]$ 上可微, $0\leqslant f'(x)\leqslant 1$, $\forall x\in[0,1]$, 且 $f(0)=0$. 证明:

$$\left(\int_0^1 f(x)\mathrm{d}x\right)^2\geqslant\int_0^1 f^3(x)\mathrm{d}x.$$

16. 设 f 在 $[a,b]$ 上二阶可导, 且 $f''(x)\geqslant 0$, 证明:

(1)$f(\dfrac{a+b}{2})\leqslant\dfrac{1}{b-a}\displaystyle\int_a^b f(x)\mathrm{d}x$;

(2) 又若 $f(x)\leqslant 0, x\in[a,b]$, 则又有

$$f(x)\geqslant\frac{2}{b-a}\int_a^b f(x)\mathrm{d}x, x\in[a,b].$$

17. 设 f 为周期函数, 且在任意有限区间上都可积, 证明: 变上限积分 $F(x)=\displaystyle\int_0^x f(t)\mathrm{d}t$ 可以表示为一个周期函数与一个一次函数之和.

18. (1) 设 f 在 $(-\infty,+\infty)$ 上连续, 证明: f 是奇函数的充要条件是变限积分 $\displaystyle\int_{-x}^x f(t)\mathrm{d}t$, $x\in(-\infty,+\infty)$ 为常数.

(2) 设 f 在 $[-1,1]$ 上连续, 且对 $[-1,1]$ 上的任一连续偶函数 $g(x)$, 都有 $\displaystyle\int_{-1}^1 f(x)g(x)\mathrm{d}x=0$, 证明: f 是 $[-1,1]$ 上的奇函数.

19. 设 $p_n(x)$ 为 n 次 Legendre 多项式:

$$p_n(x)=\frac{1}{2^n n!}\frac{\mathrm{d}^n}{\mathrm{d}x^n}(x^2-1)^n,\qquad n=0,\ 1,\ 2,\ \cdots,$$

证明 $\{p_n(x)\}$ 是 $[-1,1]$ 上的正交多项式列:

$$\int_{-1}^{1} p_m(x)p_n(x)\mathrm{d}x = \begin{cases} 0, & m \neq n, \\ \dfrac{2}{2n+1}, & m = n. \end{cases}$$

20. 设 $n, m \in \mathbb{N}^+$, 令 $I(m,n) = \int_0^{\frac{\pi}{2}} \sin^m x \cos^n x \mathrm{d}x$, 证明:

$$I(m,n) = \frac{n-1}{m+n} I(m,n-2) = \frac{m-1}{m+n} I(m-2,n),$$

并求 $I(2m,2n)$.

第 8 章 反 常 积 分

反常积分突破定积分的积分区间和被积函数的有界性要求, 是定积分概念的推广. 本章主要讨论反常积分的概念、计算以及收敛性的判别.

§8.1 反常积分的概念

在讨论定积分时, 要求积分区间是有界的, 而且被积函数也必须有界, 但在解决很多实际问题时, 需要突破这两条重要的限制. 1823 年, Cauchy 在他的《无穷小分析教程概论》中论述了这种"反常"的积分. 下面分别讨论无穷区间上的积分和无界函数的积分, 统称为**反常积分** (improper integral) 或**广义积分** (generalized integral).

先看一个无穷区间上积分的例子.

例 8.1.1 (第二宇宙速度) *若在地球表面垂直发射火箭并使之脱离地球引力范围, 试根据万有引力定律求出发射的最低速度, 即第二宇宙速度.*

解 设地球半径为 R, 地球质量为 M, 引力常数为 G, 地球表面的重力加速度为 g, 火箭质量为 m. 按照万有引力定律, 在距离地心 $x(\geqslant R)$ 处火箭所受到的地球引力为

$$F(x)=\frac{GMm}{x^2}=\frac{mgR^2}{x^2},$$

于是火箭升到距地心 r 处所做的功为

$$\int_R^r F(x)\mathrm{d}x=mgR^2\left(\frac{1}{R}-\frac{1}{r}\right),$$

若使火箭脱离地球引力, 则需要 $r\to+\infty$, 即此时火箭所做的功为

$$W=\lim_{r\to+\infty}\int_R^r F(x)\mathrm{d}x=mgR. \tag{8.1.1}$$

而由功能原理, 第二宇宙速度 v 必须满足

$$\frac{1}{2}mv^2=W=mgR,\ \text{即有}\ v=\sqrt{2Rg}.$$

取 $g=9.81\mathrm{m/s^2}, R=6.371\times10^6\mathrm{m}$, 得 $v=11.2\times10^3\mathrm{m/s}$.

注意, 式 (8.1.1) 中功 W 要求积分上限 r 要趋于 $+\infty$, 我们自然地把功 W 记为

$$W=\lim_{r\to+\infty}\int_R^r F(x)\mathrm{d}x=\int_R^{+\infty}F(x)\mathrm{d}x. \tag{8.1.2}$$

此即本章要讨论的一类反常积分即无穷区间上的积分.

§8.1.1　无穷区间上的积分 (无穷积分)

定义 8.1.1　设 $f(x)$ 在 $[a,+\infty)$ 有定义, 且在任意有限闭区间 $[a,A]\subset[a,+\infty)$ 上可积. 若极限

$$\lim_{A\to+\infty}\int_a^A f(x)\mathrm{d}x$$

存在且有限, 则称此极限为 $f(x)$ 在 $[a,+\infty)$ 上的反常积分或无穷积分 (improper integral with infinite integration limits), 记为

$$\int_a^{+\infty} f(x)\mathrm{d}x=\lim_{A\to+\infty}\int_a^A f(x)\mathrm{d}x, \tag{8.1.3}$$

并称此无穷积分 **收敛**, 或称 $f(x)$ 在 $[a,+\infty)$ 上 **可积**, 否则称无穷积分 $\int_a^{+\infty} f(x)\mathrm{d}x$ **发散**.

类似地可定义无穷积分 $\int_{-\infty}^a f(x)\mathrm{d}x$ 的收敛性:

$$\int_{-\infty}^a f(x)\mathrm{d}x=\lim_{A\to-\infty}\int_A^a f(x)\mathrm{d}x. \tag{8.1.4}$$

又若对任意常数 c, 两无穷积分 $\int_{-\infty}^c f(x)\mathrm{d}x$ 和 $\int_c^{+\infty} f(x)\mathrm{d}x$ 都是收敛的, 则称无穷积分 $\int_{-\infty}^{+\infty} f(x)\mathrm{d}x$ 收敛, 且定义

$$\int_{-\infty}^{+\infty} f(x)\mathrm{d}x\doteq\int_{-\infty}^c f(x)\mathrm{d}x+\int_c^{+\infty} f(x)\mathrm{d}x. \tag{8.1.5}$$

根据定义可知下列性质成立.

性质 8.1.1　(1) 若 $f(x)$ 在任何有限区间上 $[a,A]$ 上都可积, $a<b$, 则反常积分 $\int_a^{+\infty} f(x)\mathrm{d}x$ 和 $\int_b^{+\infty} f(x)\mathrm{d}x$ 的敛散性相同, 且

$$\int_a^{+\infty} f(x)\mathrm{d}x=\int_a^b f(x)\mathrm{d}x+\int_b^{+\infty} f(x)\mathrm{d}x.$$

(2) 若 $f(x)$ 在任何有限区间 $[-A,A]$ 上都可积, 则只要对某个 c, 无穷积分 $\int_{-\infty}^c f(x)\mathrm{d}x$ 和 $\int_c^{+\infty} f(x)\mathrm{d}x$ 都收敛, 则 $\int_{-\infty}^{+\infty} f(x)\mathrm{d}x$ 就收敛, 且式 (8.1.5) 中的积分值与 c 的选取无关.

证明　仅证 (2). 根据 (1) 的结论与证法可知, $\forall c'\neq c$, 无穷积分 $\int_{c'}^{+\infty} f(x)\mathrm{d}x$ 收敛, 同理, 无穷积分 $\int_{-\infty}^{c'} f(x)\mathrm{d}x$ 也收敛, 因此 $\int_{-\infty}^{+\infty} f(x)\mathrm{d}x$ 收敛, 且有

$$\int_{-\infty}^{+\infty} f(x)\mathrm{d}x=\int_{-\infty}^c f(x)\mathrm{d}x+\int_c^{+\infty} f(x)\mathrm{d}x=\int_{-\infty}^{c'} f(x)\mathrm{d}x+\int_{c'}^c f(x)\mathrm{d}x+\int_c^{+\infty} f(x)\mathrm{d}x$$

$$= \int_{-\infty}^{c'} f(x)\mathrm{d}x + \int_{c'}^{+\infty} f(x)\mathrm{d}x.$$

□

性质 8.1.2 (线性性质) 若反常积分 $\int_a^{+\infty} f(x)\mathrm{d}x$ 和 $\int_a^{+\infty} g(x)\mathrm{d}x$ 都是收敛的, 则对任何常数 α, β, $\int_a^{+\infty} [\alpha f(x) + \beta g(x]) \mathrm{d}x$ 也是收敛的, 且

$$\int_a^{+\infty} (\alpha f(x) + \beta g(x))\mathrm{d}x = \alpha \int_a^{+\infty} f(x)\mathrm{d}x + \beta \int_a^{+\infty} g(x)\mathrm{d}x. \tag{8.1.6}$$

证明略.

例 8.1.2 讨论积分 $\int_1^{+\infty} \frac{1}{x^p}\mathrm{d}x$ 的敛散性 ($p \in \mathbb{R}$, 该积分称为无穷区间上的 p 积分).

解 当 $p \neq 1$ 时,

$$\int_1^{+\infty} \frac{1}{x^p}\mathrm{d}x = \lim_{A\to+\infty} \left.\frac{x^{-p+1}}{1-p}\right|_1^A = \lim_{A\to+\infty} \frac{A^{1-p}-1}{1-p} = \begin{cases} \frac{1}{p-1}, & p > 1, \\ +\infty, & p < 1. \end{cases}$$

当 $p = 1$ 时,

$$\int_1^{+\infty} \frac{1}{x}\mathrm{d}x = \lim_{A\to+\infty} \ln x|_1^A = \lim_{A\to+\infty} \ln A = +\infty.$$

因此 $p > 1$ 时无穷积分 $\int_1^{+\infty} \frac{1}{x^p}\mathrm{d}x$ 收敛，其值为 $\frac{1}{p-1}$; $p \leqslant 1$ 时无穷积分 $\int_1^{+\infty} \frac{1}{x^p}\mathrm{d}x$ 发散.

注 8.1.1 无穷积分的几何意义: 当 $f(x) \geqslant 0$ 时, $\int_a^{+\infty} f(x)\mathrm{d}x$ 收敛表示由直线 $x = a, y = 0$ 与曲线 $y = f(x)$ 围成的无限区域可求面积, 其面积就是由 $x = a$、$x = A$、$y = f(x)$ 和 x 轴围成的有限的曲边梯形面积 $\int_a^A f(x)\mathrm{d}x$ 当 $A \to +\infty$ 时的极限. 如图 8.1.1 所示.

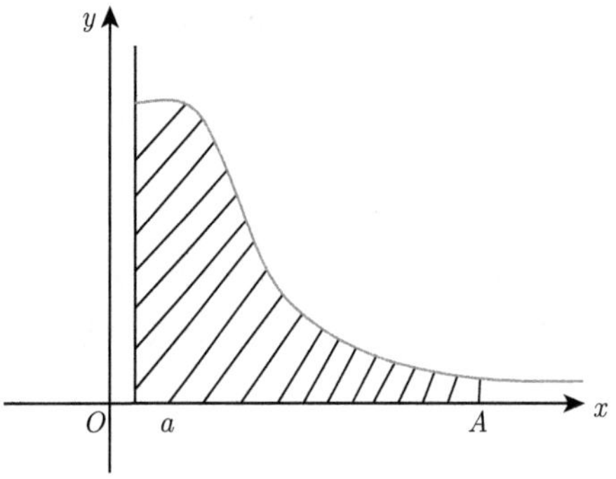

图 8.1.1

例 8.1.3 讨论下列无穷积分的敛散性:

(1) $\int_2^{+\infty} \frac{\mathrm{d}x}{x(\ln x)^p}$; (2) $\int_0^{+\infty} \mathrm{e}^{-ax}\mathrm{d}x$.

解 (1) 当 $p = 1$ 时,

$$\int_2^{+\infty} \frac{\mathrm{d}x}{x\ln x} = \lim_{A\to+\infty} \ln(\ln x)|_2^A = +\infty.$$

当 $p \neq 1$ 时,

$$\int_2^{+\infty} \frac{\mathrm{d}x}{x(\ln x)^p} = \lim_{A\to+\infty} \left.\frac{(\ln x)^{1-p}}{1-p}\right|_2^A = \begin{cases} +\infty, & p < 1, \\ \dfrac{(\ln 2)^{1-p}}{p-1}, & p > 1. \end{cases}$$

因此,

当 $p \leqslant 1$ 时反常积分 $\displaystyle\int_2^{+\infty} \frac{\mathrm{d}x}{x(\ln x)^p}$ 发散;

当 $p > 1$ 时反常积分 $\displaystyle\int_2^{+\infty} \frac{\mathrm{d}x}{x(\ln x)^p}$ 收敛, 且收敛到 $\dfrac{(\ln 2)^{1-p}}{p-1}$.

(2) 当 $a \neq 0$ 时,

$$\int_0^{+\infty} \mathrm{e}^{-ax}\mathrm{d}x = \lim_{A\to+\infty} -\left.\frac{\mathrm{e}^{-ax}}{a}\right|_0^A = \begin{cases} \dfrac{1}{a}, & a > 0, \\ +\infty, & a < 0. \end{cases}$$

而当 $a = 0$ 时积分显然发散至 $+\infty$.

因此, $a > 0$ 时该积分收敛于 $\dfrac{1}{a}$; $a \leqslant 0$ 时该积分发散.

§8.1.2 无界函数的积分 (瑕积分)

本节我们要考虑无界函数的积分问题, 突破定积分可积必有界的限制. 有界区间 $[a, b]$ 上的无界函数至少存在一个间断点, 使得函数在这个间断点的某邻域或单侧邻域内无界, 称这个间断点为函数的**瑕点**或**奇点**. 因此有界区间 $[a, b]$ 上的无界函数至少有一个瑕点. 下面我们只考虑仅有有限个瑕点的情况.

定义 8.1.2 设函数 $f(x)$ 在 $[a, b)$ 上有定义, $x = b$ 为 $f(x)$ 的瑕点, 且对任何 $0 < \eta < b - a$, 函数在 $[a, b-\eta]$ 上可积. 如果极限

$$\lim_{\eta\to0+}\int_a^{b-\eta} f(x)\mathrm{d}x$$

存在且有限, 则称无界函数的积分或瑕积分 (improper integral with infinite discontinuities) $\displaystyle\int_a^b f(x)\mathrm{d}x$ 收敛, 其积分值为

$$\int_a^b f(x)\mathrm{d}x = \lim_{\eta\to0+}\int_a^{b-\eta} f(x)\mathrm{d}x. \tag{8.1.7}$$

若 $x = a$ 为 $f(x)$ 的瑕点, 此时, 设函数 f 在 $(a, b]$ 上有定义, 且对任何 $0 < \eta < b - a$, 函数在 $[a+\eta, b]$ 上可积. 如果极限

$$\lim_{\eta\to0+}\int_{a+\eta}^{b} f(x)\mathrm{d}x$$

存在, 则称瑕积分 $\displaystyle\int_a^b f(x)\mathrm{d}x$ 收敛, 其积分值为

$$\int_a^b f(x)\mathrm{d}x = \lim_{\eta\to0+}\int_{a+\eta}^{b} f(x)\mathrm{d}x. \tag{8.1.8}$$

若 $[a, b]$ 中只有 $c \in (a, b)$ 是一个瑕点, 则当瑕积分 $\displaystyle\int_a^c f(x)\mathrm{d}x$ 和 $\displaystyle\int_c^b f(x)\mathrm{d}x$ 都收敛

时, 称瑕积分 $\int_a^b f(x)\mathrm{d}x$ 收敛, 并定义瑕积分

$$\int_a^b f(x)\mathrm{d}x=\int_a^c f(x)\mathrm{d}x+\int_c^b f(x)\mathrm{d}x.$$

若 $c_1,c_2\in(a,b)$ 是瑕点, 则需要分别考虑瑕积分 $\int_a^{c_1} f(x)\mathrm{d}x, \int_{c_1}^{c} f(x)\mathrm{d}x, \int_c^{c_2} f(x)\mathrm{d}x$ 以及 $\int_{c_2}^b f(x)\mathrm{d}x$, 其中 c 是 (c_1,c_2) 中任意一点. 若这些积分都收敛, 则称瑕积分 $\int_a^b f(x)\mathrm{d}x$ 收敛.

显然, 收敛性与 c 的选取无关. 对有有限个暇点的一般情况可类似讨论.

同样, 瑕积分也满足线性性质, 这里不再赘述.

例 8.1.4 讨论瑕积分 $\int_0^1 \frac{\mathrm{d}x}{x^p}$ 的敛散性 (无界函数的 p 积分).

解 当 $p\neq 1$ 时,

$$\int_0^1 \frac{1}{x^p}\mathrm{d}x=\left.\frac{x^{-p+1}}{1-p}\right|_0^1 \doteq \lim_{\eta\to 0+}\frac{1-\eta^{1-p}}{1-p}=\begin{cases}+\infty, & p>1,\\ \dfrac{1}{1-p}, & p<1.\end{cases}$$

当 $p=1$ 时,

$$\int_0^1 \frac{1}{x^p}\mathrm{d}x=\ln x\Big|_0^1=-\lim_{\eta\to 0+}\ln\eta=+\infty.$$

因此, 当 $p<1$ 时反常积分 $\int_0^1\frac{\mathrm{d}x}{x^p}$ 收敛, 其值为 $\frac{1}{1-p}$; 当 $p\geqslant 1$ 时反常积分 $\int_0^1\frac{\mathrm{d}x}{x^p}$ 发散.

例 8.1.5 讨论瑕积分 $\int_{-1}^1 \frac{\mathrm{e}^{\frac{1}{x}}}{x^2}\mathrm{d}x$ 的敛散性.

解 $x=0$ 是唯一瑕点, 但这一点在积分区间的内部, 因而我们分别考虑瑕积分

$$\int_{-1}^0 \frac{\mathrm{e}^{\frac{1}{x}}}{x^2}\mathrm{d}x,\quad \int_0^1 \frac{\mathrm{e}^{\frac{1}{x}}}{x^2}\mathrm{d}x.$$

经计算

$$\int_{-1}^0 \frac{\mathrm{e}^{\frac{1}{x}}}{x^2}\mathrm{d}x=\lim_{\varepsilon\to 0+}\left.\left(-\mathrm{e}^{\frac{1}{x}}\right)\right|_{-1}^{-\varepsilon}=\frac{1}{\mathrm{e}},\qquad \int_0^1 \frac{\mathrm{e}^{\frac{1}{x}}}{x^2}\mathrm{d}x=\lim_{\varepsilon\to 0+}\left.\left(-\mathrm{e}^{\frac{1}{x}}\right)\right|_{\varepsilon}^{1}=+\infty,$$

所以 $\int_{-1}^1 \frac{\mathrm{e}^{\frac{1}{x}}}{x^2}\mathrm{d}x$ 发散.

§8.1.3 一般的反常积分

1. 带有瑕点的无穷区间上的反常积分

如果 f 在 $[a,+\infty)$ 上有瑕点, 例如, 设 a 是唯一的瑕点, 则无穷积分 $\int_a^{+\infty} f(x)\mathrm{d}x$ 也是瑕积分, 此时该积分收敛是指对任何常数 $b>a$, 瑕积分 $\int_a^b f(x)\mathrm{d}x$ 和无穷积分 $\int_b^{+\infty} f(x)\mathrm{d}x$

都收敛, 且 $\int_a^{+\infty} f(x)\mathrm{d}x$ 的值定义为上述两个积分的和, 即

$$\int_a^{+\infty} f(x)\mathrm{d}x = \int_a^b f(x)\mathrm{d}x + \int_b^{+\infty} f(x)\mathrm{d}x.$$

.

若 f 在 $[a,\infty)$ 中有唯一瑕点 c, 则可类似定义反常积分 $\int_a^{+\infty} f(x)\mathrm{d}x$:

$$\int_a^{+\infty} f(x)\mathrm{d}x = \int_a^b f(x)\mathrm{d}x + \int_b^{+\infty} f(x)\mathrm{d}x,$$

其中 $b > c$.

对其他情况的反常积分的收敛性可类似定义.

例 8.1.6 讨论反常积分 $\int_0^{+\infty} \frac{\ln(1+x)}{x^{\frac{3}{2}}}\mathrm{d}x$ 的敛散性.

解 因为 $x \to 0+$ 时 $\ln(1+x) \sim x$, 所以 $x=0$ 是瑕点, 并且 $x=0$ 是唯一的瑕点. 因此这个积分既是无穷积分, 也是瑕积分.

先考虑瑕积分 $\int_0^1 \frac{\ln(1+x)}{x^{\frac{3}{2}}}\mathrm{d}x$.

容易验证 $F(x) = 2\left(2\arctan\sqrt{x} - \frac{\ln(1+x)}{\sqrt{x}}\right)$ 是 $f(x) = \frac{\ln(1+x)}{x^{\frac{3}{2}}}$ 在 $(0,+\infty)$ 上的一个原函数, 且 $F(0+)=0$, 所以

$$\int_0^1 \frac{\ln(1+x)}{x^{\frac{3}{2}}}\mathrm{d}x = \lim_{\eta\to 0+}(F(1)-F(\eta)) = \pi - 2\ln 2.$$

再考虑无穷积分 $\int_1^{+\infty} \frac{\ln(1+x)}{x^{\frac{3}{2}}}\mathrm{d}x$. 类似瑕积分的方法可得这个无穷积分也收敛, 且收敛于 $2\pi - (\pi - 2\ln 2)$.

于是反常积分 $\int_0^{+\infty} \frac{\ln(1+x)}{x^{\frac{3}{2}}}\mathrm{d}x$ 收敛, 且收敛于 2π.

2. 无穷积分与瑕积分的相互转化

若 $x=b$ 是 $f(x)$ 唯一的瑕点, 令 $x = b - \frac{1}{y}$, 或 $y = \frac{1}{b-x}$, 则瑕积分化为无穷积分:

$$\int_a^b f(x)\mathrm{d}x = \lim_{\eta\to 0+}\int_a^{b-\eta} f(x)\mathrm{d}x = \lim_{\eta\to 0+}\int_{\frac{1}{b-a}}^{\frac{1}{\eta}} \frac{1}{y^2} f(b-\frac{1}{y})\mathrm{d}y = \int_{\frac{1}{b-a}}^{+\infty} \frac{1}{y^2} f(b-\frac{1}{y})\mathrm{d}y.$$

因此两类反常积分的性质是类似的. 下面的讨论以无穷积分为主.

习题 8.1

A1. 判断下列无穷区间的反常积分是否收敛. 若收敛, 则求其值:

(1) $\int_0^{+\infty} x\mathrm{e}^{-x^2}\mathrm{d}x$;　　(2) $\int_0^{+\infty} \frac{\mathrm{d}x}{\sqrt{\mathrm{e}^x}}$;

(3) $\int_0^{+\infty} \mathrm{e}^{-\sqrt{x}}\mathrm{d}x$;　　(4) $\int_0^{+\infty} \frac{\mathrm{d}x}{\sqrt{1+x^2}}$;

(5) $\int_0^{+\infty} \mathrm{e}^{-x}\cos x\mathrm{d}x$;　　(6) $\int_1^{+\infty} \frac{\mathrm{d}x}{x\sqrt{x^4-1}}$;

(7) $\int_1^{+\infty} \frac{\mathrm{d}x}{x^2(1+x)}$;　　(8) $\int_{-\infty}^{+\infty} \frac{\mathrm{d}x}{x^2+x+1}$.

A2. 判断下列瑕积分是否收敛. 若收敛, 则求其值:

(1) $\int_0^1 \frac{\mathrm{d}x}{1-x^2}$;　　(2) $\int_0^1 \sqrt{\frac{x}{1-x}}\mathrm{d}x$;

(3) $\int_0^2 \ln x\mathrm{d}x$;　　(4) $\int_1^{\mathrm{e}} \frac{1}{x\sqrt{1-\ln^2 x}}\mathrm{d}x$;

(5) $\int_0^2 \frac{\mathrm{d}x}{\sqrt{|x-1|}}$;　　(6) $\int_{-1}^1 \ln\left(x^2\sqrt{\frac{2-\sin x}{2+\sin x}}\right)\mathrm{d}x$.

A3. 设函数 f 在 $[0,+\infty)$ 上非负连续, 且无穷积分 $\int_0^{+\infty} f(x)\mathrm{d}x=0$, 证明: $f\equiv 0$.

A4. 设 $f(x)$ 在任意有限区间 $[a,A]$ 上都可积, 且 $f(-\infty)=C_-$, $f(+\infty)=C_+$ 都是有限数. 证明: 对任何常数 c, 反常积分 $\int_{-\infty}^{+\infty}(f(x+c)-f(x))\mathrm{d}x$ 收敛, 并求其值.

B5. 证明: 若 $\int_a^{+\infty} f(x)\mathrm{d}x$ 收敛, 且存在极限 $\lim\limits_{x\to+\infty} f(x)=A$, 则 $A=0$.

B6. 证明: 若 f 在 $[a,+\infty)$ 上可导, 且 $\int_a^{+\infty} f(x)\mathrm{d}x$ 与 $\int_a^{+\infty} f'(x)\mathrm{d}x$ 都收敛, 则 $\lim\limits_{x\to+\infty} f(x)=0$.

§8.2 反常积分的收敛判别法

纵观上一节的讨论容易发现, 我们都是根据反常积分的定义, 即先计算定积分再求极限来判别反常积分的收敛性的. 但如果定积分算不出来或不易计算该如何判别其收敛性? 如例 8.1.6. 这就是本节的任务. 判别反常积分的收敛性具有重要的意义. 事实上, 如果我们事先已经判断出反常积分的收敛性, 即使无法算出反常积分的准确值, 也可以设法算出近似值. 本节仍然以判别无穷积分的收敛性为主. 无界函数积分的收敛性的判别是类似的.

§8.2.1 无穷区间上的反常积分的收敛判别法

下面我们仅讨论形如 $\int_a^{+\infty} f(x)\mathrm{d}x$ 的反常积分的收敛判别法, 而对反常积分 $\int_{-\infty}^{a} f(x)\mathrm{d}x$ 与 $\int_{-\infty}^{+\infty} f(x)\mathrm{d}x$, 可类似讨论.

以下总假设所涉及的函数都在任何有限区间 $[a,A]$ 上可积.

首先, 对于非负函数的无穷积分, 其收敛性判别要简单些.

1. 非负函数无穷积分的收敛判别法

定理 8.2.1 (有界判别法 (bounded test)) *若 $f(x)$ 在 $[a,+\infty)$ 上非负, 则 $\int_a^{+\infty} f(x)\mathrm{d}x$ 收敛的充要条件是: $I(A)=\int_a^A f(x)\mathrm{d}x$ 是 $[a,+\infty)$ 上的有界函数.*

证明 因为 $I(A)$ 单调递增, 所以

$$\int_a^{+\infty} f(x)\mathrm{d}x \text{ 收敛} \iff \lim_{A\to+\infty} I(A) \text{ 存在且有限} \iff I(A) \text{ 有界}. \qquad \square$$

由此立得

定理 8.2.2 (比较判别法 (comparison test)) 设在 $[a,+\infty)$ 上恒有 $0 \leqslant f(x) \leqslant K\varphi(x)$, 其中 K 是正常数. 则

(1) 当 $\int_a^{+\infty} \varphi(x)\mathrm{d}x$ 收敛时, $\int_a^{+\infty} f(x)\mathrm{d}x$ 也收敛;

(2) 当 $\int_a^{+\infty} f(x)\mathrm{d}x$ 发散时, $\int_a^{+\infty} \varphi(x)\mathrm{d}x$ 也发散.

推论 8.2.1 (比较判别法的极限形式 (limit comparison test)) 设 $f(x)$ 和 $\varphi(x)$ 都是 $[a,+\infty)$ 上的非负函数, 且当 x 充分大时 $\varphi(x) > 0$. 若存在极限 (有限或无穷)

$$\lim_{x\to+\infty} \frac{f(x)}{\varphi(x)} = l, \tag{8.2.1}$$

则

(1) 当 $0 < l < +\infty$ 时, 两无穷积分 $\int_a^{+\infty} f(x)\mathrm{d}x$ 与 $\int_a^{+\infty} \varphi(x)\mathrm{d}x$ 同时收敛或同时发散;

(2) 当 $l = 0$ 时, 若 $\int_a^{+\infty} \varphi(x)\mathrm{d}x$ 收敛, 则 $\int_a^{+\infty} f(x)\mathrm{d}x$ 收敛;

(3) 当 $l = +\infty$ 时, 若 $\int_a^{+\infty} \varphi(x)\mathrm{d}x$ 发散, 则 $\int_a^{+\infty} f(x)\mathrm{d}x$ 发散.

在上面的定理与推论中, 若取 $\varphi(x) = \dfrac{1}{x^p}$, 就得到下面的 Cauchy 判别法及其极限形式.

定理 8.2.3 (Cauchy 判别法 (Cauchy test)) 设在 $[a,+\infty) \subset (0,+\infty)$ 上 $f(x)$ 非负, K 是一个正常数.

(1) 若 $f(x) \leqslant \dfrac{K}{x^p}$, 且 $p > 1$, 则 $\int_a^{+\infty} f(x)\mathrm{d}x$ 收敛;

(2) 若 $f(x) \geqslant \dfrac{K}{x^p}$, 且 $p \leqslant 1$, 则 $\int_a^{+\infty} f(x)\mathrm{d}x$ 发散.

推论 8.2.2 (Cauchy 判别法的极限形式 (limit Cauchy test)) 设 $f(x)$ 在 $[a,+\infty) \subset (0,+\infty)$ 上非负, 且

$$\lim_{x\to+\infty} x^p f(x) = l, \tag{8.2.2}$$

(1) 若 $0 \leqslant l < +\infty$, 且 $p > 1$, 则 $\int_a^{+\infty} f(x)\mathrm{d}x$ 收敛;

(2) 若 $0 < l \leqslant +\infty$, 且 $p \leqslant 1$, 则 $\int_a^{+\infty} f(x)\mathrm{d}x$ 发散.

推论 8.2.3 设 $f(x)$ 在 $[a,+\infty) \subset (0,+\infty)$ 上非负, 且存在正常数 l, 使得

$$f(x) \sim \frac{l}{x^p}, x \to +\infty, \tag{8.2.3}$$

则 $p > 1$ 时, $\int_a^{+\infty} f(x)\mathrm{d}x$ 收敛; $p \leqslant 1$ 时 $\int_a^{+\infty} f(x)\mathrm{d}x$ 发散.

例 8.2.1 讨论下列积分的敛散性, 其中 $p,q\in\mathbb{R}$.

(1) $\displaystyle\int_0^{+\infty}\frac{x^2\mathrm{d}x}{\sqrt{x^5+1}}$; (2) $\displaystyle\int_1^{+\infty}\frac{\arctan x}{x^p}\mathrm{d}x$; (3) $\displaystyle\int_1^{+\infty}x^p\mathrm{e}^{-x}\mathrm{d}x$; (4) $\displaystyle\int_2^{+\infty}\frac{\mathrm{d}x}{x^p\ln^q x}$.

解 (1) 显然, $x\to+\infty$ 时 $\dfrac{x^2}{\sqrt{x^5+1}}\sim\dfrac{1}{\sqrt{x}}$, 由 $p=\frac{1}{2}<1$ 知反常积分 $\displaystyle\int_0^{+\infty}\frac{x^2\mathrm{d}x}{\sqrt{x^5+1}}$ 发散.

(2) $\dfrac{\arctan x}{x^p}\sim\dfrac{\frac{\pi}{2}}{x^p}, x\to+\infty$, 故反常积分 $\displaystyle\int_1^{+\infty}\frac{\arctan x}{x^p}\mathrm{d}x$ 当 $p>1$ 时收敛, $p\leqslant 1$ 时发散.

(3) 对任意常数 $p\in\mathbb{R}$, 有

$$\lim_{x\to+\infty}x^2(x^p\mathrm{e}^{-x})=0,$$

所以 $\displaystyle\int_1^{+\infty}x^p\mathrm{e}^{-x}\mathrm{d}x$ 收敛.

(4) 当 $p>1$ 时,

$$\lim_{x\to+\infty}x^{\frac{1+p}{2}}\frac{1}{x^p\ln^q x}=\lim_{x\to+\infty}\frac{1}{x^{\frac{p-1}{2}}\ln^q x}=0,$$

由 $\dfrac{1+p}{2}>1$ 知积分收敛.

当 $p=1$ 时由例 8.1.3知, 当且仅当 $q>1$ 时积分收敛.

当 $p<1$ 时

$$\lim_{x\to+\infty}x^{\frac{1+p}{2}}\frac{1}{x^p\ln^q x}=\lim_{x\to+\infty}\frac{x^{\frac{1-p}{2}}}{\ln^q x}=+\infty,$$

由 $\dfrac{1+p}{2}<1$ 知积分发散.

其次, 讨论一般函数无穷积分的收敛判别法.

2. 一般函数无穷积分的收敛判别法

根据定义, 积分 $\displaystyle\int_a^{+\infty}f(x)\mathrm{d}x$ 收敛即为函数极限 $\displaystyle\lim_{A\to+\infty}\int_a^A f(x)\mathrm{d}x$ 存在, 其中函数 $F(A)=\displaystyle\int_a^A f(x)\mathrm{d}x$. 因此将判别函数极限存在性的 Cauchy 收敛准则应用到反常积分即可得:

定理 8.2.4 (Cauchy 收敛准则) 反常积分 $\displaystyle\int_a^{+\infty}f(x)\mathrm{d}x$ 收敛的充分必要条件是: $\forall\varepsilon>0,\exists A_0\geqslant a$, 使得对任意的 $A,A'\geqslant A_0$, 有

$$\left|\int_A^{A'}f(x)\mathrm{d}x\right|<\varepsilon. \tag{8.2.4}$$

Cauchy 收敛原理是判别反常积分 $\displaystyle\int_a^{+\infty}f(x)\mathrm{d}x$ 收敛的充分必要条件, 因此在理论上有重要意义.

推论 8.2.4 $\int_a^{+\infty}|f(x)|\mathrm{d}x$ 收敛蕴含 $\int_a^{+\infty}f(x)\mathrm{d}x$ 收敛.

证明 因为对任何 $A'>A>a$, 总成立

$$\left|\int_A^{A'}f(x)\mathrm{d}x\right|\leqslant\int_A^{A'}|f(x)|\mathrm{d}x,$$

所以由 Cauchy 收敛原理即知推论得证. □

由此引入绝对收敛与条件收敛的概念, 这对我们研究反常积分的收敛性很有帮助.

定义 8.2.1 设 $f(x)$ 在任意有限区间 $[a,A]\subset[a,+\infty)$ 上可积.

(1) 若无穷积分 $\int_a^{+\infty}|f(x)|\mathrm{d}x$ 收敛, 则称无穷积分 $\int_a^{+\infty}f(x)\mathrm{d}x$ **绝对收敛** (absolute convergence), 或称 $f(x)$ 在 $[a,+\infty)$ 上**绝对可积** (absolutely integrable).

(2) 若无穷积分 $\int_a^{+\infty}f(x)\mathrm{d}x$ 收敛, 但不是绝对收敛, 则称无穷积分 $\int_a^{+\infty}f(x)\mathrm{d}x$ **条件收敛** (conditional convergence), 或称 $f(x)$ 在 $[a,+\infty)$ 上**条件可积** (conditional integrability)..

由推论 8.2.4知, 绝对收敛的无穷积分一定是收敛的, 但反之不真, 如例 8.2.3(1).

例 8.2.2 讨论下列无穷积分的敛散性:

(1) $\int_0^{+\infty}\frac{\sin x}{1+x^2}\mathrm{d}x$; (2) $\int_1^{+\infty}\frac{a\sin x\mathrm{d}x}{\sqrt{x^3+b^2}}\quad(a,b\in\mathbb{R})$.

解 (1) 由于

$$\left|\frac{\sin x}{1+x^2}\right|\leqslant\frac{1}{1+x^2},$$

而反常积分 $\int_0^{+\infty}\frac{1}{1+x^2}\mathrm{d}x$ 收敛, 故由比较判别法知 $\int_0^{+\infty}\frac{\sin x}{1+x^2}\mathrm{d}x$ 绝对收敛, 因此收敛.

(2) 由于当 $x\geqslant 1$ 时,

$$\left|\frac{a\sin x}{\sqrt{x^3+b^2}}\right|\leqslant\frac{|a|}{x\sqrt{x}},$$

而 $\int_1^{+\infty}\frac{|a|}{x\sqrt{x}}\mathrm{d}x$ 收敛, 故 $\int_1^{+\infty}\frac{a\sin x\mathrm{d}x}{\sqrt{x^3+b^2}}$ 绝对收敛, 因此收敛.

下面给出两个判别法, 即 Abel 判别法和 Dirichlet 判别法, 合称 A-D 判别法, 这两个判别法主要针对条件收敛情形的反常积分的判别. 他们的证明需要用到积分第二中值定理, 参见第三册定理 21.1.13, 或《数学分析讲义 (第三册)》定理 13.2.6(张福保等, 2019).

定理 8.2.5 (A-D 判别法) 若下列两个条件之一成立, 则 $\int_a^{+\infty}f(x)g(x)\mathrm{d}x$ 收敛:

(1) (Abel 判别法) $\int_a^{+\infty}f(x)\mathrm{d}x$ 收敛, $g(x)$ 在 $[a,+\infty)$ 上单调有界;

(2) (Dirichlet 判别法) $F(A)=\int_a^{A}f(x)\mathrm{d}x$ 在 $[a,+\infty)$ 上有界, $g(x)$ 在 $[a,+\infty)$ 上单调, 且 $\lim\limits_{x\to+\infty}g(x)=0$.

例 8.2.3 讨论下列积分的敛散性:

(1) $\int_0^{+\infty}\frac{\sin x}{x}\mathrm{d}x$; (2) $\int_1^{+\infty}\frac{\sin x}{x^p}\mathrm{d}x$.

解 (1) 因 $\lim\limits_{x\to0}\frac{\sin x}{x}=1$, 故 0 不是瑕点. 下面只需考虑积分 $\int_1^{+\infty}\frac{\sin x}{x}\mathrm{d}x$ 的收敛性. 显然, $\int_1^A\sin x\mathrm{d}x$ 在 $A\in[1,+\infty)$ 上有界, $\frac{1}{x}$ 在 $[1,+\infty)$ 上单调, 且 $\lim\limits_{x\to+\infty}\frac{1}{x}=0$, 由 Dirichlet 判别法即知 $\int_1^{+\infty}\frac{\sin x}{x}\mathrm{d}x$ 收敛. 但在 $[1,+\infty)$ 上, 有 $\left|\frac{\sin x}{x}\right|\geqslant\frac{\sin^2 x}{x}=\frac{1}{2x}-\frac{\cos 2x}{2x}$. 而同理可知 $\int_1^{+\infty}\frac{\cos 2x}{2x}\mathrm{d}x$ 收敛, 但 $\int_1^{+\infty}\frac{\mathrm{d}x}{2x}$ 发散, 所以 $\int_1^{+\infty}\frac{\sin^2 x}{x}\mathrm{d}x$ 发散.

于是由比较判别法可知 $\int_1^{+\infty}\left|\frac{\sin x}{x}\right|\mathrm{d}x$ 发散. 因此, 无穷积分 $\int_1^{+\infty}\frac{\sin x}{x}\mathrm{d}x$ 条件收敛, 进而原积分 $\int_0^{+\infty}\frac{\sin x}{x}\mathrm{d}x$ 也条件收敛.

(2) 当 $p>1$ 时, $\frac{|\sin x|}{x^p}\leqslant\frac{1}{x^p}$, 而 $\int_1^{+\infty}\frac{\mathrm{d}x}{x^p}$ 收敛, 故当 $p>1$ 时积分 $\int_1^{+\infty}\frac{\sin x\mathrm{d}x}{x^p}$ 绝对收敛. 而当 $0<p\leqslant1$ 时, 同 (1) 可知 $\int_1^{+\infty}\frac{\sin x\mathrm{d}x}{x^p}$ 收敛, 但 $\int_1^{+\infty}\frac{|\sin x|\mathrm{d}x}{x^p}$ 发散, 故积分 $\int_1^{+\infty}\frac{\sin x\mathrm{d}x}{x^p}$ 条件收敛.

又当 $p<0$ 时积分发散, 事实上, 由积分中值定理得

$$\int_{2n\pi}^{(2n+1)\pi}\frac{\sin x}{x^p}\mathrm{d}x=\frac{2}{\xi_n^p}\geqslant2,$$

于是由 Cauchy 收敛准则即得结论.

同理可知, 反常积分 $\int_1^{+\infty}\frac{\cos x\mathrm{d}x}{x^p}$ 当 $p>1$ 时绝对收敛, 当 $0<p\leqslant1$ 时条件收敛, 而当 $p\leqslant0$ 时发散.

注 8.2.1 由例 8.2.3 知, 无穷积分 $\int_0^{+\infty}\frac{\sin x}{x}\mathrm{d}x$ 收敛, 这个积分称为 Dirichlet 积分, 其值为 $\frac{\pi}{2}$, 但它的求法要参见《数学分析讲义 (第三册)》§14.3 的例题 (张福保等, 2019), 也可详见《数学分析教程》第 20 章第 3 节例 4(常庚哲和史济怀, 2003).

例 8.2.4 讨论下列积分的敛散性:

(1) $\int_0^{+\infty}\sin x^2\mathrm{d}x$; (2) $\int_0^{+\infty}x\sin x^4\mathrm{d}x$.

解 (1) 令 $t=x^2$ 得

$$\int_1^{+\infty}\sin x^2\mathrm{d}x=\int_1^{+\infty}\frac{\sin t}{2\sqrt{t}}\mathrm{d}t,$$

再由例 8.2.3可知, 反常积分 $\int_1^{+\infty}\sin x^2\mathrm{d}x$ 条件收敛, 故反常积分 $\int_0^{+\infty}\sin x^2\mathrm{d}x$ 条件收敛.

同样可知, 积分 $\int_0^{+\infty}\cos x^2\mathrm{d}x$ 条件收敛.

(2) 令 $t=x^4$ 得

$$\int_1^{+\infty}x\sin x^4\mathrm{d}x=\int_1^{+\infty}\frac{\sin t}{4\sqrt{t}}\mathrm{d}t,$$

由 $\int_1^{+\infty}\frac{\sin t}{4\sqrt{t}}\mathrm{d}t$ 条件收敛可知, 积分 $\int_0^{+\infty}x\sin x^4\mathrm{d}x$ 条件收敛.

注 8.2.2 反常积分 $\int_0^{+\infty}\sin x^2\mathrm{d}x$ 和 $\int_0^{+\infty}\cos x^2\mathrm{d}x$ 统称为 Fresnel 积分, 上面已证明了它们的收敛性, 还可以证明它们的值是相等的, 且为 $\frac{1}{2}\sqrt{\frac{\pi}{2}}$. 参见《数学分析讲义 (第三册)》§14.3 的习题 (张福保等, 2019), 详见《数学分析教程》第 20 章第 3 节的例 4(常庚哲和史济怀, 2003).

例 8.2.5 讨论积分 $\int_1^{+\infty}\frac{\sin x\arctan x}{x}\mathrm{d}x$ 的敛散性.

解 由例 8.2.3(1) 知, $\int_1^{+\infty}\frac{\sin x}{x}\mathrm{d}x$ 收敛, 而 $\arctan x$ 在 $[1,+\infty)$ 上单调有界, 由 Abel 判别法知, $\int_1^{+\infty}\frac{\sin x\arctan x}{x}\mathrm{d}x$ 收敛.

当 $x\in[\sqrt{3},+\infty)$ 时, 有

$$\left|\frac{\sin x\arctan x}{x}\right|\geqslant\left|\frac{\sin x}{x}\right|,$$

而 $\int_1^{+\infty}\left|\frac{\sin x}{x}\right|\mathrm{d}x$ 发散, 由比较判别法和可知 $\int_1^{+\infty}\frac{\sin x\arctan x}{x}\mathrm{d}x$ 非绝对收敛.

因此, $\int_1^{+\infty}\frac{\sin x\arctan x}{x}\mathrm{d}x$ 条件收敛.

§8.2.2 瑕积分的收敛判别法

由于两类积分可相互转化, 所以上一小节关于无穷积分的判别法可以平移到瑕积分情形. 下面只给出 $f(x)$ 在 $[a,b]$ 上只有一个瑕点 $x=b$ 情况的结果, 并把证明留给读者.

定理 8.2.6 (Cauchy 收敛原理) 瑕积分 $\int_a^b f(x)\mathrm{d}x$ 收敛的充分必要条件是: 对任意给定的 $\varepsilon>0$, 都存在 $\delta>0$, 使得对任意 $\eta,\eta'\in(0,\delta)$, 有

$$\left|\int_{b-\eta}^{b-\eta'}f(x)\mathrm{d}x\right|<\varepsilon. \tag{8.2.5}$$

定理 8.2.7 (比较判别法) 设在 $[a,b)$ 上恒有 $0\leqslant f(x)\leqslant K\varphi(x)$, 其中 K 是正常数, 则

(1) 当 $\int_a^b\varphi(x)\mathrm{d}x$ 收敛时, $\int_a^b f(x)\mathrm{d}x$ 也收敛;

(2) 当 $\int_a^b f(x)\mathrm{d}x$ 发散时, $\int_a^b\varphi(x)\mathrm{d}x$ 也发散.

推论 8.2.5 (比较判别法的极限形式) 设 $f(x)$ 和 $\varphi(x)$ 都在 $[a,b)$ 上非负, 且存在广义极限

$$\lim_{x\to b^-}\frac{f(x)}{\varphi(x)}=l, \tag{8.2.6}$$

则

(1) 当 $0<l<+\infty$ 时, 反常积分 $\int_a^b f(x)\mathrm{d}x$ 与 $\int_a^b \varphi(x)\mathrm{d}x$ 同时收敛或同时发散;

(2) 当 $l=0$ 时, 若 $\int_a^b \varphi(x)\mathrm{d}x$ 收敛, 则 $\int_a^b f(x)\mathrm{d}x$ 收敛;

(3) 当 $l=+\infty$ 时, 若 $\int_a^b \varphi(x)\mathrm{d}x$ 发散, 则 $\int_a^b f(x)\mathrm{d}x$ 发散.

定理 8.2.8 (Cauchy 判别法) 设在 $[a,b)$ 上 $f(x)\geqslant 0$, 若存在正常数 K, 使得当 $x\in[a,b)$ 时,

(1) $f(x)\leqslant\dfrac{K}{(b-x)^p}$, 且 $p<1$, 则 $\int_a^b f(x)\mathrm{d}x$ 收敛;

(2) $f(x)\geqslant\dfrac{K}{(b-x)^p}$, 且 $p\geqslant 1$, 则 $\int_a^b f(x)\mathrm{d}x$ 发散.

推论 8.2.6 (Cauchy 判别法的极限形式) 设在 $[a,b)$ 上恒有 $f(x)\geqslant 0$, 且

$$\lim_{x\to b^-}(b-x)^p f(x)=l, \tag{8.2.7}$$

则

(1) 若 $0\leqslant l<+\infty$, 且 $p<1$, 则 $\int_a^b f(x)\mathrm{d}x$ 收敛;

(2) 若 $0<l\leqslant+\infty$, 且 $p\geqslant 1$, 则 $\int_a^b f(x)\mathrm{d}x$ 发散.

推论 8.2.7 设在 $[a,b)$ 上恒有 $f(x)\geqslant 0$, 且存在正常数 l, 使得

$$f(x)\sim\frac{l}{(b-x)^p},\quad x\to b-, \tag{8.2.8}$$

则 $p<1$ 时积分 $\int_a^b f(x)\mathrm{d}x$ 收敛, $p\geqslant 1$ 时积分 $\int_a^b f(x)\mathrm{d}x$ 发散.

定理 8.2.9 (A-D 判别法) 若下列两个条件之一满足, 则 $\int_a^b f(x)g(x)\mathrm{d}x$ 收敛:

(1) (Abel 判别法) $\int_a^b f(x)\mathrm{d}x$ 收敛, $g(x)$ 在 $[a,b)$ 上单调有界;

(2) (Dirichlet 判别法) $F(\eta)=\int_a^{b-\eta} f(x)\mathrm{d}x$ 在 $(0,b-a]$ 上有界, $g(x)$ 在 $[a,b)$ 上单调, 且 $\lim\limits_{x\to b-}g(x)=0$.

例 8.2.6 证明: Euler 积分 $I=\int_0^{\frac{\pi}{2}}\ln\sin x\mathrm{d}x$ 和 $J=\int_0^{\frac{\pi}{2}}\ln\cos x\mathrm{d}x$ 收敛.

证明 $x=0$ 为 I 的瑕点. 因为 $\ln\sin x\leqslant 0$, $\lim_{x\to0+}\sqrt{x}\ln\sin x=0$, 且 $\int_0^{\frac{\pi}{2}}\dfrac{\mathrm{d}x}{\sqrt{x}}$ 收敛, 所以由推论 8.2.6即得 Euler 积分 I 收敛. 类似可证 Euler 积分 J 也收敛. □

例 8.2.7　讨论下列积分的敛散性 $I=\int_0^1 x^{p-1}(1-x)^{q-1}\ln x\mathrm{d}x$.

解　被积函数是非负的, 可能的瑕点是 $x=0$ 和 $x=1$. 考虑积分 $I_1=\int_0^{\frac{1}{2}} x^{p-1}(1-x)^{q-1}\ln x\mathrm{d}x$ 和 $I_2=\int_{\frac{1}{2}}^1 x^{p-1}(1-x)^{q-1}\ln x\mathrm{d}x$.

先考虑 I_1. 当 $p>0$ 时,

$$\lim_{x\to 0+} x^{1-\frac{p}{2}}x^{p-1}(1-x)^{q-1}\ln x=\lim_{x\to 0+}(1-x)^{q-1}x^{\frac{p}{2}}\ln x=0,$$

所以当 $p>0$ 时 I_1 收敛. 并且易见 $p=0$ 时 I_1 发散, 再由比较判别法易知 $p<0$ 时 I_1 也发散.

再考虑 I_2. 注意到当 $x\to 1-$ 时 $-\ln x\sim 1-x$, 容易知道当且仅当 $q>-1$ 时 I_2 收敛. 合知: 当且仅当 $p>0, q>-1$ 时积分 I 收敛.

例 8.2.8　讨论积分 $\int_0^1 \frac{1}{x^p}\sin\frac{1}{x}\mathrm{d}x\,(p<2)$ 的敛散性 (包括绝对收敛与条件收敛).

解　令 $f(x)=\frac{1}{x^2}\sin\frac{1}{x},\quad g(x)=x^{2-p}$. 对于 $\forall\eta\in(0,1)$, 有

$$\int_\eta^1 f(x)\mathrm{d}x=\int_\eta^1\frac{1}{x^2}\sin\frac{1}{x}\mathrm{d}x=-\int_\eta^1\sin\frac{1}{x}\mathrm{d}\left(\frac{1}{x}\right)=\cos\frac{1}{x}\Big|_\eta^1,$$

所以 $\int_\eta^1 f(x)\mathrm{d}x$ 有界; 而 $g(x)$ 显然在 $(0,1]$ 单调, 且当 $p<2$ 时,

$$\lim_{x\to 0+}g(x)=\lim_{x\to 0+}x^{2-p}=0.$$

由瑕积分的 Dirichlet 判别法, $\int_0^1\frac{1}{x^p}\sin\frac{1}{x}\mathrm{d}x$ 收敛.

因为当 $p<1$ 时, 有

$$\left|\frac{1}{x^p}\sin\frac{1}{x}\right|\leqslant\frac{1}{x^p},$$

由比较判别法知, 此时 $\int_0^1\frac{1}{x^p}\sin\frac{1}{x}\mathrm{d}x$ 绝对收敛. 而利用与例 8.2.3类似的方法可以得到, 当 $1\leqslant p<2$ 时, $\int_0^1\frac{1}{x^p}\sin\frac{1}{x}\mathrm{d}x$ 条件收敛.

注意，对积分 $\int_0^1\frac{1}{x^p}\sin\frac{1}{x}\mathrm{d}x$ 作变量代换 $x=\frac{1}{t}$, 就可将它化为积分 $\int_1^{+\infty}\frac{\sin t}{t^{2-p}}\mathrm{d}t$, 再利用无穷积分的 Dirichlet 判别法也可以得到同样的结果.

§8.2.3　带有瑕点的无穷区间上的反常积分的收敛判别法

本小节举例说明两种类型反常积分并存情况的收敛性判别.

例 8.2.9　讨论下列非负函数的反常积分 $\int_0^{+\infty}\frac{\ln(1+x)}{x^p}\mathrm{d}x$ 的敛散性.

解 由于该积分既可能有瑕点，又是无穷积分，所以按照定义，先将积分分成两部分

$$\int_0^{+\infty}\frac{\ln(1+x)}{x^p}\mathrm{d}x=\int_0^1\frac{\ln(1+x)}{x^p}\mathrm{d}x+\int_1^{+\infty}\frac{\ln(1+x)}{x^p}\mathrm{d}x.$$

由

$$\frac{\ln(1+x)}{x^p}\sim\frac{1}{x^{p-1}}\quad(x\to 0+)$$

可知, 当 $p<2$ 时, $\displaystyle\int_0^1\frac{\ln(1+x)}{x^p}\mathrm{d}x$ 收敛, 当 $p\geqslant 2$ 时, $\displaystyle\int_0^1\frac{\ln(1+x)}{x^p}\mathrm{d}x$ 发散.

当 $p>1$ 时, 有 $\dfrac{p+1}{2}>1$, 且

$$\lim_{x\to+\infty}x^{\frac{p+1}{2}}\cdot\frac{\ln(1+x)}{x^p}=0,$$

由此可知当 $p>1$ 时, 积分 $\displaystyle\int_1^{+\infty}\frac{\ln(1+x)}{x^p}\mathrm{d}x$ 收敛.

当 $p\leqslant 1$ 时,

$$\lim_{x\to+\infty}x^p\cdot\frac{\ln(1+x)}{x^p}=+\infty,$$

所以积分 $\displaystyle\int_1^{+\infty}\frac{\ln(1+x)}{x^p}\mathrm{d}x$ 发散.

综上所述, 当 $1<p<2$ 时, 积分 $\displaystyle\int_0^{+\infty}\frac{\ln(1+x)}{x^p}\mathrm{d}x$ 收敛, 在其余情况下发散.

例 8.2.10 讨论反常积分 $\displaystyle\int_0^{+\infty}\frac{\sin x\arctan x}{x^p}\mathrm{d}x$ 的敛散性.

解 将积分分为两个部分

$$\int_0^{+\infty}\frac{\sin x\arctan x}{x^p}\mathrm{d}x=\int_0^1\frac{\sin x\arctan x}{x^p}\mathrm{d}x+\int_1^{+\infty}\frac{\sin x\arctan x}{x^p}\mathrm{d}x.$$

由

$$\frac{\sin x\arctan x}{x^p}\sim\frac{1}{x^{p-2}}\quad(x\to 0+)$$

可知, 当 $p<3$ 时 $\displaystyle\int_0^1\frac{\sin x\arctan x}{x^p}\mathrm{d}x$ 绝对收敛, 当 $p\geqslant 3$ 时 $\displaystyle\int_0^1\frac{\sin x\arctan x}{x^p}\mathrm{d}x$ 发散.

由

$$\left|\frac{\sin x\arctan x}{x^p}\right|\leqslant\frac{\pi}{2}\cdot\frac{1}{x^p}$$

可知, 当 $p>1$ 时 $\displaystyle\int_1^{+\infty}\frac{\sin x\arctan x}{x^p}\mathrm{d}x$ 绝对收敛.

当 $0<p\leqslant 1$ 时, 已知积分 $\displaystyle\int_0^{+\infty}\frac{\sin x}{x^p}\mathrm{d}x$ 收敛, 又函数 $\arctan x$ 在 $[1,+\infty)$ 上单调递增趋向于 $\dfrac{\pi}{2}$, 故由 Abel 判别法知积分 $\displaystyle\int_1^{+\infty}\frac{\sin x\arctan x}{x^p}\mathrm{d}x$ 收敛. 但当 $x>\dfrac{\pi}{4}$ 时有

$$\left|\frac{\sin x\arctan x}{x^p}\right|\geqslant\frac{|\sin x|}{x^p}\quad(0<p\leqslant 1).$$

因此积分 $\displaystyle\int_1^{+\infty}\frac{\sin x\arctan x}{x^p}\mathrm{d}x$ 当 $0<p\leqslant 1$ 时条件收敛. 而当 $p\leqslant 0$ 时, 由 Cauchy 收敛原理可知其发散.

综上所述, 原积分当 $1<p<3$ 时绝对收敛, 当 $0<p\leqslant 1$ 时条件收敛, 其余情况发散.

§8.2.4　反常积分的性质与计算

本小节主要将定积分的 Newton-Leibniz 公式、换元公式和分部积分公式推广到反常积分的情况, 并利用它们讨论一些常见反常积分的收敛与计算问题.

性质 8.2.1 (Newton-Leibniz 公式)　设 $f(x)$ 是 $[a,+\infty)$ 上的连续函数, $F(x)$ 是 $f(x)$ 在 $[a,+\infty)$ 上的一个原函数, 如果存在 (有穷或无穷的) 极限 $F(+\infty)\equiv\lim_{x\to+\infty}F(x)$, 那么就有公式

$$\int_a^{+\infty}f(x)\mathrm{d}x=F(x)\Big|_a^{+\infty}\doteq F(+\infty)-F(a).\tag{8.2.9}$$

证明　由定义即知

$$\begin{aligned}\int_a^{+\infty}f(x)\mathrm{d}x&=\lim_{A\to+\infty}\int_a^A f(x)\mathrm{d}x=\lim_{A\to+\infty}F(x)\Big|_a^A\\&=\lim_{A\to+\infty}(F(x)-F(a))=F(+\infty)-F(a).\end{aligned}$$

□

对其他形式的反常积分也有类似的 Newton-Leibniz 公式, 例如, 设 $f(x)$ 在 $[a,b)$ 上连续, b 是 $f(x)$ 唯一的瑕点, 则有

$$\int_a^b f(x)\mathrm{d}x=F(x)\Big|_a^b,\tag{8.2.10}$$

其中 $F(x)$ 是 $f(x)$ 的原函数, $F(b)=F(b-)=\lim\limits_{\eta\to0+}F(b-\eta)$.

例 8.2.11　计算下列反常积分

(1) $\displaystyle\int_{-\infty}^{+\infty}\frac{\mathrm{d}x}{1+x^2}$;　　　(2) $\displaystyle\int_0^1\frac{\mathrm{d}x}{\sqrt{1-x^2}}$.

解　(1)

$$\begin{aligned}\int_{-\infty}^{+\infty}\frac{\mathrm{d}x}{1+x^2}&=\int_0^{+\infty}\frac{\mathrm{d}x}{1+x^2}+\int_{-\infty}^0\frac{\mathrm{d}x}{1+x^2}\\&=\arctan x\Big|_0^{+\infty}+\arctan x\Big|_{-\infty}^0=\pi.\end{aligned}$$

(2)　$x=1$ 是瑕点,

$$\int_0^1\frac{\mathrm{d}x}{\sqrt{1-x^2}}=\arcsin x\Big|_0^1=\frac{\pi}{2}.$$

同样, 定积分的换元法和分部积分法也可推广到反常积分的情况, 即

性质 8.2.2 (分部积分法)　设 $u,v\in C^1[a,+\infty)$, 则

$$\int_a^{+\infty}u(x)\mathrm{d}v(x)=u(x)v(x)\Big|_a^{+\infty}-\int_a^{+\infty}v(x)\mathrm{d}u(x).\tag{8.2.11}$$

上式的意义是: 如果右端两项均有意义, 则定义左端积分收敛, 且等于右端的值.

性质 8.2.3 (换元积分法) 设函数 $f(x)$ 在 $[a,b)$ 连续, 函数 $x=\varphi(t)$ 在 $[\alpha,\beta)$ 上有连续导数, 如果

$$\varphi((\alpha,\beta))\subset(a,b),\varphi(\alpha)=a,\varphi(\beta-)=b,$$

那么

$$\int_a^b f(x)\mathrm{d}x=\int_\alpha^\beta f(\varphi(t))\varphi'(t)\mathrm{d}t. \tag{8.2.12}$$

例 8.2.12 计算下列反常积分

$$(1)\ \int_0^1 \ln x\mathrm{d}x;\qquad (2)\ \int_0^{+\infty}\mathrm{e}^{-x}\sin x\mathrm{d}x;\qquad (3)\ I_n=\int_0^{+\infty}\mathrm{e}^{-x}x^n\mathrm{d}x\,(n\in\mathbb{N}^+).$$

解 应用判别法易见, 这几个积分都是收敛的.

(1) 应用分部积分法, 并注意到 $\lim\limits_{x\to0+}x\ln x=0$, 我们可得

$$\int_0^1\ln x\mathrm{d}x=(x\ln x)\Big|_0^1-\int_0^1\mathrm{d}x=-\int_0^1\mathrm{d}x=-1.$$

(2) 应用分部积分法可得

$$\begin{aligned}\int_0^{+\infty}\mathrm{e}^{-x}\sin x\mathrm{d}x&=-\mathrm{e}^{-x}\sin x\Big|_0^{+\infty}+\int_0^{+\infty}\mathrm{e}^{-x}\cos x\mathrm{d}x\\&=0-\mathrm{e}^{-x}\cos x\Big|_0^{+\infty}-\int_0^{+\infty}\mathrm{e}^{-x}\sin x\mathrm{d}x\\&=1-\int_0^{+\infty}\mathrm{e}^{-x}\sin x\mathrm{d}x,\end{aligned}$$

因此, $\displaystyle\int_0^{+\infty}\mathrm{e}^{-x}\sin x\mathrm{d}x=\frac{1}{2}$.

(3) 当 $n=0$ 时,

$$I_0=\int_0^{+\infty}\mathrm{e}^{-x}\mathrm{d}x=-\mathrm{e}^{-x}\Big|_0^{+\infty}=0+1=1.$$

当 $n\geqslant1$ 时, 应用分部积分法, 并注意 $\lim\limits_{x\to+\infty}\mathrm{e}^{-x}x^n=0$ 可得

$$I_n=-\mathrm{e}^{-x}x^n\Big|_0^{+\infty}+n\int_0^{+\infty}\mathrm{e}^{-x}x^{n-1}\mathrm{d}x=0+nI_{n-1}=nI_{n-1},$$

由递推公式可得

$$I_n=nI_{n-1}=n(n-1)I_{n-2}=\cdots=n!I_0=n!.$$

例 8.2.13 计算 Euler 积分 $I=\displaystyle\int_0^{\frac{\pi}{2}}\ln\sin x\mathrm{d}x$ 和 $J=\displaystyle\int_0^{\frac{\pi}{2}}\ln\cos x\mathrm{d}x$.

解 由例 8.2.6已知, Euler 积分都是收敛的. 作变量代换 $x=2t$, 则

$$
\begin{aligned}
I &= \int_0^{\frac{\pi}{2}} \ln\sin x\mathrm{d}x = 2\int_0^{\frac{\pi}{4}} \ln(\sin 2t)\mathrm{d}t = 2\int_0^{\frac{\pi}{4}} \ln(2\sin t\cos t)\mathrm{d}t \\
&= \frac{\pi}{2}\ln 2 + 2\int_0^{\frac{\pi}{4}} \ln\sin t\,\mathrm{d}t + 2\int_0^{\frac{\pi}{4}} \ln\cos t\,\mathrm{d}t.
\end{aligned}
$$

对后一积分作代换 $t=\dfrac{\pi}{2}-u$, 则

$$
I = \frac{\pi}{2}\ln 2 + 2\int_0^{\frac{\pi}{4}} \ln\sin t\mathrm{d}t - 2\int_{\frac{\pi}{2}}^{\frac{\pi}{4}} \ln\sin t\mathrm{d}t = \frac{\pi}{2}\ln 2 + 2I,
$$

于是 $I=-\dfrac{\pi}{2}\ln 2$. 再令 $u=\dfrac{\pi}{2}-x$, 则

$$
J = -\int_{\frac{\pi}{2}}^{0} \ln\sin u\mathrm{d}u = \int_0^{\frac{\pi}{2}} \ln\sin u\mathrm{d}u = -\frac{\pi}{2}\ln 2.
$$

例 8.2.14 计算下列（瑕）积分

(1)$I=\displaystyle\int_0^{\pi} x\ln(\sin x)\mathrm{d}x$; (2)$J=\displaystyle\int_0^1 \frac{\arcsin x}{x}\mathrm{d}x$.

解 (1) $x=0$ 不是瑕点, $x=\pi$ 是瑕点, 但 $x\to\pi-$ 时 $\sqrt{\pi-x}\cdot x\ln(\sin x)\to 0$, 所以瑕积分 $\displaystyle\int_0^{\pi} x\ln(\sin x)\mathrm{d}x$ 收敛. 令 $x=\dfrac{\pi}{2}+u$, 则

$$
I = \int_0^{\pi} x\ln(\sin x)\mathrm{d}x = \int_{-\frac{\pi}{2}}^{\frac{\pi}{2}} (\frac{\pi}{2}+u)\ln(\cos u)\mathrm{d}u = \int_{-\frac{\pi}{2}}^{\frac{\pi}{2}} \frac{\pi}{2}\ln(\cos u)\mathrm{d}u + \int_{-\frac{\pi}{2}}^{\frac{\pi}{2}} u\ln(\cos u)\mathrm{d}u.
$$

易见, 上面最右端两个瑕积分都收敛, 且由对称性知 $\displaystyle\int_{-\frac{\pi}{2}}^{\frac{\pi}{2}} u\ln(\cos u)\mathrm{d}u=0$, 所以

$$
I = \frac{\pi}{2}\int_{-\frac{\pi}{2}}^{\frac{\pi}{2}} \ln(\cos u)\mathrm{d}u = \pi\int_0^{\frac{\pi}{2}} \ln(\cos u)\mathrm{d}u = -\frac{\pi^2}{2}\ln 2. \quad \text{(利用了 Euler 积分)}
$$

(2) 利用分部积分公式得

$$
\begin{aligned}
\int_0^1 \frac{\arcsin x}{x}\mathrm{d}x &= \int_0^1 \arcsin x\mathrm{d}(\ln x) \\
&= \arcsin x\cdot\ln x\Big|_0^1 - \int_0^1 \ln x\mathrm{d}(\arcsin x) \\
&= -\int_0^1 \ln x\mathrm{d}(\arcsin x).
\end{aligned}
$$

再令 $\arcsin x=u$, 得

$$
\int_0^1 \frac{\arcsin x}{x}\mathrm{d}x = -\int_0^{\frac{\pi}{2}} \ln(\sin u)\mathrm{d}u = \frac{\pi}{2}\ln 2.
$$

习题 8.2

A1. 设对任何 $A > a$, f 与 g 在 $[a, A]$ 上都可积. 证明: 若 $\int_a^{+\infty} f^2(x)\mathrm{d}x$ 与 $\int_a^{+\infty} g^2(x)\mathrm{d}x$ 收敛, 则 $\int_a^{+\infty} f(x)g(x)\mathrm{d}x$ 与 $\int_a^{+\infty} [f(x)+g(x)]^2\mathrm{d}x$ 也都收敛.

A2. 设 $f(x)$ 在任意有限区间 $[a, A]$ 上都可积, 且无穷积分 $\int_{-\infty}^{+\infty} f^2(x)\mathrm{d}x$ 收敛, 证明: 对任何常数 c, 无穷积分 $\int_{-\infty}^{+\infty} |f(x)f(x+c)|\mathrm{d}x$ 也收敛.

A3. 设 f, g, h 是 $[a, +\infty)$ 上的三个连续函数, 且 $\forall x \in [a, +\infty)$, $h(x) \leqslant f(x) \leqslant g(x)$, 证明:

(1) 若 $\int_a^{+\infty} h(x)\mathrm{d}x$ 与 $\int_a^{+\infty} g(x)\mathrm{d}x$ 都收敛, 则 $\int_a^{+\infty} f(x)\mathrm{d}x$ 也收敛;

(2) 又若 $\int_a^{+\infty} h(x)\mathrm{d}x = \int_a^{+\infty} g(x)\mathrm{d}x = A$, 则 $\int_a^{+\infty} f(x)\mathrm{d}x = A$.

A4. 判断下列非负函数的无穷积分的敛散性:

(1) $\int_0^{+\infty} \frac{\sqrt{x}}{1+x^2}\mathrm{d}x$;　　(2) $\int_1^{+\infty} \frac{\mathrm{d}x}{\sqrt{x+\sqrt{x+\sqrt{x}}}}$;

(3) $\int_1^{+\infty} \ln(\cos\frac{1}{x}+\sin\frac{1}{x})\mathrm{d}x$;　　(4) $\int_0^{+\infty} x\sin^4 x\mathrm{d}x$;

(5) $\int_1^{+\infty} \frac{x\arctan x}{1+x^3}\mathrm{d}x$;　　(6) $\int_1^{+\infty} \frac{\mathrm{d}x}{1+x|\cos x|}$.

A5. 讨论下列无穷积分的敛散性 (包括绝对收敛、条件收敛和发散):

(1) $\int_0^{+\infty} \frac{\mathrm{sgn}(\sin x)}{1+x^2}\mathrm{d}x$;　　(2) $\int_2^{+\infty} \frac{\ln\ln x}{\ln x}\sin x\mathrm{d}x$;

(3) $\int_0^{+\infty} \frac{\sqrt{x}\cos x}{100+x}\mathrm{d}x$;　　(4) $\int_1^{+\infty} \frac{\cos x\arctan x}{x^p}\mathrm{d}x\ (p\in\mathbb{R}^+)$;

(5) $\int_0^{+\infty} \frac{\sin x}{\sqrt{x+\cos x}}\mathrm{d}x$;　　(6) $\int_1^{+\infty} \left(\frac{x}{x^2+p}-\frac{p}{x+1}\right)\mathrm{d}x(p\in\mathbb{R}^+)$;

(7) $\int_1^{+\infty} \frac{\sin\sqrt{x}}{x}\mathrm{d}x$;　　(8) $\int_1^{+\infty} \frac{\mathrm{e}^{\sin x}\cos x}{x^p}\mathrm{d}x(p\in\mathbb{R}^+)$.

A6. 讨论下列瑕积分的收敛性:

(1) $\int_0^1 \frac{\ln x}{x^2-1}\mathrm{d}x$;　　(2) $\int_0^1 |\ln x|^p\mathrm{d}x(p\in\mathbb{R})$;

(3) $\int_0^{\frac{\pi}{2}} \frac{1}{\cos^2 x\sin^2 x}\mathrm{d}x$;　　(4) $\int_0^{\frac{\pi}{2}} \frac{1-\cos x}{x^p}\mathrm{d}x$;

(5) $\int_0^1 \frac{1}{\sqrt[3]{x^2(x-1)}}\mathrm{d}x$;　　(6) $\int_0^1 \frac{x^{p-1}-x^{q-1}}{\ln x}\mathrm{d}x$.

B7. 讨论下列反常积分的收敛性:

(1) $\int_0^{+\infty} x^{p-1}\mathrm{e}^{-x}\mathrm{d}x$;　　(2) $\int_0^{+\infty} \frac{\mathrm{d}x}{\sqrt[3]{x(x-1)^2(x-2)}}$;

(3) $\int_0^{+\infty} \frac{x^{p-1}}{x^2+1}\mathrm{d}x$;　　(4) $\int_0^{+\infty} \frac{\mathrm{e}^{\sin x}\sin 2x}{x^p}\mathrm{d}x(p\in\mathbb{R})$.

B8. 讨论下列函数的反常积分是否收敛？若收敛, 则求其值:

(1) $\int_0^1 \frac{\mathrm{d}x}{x(-\ln x)^p}$;　　(2) $\int_{-1}^1 \frac{1}{x^3}\sin\frac{1}{x^2}\mathrm{d}x$;

(3) $\int_0^{+\infty} \frac{\mathrm{d}x}{1+x^4}$;　　(4) $\int_0^{+\infty} \frac{\ln x\mathrm{d}x}{1+x^2}$.

第 8 章总练习题

1. 计算下列反常积分:

(1) $\displaystyle\int_0^{+\infty}\frac{x\mathrm{e}^{-x}\mathrm{d}x}{(1+\mathrm{e}^{-x})^2}$; (2) $\displaystyle\int_0^1(\ln x)^n\mathrm{d}x,\ n\in\mathbb{N}$; (3) $\displaystyle\int_0^{+\infty}\frac{\mathrm{d}x}{(1+x^2)^n},\ n\in\mathbb{N}$;

(4) $\displaystyle\int_0^{+\infty}\mathrm{e}^{-x}|\sin x|\mathrm{d}x$; (5) $\displaystyle\int_0^{\pi}\frac{x\sin x\mathrm{d}x}{1-\cos x}$; (6) $\displaystyle\int_0^{\frac{\pi}{2}}\frac{\mathrm{d}x}{(a^2\cos^2x+b^2\sin^2x)^2}\ (a,b>0)$.

2. 判别下列非负函数的反常积分的敛散性:

(1) $\displaystyle\int_1^{+\infty}\frac{\mathrm{d}x}{q^{\ln x}}\ (q>0)$; (2) $\displaystyle\int_2^{+\infty}\frac{\mathrm{d}x}{(\ln x)^{\ln x}}$;

(3) $\displaystyle\int_0^1\frac{\arctan(x^2+x^{2\alpha})}{x\ln(1+x)}\mathrm{d}x,\ \alpha\in\mathbb{R}$; (4) $\displaystyle\int_0^{\frac{\pi}{2}}\frac{\cos^2x-\mathrm{e}^{-x^2}}{x^\alpha\tan x}\mathrm{d}x,\ \alpha\in\mathbb{R}$.

3. 判别下列反常积分的敛散性 (绝对收敛与条件收敛):

(1) $\displaystyle\int_0^{+\infty}\frac{x\sin(x^2)\mathrm{d}x}{\sqrt{x+1}}$; (2) $\displaystyle\int_1^{+\infty}\frac{\sin(x+\frac{1}{2})}{x^p}\mathrm{d}x\ (0<p\leqslant 1)$;

(3) $\displaystyle\int_0^{+\infty}\frac{\sin x\mathrm{d}x}{x+\sin x}$; (4) $\displaystyle\int_0^{+\infty}\frac{\sin x\mathrm{d}x}{\sqrt{x}+\sin x}$.

4. (1) 若 $\displaystyle\int_a^{+\infty}f(x)\mathrm{d}x$ 收敛, 问当 $x\to+\infty$ 时 $f(x)$ 一定趋于零?

(2) 若 $\displaystyle\int_a^{+\infty}f(x)\mathrm{d}x$ 收敛, 且 f 在 $[a,+\infty)$ 上单调, 问当 $x\to+\infty$ 时 $f(x)$ 一定趋于零?

(3) 若 $\displaystyle\int_a^{+\infty}f(x)\mathrm{d}x$ 收敛, 且 f 在 $[a,+\infty)$ 上连续, 证明: 存在单调递增趋于正无穷大的 x_n, 使得 $\lim\limits_{n\to+\infty}f(x_n)=0$.

(4) 若 $\displaystyle\int_a^{+\infty}f(x)\mathrm{d}x$ 收敛, 且 f 在 $[a,+\infty)$ 上一致连续, 证明: $\lim\limits_{x\to+\infty}f(x)=0$.

5. (1) 设 $f(x)$ 在 $[1,+\infty)$ 上连续, 且 $\lim\limits_{x\to+\infty}f(x)=l$ 存在, 求极限 $\displaystyle\lim_{x\to+\infty}\frac{1}{\ln x}\int_1^x\frac{f(t)}{t}\mathrm{d}t$.

(2) 设函数 f 在任何有限闭区间 $[0,A]$ 上 Riemann 可积, 且存在有限极限 $\lim\limits_{x\to+\infty}f(x)=l$, 求 $\displaystyle\lim_{t\to0+}t\int_0^{+\infty}\mathrm{e}^{-tx}f(x)\mathrm{d}x$.

6. 设 $a,b>0$, 证明:

(1) 若 $f(x)$ 在 $[0,+\infty)$ 连续, 且 $\lim\limits_{x\to+\infty}f(x)=k$, 则

$$\int_0^{+\infty}\frac{f(ax)-f(bx)}{x}\mathrm{d}x=(f(0)-k)\ln\frac{b}{a}.$$

(2) 若 $f(x)$ 在 $[0,+\infty)$ 连续, $\lim\limits_{x\to+\infty}f(x)$ 不存在, 但 $\displaystyle\int_c^{+\infty}\frac{f(x)}{x}\mathrm{d}x(c>0)$ 收敛, 则

$$\int_0^{+\infty}\frac{f(ax)-f(bx)}{x}\mathrm{d}x=f(0)\ln\frac{b}{a}.$$

7. (1) 举例说明: $\displaystyle\int_a^{+\infty}f(x)\mathrm{d}x$ 收敛时, $\displaystyle\int_a^{+\infty}f^2(x)\mathrm{d}x$ 不一定收敛;

(2) 举例说明: $\displaystyle\int_a^{+\infty}f(x)\mathrm{d}x$ 绝对收敛时, $\displaystyle\int_a^{+\infty}f^2(x)\mathrm{d}x$ 也不一定收敛.

第 9 章　常微分方程初步

在科学研究、工程技术乃至经济与社会学的研究中, 数学模型欲求的函数经常是由一个包含这个未知函数的导数的方程所确定的. 这种包含未知函数的导数的方程我们称之为**微分方程**. 本教材只研究涉及一元函数的导数的方程, 称为**常微分方程**.

常微分方程是微积分学的应用与拓展. 常微分方程的形成是和力学、天文学、物理学，以及其他科学技术的发展密切相关的. Newton 研究天体力学和机械动力学的时候已经利用了微分方程这个工具, 并从理论上得到了行星运动规律. 后来，法国天文学家 Le Verrier(勒维烈) 和英国天文学家 Adams (亚当斯) 应用微分方程各自计算出那时尚未发现的海王星的位置, 这些都使数学家更加深信微分方程在认识自然、改造自然方面的巨大力量.

常微分方程已经是一门独立的数学分支, 主要任务是研究方程的解法, 或直接由方程研究解的性质. 本章只讨论常微分方程的一些特殊的解法, 可称之为初等积分法, 以及解的基本性质等. 关于常微分方程的系统讨论需要专门的课程 "常微分方程". 主要参考书有《常微分方程》(王高雄等, 1983)、《常微分方程教程》(丁同仁和李承治, 2004), 等等.

§9.1　常微分方程的基本概念

§9.1.1　常微分方程几个例子

例 9.1.1　设放射性元素铀的质量 $N(t)$ 是随时间衰变的, 已知其衰变率与质量成正比, 试求出衰变规律 $N(t)$.

解　根据条件可得

$$\frac{\mathrm{d}N}{\mathrm{d}t}=-kN, \tag{9.1.1}$$

其中 k 是一正常数. 上述等号右端取负号, 表示衰变率为负, 质量减少.

式(9.1.1) 即是一个简单的常微分方程. 应用微积分的知识, 我们已经能够求出未知函数为 $N(t)=C\mathrm{e}^{-kt}$, 其中 C 是一个任意常数.

例 9.1.2　设质量为 m 的物体, 在力 F 的作用下做变速直线运动, 求位移 $S(t)$. 根据 Newton 第二定律,

$$m\frac{\mathrm{d}^2S}{\mathrm{d}t^2}=F. \tag{9.1.2}$$

(1) 若 $F=mg$ 为重力, 则式(9.1.2) 变为

$$m\frac{\mathrm{d}^2S}{\mathrm{d}t^2}=mg, \tag{9.1.3}$$

此时, 积分两次即可求得 $S=\frac{1}{2}mgt^2+C_1t+C_2$, 其中 C_1,C_2 是两个任意常数.

(2) 若已知 F 是与速度成正比的阻力时, 则式 (9.1.2) 变为

$$m\frac{\mathrm{d}^2S}{\mathrm{d}t^2}=-k\frac{\mathrm{d}S}{\mathrm{d}t}, \tag{9.1.4}$$

其中 k 是一正常数. 如何求解 S, 已经不那么显然.

(3) 当 $F=-kS$ 为弹性恢复力时, 式(9.1.2) 变为

$$m\frac{\mathrm{d}^2S}{\mathrm{d}t^2}=-kS, \tag{9.1.5}$$

要想求出 S, 也需要特殊的方法.

这两个例子都是常微分方程, 但求解方法不同. 在具体探讨微分方程的解法之前, 我们下面首先看一下常微分方程的基本类型与基本概念.

§9.1.2 常微分方程基本概念

定义 9.1.1 (1) 微分方程就是含有未知函数及其导数或偏导数或微分的方程. 在微分方程中, 如果自变量的个数只有一个, 即未知函数是一元函数, 则称这种微分方程为常微分方程 (ordinary differential equation), 自变量的个数为两个或两个以上的微分方程称为偏微分方程. 本书以后说的微分方程均指常微分方程.

(2) 微分方程中出现的未知函数导数的最高阶数称为微分方程的阶数 (order of differential equation). n 阶微分方程的一般形式为

$$F(x,y,y',\cdots,y^{(n)})=0, \tag{9.1.6}$$

其中 $F(x,y,y',\cdots,y^{(n)})$ 是关于自变量 x、未知函数 y 以及它的直到 n 阶的各阶导数的函数.

(3) 如果方程 (9.1.6) 的左端关于未知函数及其各阶导数都是一次的或线性的, 则称方程 (9.1.6) 为 n 阶线性微分方程 (linear differential equation). n 阶线性微分方程的一般形式是

$$a_n(x)y^{(n)}(x)+a_{n-1}(x)y^{(n-1)}(x)+\cdots+a_1(x)y'(x)+a_0(x)y=f(x), \tag{9.1.7}$$

其中 $a_0,a_1,\cdots,a_n$ 和 f 均为已知函数.

(4) 满足微分方程的函数 $y(x)$ 称为微分方程的解 (solutions of differential equations), 即把函数 $y=y(x)$ 代入微分方程 (9.1.6) 后它成为恒等式 (当 x 属于某区间时); 如果解 $y=y(x)=y(x;C_1,C_2,\cdots,C_n)$ 含有 n 个独立的任意常数, 则称它为 n 阶微分方程(9.1.6)的通解 (general solution). 取定了任意常数的解也称为特解 (special solution).

解 $y(x;C_1,C_2,\cdots,C_n)$ 中 n 个常数独立性形式上是指它们相互不能合并或取代. 严格的定义见《常微分方程教程》(丁同仁和李承治, 2004).

由此可见, 例 9.1.1 是一阶常微分方程, $N(t)=CE^{-kt}$ 是它的通解; 例 9.1.2 是二阶常微分方程, $S=\dfrac{1}{2}mgt^2+C_1t+C_2$ 是常微分方程 (9.1.2) 的通解. 方程 (9.1.2)的解如果再满足条件 $S(0)=S'(0)=0$, 称为初始条件, 则得到一个特解 $S=\dfrac{1}{2}mgt^2$. 求满足初始条件的解的问题称为初值问题.

习题 9.1

A1. 下列方程哪些是微分方程? 哪些是线性微分方程? 若是微分方程, 阶数是多少?

(1) $y' = xy^2$;　(2) $x^2 + y^2 = 1$;　(3) $x^3y^{(4)} - 2xy'' = \mathrm{e}^x$;

(4) $x^2\mathrm{d}y + y^2\mathrm{d}x = 0$;　(5) $yy'' = 2y'$;　(6) $x^5 - x = 0$.

A2. 检验下列函数是否为所给方程的解? 是通解?

(1) $y' - 2y = 0$; $y = \sin 2x$, $y = \mathrm{e}^{2x}$, $y = C\mathrm{e}^{2x}$;

(2) $y' = 3y^{\frac{2}{3}}$; $y = (x+2)^3, y = x^3 + C, y = (x+C)^3$.

A3. 求微分方程 $y' = x^2$ 的通解, 并求出满足初始条件 $y(0) = 1$ 的特解, 作出通解和特解的图形.

A4. 求微分方程 $(2x-1)y' = 1$ 满足 $y(1) = 1$ 的特解.

§9.2 一阶微分方程

本节介绍几类一阶常微分方程的解法.

§9.2.1 可分离变量方程

形如

$$y' = \frac{\mathrm{d}y}{\mathrm{d}x} = f(x)g(y), \tag{9.2.1}$$

的一阶微分方程称为**可分离变量方程** (separable variable equation), 其中 $f(x)$ 和 $g(y)$ 都是已知的连续函数. 这类方程的右端项是分别关于 x 和 y 的两个一元函数的乘积. 如果 $g(y) \neq 0$, 则方程 (9.2.1) 可以变形为

$$\frac{\mathrm{d}y}{g(y)} = f(x)\mathrm{d}x, \tag{9.2.2}$$

此时, 变量 x 与 y 已经被分离在等号的两边.

为了解出未知函数 $y = y(x)$, 可以在方程(9.2.2)的两边分别关于 y 和 x 积分, 即有

$$\int \frac{\mathrm{d}y}{g(y)} = \int f(x)\mathrm{d}x + C, \tag{9.2.3}$$

即

$$G(y) = F(x) + C, \tag{9.2.4}$$

其中, $G(y)$ 和 $F(x)$ 分别为 $\dfrac{1}{g(y)}$ 和 $f(x)$ 的原函数. 因此方程 (9.2.3) 等号两边的不定积分应该理解为相应的原函数, 即不再包含任意常数, 因为任意常数 C 已经单独表述出来.

事实上, 根据不定积分的换元法, 方程 (9.2.3) 即为

$$\int \frac{y'(x)\mathrm{d}x}{g(y(x))} = \int f(x)\mathrm{d}x + C,$$

两边关于 x 求导即为方程 (9.2.2). 方程 (9.2.3)即为通解.

由方程 (9.2.4)或方程(9.2.3) 确定的隐函数 $y = y(x)$ 就是方程 (9.2.1) 的通解.

例 9.1.1 即为简单的可分离变量方程: $\dfrac{\mathrm{d}N}{N} = -k\mathrm{d}t$, 两边积分得 $\ln N = -kt + C_1$, 由此可解得 $N(t) = C\mathrm{e}^{-kt}$, 其中 $C = \mathrm{e}^{C_1}$.

下面再举两个例子.

例 9.2.1 求解初值问题

$$\begin{cases} y' = \dfrac{x(1+y^2)}{y\sqrt{1+x^2}}, \\ y(0) = \sqrt{3}. \end{cases}$$

解 这是一个可分离变量方程. 按照方程 (9.2.3)可得

$$\int \frac{y\mathrm{d}y}{1+y^2} = \int \frac{x\mathrm{d}x}{\sqrt{1+x^2}},$$

积分后得到

$$\frac{1}{2}\ln(1+y^2) = \sqrt{1+x^2} + C_1.$$

所以通解为

$$\ln(1+y^2) = 2\sqrt{1+x^2} + C,$$

其中 $C = 2C_1$, 或

$$1 + y^2 = C\mathrm{e}^{2\sqrt{1+x^2}},$$

其中 $C = \mathrm{e}^{2C_1}$. 再根据初始条件 $y(0) = \sqrt{3}$ 可解得特解为

$$\ln(1+y^2) = 2\sqrt{1+x^2} + \ln 4 - 2,$$

或

$$1 + y^2 = 4\mathrm{e}^{2\sqrt{1+x^2}-2}.$$

例 9.2.2 设一物体在下落过程中所受到的阻力与速度 $v(t)$ 成正比, 且初始时刻速度与位移均为 0. 求速度函数 $v(t)$ 以及位移 $s(t)$.

解 设物体重力为 mg, 阻力大小为 $-kv$, $k>0$, 则物体所受外力为 $F = mg - kv$. 于是根据 Newton 第二定律, 有

$$m\frac{\mathrm{d}v}{\mathrm{d}t} = mg - kv.$$

这是一个可分离变量方程. 由于 v 为常数不是本问题的解, 且初始时刻 $v=0$, 所以可设 $t>0$ 时 $mg - kv(t) > 0$. 于是

$$\int \frac{\mathrm{d}v}{mg - kv} = \int \frac{\mathrm{d}t}{m}.$$

积分得到 $v = \dfrac{mg}{k} + C\mathrm{e}^{-\frac{k}{m}t}$. 再根据初始条件得到 $C = -\dfrac{mg}{k}$. 于是

$$v = \frac{mg}{k}(1 - \mathrm{e}^{-\frac{k}{m}t}),\ \forall t > 0,$$

进而

$$s(t) = \frac{mg}{k}(t + \frac{m}{k}\mathrm{e}^{-\frac{k}{m}t}) - \frac{m^2 g}{k^2}.$$

§9.2.2 齐次方程与可化为齐次方程的微分方程

1. 齐次方程

形如

$$\frac{\mathrm{d}y}{\mathrm{d}x}=f(\frac{y}{x}) \tag{9.2.5}$$

的方程称为**齐次方程** (homogeneous equation), 其中 f 为连续函数.

例如, $\frac{\mathrm{d}y}{\mathrm{d}x}=\frac{y}{x}+\tan\frac{y}{x}$. 又例如

$$\frac{\mathrm{d}y}{\mathrm{d}x}=\ln x-\ln y+\frac{x+y}{x-y},$$

也是齐次方程, 因为它可变形为

$$\frac{\mathrm{d}y}{\mathrm{d}x}=-\ln\frac{y}{x}+\frac{1+\frac{y}{x}}{1-\frac{y}{x}}.$$

齐次方程 (9.2.5)可以通过变量代换转化为可分离变量方程. 具体来说, 作变换 $u=\frac{y}{x}$, 引入新的未知函数 u, 则由 $y=xu$ 可得

$$\frac{\mathrm{d}y}{\mathrm{d}x}=u+x\frac{\mathrm{d}u}{\mathrm{d}x},$$

代入方程(9.2.5) 化简得到可分离变量方程:

$$x\frac{\mathrm{d}u}{\mathrm{d}x}=f(u)-u. \tag{9.2.6}$$

注 9.2.1 如果存在 $u=u_0$, 使得 $f(u_0)=u_0$, 则 $u=u_0$ 是方程(9.2.6) 的常数解, 或称平凡解. 从而 $y=u_0x$ 是齐次方程(9.2.5) 的解. 如果 $f(u)=u$ 为线性函数, 则齐次方程(9.2.5)为可分离变量方程.

例 9.2.3 解方程 $\frac{\mathrm{d}y}{\mathrm{d}x}=\frac{y^2+2xy}{x^2}$.

解 方程可改写为

$$\frac{\mathrm{d}y}{\mathrm{d}x}=(\frac{y}{x})^2+2(\frac{y}{x}).$$

这是一个齐次方程, 作变换 $y=xu$ 后方程变为

$$x\frac{\mathrm{d}u}{\mathrm{d}x}=u^2+u=u(u+1).$$

分离变量得

$$\frac{\mathrm{d}u}{u(u+1)}=\frac{\mathrm{d}x}{x},$$

解得

$$\ln|u|-\ln|u+1|=\ln|x|+C_1,$$

记 $C_1=\ln|C_2|$, 上式可化为

$$|C_2x|=\frac{|u|}{|u+1|},$$

或

$$u = Cx(u+1), \quad C = \pm C_2.$$

再将 $y = xu$ 代回得原方程的通解为

$$y = \frac{Cx^2}{1 - Cx}.$$

注意, 根据注 9.2.1 该方程有两个特解 $y = 0,\ y = -x$, 其中, $y = 0$ 包含中通解中, 而 $y = -x$ 不包含中通解中, 除非 C 可以取 ∞.

2. 可化为齐次方程的微分方程

有些方程本身不是齐次方程, 但可以通过适当的变换化为齐次方程. 例如方程

$$\frac{\mathrm{d}y}{\mathrm{d}x} = f\left(\frac{ax + by + c}{a'x + b'y + c'}\right), \tag{9.2.7}$$

其中, a, b, c, a', b', c' 均为常数, f 连续.

情形 1: $\begin{vmatrix} a & b \\ a' & b' \end{vmatrix} \neq 0$, 即两直线 $ax + by + c = 0$ 和 $a'x + b'y + c' = 0$ 有唯一交点 (x_0, y_0), 则通过坐标平移变换 $X = x - x_0, Y = y - y_0$, 方程即可化为可分离变量方程.

$$\frac{\mathrm{d}Y}{\mathrm{d}X} = f\left(\frac{aX + bY}{a'X + b'Y}\right).$$

情形 2: $\begin{vmatrix} a & b \\ a' & b' \end{vmatrix} = 0$, 不妨设 $a', b' \neq 0$ (其他情况类似讨论), 则方程可化为

$$\frac{\mathrm{d}y}{\mathrm{d}x} = f\left(\frac{\lambda(a'x + b'y) + c}{a'x + b'y + c'}\right),$$

其中 $\lambda = \dfrac{a}{a'} = \dfrac{b}{b'}$ 为常数.

作变换 $u = a'x + b'y$ 得可分离变量方程

$$\frac{\mathrm{d}u}{\mathrm{d}x} = a' + b'f\left(\frac{\lambda u + c}{u + c'}\right).$$

总之, 方程 (9.2.7) 可转化为齐次方程或可分离变量方程.

例 9.2.4 解方程 $\dfrac{\mathrm{d}y}{\mathrm{d}x} = 2\left(\dfrac{y+2}{x+y-1}\right)^2$.

解 方程组

$$\begin{cases} y + 2 = 0, \\ x + y - 1 = 0 \end{cases}$$

有唯一解 $y = -2, x = 3$. 作变换 $x = u + 3,\ y = v - 2$, 得齐次方程

$$\frac{\mathrm{d}v}{\mathrm{d}u} = 2\left(\frac{v}{u+v}\right)^2.$$

作变换 $v = uw$, 则该齐次方程化为可分离变量方程

$$u\frac{\mathrm{d}w}{\mathrm{d}u} = -\frac{w(1+w^2)}{(1+w)^2},$$

由此解得

$$\ln|uw| = -2\arctan w + C_1.$$

从而原方程的解为

$$y = C\mathrm{e}^{-2\arctan\frac{y+2}{x-3}} - 2,$$

其中 C 为任意常数.

§9.2.3 一阶线性微分方程与 Bernoulli 方程

1. 一阶线性微分方程

根据定义 9.1.1(3), 形如

$$\frac{\mathrm{d}y}{\mathrm{d}x} + P(x)y = Q(x) \tag{9.2.8}$$

的方程称为**一阶线性微分方程** (first order linear differential equation), 其中, P, Q 是某区间上的连续函数.

特别地, $Q(x) \equiv 0$ 时, 一阶线性方程 (9.2.8) 变为

$$\frac{\mathrm{d}y}{\mathrm{d}x} + P(x)y = 0, \tag{9.2.9}$$

称为**一阶线性齐次方程** (first order linear homogeneous equation). 方程 (9.2.8) 称为一阶线性非齐次方程 (first order linear nonhomogeneous equation).

一阶线性齐次方程 (9.2.9) 是可分离变量方程, 容易求得其通解为

$$y = C\mathrm{e}^{-\int P(x)\mathrm{d}x}, \tag{9.2.10}$$

其中 C 为任意常数.

但是, 一般的非齐次方程(9.2.8) 该如何求解? 齐次方程是非齐次方程的特殊情况, 两者既有区别又有联系. 将非齐次方程 (9.2.8) 作如下变形

$$\frac{\mathrm{d}y}{y} = \frac{Q(x)}{y}\mathrm{d}x - P(x)\mathrm{d}x,$$

两边积分得

$$\ln|y| = \int \frac{Q(x)}{y}\mathrm{d}x - \int P(x)\mathrm{d}x,$$

记 $v(x) = \displaystyle\int \frac{Q(x)}{y}\mathrm{d}x$, 则非齐次方程 (9.2.8)的通解为

$$y = \pm\mathrm{e}^{v(x)}\mathrm{e}^{-\int P(x)\mathrm{d}x} \doteq C(x)\mathrm{e}^{-\int P(x)\mathrm{d}x}. \tag{9.2.11}$$

注意, 我们这里只是形式地得到方程(9.2.8)的通解, 因为 $v(x)$ 的表达式中含有未知函数 $y(x)$. 但是从形式上看, 非齐次方程 (9.2.8)的通解是将齐次方程 (9.2.9) 的通解 $C\mathrm{e}^{-\int P(x)\mathrm{d}x}$ 中的常数 C 换成了待定函数 $C(x)$, 下面只要设法求出 $C(x)$. 这种将齐次方程通解中的常数变易为待定函数的方法称为**常数变易法**.

下面具体来求出 $C(x)$. 对 $y=C(x)\mathrm{e}^{-\int P(x)\mathrm{d}x}$ 求导得

$$y'=C'(x)\mathrm{e}^{-\int P(x)\mathrm{d}x}+C(x)(-P(x))\mathrm{e}^{-\int P(x)\mathrm{d}x},$$

代入方程 (9.2.8) 得

$$C'(x)\mathrm{e}^{-\int P(x)\mathrm{d}x}=Q(x),$$

积分得

$$C(x)=\int Q(x)\mathrm{e}^{\int P(x)\mathrm{d}x}\mathrm{d}x+C,$$

从而非齐次方程 (9.2.8)的通解为

$$y=\mathrm{e}^{-\int P(x)\mathrm{d}x}\left(\int Q(x)\mathrm{e}^{\int P(x)\mathrm{d}x}\mathrm{d}x+C\right), \tag{9.2.12}$$

或写成

$$y=C\mathrm{e}^{-\int P(x)\mathrm{d}x}+\mathrm{e}^{-\int P(x)\mathrm{d}x}\int Q(x)\mathrm{e}^{\int P(x)\mathrm{d}x}\mathrm{d}x. \tag{9.2.13}$$

由直接验证可知, 式 (9.2.13) 是非齐次方程(9.2.8)的解, 且这个解中含有一个任意常数, 因此式(9.2.13) 是方程 (9.2.8)的通解.

注 9.2.2 进一步观察可以发现, 非齐次方程(9.2.8)的通解 (9.2.13) 是对应的齐次方程(9.2.9) 的通解 $y=C\mathrm{e}^{-\int P(x)\mathrm{d}x}$ 和非齐次方程(9.2.8)的一个特解 $y=\mathrm{e}^{-\int P(x)\mathrm{d}x}\int Q(x)\mathrm{e}^{\int P(x)\mathrm{d}x}\mathrm{d}x$ 之和. 以后可以看到, 这个结论对高阶线性方程也是成立的.

例 9.2.5 解方程 $\dfrac{\mathrm{d}y}{\mathrm{d}x}+\dfrac{y}{x}=\dfrac{\sin x}{x}$.

解 这是一阶线性非齐次方程. $P(x)=\dfrac{1}{x}$, $Q(x)=\dfrac{\sin x}{x}$, 代入通解公式(9.2.13) 或公式(9.2.12)即可得

$$y=C\mathrm{e}^{-\int\frac{1}{x}\mathrm{d}x}+\mathrm{e}^{-\int\frac{1}{x}\mathrm{d}x}\int\frac{\sin x}{x}\mathrm{e}^{\int\frac{1}{x}\mathrm{d}x}\mathrm{d}x=C\cdot\frac{1}{x}+\frac{1}{x}\int\sin x\mathrm{d}x=\frac{C}{x}-\frac{\cos x}{x}.$$

当然也可以用常数变易法求解.

例 9.2.6 解方程 $\dfrac{\mathrm{d}y}{\mathrm{d}x}=\dfrac{y}{2x-y^2}$.

解 若视 x 为自变量, y 为未知函数, 本方程不是线性方程. 若视 y 为自变量, x 为未知函数, 本方程是线性方程. 事实上, 方程可变为

$$\frac{\mathrm{d}x}{\mathrm{d}y}=\frac{2x-y^2}{y}=\frac{2}{y}x-y,$$

$P(y)=-\dfrac{2}{y}$, $Q(y)=-y$, 代入通解公式可得

$$x=\mathrm{e}^{-\int P(y)\mathrm{d}y}\left(\int Q(y)\mathrm{e}^{\int P(y)\mathrm{d}y}\mathrm{d}y+C\right)=y^2(-\ln|y|+C)=Cy^2-y^2\ln|y|.$$

2. Bernoulli 方程

形如

$$\frac{\mathrm{d}y}{\mathrm{d}x}+P(x)y=Q(x)y^n \tag{9.2.14}$$

的方程称为 **Bernoulli 方程** (Bernoulli equation), 其中, P,Q 是某区间上的连续函数, 常数 $n\neq 0,1$.

Bernoulli 方程是一阶非线性方程, 但可以通过变量代换化为线性方程. 事实上, 在方程 (9.2.14) 两端同除以 y^n 得

$$y^{-n}\frac{\mathrm{d}y}{\mathrm{d}x}+P(x)y^{1-n}=Q(x),$$

令 $z=y^{1-n}$, 则有

$$\frac{\mathrm{d}z}{\mathrm{d}x}+(1-n)P(x)z=(1-n)Q(x),$$

这个方程是关于未知函数 $z(x)$ 的线性方程, 从而可以解出 $z(x)$, 再由 $y=z^{\frac{1}{1-n}}$ 解得 $y(x)$.

例 9.2.7 解方程 $\dfrac{\mathrm{d}y}{\mathrm{d}x}-\dfrac{5}{x}y=xy^2$.

解 这是 $n=2$ 时的 Bernoulli 方程, 令 $z=y^{-1}$, 则方程化为

$$\frac{\mathrm{d}z}{\mathrm{d}x}+\frac{5}{x}z=-x.$$

由公式(9.2.12) 解得

$$z=\mathrm{e}^{-\int\frac{5}{x}\mathrm{d}x}\left[\int(-x)\mathrm{e}^{\int\frac{5}{x}\mathrm{d}x}\mathrm{d}x+C\right]=x^{-5}\left(-\int x^6\mathrm{d}x+C\right)=-\frac{x^2}{7}+\frac{C}{x^5}.$$

代回原变量 y 得 $\dfrac{x^5}{y}+\dfrac{x^7}{7}=C$.

3. 其他可用变量代换方法求解的一阶方程

以下仅举例说明其他可用变量代换方法将非线性方程化为线性方程求解的一阶方程.

例 9.2.8 解方程 $\dfrac{\mathrm{d}y}{\mathrm{d}x}+x(y-x)+x^3(y-x)^4=1$.

解 令 $u=y-x$, 则 $\dfrac{\mathrm{d}y}{\mathrm{d}x}=\dfrac{\mathrm{d}u}{\mathrm{d}x}+1$, 代入得 Bernoulli 方程

$$\frac{\mathrm{d}u}{\mathrm{d}x}+xu=-x^3u^4,$$

令 $z=u^{-3}$, 得一阶线性方程

$$\frac{\mathrm{d}z}{\mathrm{d}x}-3xz=3x^3.$$

解得

$$z=\mathrm{e}^{\int 3x\mathrm{d}x}[\int 3x^3\mathrm{e}^{\int -3x\mathrm{d}x}\mathrm{d}x+C]=\mathrm{e}^{\frac{3x^2}{2}}[\int 3x^3\mathrm{e}^{-\frac{3x^2}{2}}\mathrm{d}x+C]=C\mathrm{e}^{\frac{3x^2}{2}}-x^2-\frac{2}{3},$$

代回原变量得

$$y = x + \frac{1}{z^3} = x + \frac{1}{C\mathrm{e}^{\frac{3x^2}{2}} - x^2 - \frac{2}{3}}.$$

注意, 由于 $u = 0$ 是上述 Bernoulli 方程的解, 所以 $y = x$ 也是原方程的解.

习题 9.2

A1. 用分离变量法求解下列微分方程:

(1) $y' = 2xy$; (2) $\mathrm{d}x + xy\mathrm{d}y = y^2\mathrm{d}x + y\mathrm{d}x$;

(3) $x\sqrt{1+y^2}\mathrm{d}x + y\sqrt{1+x^2}\mathrm{d}y = 0$; (4) $xy' = y\ln y$;

(5) $(x+1)y' + 1 = 2\mathrm{e}^{-y},\ y(1) = 0$; (6) $y' = \mathrm{e}^{x-y},\ y(0) = \ln 2$.

A2. 解下列 (齐次) 方程:

(1) $2\frac{\mathrm{d}y}{\mathrm{d}x} = \frac{y}{x} + \frac{y^2}{x^2}$; (2) $(x - y\cos\frac{y}{x})\mathrm{d}x + x\cos\frac{y}{x}\mathrm{d}y = 0$;

(3) $(x+y)y' = -x + y$; (4) $y' = \frac{x}{y} + \frac{y}{x},\ y(-1) = 2$;

(5) $(2x - 5y + 3)\mathrm{d}x = (2x + 4y - 6)\mathrm{d}y$; (6) $y' = (x+y)^2$.

A3. 解下列线性方程:

(1) $y' + y\cos x = \mathrm{e}^{-\sin x}$; (2) $\frac{\mathrm{d}x}{\mathrm{d}t} - 2tx = \mathrm{e}^{t^2}\cos t$;

(3) $\frac{\mathrm{d}y}{\mathrm{d}x} + \frac{y}{x} = \frac{\sin x}{x}, y(\pi) = 1$; (4) $\frac{\mathrm{d}y}{\mathrm{d}x} = \frac{1}{x\cos y + \sin 2y}$;

(5) $xy' + (1-x)y = \mathrm{e}^{2x}(0 < x < +\infty),\ \lim\limits_{x\to 0+} y(x) = 1$; (6) $y' + f'(x)y = f(x)f'(x)$.

A4. 已知一平面曲线通过原点, 并且它在点 (x, y) 处的切线斜率为 $2x + y$, 求此曲线.

A5. 轮船以初速 $v_0 = 6\mathrm{m/s}$ 开始运动, 5s 后速度减至一半. 已知阻力和速度成正比, 试求速度 $v(t)$.

A6. 一汽车的质量为 m, 行驶中地面摩擦力为 G (常数), 空气阻力 Q 与速度 $v(t)$ 的平方成正比, 即 $Q = kv^2, k > 0$. 当速度为 v_0 时打开离合器让它自由滑行. 求 $v(t)$.

A7. 求一曲线 $y = y(x)$, 使其上任一点 (x, y) 的切线与 x 轴及过 $(x, 0)$ 点且与 y 轴平行的直线 $x = x$ 所围成的直角三角形的面积为 1.

B8. 用适当方法求解下列方程:

(1) $y' + xy = x^3y^3,\ y(0) = 1$; (2) $(y\ln x - 2)y\mathrm{d}x = x\mathrm{d}y$;

(3) $y' = \frac{1}{(x+y)^2}$; (4) $y' - x^2y^2 = y$;

(5) $y' = \frac{1}{\mathrm{e}^y + x}$; (6) $xy' + y = y(\ln x + \ln y)$;

(7) $(x^2 + y^2 + 2x)\mathrm{d}x + 2y\mathrm{d}y = 0$; (8) $y' = \frac{2x^3 + 3xy^2 - 7x}{3x^2y + 2y^3 - 8y}$.

§9.3 高阶微分方程

对一般的高阶方程并没有通用的求解方法. 下面只讨论几类特殊的高阶方程.

§9.3.1 可降阶的二阶微分方程

本小节讨论**可降阶的二阶方程** (reduced-second order equation), 即通过一些特殊的变量代换方法降二阶方程为一阶方程.

1. 形如 $y'' = f(x)$ 的二阶方程

解这样的方程, 只要积分两次即可. 对一般的 $y^{(n)} = f(x)$ 的 n 阶方程, 类似积分即可.

2. 形如 $y''=f(x,y')$ 的二阶方程

这类方程的特点是方程中不显含 y. 解法是作变量代换: $p=y'$, 则 $y''=p'$, 将方程化为以 p 为未知函数的一阶方程:

$$p'=f(x,p).$$

若该一阶方程可解出通解 $p=P(x,C_1)$, 则原二阶方程化为关于 y 的一阶方程 $y'=P(x,C_1)$. 积分一次即可解出 y.

例 9.3.1 解二阶方程 $xy''=y'-x(y')^2$.

解 令 $p=y'$, 方程化为 $xp'=p-xp^2$, 或 $p'-\dfrac{1}{x}p=-p^2$.

这是 Bernoulli 方程, 可以解得 $p=\dfrac{2x}{x^2+2C_1}$, 从而有 $y'=\dfrac{2x}{x^2+2C_1}$, 积分得到 $y=\ln(x^2+2C_1)+C_2$.

3. 形如 $y''=f(y,y')$ 的二阶方程

这类方程的特点是方程中不显含自变量 x. 该类方程的解法仍然是作变换 $p=y'=\dfrac{\mathrm{d}y}{\mathrm{d}x}$, 但接下来是视 y 为自变量, p 为关于 y 的未知函数. 这时候,

$$y''=\frac{\mathrm{d}^2y}{\mathrm{d}x^2}=\frac{\mathrm{d}p}{\mathrm{d}x}=\frac{\mathrm{d}p}{\mathrm{d}y}\frac{\mathrm{d}y}{\mathrm{d}x}=p\frac{\mathrm{d}p}{\mathrm{d}y}.$$

代入方程得到

$$p\frac{\mathrm{d}p}{\mathrm{d}y}=f(y,p).$$

这是以 y 为自变量, p 为未知函数的一阶方程, 如果有通解 $p=P(y,C_1)$, 则得一阶方程 $\dfrac{\mathrm{d}y}{\mathrm{d}x}=P(y,C_1)$. 这个方程是可分离变量方程, 可解得

$$x=\int\frac{\mathrm{d}y}{P(y,C_1)}+C_2.$$

例 9.3.2 解二阶方程 $yy''=(y')^2$.

解 所给方程不显含 x, 于是可按照类型 3 来求解. 令 $y'=p$, 该方程可化为

$$yp\frac{\mathrm{d}p}{\mathrm{d}y}=p^2.$$

在 $y\neq 0$, $p\neq 0$ 时, 可得

$$\frac{\mathrm{d}p}{p}=\frac{\mathrm{d}y}{y},$$

由此解得 $p=C_1y$, 或 $y'=C_1y$. 再分离变量可得通解为 $y=C_2\mathrm{e}^{C_1x}$.

注意, 上述通解包含了特解 $p=0$ 和 $y=0$.

§9.3.2 高阶线性微分方程解的结构

本小节讨论线性的 n 阶微分方程, 其一般形式是

$$a_n(x)y^{(n)}(x) + a_{n-1}(x)y^{(n-1)}(x) + \cdots + a_1(x)y'(x) + a_0(x)y = f(x), \tag{9.3.1}$$

特别地, 若 $f(x) \equiv 0$, 方程 (9.3.1)变为

$$a_n(x)y^{(n)}(x) + a_{n-1}(x)y^{(n-1)}(x) + \cdots + a_1(x)y'(x) + a_0(x)y = 0, \tag{9.3.2}$$

这个方程称为方程 (9.3.1) 对应的 n 阶线性齐次方程, 而方程 (9.3.1) 称为非齐次方程.

1. 齐次方程的通解结构

在上一节中我们讨论了一阶线性微分方程. 对于一阶线性齐次方程 $y' + P(x)y = 0$, 其通解是 $y = Ce^{-\int P(x)\mathrm{d}x}$, 而 $e^{-\int P(x)\mathrm{d}x}$ 是一个特解. 那么, 对于 n 阶线性齐次方程 (9.3.1), 我们一般无法得出其通解, 但可以探讨其通解的形式, 即研究方程解的结构. 我们将有一系列结构定理.

定理 9.3.1 (线性性质) 若 $y = y_1(x)$ 和 $y = y_2(x)$ 都是齐次方程(9.3.2) 的解, 则对于任意常数 C_1, C_2, $y = C_1y_1 + C_2y_2$ 也是齐次方程(9.3.2)的解.

只需直接代入验证, 即知结论成立. 但是, 如何找通解呢? n 阶方程的通解一般要含有 n 个任意常数. 如果 $y_i(x)$, $i = 1, 2, \cdots, n$ 都是齐次方程(9.3.2) 的解, 根据定理 9.3.1,

$$\sum_{i=1}^{n} C_i y_i(x)$$

也是齐次方程(9.3.2) 的解, 但未必是通解, 尽管它形式上含有 n 个任意常数 $C_i, i = 1, 2, \cdots, n$. 例如, 如果 $y_2(x) = 2y_1(x)$, 则上面的和可改写为

$$(C_1 + 2C_2)y_1(x) + C_3y_3(x) + \cdots + C_ny_n(x),$$

若令 $C' = C_1 + 2C_2$, 则上述和仅含有 $n-1$ 个任意常数. 为了解决上述问题, 我们需要对解 $y_1(x), y_2(x), \cdots, y_n(x)$ 提出一些要求, 即我们要引入线性无关或线性相关的概念.

定义 9.3.1 (线性相关与线性无关) 设 $y_1(x), y_2(x), \cdots, y_n(x)$ 是区间 I 上的 n 个函数, 若存在不全为零的常数 $C_i, i = 1, 2, \cdots, n$, 使得下面的等式

$$\sum_{i=1}^{n} C_i y_i(x) = 0$$

在区间 I 上恒成立, 则称函数组 $\{y_i(x), i = 1, 2, \cdots, n\}$ 在区间 I 上线性相关, 否则就称它们线性无关.

容易证明, 函数组 $\{y_i(x), i = 1, 2, \cdots, n\}$ 在区间 I 上线性相关当且仅当其中某个函数可由其他 $n-1$ 个函数的线性组合来表示. 特别地, 两个函数线性相关当且仅当它们的比是常数.

例 9.3.3 证明函数组 $1, x, x^2, \cdots, x^{n-1}$ 在任何区间 I 上线性无关.

证明 反证法 若它们线性相关, 则存在 n 个不全为零的常数 $C_1, C_2, \cdots, C_n$, 使得

$$C_1 + C_2 x + \cdots + C_n x^{n-1} = 0, \forall x \in I.$$

上式左边是多项式, 次数至多为 $n-1$ 次, 但它有无穷多个根. 此与代数基本定理矛盾. □

定理 9.3.2 (齐次方程的通解) 若 $y_1(x), y_2(x), \cdots, y_n(x)$ 是 n 阶齐次方程(9.3.2) 的线性无关的解, 则对于任意常数 $C_1, C_2, \cdots, C_n$,

$$\sum_{i=1}^{n} C_i y_i(x) \tag{9.3.3}$$

是齐次方程(9.3.2) 的通解, 且包含了方程的所有解.

证明 只需要证明 $C_1, C_2, \cdots, C_n$ 独立, 即不能合并. 用反证法. 不妨设 $\exists 1 < k < n$, 使得 $C_k \neq 0$, 且 $C_1, C_2, \cdots, C_k$ 可以合并为 $\bar{C}_k$ (否则可以调整解的顺序), 这意味着

$$C_1 y_1(x) + C_2 y_2(x) + \cdots + C_k y_k(x) = \bar{C}_k y_k(x),$$

于是

$$(\bar{C}_k - C_k) y_k(x) = C_1 y_1(x) + C_2 y_2(x) + \cdots + C_{k-1} y_{k-1}(x), \forall x \in I.$$

由于 $y_1(x), y_2(x), \cdots, y_n(x)$ 是线性无关的, 故 $C_1 = C_2 = \cdots = C_{k-1} = \bar{C}_k - C_k = 0$, 矛盾.

进一步可以证明, 上述通解包含了齐次方程 (9.3.2)的所有解. 参见《常微分方程》(王高雄等, 1983). □

2. 非齐次方程的通解结构 (general solution structure of nonhomogeneous equation)

定理 9.3.3 (非齐次方程的通解) 若 $y_1(x), y_2(x), \cdots, y_n(x)$ 是 n 阶齐次方程(9.3.2) 的线性无关的解, $\bar{y}(x)$ 是非齐次方程(9.3.1) 的任一特解, 则

$$y = \bar{y}(x) + \sum_{i=1}^{n} C_i y_i(x) \tag{9.3.4}$$

是非齐次方程(9.3.1)的通解, 且包含了它的所有解, 其中, $C_1, C_2, \cdots, C_n$ 是任意常数.

证明 首先, 直接代入检验即可证明, 对任意常数 $C_1, C_2, \cdots, C_n$, 式(9.3.4) 是方程(9.3.1) 的解.

其次, 由于式(9.3.4)中含有 n 个独立的任意常数, 所以它是通解.

最后, 如果 $\tilde{y}(x)$ 是非齐次方程 (9.3.1)的任一解, 则 $\tilde{y}(x) - \bar{y}(x)$ 是对应的齐次方程(9.3.2) 的一个解, 由定理 9.3.2 可知, 存在常数 $C_1, C_2, \cdots, C_n$, 使得

$$\tilde{y}(x) - \bar{y}(x) = \sum_{i=1}^{n} C_i y_i(x),$$

于是,

$$\tilde{y}(x) = \bar{y}(x) + \sum_{i=1}^{n} C_i y_i(x),$$

它包含在方程(9.3.4)中. □

注 9.3.1　定理 9.3.3 表明, 和一阶线性方程解的结构一样, 高阶非齐次线性方程的通解也是它的任一特解与其对应的齐次方程通解的和.

直接代入验算, 还可以证明下面的叠加性.

定理 9.3.4 (非齐次方程解的叠加性)　若 $\bar{y}_j(x)$ 分别是非齐次方程

$$a_n(x)y^{(n)}(x)+a_{n-1}(x)y^{(n-1)}(x)+\cdots+a_1(x)y'(x)+a_0(x)y(x)=f_j(x), j=1,2$$

的解, 则 $\bar{y}_1(x)+\bar{y}_2(x)$ 是非齐次方程

$$a_n(x)y^{(n)}(x)+a_{n-1}(x)y^{(n-1)}(x)+\cdots+a_1(x)y'(x)+a_0(x)y(x)=f_1(x)+f_2(x)$$

的解.

例 9.3.4　已知二阶方程

$$(x^2+1)y''-2xy'+2y=0$$

有一个解 $y_1(x)=x$, 求其通解.

解　这是一个二阶线性齐次方程, 只需要找出另一个与 $y_1(x)$ 线性无关的解 $y_2(x)$ 即可. 设 $y_2(x)=u(x)y_1(x)=xu(x)$, 其中 $u(x)$ 是待定的非常数的函数. 于是

$$y_2'(x)=u(x)+xu'(x),\ y_2''(x)=xu''(x)+2u'(x).$$

将 y_2,y_2',y_2'' 代入方程得

$$x(x^2+1)u''+2u'=0.$$

这是不显含 u 的可降阶的二阶方程, 作变换 $p=u'$, $p'=u''$, 方程可化为

$$x(x^2+1)p'+2p=0.$$

这是变量可分离方程. 可解得 $p=1+\dfrac{1}{x^2}$, 由此解得 $u(x)=x-\dfrac{1}{x}$, 最终, $y_2(x)=xu(x)=x^2-1$.

于是所给方程的通解为 $y=C_1x+C_2(x^2-1)$.

注 9.3.2　尽管高阶线性方程的通解结构是清楚了, 但是要真正得到通解, 必须求出齐次方程 n 个线性无关的解与非齐次方程的某个特解, 这一般来说都是不容易的事情. 好在对于特殊情况, 即常系数高阶线性方程, 可以通过代数运算就能求出其通解, 这就是下一小节的内容.

§9.3.3　二阶线性常系数微分方程

本小节在高阶线性方程解的结构理论的基础上, 再具体讨论常系数高阶线性方程. 为简洁起见, 只讨论常系数二阶线性方程. 此时, 方程的一般形式是

$$y''(x)+ay'(x)+by(x)=f(x), \tag{9.3.5}$$

当 $f(x)\equiv 0$ 时有方程

$$y''(x)+ay'(x)+by(x)=0, \tag{9.3.6}$$

其中, a,b 为常数, 方程(9.3.6) 称为非齐次方程对应的齐次方程.

先来讨论齐次常系数方程.

1. 齐次常系数方程

若 $y = y(x)$ 是齐次方程(9.3.6) 的解, 则 y 与它的一阶导数与二阶导数的线性组合恒为零. 因此, 如果某函数的导数与这个函数本身只相差一个系数, 则这样的函数就可能是齐次方程(9.3.6) 的解. 于是考虑指数函数 $y = \mathrm{e}^{\lambda x}$, 则 $y'(x) = \lambda \mathrm{e}^{\lambda x}$, $y''(x) = \lambda^2 \mathrm{e}^{\lambda x}$, 代入齐次方程(9.3.6)得到 $\mathrm{e}^{\lambda x}(\lambda^2 + a\lambda + b) = 0$. 于是,

$$\lambda^2 + a\lambda + b = 0. \tag{9.3.7}$$

显然, 对于二次代数方程的每一个实根 λ, 齐次方程(9.3.6) 必有解 $y = \mathrm{e}^{\lambda x}$. 因此, 代数方程 (9.3.7) 与齐次方程(9.3.6)的解有密切的关系, 我们称它为齐次方程(9.3.6)的**特征方程**, 特征方程的根称为**特征根**或**特征值**.

情形 1: 特征方程有两个不同的实根 λ_1, λ_2, 则齐次方程(9.3.6) 必有两个线性无关的解 $y_1(x) = \mathrm{e}^{\lambda_1 x}$ 和 $y_2(x) = \mathrm{e}^{\lambda_2 x}$, 由上一小节的理论, 我们即可得到齐次方程(9.3.6) 的通解与所有解;

情形 2: 特征方程有一对相等的实根 λ_1, 则我们只得到齐次方程(9.3.6) 的一个解 $y_1(x) = \mathrm{e}^{\lambda_1 x}$, 此时要想得到通解, 还需要找到一个与它线性无关的解;

情形 3: 特征根是一对共轭复根 $\lambda = \alpha \pm \beta \mathrm{i}$, 能否找到, 并如何找到一对线性无关的解?

我们下面针对情形 2 和情形 3 来讨论.

对情形 2, 类似于前面的例 9.3.4 中的待定函数法, 令 $y_2(x) = u(x)\mathrm{e}^{\lambda_1 x}$, 代入齐次方程(9.3.6)得到

$$(\lambda_1^2 + a\lambda_1 + b)u + (2\lambda_1 + a)u' + u'' = 0.$$

由于 λ_1 是特征方程的重根, 所以 $\lambda_1^2 + a\lambda_1 + b = 0$, $2\lambda_1 + a = 0$, 因此, $u'' = 0$, $u = C_1 x + C_2$. 经验证, 对任何 C_1, C_2, $y_2(x) = (C_1 x + C_2)\mathrm{e}^{\lambda_1 x}$ 都是齐次方程(9.3.6) 的解. 取 $C_1 = 1, C_2 = 0$, 得 $y_2(x) = x\mathrm{e}^{\lambda_1 x}$ 是齐次方程(9.3.6)的与 $y_1(x) = \mathrm{e}^{\lambda_1 x}$ 线性无关的解.

对情形 3, 由于特征根是虚数, 我们可以形式地构造复数解 $y = \mathrm{e}^{(\alpha + \beta \mathrm{i})x}$, 根据 Euler 公式, $y = \mathrm{e}^{\alpha x}\cos\beta x + \mathrm{i}\mathrm{e}^{\alpha x}\sin\beta x$, 再根据复数的性质, 我们得到两个解: $y_1(x) = \mathrm{e}^{\alpha x}\cos\beta x$ 和 $y_2(x) = \mathrm{e}^{\alpha x}\sin\beta x$, 并且容易直接验证, 它们确实是齐次方程(9.3.6)的解, 且线性无关.

例 9.3.5 求二阶方程 $y'' + 7y' + 12y = 0$ 的通解.

解 首先写出特征方程

$$\lambda^2 + 7\lambda + 12 = 0,$$

其特征根为 $\lambda_1 = -3$, $\lambda_2 = -4$, 所以方程的通解为

$$y = C_1 \mathrm{e}^{-3x} + C_2 \mathrm{e}^{-4x}.$$

例 9.3.6 求二阶方程 $y'' + 2y' + 5y = 0$ 的通解.

解 特征方程为 $\lambda^2 + 2\lambda + 5 = 0$, 特征根为 $\lambda = -1 \pm 2\mathrm{i}$, 所以通解为

$$y = \mathrm{e}^{-x}(C_1 \cos 2x + C_2 \sin 2x).$$

例 9.3.7 求二阶方程 $y'' - 12y' + 36y = 0$ 满足初始条件 $y(0) = 1, y'(0) = 0$ 的特解.

解 易见方程有两个相等的实根 $\lambda = 6$. 所以通解为 $y = e^{6x}(C_1 + C_2x)$.

为求特解, 首先将 $y(0) = 1$ 代入得 $1 = e^0(C_1 + C_2 \cdot 0) = C_1$, 所以 $C_1 = 1$. 为求 C_2, 将 $y = e^{6x}(1 + C_2x)$ 求导,

$$y'(x) = 6e^{6x}(1 + C_2x) + e^{6x}C_2,$$

再代入 $y'(0) = 0$ 得 $6 + C_2 = 0, C_2 = -6$, 因此特解为 $y = e^{6x}(1 - 6x)$.

注 9.3.3 由上面的讨论可知, 求二阶线性常系数齐次方程的通解并不需要进行积分运算, 而是只要进行代数运算, 即解特征方程, 这是一个代数方程. 再根据特征根的情况找出线性无关的两个特解.

对一般的高阶线性常系数齐次方程

$$y^{(n)}(x) + a_{n-1}y^{(n-1)}(x) + \cdots + a_1y'(x) + a_0y(x) = 0,$$

上述做法也对, 只是因为特征根个数与类型较多, 略微麻烦一些. 我们列表说明每个类型的特征根所对应的解的类型.

特征根	通解中对应项
单实根	$Ce^{\lambda x}$
k 重实根	$e^{\lambda x}(C_1 + C_2x + \cdots + C_kx^{k-1})$
单共轭复根 $\alpha \pm \beta i$	$e^{\alpha x}(C_1 \cos \beta x + C_2 \sin \beta x)$
k 重共轭复根 $\alpha \pm \beta i$	$e^{\alpha x}[(C_1 + C_2x \cdots + C_kx^{k-1}) \cos \beta x + (\bar{C}_1 + \bar{C}_2x \cdots + \bar{C}_kx^{k-1}) \sin \beta x]$

例 9.3.8 解四阶方程 $y^{(4)} - 16y = 0$ 的通解.

解 特征方程为 $\lambda^4 - 16 = 0$, 特征根为 $\lambda_1 = 2, \lambda_2 = -2, \lambda_3 = 2i, \lambda_4 = -2i$. 由于有两个互不相同的实根和一对共轭复根, 所以通解为

$$y = C_1e^{2x} + C_2e^{-2x} + C_3 \cos 2x + C_4 \sin 2x.$$

2. 非齐次常系数方程

下面讨论非齐次方程 (9.3.5), 即

$$y''(x) + ay'(x) + by(x) = f(x).$$

由 §9.3.2 中线性微分方程解的结构定理知道, 只要求出这个方程的一个特解和对应齐次方程的通解, 即可求得非齐次方程的通解. 由于齐次线性常系数方程的通解问题已经解决, 下面只要想办法求出这个非齐次方程的某个特解即可. 但这也不是一件容易的事情. 这主要取决于上式右端的 $f(x)$ (称为自由项). 我们先就两种特殊的自由项 $f(x)$, 介绍求特解的待定系数法, 然后再介绍针对一般形式的自由项的求特解方法, 即常数变易法.

两种特殊形式的自由项 $f(x)$ 的待定系数法如下.

形式 1: $f(x) = P_n(x)e^{\mu x}$, 其中 $P_n(x)$ 是 x 的 n 次多项式.

设欲求的解为 $y^*(x)$. 由于非齐次方程 (9.3.5) 右端是多项式与指数函数的乘积的形式, 而非齐次方程 (9.3.5) 的左端是 $y^*(x)$ 与它的一阶和二阶导数的线性组合, 因此可设 $y^*(x)$ 与 $f(x)$ 有相同的形式, 即是多项式与指数函数的乘积的形式:

$$y^*(x) = Q(x)e^{\mu x},$$

其中 $Q(x)$ 是一个待定的多项式. 将它代入方程 (9.3.5) 可得

$$(\mu^2 + a\mu + b)Q(x) + (2\mu + a)Q'(x) + Q''(x) = P_n(x). \tag{9.3.8}$$

(1) 若 μ 不是特征根, 这时 $\mu^2 + a\mu + b \neq 0$, 于是 $Q(x)$ 也是 n 次多项式, 应用待定系数法可求出 $Q(x)$.

(2) 若 μ 是单特征根, 这时 $\mu^2 + a\mu + b = 0$, 但 $2\mu + a \neq 0$, 因此 $Q'(x)$ 是 n 次多项式, 且此时式 (9.3.8) 中只涉及 $Q(x)$ 的导数, 故可令 $Q(x) = xQ_n(x)$, 其中 $Q_n(x)$ 是 n 次多项式.

(3) 若 μ 是二重特征根, 这时 $\mu^2 + a\mu + b = 0$, 且 $2\mu + a = 0$, 因此 $Q''(x)$ 是 n 次多项式. 可令 $Q(x) = x^2\tilde{Q}_n(x)$, 其中 $\tilde{Q}_n(x)$ 是 n 次多项式, 事实上, $Q(x)$ 满足 $Q''(x) = P_n(x)$.

综上所述, 可设

$$y^*(x) = x^k e^{\mu x} Q_n(x),$$

其中 $Q_n(x)$ 是与 $P_n(x)$ 同次的多项式, 而 k 是 μ 作为特征根的重数, 分别可取 $0, 1, 2$.

例 9.3.9 求方程 $y'' + y' - 2y = x^2 + 3$ 一个特解.

解 特征根为 $\lambda_1 = 1, \lambda_2 = -2$, 所以 $\mu = 0$ 不是特征根, 可设

$$y^*(x) = a_0x^2 + a_1x + a_2,$$

代入方程并化简得

$$-2a_0x^2 + (2a_0 - 2a_1)x + (2a_0 + a_1 - 2a_2) = x^2 + 3,$$

比较 x 的同次幂的系数可得

$$-2a_0 = 1, 2a_0 - 2a_1 = 0, 2a_0 + a_1 - 2a_2 = 3,$$

由此解得 $a_0 = -\frac{1}{2}, a_1 = -\frac{1}{2}, a_2 = -\frac{9}{4}$, 即

$$y^*(x) = -(\frac{1}{2}x^2 + \frac{1}{2}x + \frac{9}{4}).$$

例 9.3.10 求方程 $y'' - 7y' = 3x^2$ 的一个特解.

解 特征根为 $\lambda_1 = 0, \lambda_2 = 7$, 所以 $\mu = 0$ 是单特征根, 可设

$$y^*(x) = x(a_0x^2 + a_1x + a_2),$$

代入方程并比较 x 的同次幂的系数可得

$$a_0 = -\frac{1}{7}, a_1 = -\frac{3}{49}, a_2 = -\frac{6}{343}, \quad y^*(x) = -x\left(\frac{1}{7}x^2 + \frac{3}{49}x + \frac{6}{343}\right).$$

例 9.3.11 求方程 $y'' - 3y' + 2y = 3xe^x$ 的通解.

解　特征根为 $\lambda_1 = 1, \lambda_2 = 2$, 所以 $\mu = 1$ 是单特征根, 可设

$$y^*(x) = x(a_1 x + a_2)\mathrm{e}^x,$$

代入方程并比较 x 的同次幂的系数可得

$$a_1 = -\frac{3}{2},\quad a_2 = -3,\quad y^*(x) = -x\left(\frac{3}{2}x + 3\right)\mathrm{e}^x.$$

于是原方程的通解为

$$y = C_1\mathrm{e}^x + C_2\mathrm{e}^{2x} - x\left(\frac{3}{2}x + 3\right)\mathrm{e}^x.$$

形式 2: $f(x) = P_n(x)\mathrm{e}^{\mu x}\cos\nu x$, 或 $f(x) = P_n(x)\mathrm{e}^{\mu x}\sin\nu x$, 其中 $P_n(x)$ 是 x 的 n 次多项式.

仍然应用待定系数法:

法一　为求解方程

$$y''(x) + ay'(x) + by(x) = P_n(x)\mathrm{e}^{\mu x}\cos\nu x, \tag{9.3.9}$$

$$y''(x) + ay'(x) + by(x) = P_n(x)\mathrm{e}^{\mu x}\sin\nu x, \tag{9.3.10}$$

类似于处理常系数齐次方程情形 3 的想法, 我们先形式地求解复方程

$$y''(x) + ay'(x) + by(x) = P_n(x)\mathrm{e}^{(\mu+\mathrm{i}\nu)x} \tag{9.3.11}$$

的特解, 然后分离其实部与虚部, 就分别得到方程(9.3.9)和方程(9.3.10)的解.

例 9.3.12　*求方程* $y'' - 5y' + 6y = 3\cos 4x$ *的一个特解.*

解　特征根为 $\lambda_1 = 2, \lambda_2 = 3$, 所以 $\mu = 0, \nu = 4$, 并且 $4\mathrm{i}$ 不是特征根, 可设

$$y^*(x) = a\mathrm{e}^{4\mathrm{i}x},$$

代入方程

$$-16a\mathrm{e}^{4\mathrm{i}x} - 20a\mathrm{i}\mathrm{e}^{4\mathrm{i}x} + 6a\mathrm{e}^{4\mathrm{i}x} = 3\mathrm{e}^{4\mathrm{i}x},$$

于是 $a = -\dfrac{3}{50} + \dfrac{3}{25}\mathrm{i}$,

$$y(x) = a\mathrm{e}^{4\mathrm{i}x} = (-\frac{3}{50} + \frac{3}{25}\mathrm{i})(\cos 4x + \mathrm{i}\sin 4x),$$

取其实部得到

$$y^*(x) = -\frac{3}{50}\cos 4x - \frac{3}{25}\sin 4x.$$

法二　注意到例 9.3.12 中的特解 $y^*(x)$ 是右端项 $\cos 4x$ 与 $\sin 4x$ 的组合, 类似于 $\mu + \mathrm{i}\nu$ 为实数的情况, 可设特解为

$$y^*(x) = x^k\mathrm{e}^{\mu x}(Q_{n,1}(x)\cos\nu x + Q_{n,2}(x)\sin\nu x),$$

这里 $k = 0$, 或 1 (因为 $\mu + \mathrm{i}\nu$ 至多为单根), 而 $Q_{n,1}(x)$ 和 $Q_{n,2}(x)$ 都是实的 n 次多项式. 这个解法可避开复方程带来的麻烦.

例 9.3.13 求方程 $y''-3y'+2y=x\cos x$ 的一个特解.

解 特征根为 $\lambda_1=1,\lambda_2=2$, 所以 i 不是特征根, 可设

$$y^*(x)=(a_0+a_1x)\cos x+(b_0+b_1x)\sin x,$$

代入方程并整理得

$$\begin{aligned}&(a_0-3a_1-3b_0+2b_1)\cos x+(3a_0+b_0-2a_1-3b_1)\sin x\\&+(a_1-3b_1)x\cos x+(3a_1+b_1)x\sin x=x\cos x.\end{aligned}$$

比较系数得线性方程组

$$\begin{aligned}&a_0-3a_1-3b_0+2b_1=0,\\&3a_0+b_0-2a_1-3b_1=0,\\&a_1-3b_1=1,\\&3a_1+b_1=0,\end{aligned}$$

于是解得 $a_0=-\dfrac{3}{25},\ a_1=\dfrac{1}{10},\ b_0=\dfrac{17}{50},\ b_1=-\dfrac{3}{10}$. 所以

$$y^*(x)=(-\frac{3}{25}+\frac{x}{10})\cos x-(\frac{17}{50}+\frac{3x}{10})\sin x.$$

3. 一般形式的自由项的常数变易法

上面我们介绍了求二阶非齐次常系数方程特解的待定系数法, 但这种方法只适用那两种特殊的自由项. 下面介绍的常数变易法, 从理论上讲可以用于一般的自由项.

设非齐次方程 (9.3.5) 对应的齐次方程的通解为 $y=C_1y_1(x)+C_2y_2(x)$, 其中 C_1,C_2 是任意常数. 我们将这两个任意常数分别换为两个待定函数 $C_1(x)$ 和 $C_2(x)$, 使得

$$(C_1y_1(x)+C_2y_2(x))''+a(C_1y_1(x)+C_2y_2(x))'+b(C_1y_1(x)+C_2y_2(x))=f(x).$$

要想求出所有的 $C_1(x)$ 和 $C_2(x)$ 是不容易的, 因此考虑在特殊情况下求解. 注意到

$$y'=C_1'y_1+C_2'y_2+C_1y_1'+C_2y_2',$$

为了求 y 的二阶导数时避免出现 C_1,C_2 的二阶导数 (因为那样的话就要解关于 C_1,C_2 的二阶微分方程, 这并没有一般的方法), 我们设定

$$C_1'y_1+C_2'y_2=0, \tag{9.3.12}$$

于是 $y''(x)=C_1'y_1'+C_2'y_2'+C_1y_1''+C_2y_2''$, 代入非齐次方程 (9.3.5), 并整理得到

$$C_1'(x)y_1'+C_2'(x)y_2'+C_1(x)[y_1''+ay_1'+by_1]+C_2(x)[y_2''+ay_2'+by_2]=f(x).$$

由于 $y_1(x),y_2(x)$ 是齐次方程 (9.3.6) 的解, 于是得到

$$C_1'(x)y_1'+C_2'(x)y_2'=f(x). \tag{9.3.13}$$

联立方程 (9.3.12) 和方程 (9.3.13), 即可解出 $C_1'=\dfrac{f(x)}{k'(x)y_2(x)}$ 和 $C_2'=\dfrac{-k(x)f(x)}{k'(x)y_2(x)}$, 其中, $k(x)=\dfrac{y_1(x)}{y_2(x)}$. 再积分可得 C_1,C_2.

例 9.3.14　求方程 $y''+y=\sec x$ 的一个特解.

解　对应齐次方程的通解为 $y=C_1\cos x+C_2\sin x$, $k(x)=\dfrac{\cos x}{\sin x}$, $k'(x)=-\csc^2 x$. 故

$$C_1(x)=\int\frac{\sec x}{-\csc^2 x\sin x}\mathrm{d}x=\ln|\cos x|,\ C_2(x)=\int\frac{-\cot x\sec x}{-\csc^2 x\sin x}\mathrm{d}x=x,$$

因此原方程的一个特解为 $y=\cos x\ln|\cos x|+x\sin x$.

习题 9.3

A1. 解下列二阶方程:

(1) $(1+x^2)y''-2xy'=0$;　(2) $y''=y'+x$;

(3) $xy''=y'+x^2$;　(4) $y''=y'^3+y'$;

(5) $y''=2yy'$, $y(0)=1, y'(0)=2$;　(6) $y'''y''=2$.

A2. 已知 $y_1=\mathrm{e}^x, y_2=\mathrm{e}^{-x}$ 是 $y''+a_1(x)y'+a_2(x)y=0$ 的解, 求该方程的满足条件 $y(0)=1$, $y'(0)=-2$ 的特解.

A3. 已知 $y_1=x, y_2=x+\mathrm{e}^x, y_3=1+x+\mathrm{e}^x$ 是微分方程 $y''+a_1(x)y'+a_2(x)y=f(x)$ 的解, 求该方程的通解.

A4. 已知方程 $x^2(\ln x-1)y''-xy'+y=0$ 的一个特解 $y_1=x$, 求该方程的通解.

A5. 求下列线性常系数齐次方程的解:

(1) $y''+4y'+4y=0$;　(2) $y^{(4)}-2y'''+5y''=0$;

(3) $4y''-20y'+25y=0$;　(4) $y''-3y'-4y=0, y(0)=0, y'(0)=-5$.

A6. 求一个四阶常系数齐次线性方程, 已知它有四个线性无关的特解:

$$y_1=\mathrm{e}^x,\quad y_2=x\mathrm{e}^x,\quad y_3=\cos 2x,\quad y_4=3\sin 2x,$$

A7. 求下列方程一个特解:

(1) $y''+5y'+6y=3x\mathrm{e}^{-2x}$;　(2) $y''+2y'+y=-(3x^2+1)\mathrm{e}^{-x}$;

(3) $y'''+3y''+3y'+y=\mathrm{e}^x$;　(4) $y''-2y'+y=(6x^2-4)\mathrm{e}^x+x+1$;

(5) $y''+y=x\cos 2x$;　(6) $y''-2y'+5y=\mathrm{e}^x\sin 2x$;

(7) $y''-3y'+2y=5, y(0)=1, y'(0)=2$;　(8) $y''-10y'+9y=\mathrm{e}^{2x}, y(0)=\dfrac{6}{7}, y'(0)=\dfrac{33}{7}$.

B8. 用常数变易法求下列方程特解:

(1) $y''+4y'+4y=\dfrac{1}{x^2\mathrm{e}^{2x}}$;　(2) $y''+y'-2y=\dfrac{\mathrm{e}^x}{1+\mathrm{e}^x}$.

B9. 设 $f(x)$ 为连续函数, 且满足 $f(x)=\mathrm{e}^x-\displaystyle\int_0^x(x-t)f(t)\mathrm{d}t$, 求 $f(x)$.

B10. 对二阶齐次线性方程 $y''+P(x)y'+Q(x)y=0$, 已知 $y_1(x)$ 是它的一个非零解, 通过变量代换 $y=uy_1$, 试找出方程的通解公式 (称为 Liouville 公式).

第 9 章总练习题

1. 求下列方程的通解:

(1) $(5x^2y^3-2x)y'=-y$;　(2) $(x+2)y''+xy'^2=y'$;

(3) $y'=2\left(\dfrac{y+2}{x+y-1}\right)^2$;　(4) $y''+a^2y=8\cos bx$, 其中 a,b 为正常数.

2. 设连续函数 f 满足 $f(x)=\mathrm{e}^{-x}+\displaystyle\int_0^x f(t)\mathrm{d}t$, 求 f.

3. 设 f 连续, 满足 $f(x)=\mathrm{e}^{2x}+\displaystyle\int_0^x tf(x-t)\mathrm{d}t$, 求 f.

4. 给定微分方程 $xy'+2y=2(\mathrm{e}^x-1)$.

(1) 求通解 $y(x)$;　(2) 求使得极限 $\lim\limits_{x\to 0} y(x)$ 存在的特解 $y_0(x)$;

(3) 补充定义 $y_0(0)$ 后证明 $y_0(x)$ 处处可导, 并给出 $y_0'(x)$ 的表达式.

5. 利用变量代换 $u = y\cos x$ 化简微分方程 $y''\cos x - 2y'\sin x + 3y\cos x = \mathrm{e}^x$, 并求解.

6. 设 $y = y(x)$ 在 $(-\infty, +\infty)$ 内二阶可导, 且 $y'(x) \neq 0$, $\forall x \in (-\infty, +\infty)$. 试将 x 关于 y 的二阶方程 $\dfrac{\mathrm{d}^2 x}{\mathrm{d}y^2} + (y + \sin x)\left(\dfrac{\mathrm{d}x}{\mathrm{d}y}\right)^3 = 0$ 变换为 y 关于 x 的二阶方程, 并由此求满足初始条件 $y(0) = 0, y'(0) = \dfrac{3}{2}$ 的特解.

7. 求解初值问题 $y' + ay = f(x)$, $y(0) = 0$, 其中, $a > 0$ 为常数, f 是连续函数. 若 f 在 $[0, +\infty)$ 上有界, 即存在 $M > 0$, 使得 $|f(x)| \leqslant M$, $\forall x \in [0, +\infty)$, 证明: $|y(x)| \leqslant \dfrac{M}{a}(1 - \mathrm{e}^{-ax})$.

8. 给定初值问题 $\begin{cases} xy' - (2x^2 - 1)y = x^3,\ x \geqslant 1, \\ y(1) = y_1. \end{cases}$

(1) 求解初值问题的解 $y(x)$;

(2) 是否存在初值 y_1, 使得上述特解 $y = y(x)$ 有斜渐近线. 若有, 请求出 y_1 及相应的解与斜渐近线.

9. 设 f 是以 T 为周期的连续函数, k 为非零常数, 证明: 线性方程 $y' + ky = f(x)$ 存在唯一的以 T 为周期的特解, 并求出此解.

10. 设平面曲线 L 上任意一点 M 处的切线与 y 轴总相交, 交点记为 A. 已知 $|\overline{MA}| = |\overline{OA}|$, 且 L 过点 $(\dfrac{3}{2}, \dfrac{3}{2})$, 求 L 的方程.

参考文献

阿米尔 · 艾克塞尔. 2008. 神秘的阿列夫. 左平译. 上海: 上海科学技术文献出版社.

波利亚, 舍贵. 1981. 数学分析中的问题和定理 (第一卷). 上海: 上海科学技术出版社.

常庚哲, 史济怀. 2003. 数学分析教程. 北京: 高等教育出版社.

陈纪修, 於崇华, 金路. 2004. 数学分析. 2 版. 北京: 高等教育出版社.

丁同仁, 李承治. 2004. 常微分方程教程. 2 版. 北京: 高等教育出版社.

菲赫金哥尔茨. 1978. 微积分学教程. 叶彦谦, 路见可, 余家荣译. 北京: 人民教育出版社.

盖 · 伊 · 德林费尔特. 1960. 普通数学分析教程补篇. 北京: 人民教育出版社.

华东师范大学数学系. 2001. 数学分析. 3 版. 北京: 高等教育出版社.

克莱鲍尔. 1981. 数学分析. 上海: 上海科学技术出版社.

克莱因. 2008. 高观点下的初等数学. 上海: 复旦大学出版社.

李忠, 方丽萍. 2008. 数学分析教程. 北京: 高等教育出版社.

梁宗巨. 1965. 多元函数的最大值与最小值. 数学通报, (10): 41-65.

罗庆来, 宋伯生, 吉联芳. 1991. 数学分析教程. 南京: 东南大学出版社.

马知恩, 王绵森. 2017. 工科数学分析基础. 3 版. 北京: 高等教育出版社.

齐民友. 2008. 数学与文化. 大连: 大连理工大学出版社.

裘兆泰, 王承国, 章仰文. 2004. 数学分析学习指导. 北京: 科学出版社.

斯皮瓦克. 1980. 微积分. 严敦正, 张毓贤译. 北京: 人民教育出版社.

陶哲轩. 2008. 陶哲轩实分析. 王昆扬译. 北京: 人民邮电出版社.

王高雄, 周之铭, 朱思铭, 等. 1983. 常微分方程. 2 版. 北京: 高等教育出版社.

吴良森, 毛羽辉, 韩士安, 等. 2004. 数学分析学习指导书. 北京: 高等教育出版社.

谢惠民, 恽自求, 易法槐, 等. 2003. 数学分析习题课讲义. 北京: 高等教育出版社.

张福保, 薛星美. 2020. 数学分析研学. 北京: 科学出版社.

张福保, 薛星美, 潮小李. 2019. 数学分析讲义 (第一册). 北京: 科学出版社.

张福保, 薛星美, 潮小李. 2019. 数学分析讲义 (第二册). 北京: 科学出版社.

张福保, 薛星美, 潮小李. 2019. 数学分析讲义 (第三册). 北京: 科学出版社.

张筑生. 1991. 数学分析新讲. 北京: 北京大学出版社.

赵显曾. 2006. 数学分析拾遗. 南京: 东南大学出版社.

周民强, 方企勤. 2014. 数学分析. 北京: 科学出版社.

卓里奇. 2006. 数学分析 (第二卷). 4 版. 蒋铎, 等译. 北京: 高等教育出版社.

Fitzpatick P M. 2003. Advanced Calculus. 北京: 机械工业出版社.

Courant R, John F.1999. Introduction to Calculus and Analysis I. New York: Springer.

Richardson D. 1969. Some undecidable problems involving elementary functions of a real variable. The Journal of Symbolic Logic, 33(4): 514-520.

Ritt J F. 1948. Integration in Finite Terms: Liouville's Theory of Elementary Methods. New York: Columbia University Press.

Rudin W. 1976. Principles of Mathematical Analysis. 3rd ed. New York: McGraw-Hill, Inc.

索 引

注: 为方便学习, 本索引给出了所有词条的英文, 尽管有些词条的英文在正文中未出现.

L

Q

S

T

W

X

Y

Z

其　他